쉬운

유기화학

조문구 저

유한문화사

머리말

유기화학은 생명체를 포함하여 모든 유기물질의 구성성분을 화학적으로 연구하는 분야로서 생화학, 분자생물학은 물론 미생물학과 유전공학에서 생리학과 기초의학에 이르기까지 가장 핵심적인 이론적인 토대를 이해하는 데 필수적인 과목이다. 따라서 이 책에서는 특히 현대 문명의 핵심 소재인 신소재와 천연물질, 기능성 합성물질을 포함한 유기화학의 핵심적인 이론을 소개하고자 한다.

또한 유기화학은 화학전공자 이외에 거의 모든 자연과학 분야에서 필수적인 기초 과목이지만, 이론과 취급범위가 다양하고 광범위하여 쉽게 이해하기가 어려운 분야이다. 따라서 좀 더 쉽게 배우고 이해할 수 있도록, 특히 한 학기에 적합하도록 고려하여 가급적 많은 물질이름과 구조식을 수록하였다.

이 책은 크게 세 부분으로 구성되어 있다. 첫째, 유기화학의 기본 정의와 탄화수소 화합물질을 다루었으며, 둘째로 유기 작용기를 포함하는 전통적인 화합물질을, 끝으로 천연물질과 합성고분자 화합물질을 포함하고 있다. 아무쪼록 생물공학을 전공하는 학생들에게 최대한 쉽게 유기화학의 전체를 이해하기 쉽도록 준비하였는데 부족한 점은 독자 여러분의 기탄없는 조언을 기대하며, 끝으로 이 책이 출판되도록 도와주신 유한문화사 천승배 사장님과 직원 모두에게 감사드린다.

삼례에서

조문구

차 례

제 1 장 구조와 성질 / 19

1.1 유기화학 ········ 19
1.2 원자의 구조와 화학결합 ········ 20
1.3 화학결합의 종류 ········ 22
  1. 이온결합 ········ 22
  2. 공유결합 ········ 22
1.4 원자궤도 ········ 26
1.5 결합각의 방향과 혼성궤도 ········ 28
1.6 탄소원자의 구조와 성질 ········ 30
  1. σ결합 ········ 32
  2. π결합 ········ 32
1.7 유기반응의 과정 ········ 33
1.8 산과 염기 ········ 35
1.9 유기화합물의 분류 ········ 37
〈연습문제〉 ········ 39

제 2 장 포화 탄화수소 / 41

2.1 포화 탄화수소의 구조 ········ 41
  1. 동족계열 ········ 42
2.2 명명법 ········ 44
  1. 알킬기 ········ 46

2.3 물리적 성질 ······ 47
2.4 화학적 성질 ······ 49
1. 치환반응 ······ 49
2. 산 화 ······ 52
3. 이성화(isomerization) ······ 53
2.5 제조방법 ······ 54
2.6 Cycloalkane ······ 55
〈연습문제〉 ······ 61

제 3 장 불포화 탄화수소 / 65

3.1 Alkene ······ 65
1. 2중결합 ······ 65
2. 물리적 성질 ······ 66
3. 이성질체 ······ 66
4. 제조방법 ······ 68
5. 화학반응 ······ 70
3.2 Dialkene과 polyalkene ······ 75
1. Dialkene ······ 76
2. Polyalkene ······ 77
3. Allene과 유도체 ······ 77
3.3 Alkyne ······ 78
1. 물리적 성질 ······ 79
2. 제조방법 ······ 79
3. 화학반응 ······ 80
3.4 탄화수소의 명명법 ······ 83
〈연습문제〉 ······ 86

제 4 장 방향족 화합물 / 89

4.1 벤젠의 구조 ······ 89
1. 공명 혼성체 ······ 91

4.2 벤젠의 안정성 ······ 92
1. 벤젠의 공명에너지 ······ 92

4.3 벤젠 유도체의 명명법 ······ 93

4.4 벤젠의 제조방법 ······ 94
1. 지방족 화합물에서 제조반응 ······ 94
2. Acetylene의 중합반응 ······ 94
3. Coal tar에서 제조반응 ······ 95

4.5 반 응 ······ 95
1. 치환반응 ······ 95
2. 측쇄의 산화 ······ 99
3. 치환반응에서의 지향성 ······ 99
4. 3 치환체의 생성 ······ 102

4.6 방향족 다핵 화합물 ······ 102
1. 나프탈렌 ······ 103
2. 안트라센 ······ 105

〈연습문제〉 ······ 108

제 5 장 알코올과 에테르 / 111

5.1 Alcohol ······ 111
1. 명명법 ······ 112
2. 일반적 성질 ······ 114
3. 제조방법 ······ 115
4. 화학반응 ······ 117
5. 주요 알코올 화합물 ······ 120

5.2 다가 알코올 ···· 121
1. 글리세린 ···· 122
2. 4가, 5가, 6가의 alcohol ···· 123

5.3 방향족 알코올 ···· 123
1. Phenol ···· 123
2. Phenol 유도체 ···· 126

5.4 에테르 ···· 127
1. Ether의 제조방법 ···· 128
2. 화학반응 ···· 128
3. 중요한 ether ···· 129

〈연습문제〉 ···· 133

제 6 장 할로겐 화합물 / 137

6.1 할로알칸(haloalkane) ···· 137
1. 할로알칸의 종류와 반응성 ···· 137
2. 물리적 성질과 명명법 ···· 138
3. 제조방법 ···· 139
4. 반 응 ···· 140

6.2 Polyhaloalkane ···· 143

6.3 주요한 haloalkane ···· 143
1. 염화메틸 ···· 143
2. 브롬화메틸 ···· 144
3. 요오드화메틸 ···· 144
4. 클로로포름 ···· 144
5. 요오드포름 ···· 145
6. 사염화탄소 ···· 145
7. Dichlorofluoromethane ···· 145
8. Chloropicrin ···· 145

6.4 할로겐의 방향족 화합물 ···· 146

1. 측쇄에서 할로겐으로 치환된 화합물 …… 146
2. 방향족 고리에서 할로겐이 치환된 화합물 …… 147
3. 중요한 방향족 할로겐 화합물 …… 148

〈연습문제〉 …… 152

제 7 장 알데히드와 케톤 / 155

7.1 구조와 명명법 …… 155

7.2 제조방법 …… 156

1. 알코올의 산화 …… 156
2. gem-Dihaloalkane의 가수분해 …… 157
3. Grignard 시약을 이용하는 방법 …… 158

7.3 화학반응 …… 158

1. 부가반응 …… 158
2. Aldol 축합반응 …… 159
3. 산화작용 …… 160
4. 치환반응 …… 160
5. 중합반응 …… 161
6. Bakelite …… 161
7. Carbonyl 산소의 반응 …… 162

7.4 대표적인 알데히드와 케톤 …… 162

1. 포름알데히드 …… 162
2. 아세트알데히드 …… 163
3. 아크로레인(acrolein) …… 164
4. 아세톤 …… 164
5. 방향족 카르보닐화합물 …… 164

7.5 알데히드와 케톤의 차이점 …… 165

〈연습문제〉 …… 167

제 8 장 카르복실산과 유도체 / 169

8.1 명명법 ········ 170

8.2 일반적 성질 ········ 171

1. 카르복실산의 세기 ········ 171
2. 카르복실산 이온의 공명현상 ········ 173
3. 물리적 성질 ········ 175

8.3 제조방법 ········ 177

1. 산화를 이용한 제조방법 ········ 177
2. 에스테르, 니트릴, 산무수물 등의 가수분해 ········ 178
3. Grignard 시약을 이용한 방법 ········ 178

8.4 화학반응 ········ 179

1. 수소의 치환-염의 형성 ········ 179
2. 수산기의 치환 ········ 180
3. 카르보닐기의 반응 ········ 181
4. -COOH기의 반응 ········ 182
5. 알킬기의 치환반응 ········ 182

8.5 개미산과 식초산 ········ 182

1. 개미산 ········ 182
2. 식초산 ········ 183

8.6 이염기산(dicarboxylic acid) ········ 184

1. 물리적 성질 ········ 184
2. 화학적 성질 ········ 185

8.7 대표적인 이염기산 ········ 187

1. 수 산 ········ 187
2. 말론산 ········ 188
3. 호박산 ········ 189
4. 아디픽산(adipic acid) ········ 189
5. 말레인산과 푸말산 ········ 190

〈연습문제〉 ········ 194

제 9 장 광학활성 / 197

9.1 광학활성과 광학이성 ··· 197
1. 대당체 ··· 197
2. 광학활성 ··· 198
9.2 절대적 배치와 상대적 배치 ··· 200
9.3 Meso 화합물 ··· 202
9.4 부분대당체 ··· 203
9.5 라세미 혼합물 ··· 204
9.6 라세미 혼합물의 분리 ··· 205
1. 파스퇴르의 고전적 방법 ··· 205
2. 부분대당체를 형성하는 방법 ··· 205
3. 생물학적 분리 ··· 206
4. 크로마토그라피를 이용한 분리 ··· 206
〈연습문제〉 ··· 208

제 10 장 치환산과 불포화산 / 211

10.1 할로겐 치환산 ··· 212
1. 할로겐 치환산의 성질 ··· 212
2. 할로겐 치환산의 제조방법 ··· 212
3. 할로겐 치환산의 화학반응 ··· 213
10.2 수산기 치환산(히드록시산) ··· 214
1. 수산기 치환산의 제조방법 ··· 214
2. 수산기 치환산의 화학반응 ··· 216
3. 몇 가지 수산기 치환산 ··· 218
10.3 케톤산 ··· 220
1. 제조방법 ··· 221
2. 중요한 케톤산 ··· 221

10.4 불포화산 ······ 222
1. 불포화산의 제조방법 ······ 223
2. 말레인산과 푸말산 ······ 224

〈연습문제〉 ······ 227

제 11 장 탄수화물 / 229

11.1 단당류 ······ 229
1. 단당류의 구조 ······ 229
2. 일반적인 성질 ······ 230
3. 반 응 ······ 231
4. 당류의 환상구조 ······ 235

11.2 주요 단당류 ······ 236
1. 포도당 ······ 236
2. 과 당 ······ 237
3. 만노오스 ······ 237
4. 갈락토오스 ······ 238
5. 소르보오스(sorbose) ······ 238
6. 오탄당(pentose) ······ 239

11.3 이당류 ······ 239
1. 이당류의 성질 ······ 239
2. 이당류의 종류 ······ 240

11.4 삼당류 ······ 241

11.5 다당류 ······ 242
1. 전 분 ······ 242
2. 글리코겐 ······ 244
3. 섬유소 ······ 244
4. 섬유소의 유도체 ······ 245
5. 헤미셀룰로오스 ······ 247
6. 펙 틴 ······ 247
7. 이눌린 ······ 248

8. 알긴산 …… 248
9. 키 틴 …… 248

〈연습문제〉 …… 249

제 12 장 유지와 왁스 / 251

12.1 유 지 …… 251
1. 글리세리드 …… 252
2. 유지의 반응 …… 254

12.2 비 누 …… 256
1. 비누작용 …… 256
2. 비누의 화학반응 …… 257

12.3 건성유 …… 258

12.4 유지의 분석 …… 258
1. 검화가 …… 259
2. 요오드가 …… 259
3. 기타 유지시험 방법 …… 259

12.5 왁 스 …… 260

제 13 장 질소화합물 / 261

13.1 니트릴 …… 262
1. 화학반응 …… 262
2. 이소니트릴 …… 263

13.2 아민류 …… 263
1. 일반적 성질 …… 265
2. 아민 염기성의 세기 …… 265
3. 제조방법 …… 266
4. 화학반응 …… 267

5. 중요한 아민화합물 ······ 271

13.3 Nitro 및 nitroso 화합물 ······ 272

1. 제조방법 ······ 273
2. 화학반응 ······ 273
3. 중요한 니트로화합물 ······ 276

13.4 아조화합물 ······ 277

13.5 염료화학 ······ 278

1. 중요한 발색단과 조색단 ······ 279
2. 중요한 염료 ······ 279
3. 염색방법 ······ 282

〈연습문제〉 ······ 284

제 14 장 아미노산과 단백질 / 287

14.1 아미노산 ······ 287

1. 제조방법 ······ 287
2. 아미노산의 입체구조 ······ 291
3. 아미노산의 성질 ······ 291
4. 화학반응 ······ 293
5. 필수 아미노산 ······ 295
6. 아미노산과 맛 ······ 295

14.2 단백질 ······ 296

1. 일반적 성질 ······ 296
2. 단백질의 구조 ······ 296
3. 분 류 ······ 297
4. 단백질의 생화학적 성질 ······ 299

〈연습문제〉 ······ 302

제 15 장 유기황화합물 / 303

15.1 지방족 유기황화합물 …… 303
1. 티오알코올(thioalcohol) …… 304
2. 티오에테르(thioether) …… 306
3. 설폰산 …… 306
4. 설폰 화합물 …… 307
5. 디치오카본산 화합물(dithiocarbonate) …… 307
6. 알킬 이소티오시안 화합물 …… 308
15.2 방향족 설폰산 …… 308
1. 설폰화 반응 …… 308
2. 설폰산의 반응 …… 309
15.3 식품의 향과 황화합물 …… 309

제 16 장 이종 환상화합물 / 313

16.1 이종 환상화합물 …… 313
16.2 5원환 화합물 …… 313
1. 화학적 성질 …… 315
2. 주요 5원환 화합물 …… 315
16.3 이종원자가 2개 이상인 5원환 화합물 …… 317
1. 티아졸(thiazole) 유도체 …… 318
2. 이미다졸(imidazole) 유도체 …… 318
3. 피라졸(pyrazole) 유도체 …… 319
16.4 이종원자가 한 개인 6원환 화합물 …… 320
1. Pyran 및 pyrone 유도체 …… 320
2. Pyridine 및 유도체 …… 321
16.5 이종원자가 두 개인 6원환 화합물 …… 323
16.6 이원환을 포함한 비타민과 기타 화합물 …… 324

1. 비타민 B_2와 비타민 M ···················· 324
2. 비타민 H(biotin) ···················· 324
3. 비타민 B_1 ···················· 325
4. 비타민 C(ascorbic acid) ···················· 325
5. 비타민 B_{12} ···················· 326
6. 가이네틴(kinetin) ···················· 327

제 17 장 천연물질 / 329

17.1 정유와 터펜 ···················· 329

1. 개환형 터펜류 ···················· 330
2. 단환식 터펜 ···················· 331
3. 2중고리 터펜류 ···················· 332
4. 세스퀴터펜류(sesquiterpene) ···················· 332

17.2 카로테노이드 ···················· 334

1. 카로텐(carotene) ···················· 334
2. 리코펜(lycopene) ···················· 334

17.3 스테로이드 ···················· 335

1. 동물성 스테롤 ···················· 335
2. 식물성 스테롤 ···················· 336
3. 담즙산 ···················· 337
4. 호르몬 ···················· 337

17.4 알칼로이드 ···················· 338

1. 니코틴산 ···················· 339
2. 아트로핀 ···················· 339
3. 퀴닌(quinine) ···················· 340
4. 몰핀(morphine) ···················· 340
5. 기타 알칼로이드 ···················· 341

17.5 항생물질 ···················· 341

1. 페니실린 ···················· 342
2. 스트렙토마이신 ···················· 342
3. 클로로마이세틴 ···················· 343

4. 테라마이신과 오레오마이신 ··· 343

17.6 식물호르몬 ··· 344

1. 옥신(auxin) ··· 344
2. 지베렐린(gibberellin) ··· 345

제 18 장 유기금속 화합물 / 347

18.1 일반적 성질 ··· 347

18.2 몇 가지 유기금속 화합물 ··· 348

1. 아연화합물 ··· 348
2. 마그네슘화합물 ··· 349
3. 유기수은화합물 ··· 351
4. 유기납화합물 ··· 352
5. 유기알루미늄화합물 ··· 352

제 19 장 고분자물질 / 355

19.1 합성수지 ··· 355

1. 합성수지의 분류 ··· 356
2. 교차결합과 수지의 성질 ··· 357

19.2 탄화수소계 합성수지 ··· 358

1. 폴리에틸렌 ··· 358
2. 폴리프로필렌과 폴리스티렌 ··· 358

19.3 비닐수지 ··· 358

19.4 축합체 ··· 359

1. 나일론 ··· 359
2. 폴리에스테르 ··· 359
3. 요소수지 ··· 360

19.5 이온교환수지 ··· 360

찾아보기 ······ 363
Index ······ 365

1

구조와 성질

1.1 유기화학

과거에는 물질의 기원에 따라서 유기화합물(organic compound)과 무기화합물(inorganic compound)로 구별하였다. 즉, 생명체에서 생성되는 물질을 유기화합물이라 하고, 비생명체에서 생성되는 물질을 무기화합물이라 하였다. 그러나 Friedrich Woehler가 1828년에 무기물질인 시안산 암모늄(ammonium cyanate)에서 오줌의 한 성분이면서 유기물질인 요소(urea)를 합성시키는 데 성공하면서 과거의 개념에 수정이 이루어졌다.

현대적인 개념으로 유기화학은 탄소를 함유한 물질을 말하며, 이러한 물질들의 구조, 성질 및 변화과정 등을 다루는 분야가 **유기화학**(organic chemistry)이다.

탄소원자는 다른 원소의 원자에서는 찾아보기 어려운 독특한 성질을 갖고 있으며, 가장 두드러진 성질은 서로 결합하여 긴 사슬(chain) 또는 가지가 달린 사슬(branched chain)을 형성하며, 때로는 탄소원자의 결합이 고리(ring) 모양을 이루거나 사슬과 고리가 결합하면서 무수하게 복잡한 물질을 생성할 수 있다는 점이다. 또한 수소를 비롯하여 질소 · 황 · 인은 물론 할로겐이나 금속원자들도 이들 탄소사슬이나 고리와 결합이 가능하며, 탄소를 비롯한 이들 원자들의 배열방식이 변화되면서 물리적 · 화학적 성질이 변화된 거의 무한대에 달하는 탄소화합물이 존재하게 된다.

$$NH_4OCN \xrightarrow[\triangle]{} H_2N-\overset{\overset{\displaystyle O}{\|}}{C}-NH_2$$

그림 1-1. 요소의 합성

표 1-1. 무기화합물과 유기화합물의 차이점

	무기화합물	유기화합물
화학결합	주로 이온결합	주로 공유결합
반응속도(양)	빠름, 정량적	느림, 부반응적(촉매)
휘발성	낮음	높음
녹는점	높음	낮음
용해도	극성용매에 잘 녹음	비극성 유기용매에 잘 녹음
연속성	약함	강함

현재까지 알려진 유기화합물의 수는 약 300만 종을 초과하였고, 매년 수많은 화합물들이 새롭게 합성되어 발표되고 있다. 유기화합물은 인간에게 유용한 많은 생활필수품을 제공하고 있으며, 다양한 생활 화학물질을 비롯하여 귀중한 의약품도 만들어지고 있다.

1.2 원자의 구조와 화학결합

화합물의 분자는 그것을 구성하는 원자들이 서로 결합하게 하는 어떤 힘에 의해서 이루어지고 있다.

원자는 양하전을 갖고 있는 양자(proton)와 하전되어 있지 않은 중성자(neutron)으로 이루어진 원자핵이 있고, 원자핵을 중심으로 둘레를 음이온으로 하전된 전자들이 회전하고 있다. 전자의 하전량은 양자 한 개의 하전량과 같으므로 전자의 숫자는 원자핵에 존재하는 양자의 수와 같다.

원자핵을 중심으로 불연속적으로 이루어진 몇 개의 둥근 공과 같은 전자의 궤도군을 **껍질**(shell, 각)이라 하고, 각각의 전자껍질은 최대 $2n^2$개의 전자를 수용할 수 있으며, 각 껍질의 에너지 양은 서로 다르다. 한편, 원자핵에서 가장 가까운 껍질부터 차례로 K, L, M, N, P, Q 껍질 또는 n=1, 2, 3, 4, 등의 껍질이라 부른다.

원자핵에서 가장 가까운 K껍질(n=1)에는 두 개의 전자가 들어갈 수 있고, 다음의 L껍질(n=2)에는 8개의 전자가, M껍질(n=3)에는 18개의 전자가 들어갈 수 있다. 이때 K껍질을 **최내각**(inner most shell)이라 하고, 원자핵에서 가장 멀리 떨어진 바깥쪽 껍질을 **최외각**(outer most shell)이라 하며, 최외각 껍질에는 최대 8개의 전자가 들어갈 수 있다(octet theory). 또한 최외각의 전자배열 상태는 원소의 화학적 특성을 지배하므로 이 전자들을 **원자가전자**(原子價電子, valence electron)이라 한다.

표 1-2. 몇 가지 주기율표

주 기	족	I	II	III	IV	V	VI	VII	O
1	원 소	H							H2
	최외각 전자수	1							2
2	원 소	Li	Be	B	C	N	O	F	Ne
	최외각 전자수	1	2	3	4	5	6	7	8

```
                ·
               ·C·
   ·   ·   ·   ··  ·
  ·C : C : C : C : C·
   ·   ··  ·   ··  ·
      ·C·     ·C·
       ·       ·
```

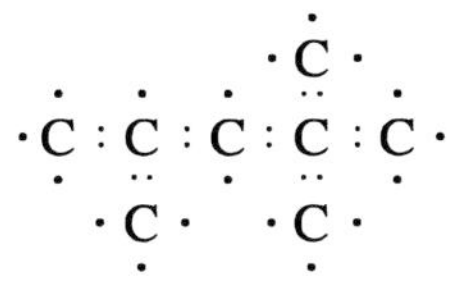

그림 1-2. 탄소와 탄소 사이의 전자쌍

네온(Ne)과 아르곤(Ar) 등은 원자의 최외각에 8개의 전자를 갖고 있어 화학적으로 대단한 안정성을 갖고 있으나, 수소를 제외한 다른 원소의 원자들은 부족한 원자들을 다른 원자의 최외각에서 전자를 끌어들여 8개의 안정된 전자배열을 형성하려는 성질이 있고, 이러한 성질이 화학결합 현상으로 나타날 수 있다. 탄소원자의 전자배열 상태는 K껍질에 2개, 최외각인 L껍질에 4개의 전자가 있는데, 이 4개의 원자가전자가 다른 원자의 전자와 공유하여 새로운 화합물을 형성하게 된다.

주기율표의 왼쪽에 있는 Li이나 Be는 한 개 또는 두 개의 최외각 전자를 갖고 있는데, 이들은 부족한 7개 또는 6개의 전자를 끌어들이는 것보다는 이들 전자를 다른 원자에 주어 버리고 자기 자신은 최외각 궤도의 안쪽 궤도의 불활성 원소의 전자궤도를 갖추려고 한다. 이러한 성질의 원자를 **전자공여체**(electron donor)라 하고, 반대로 주기율표의 오른쪽에 위치한 O나 F 등은 전자를 받아들여서 8개의 안정한 최외각의 전자배열 상태를 이루려고 하므로 **전자수용체**(electron acceptor)라 한다.

주기율표의 중간에 위치한 탄소는 4개의 최외각 전자가 있는데, 이들은 전자를 주거나 받지 않고 다른 탄소원자와 전자쌍(electron pair)을 이루어 공유하여 서로 최외각에 8개의 전자를 갖고 안정화하려는 성질 때문에 다양한 종류의 화합물이 합성될 수 있는 근거가 되고 있다.

1.3 화학결합의 종류

원자의 구조, 특히 원자핵을 중심으로 하여 그 둘레를 회전하는 전자의 이동관계가 알려지면서 원자 사이의 결합을 전자수준에서 이해할 수 있게 되었다. 유기화합물의 결합방법은 이온결합 · 순수공유결합 · 배위공유결합 · 극성결합 · 수소결합 등이 있다.

1. 이온결합

Na나 K같은 전자공여체는 최외각의 전자를 다른 원자에게 주고 자기 자신은 전주기의 Ne나 Ar의 전자배열을 갖추어 안정된 상태를 이루려고 하며, F나 Cl 등의 전자수용체는 다른 원자로부터 전자를 받아서 최외각에 8개의 안정한 전자배열을 갖추려고 한다. 결국 Na나 K는 전자를 주고 양이온으로 변화되며, F나 Cl 등은 과외로 전자를 받아 음이온으로 하전되면 정전기적 인력(electrostatic force)에 의해 결합하여 염(salt)을 형성한다. 이러한 결합방식을 **이온결합**(ionic bond)이라 하고, 주기율표의 좌측에 분포되어 있는 양전하성 금속원자와 주기율표의 우측에 분포한 음전하성 비금속원자 사이에서 쉽게 볼 수 있다.

Na와 Cl이 이온결합하는 모양은 그림 1-3과 같다.

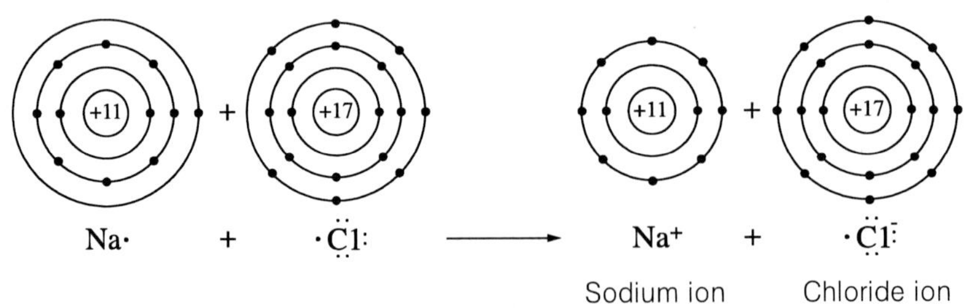

그림 1-3. Na와 Cl의 이온결합

2. 공유결합

공유결합(covalent bond)은 순수공유결합 · 극성공유결합 · 배위공유결합 등이 있다.

1) 순수공유결합(pure covalent bond)

수소원자가 서로 결합해서 수소분자(H_2)를 형성할 때 각각의 원자가 갖고 있는 한 개씩의 전자는 H : H와 같이 두 원자가 서로 공유하여 H_2를 형성한다. 이러한 결합을 **순수공유결합**이라 하며, 유기화학의 결합을 연구하는 데 있어서 가장 중요한 결합방식이다.

이러한 방법으로 O_2, N_2, CH_4, CO_2 등도 공유결합을 형성한다.

2) 쌍극자 능률(dipole movement)

동일한 전자 사이의 공유결합에서 H : H, O : O, C : C 같은 경우는 전자밀도가 원자 사이에 균일하게 분포되어 있으나, H : Cl과 같이 한쪽이 친전자성인 경우는 결합의 하전상태 또는 전자분포에 차이가 나타나므로 원자 간에 극성이 발생하게 된다. 이것을 $H^{\delta+}$와 $Cl^{\delta-}$로 표기하며, δ^{+}는 텔타프러스, δ^{-}는 델타마이너스로 읽는다.

이와 같이 여러 가지 원자 사이의 분극정도를 비교하는 기준으로서 쌍극자 능률을 이용하며, 다음 공식으로 계산한다.

$$\mu = el$$

μ: 쌍극자 능률(D, Debye) (1-1)

e : 정전자 단위(electrostatic unit, esu)

l : 원자 사이의 거리(angstrom)

HCl은 H와 Cl의 e값이 각각 $+0.81\times10^{-10}$ esu이고, l은 1.27×10^{-8} cm(1.27Å)이므로 쌍극자 능률은

$$(0.81\times10^{-10})\times(0.27\times10^{-8}) = 1.03\times10^{-18}$$

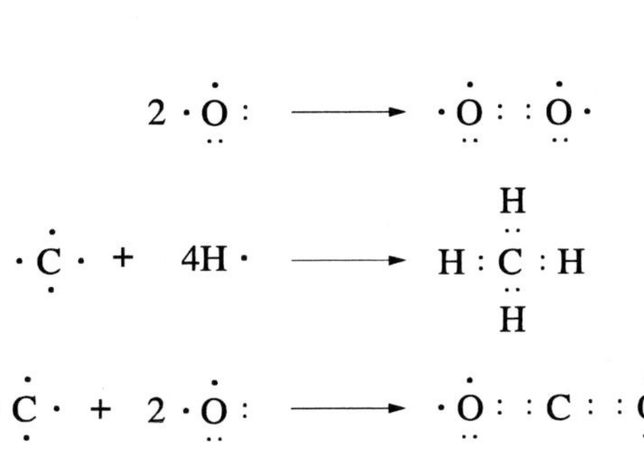

2 ·Ö: ⟶ ·Ö::Ö·

·Ċ· + 4H· ⟶ H:C:H (위 H, 아래 H)

·Ċ· + 2·Ö: ⟶ ·Ö::C::Ö·

그림 1-4. 순수공유결합

이다. 10^{-18}은 1 D 단위이므로 HCl의 쌍극자 능률은 1.03 D이다.

3) 극성결합(polar bond)

동일한 원소의 원자끼리 결합하는 경우는 전자쌍을 서로 공평하게 공유하므로 순수한 공유결합을 이룰 수 있으나 HF, H_2O, NH_3와 같이 이종 원자끼리 결합하는 경우는 서로 전자를 끌어당기는 힘에 차이가 발생하게 되고, 이러한 현상은 전기음성도(electro-negativity)의 차이 때문이다.

전기음성도는 분자 내에서 구성원자끼리 전자를 서로 끌어당기는 힘의 강약을 상대적으로 표현하는 단위이다. 공유된 전자는 전기음성도가 높은 원자쪽으로 전자밀도(electric density)가 치우치게 되고, 이런 결과로 인해서 전자밀도가 상대적으로 높아진 원자는 분자 내에서 다른 원자에 비하여 상대적으로 전기적 음성을 나타내게 되고, 반대로 다른 원자는 상대적으로 양성을 나타내게 된다. 이런 방식의 결합을 **극성결합**이라 하고, 이 때 각각의 원자는 극성(polarity)을 갖는다고 한다.

그러므로 서로 결합하는 두 원자의 전기음성도 차이가 클수록 극성도 크게 나타나게 되며, 분자의 극성은 반응성을 비롯하여 화학적인 성질은 물론 융점・비등점・용해도 같은 물리적인 성질에도 큰 영향을 미치게 된다.

표 1-3. 원자 간의 쌍극자 능률

결 합	1×10^{-18} (cm, esu)	결 합	1×10^{-18} (cm, esu)
C-H	0.2	C-N	0.4
N-H	1.3	C-O	0.9
O-H	1.5	C-Cl	1.7

$$H\cdot + \cdot\ddot{\underset{\cdot\cdot}{F}}: \longrightarrow H:\ddot{\underset{\cdot\cdot}{F}}:$$

$$2H\cdot + \cdot\ddot{\underset{\cdot\cdot}{O}}: \longrightarrow H:\overset{H}{\ddot{\underset{\cdot\cdot}{O}}}:$$

$$\cdot\dot{\underset{\cdot}{N}}: + 3H\cdot \longrightarrow H:\overset{H}{\ddot{\underset{\cdot\cdot}{N}}}:H$$

그림 1-5. 극성결합

4) 배위공유결합(coordinate covalent bond)

순수공유결합과 극성결합은 결합하는 두 원자가 서로 전자를 공유하여 전자쌍을 형성하는 경우이지만, 어떤 경우는 한 쪽의 원자가 일방적으로 전자쌍을 제공하면서 결합하는 방식이 있으며, 이런 결합방식을 **배위공유결합**이라고 한다.

암모니아를 형성하는 N원자는 비공유 전자쌍(unshared electron pair)을 포함하고 있으므로 전자를 잃은 H^+가 가깝게 접근하면 질소원자가 일방적으로 결합에 필요한 전자쌍을 제공하면서 공유결합이 이루어지게 된다.

5) 수소결합

극성을 나타내는 두 개의 분자가 있을 때 한 분자의 δ^+ 부분과 다른 분자의 δ^- 부분은 서로 상호작용을 할 수 있다. 이러한 성질을 가장 잘 나타내는 원소가 수소이

표 1-4. 몇 가지 원자의 전기음성도(Pauling 단위)

H 2.1	B 2.0	C 2.5	N 3.0	O 3.5	F 4.0
	Al 1.5	Si 1.8	P 2.1	S 2.5	Cl 3.0
	Sc 1.3	Ge 1.8	As 2.0	Se 2.4	Br 2.8
	Y 1.2	Sn 1.8	Sb 1.9	Te 2.1	I 2.5

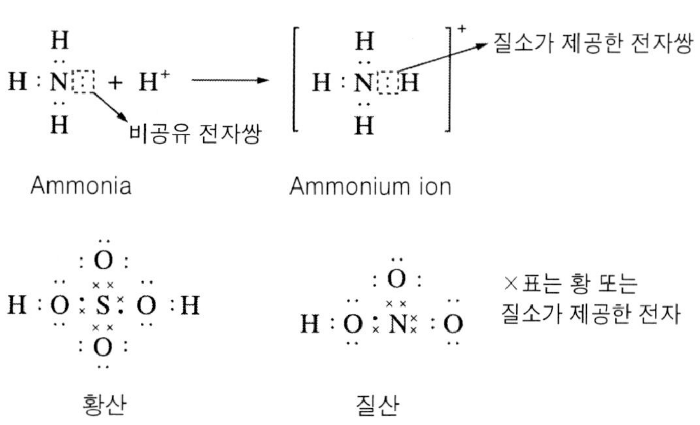

그림 1-6. 몇 가지 배위공유결합

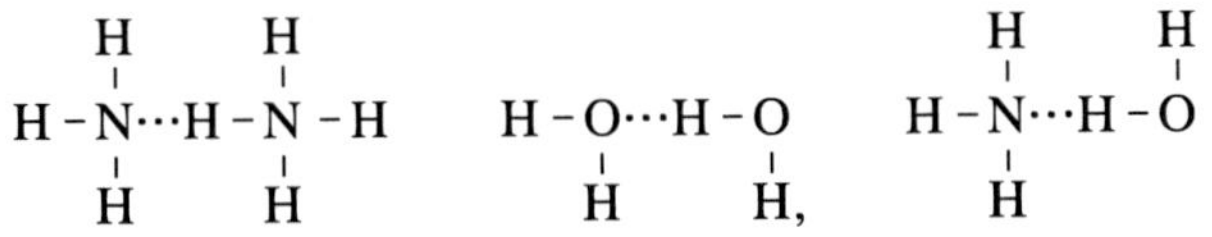

$$\begin{array}{ccccc} & \mathrm{H} & & \mathrm{H} & \\ & | & & | & \\ \mathrm{H}- & \mathrm{N} & \cdots\mathrm{H}- & \mathrm{N} & -\mathrm{H} \\ & | & & | & \\ & \mathrm{H} & & \mathrm{H} & \end{array} \qquad \begin{array}{cccc} \mathrm{H}- & \mathrm{O} & \cdots\mathrm{H}- & \mathrm{O} \\ & | & & | \\ & \mathrm{H} & & \mathrm{H}, \end{array} \qquad \begin{array}{cccc} & \mathrm{H} & & \mathrm{H} \\ & | & & | \\ \mathrm{H}- & \mathrm{N} & \cdots\mathrm{H}- & \mathrm{O} \\ & | & & \\ & \mathrm{H} & & \end{array}$$

그림 1-7. 몇 가지 수소결합

고, 불화수소(HF)는 수소가 한쪽에서는 공유결합을 형성하고, 다른 쪽에서는 정전기에 의해서 전기음성도가 큰 다른 분자의 F와 마치 다리(bridge) 같은 역할을 하면서 두 개의 극성분자(polar molecule)를 결합시킨다.

$$H^{\delta\oplus} - F^{\delta\ominus} \cdots H^{\delta\oplus} - F^{\delta\ominus} \cdots H^{\delta\oplus} - F^{\delta\ominus}$$

이러한 예는 암모니아와 암모늄 이온 사이에서, 물분자 또는 암모니아와 물분자 사이에서도 볼 수 있다. F, O, N 원자와 수소 사이에서 수소결합이 나타난다.

수소결합은 공유결합에 비하여 결합강도가 훨씬 약하지만 결합된 분자의 물리적 성질에 큰 관계가 있고, 단백질이나 핵산같이 거대분자의 모양(shape)을 결정하는 데 결정적으로 관여한다.

1.4 원자궤도(atomic orbital)

전자는 대단히 가벼워서 항상 상대적으로 월등하게 무거운 원자핵의 주위를 운동하고 있다. 전자의 운동은 대단히 빠르고 질량이 가볍기 때문에 정확한 위치나 통로를 알 수가 없지만, 핵 주위에서 전자를 발견할 수 있는 어떤 일정한 범위나 공간은 추정이 가능하다. 즉, 전자가 운동하고 있는 가상의 공간범위를 **궤도**(orbital)라고 하

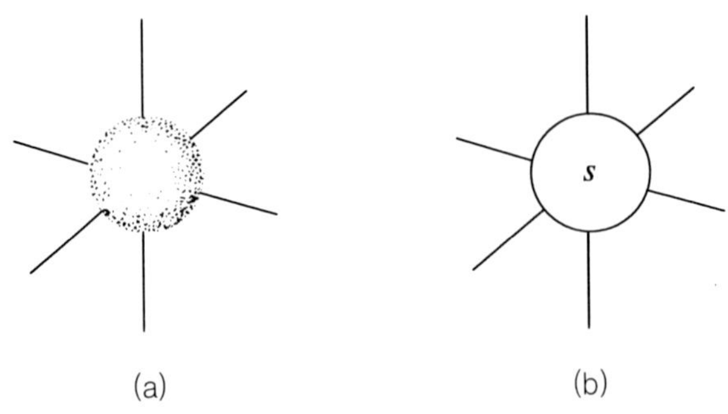

그림 1-8. 전자궤도의 표현방식

며, 이 부분의 전자밀도가 핵의 주위에서 가장 높게 나타난다.

궤도는 일정한 경계선은 없지만 핵에서 일정한 거리를 지나면 전자를 발견할 수 있는 확률이 크게 낮아지므로 이러한 전자분포를 그림 1-8과 같은 방식으로 나타낸다. 그림에서 (a)는 전자운(electron cloud)을 이용한 표현방식이고, (b)는 간단한 방식을 예로 나타내었다.

어떤 전자는 p궤도라 하여 x축·y축·z축 세 방향 모두에서 궤도를 나타내는 경우도 있으며, 화학반응이 일어나면 각각의 궤도들이 서로 섞이면서 대단히 복잡한 혼성궤도를 나타내게 된다.

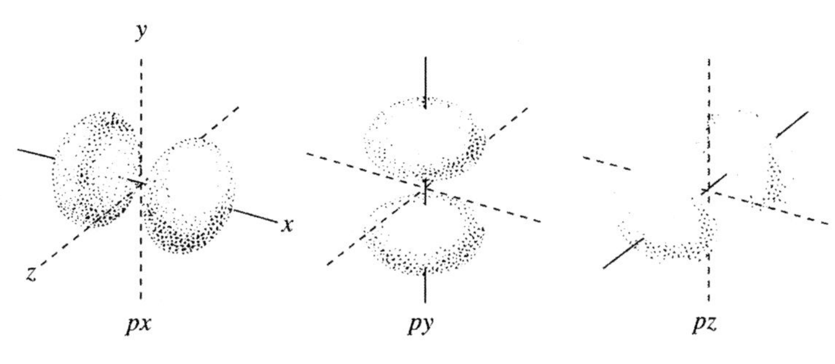

그림 1-9. p궤도

표 1-5. 전자궤도와 부궤도의 최대 전자수

궤 도	부궤도	전자수	합 계	궤 도	부궤도	전자수	합 계
K(n=1)	sd	2	2	O(n=5)	s p d f	2 6 10 14	32
L(n=2)	s p	2 6	8	P(n=2)	s p d	2 6 10	18
M(n=3)	s p d	2 6 10	18	Q(n=7)	s p	2 6	8
N(n=4)	s p d f	2 6 10 14	32				

표 1-6. 몇 가지 원소의 기저상태 전자배열

원자	$1s$	$2s$	$2p_x$	$2p_y$	$2p_z$	기호
H	↑					$1s^1$
He	↑↓					$1s^2$
Li	↑↓	↑				$1s^2, 2s^1$
Be	↑↓	↑↓				$1s^2, 2s^2$
B	↑↓	↑↓	↑			$1s^2, 2s^2, 2p^1$
C	↑↓	↑↓	↑	↑		$1s^2, 2s^2, 2p^2$
N	↑↓	↑↓	↑	↑	↑	$1s^2, 2s^2, 2p^3$
O	↑↓	↑↓	↑↓	↑	↑	$1s^2, 2s^2, 2p^4$
F	↑↓	↑↓	↑↓	↑↓	↑	$1s^2, 2s^2, 2p^5$
Ne	↑↓	↑↓	↑↓	↑↓	↑↓	$1s^2, 2s^2, 2p^6$

$1s$: K껍질(n=1)의 s궤도
$2s$: L껍질(n=2)의 s궤도
$2p$: L껍질(n=2)의 p궤도
x, y, z : x축, y축, z축 방향에 위치한 궤도의 방향

한편, 여러 가지 원자의 전자배열 상태는 K・L・M・N・O 껍질 등으로 나타내기도 하고, n=1, 2, 3, 4, 5 등으로 나타내기도 하며, 각 껍질의 에너지의 크기는 앞쪽으로 갈수록 증가된다.

또한 각각의 껍질이 구성되어 있는 상태는 몇 개의 부껍질(suborbital)로 나뉘어져 있는 것을 알 수 있다. 이들을 각각 s・p・d・f로 나타내며, 이들의 에너지 크기도 앞쪽으로 갈수록 커진다.

각각의 껍질과 이들에 속하는 부껍질이 최대로 가질 수 있는 전자수는 표 1-5와 같고, 몇 가지 원소의 전자궤도와 각각의 궤도가 속해 있는 전자의 수를 표 1-6에 정리하였다.

1.5 결합각의 방향과 혼성궤도

원자와 원자가 서로 결합할 때는 두 원자가 직선상에 놓이거나 어떤 각도를 이루면서 결합이 이루어지는데, 어떤 경우든지 두 원자의 전자궤도가 두 원자핵이 일정한 거리(결합거리)를 유지하면서 최대한 겹칠 수 있는 방법으로 결합이 이루어지므로 구형인 s 궤도끼리 결합할 때는 결합각을 고려할 필요가 없으나, p 궤도끼리 결합할 때는 일정한 결합각이 형성될 수밖에 없다.

예를 들어 수소와 수소의 $1s$ 궤도끼리 결합을 이루는 경우는 결합각도를 고려할

필요가 없지만, 수소의 1*s* 궤도와 산소원자의 *p*궤도가 결합하여 물분자를 형성할 경우는 기하학적으로 90°각도를 이루어야 하지만, 실제로는 두 개의 수소원자가 서로 정전기적 반발을 일으켜 104.5°의 결합각을 형성하게 된다.

공유결합은 두 개의 원자궤도가 겹쳐지면서 형성되는 결합이며, 모든 화합물의 형성과정(결합과정)은 결국 각각의 전자배열에 대해서 충분한 이해가 필요하다. $BeCl_2$의 경우에 Be의 전자수가 4개이고, 배열은 $1s^2$, $2s^2$이고, 비쌍전자(unpaired electron)는 하나도 없으므로 다음과 같은 궤도를 갖고 있다.

결합형성은 화합물 자체를 평가할 때 일종의 안정화 과정, 즉 에너지 방출과정인데 비하여 결합이 끊어지려면 에너지를 흡수해서 불안정한 상태가 되어야 한다. 결국 Be와 Cl이 결합하려면 각각의 원소가 여기상태(excited state)에서 2*s*에 위치한 두 개의 전자 중에서 하나는 2*px* 궤도로 진입(promotion)한 다음, 두 개의 염소원자 중의 하나는 Be의 2*s* 궤도와, 다른 염소원자는 Be의 2*px* 궤도와 결합하여 $BeCl_2$가 일정한

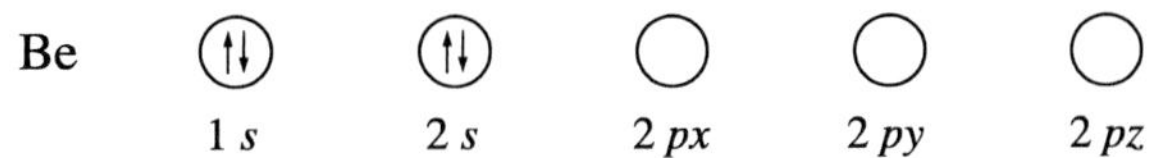

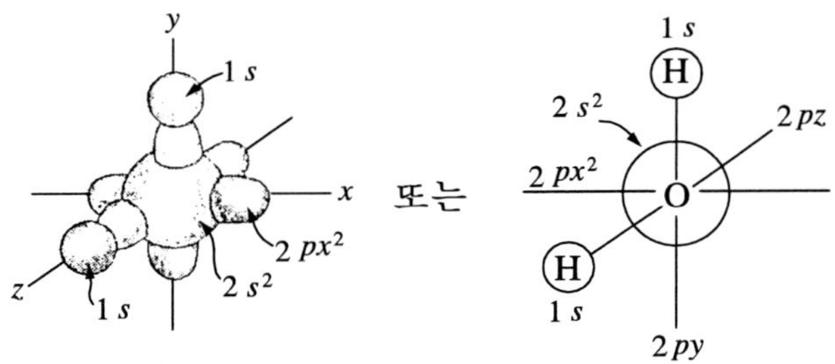

(a) 수소의 1*s* 궤도가 산소의 2*py*, 2*pz* 구도와 σ로 겹친 상태

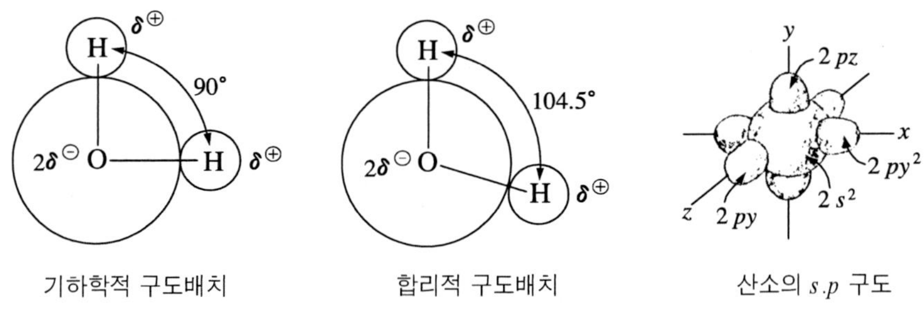

(b) 결합각의 해석

그림 1-10. 물분자의 결합각 해석

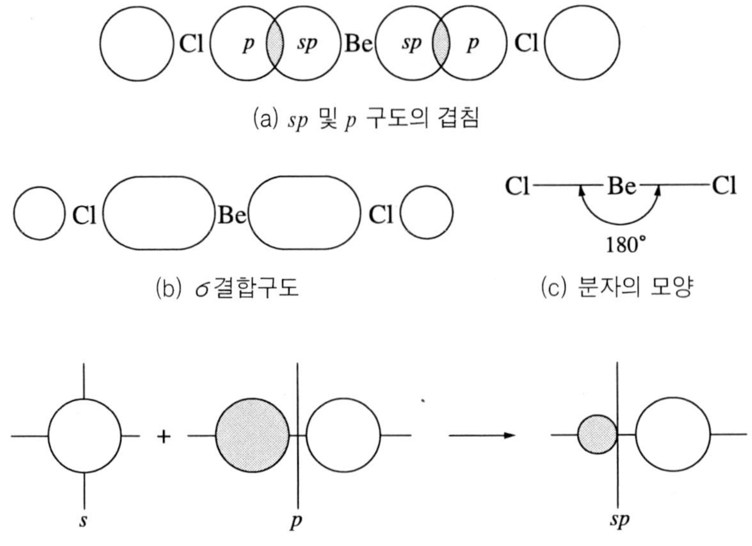

(a) *sp* 및 *p* 구도의 겹침

(b) σ결합구도

(c) 분자의 모양

그림 1-11. $BeCl_2$ 분자의 결합각 해석

결합각을 갖게 될 것으로 생각하기 쉽다. 그러나 실제로는 그림 1-11과 같이 Be의 2s와 2*px* 궤도가 혼성되면서 두 개의 새로운 네 혼성궤도를 형성한 다음 Cl과 결합하기 때문에 Cl-Be-Cl은 직선상에 배열된 상태로 결합을 형성한다.

1.6 탄소원자의 구조와 성질

유기화학은 기본적으로 탄소화합물에 대한 학문이므로 탄소원자에 대해 충분한 이해가 중요하다. 탄소원자의 전자배열은 기저상태(ground state)일 때 $1s^2$, $2s^2$, $2px$, $2py$이지만, 어떤 이유로 인해서 에너지 상태에 변화가 일어나 여기상태가 되면 $1s^2$, $2s$, $2px$, $2py$, $2pz$의 배열을 형성하게 된다.

탄소의 전자 중에서 화학결합에 관여하는 전자는 2*s*와 2*p*에 있는 4개의 전자인데, 이들이 소속된 궤도는 다르지만 서로 동등한 수준에서 화학결합에 참여한다. 만약에

표 1-7. 에너지 상태에 따른 탄소원자의 전자배열 상태변화

기저상태의 전자배열	1*s*	2*s*	$2p_x$	$2p_y$	$2p_z$
	↑↓	↑↓	↑	↑	
여기상태의 전자배열	1*s*	2*s*	$2p_x$	$2p_y$	$2p_z$
	↑↓	↑	↑	↑	↑

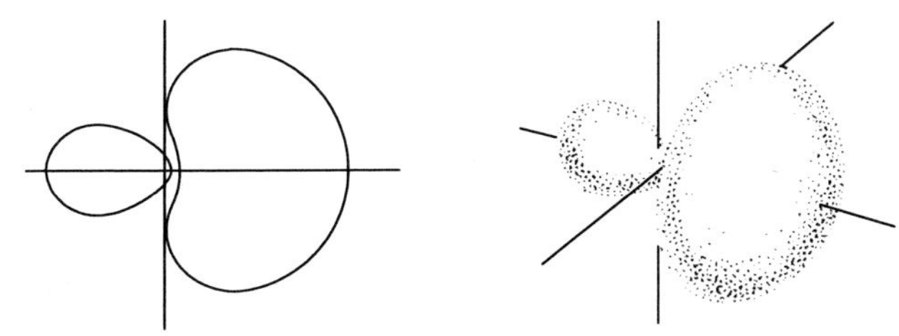

(a) 단일구도 단면도와 비슷한 모양

(b) 구상으로 표시된 sp^3 구도

(c) 정사면체의 정점으로 향한 4개의 구도

그림 1-12. 탄소의 sp^3 혼성궤도

H-C≡C-H

Ethane　　Ethylene(ethene)　　Acetylene(ethyne)

그림 1-13. 탄소의 결합방식

이들이 속해 있는 전자궤도에 변화가 일어나지 않는다면 아마도 결합은 불가능할지도 모르지만, 이들은 서로 다른 궤도를 혼성시켜 4개의 새로운 sp^3 혼성궤도를 형성하기 때문에 결합이 이루어진다. 이 상태에서 원자가는 4가이고, 각각의 결합은 서로 동등한 공유결합을 이룰 수 있으므로 결합각은 기하학적으로 109°30′이어야 하지만, 실제로는 그림 1-12처럼 109°5′가 된다.

탄소원자끼리의 결합방법은 단일결합(C-C), 2중 결합(C=C), 3중 결합(C≡C)의 세 가지 방법이 있는데, 단일결합은 σ 결합으로 되어 있고, 2중 결합과 3중 결합은 각각 한 개의 σ 결합과 한 개 또는 두 개의 π 결합으로 형성되어 있다.

1. σ결합

두 개의 수소원자가 결합하여 수소분자를 형성할 때 각각의 수소원자 1*s* 궤도가 중첩되면서 공유결합을 이룬다. 에탄의 경우에 탄소와 탄소 사이의 결합은 각 탄소의 sp^3 혼성궤도가 각각 하나씩 중첩되어 C-C결합이 형성되고, 각 탄소의 나머지 세 개의 sp^3 혼성궤도는 수소의 1*s* 궤도와 중첩되면서 C-H결합을 형성하게 된다. 이러한 방식의 공유결합을 **σ 결합**이라 하며, π 결합보다 안정하다.

2. π결합

에텐의 경우에 각각의 탄소원자는 4개의 sp^3 혼성궤도 중에서 2개는 수소원자의 1*s* 궤도와 중첩되면서 σ 결합을 형성하고, 나머지 2개씩의 sp^3 혼성궤도는 별도로 중첩되면서 2개의 탄소 2중 결합을 형성할 것으로 예상할 수 있으나 실제로는 이와 다르게 독특한 결합을 형성한다.

Pauli의 법칙에 따라 2개의 전자가 동일한 상태의 궤도를 형성할 수 없으므로 에텐(ethene)은 탄소원자의 전자궤도 중에서 1개의 *s*궤도와 2개의 *p*궤도가 혼성되면서 3개의 새로운 sp^3 혼성궤도를 형성하게 된다. 이렇게 형성된 3개의 sp^3 혼성궤도 중에서 2개는 수소의 1*s* 궤도와 중첩되어 C-H σ 결합을 형성하고, 다른 1개는 다른 탄소원자의 sp^2궤도와 중첩되면서 C-C 단일결합(σ 결합)을 형성한다. 나머지 1개의 *p*

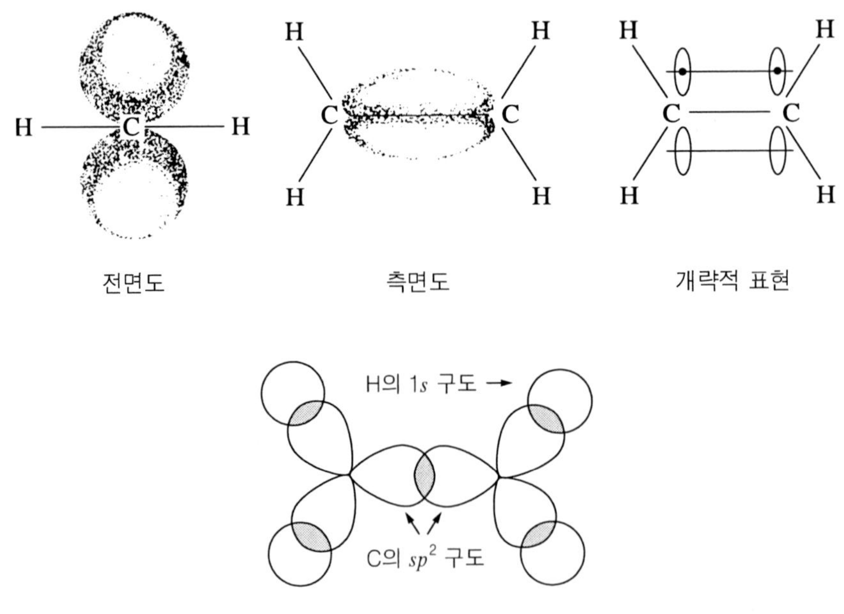

그림 1-14. Ethene의 결합

궤도는 이미 형성되어 있는 sp^2궤도와 직각상태로 전자운을 형성하고, 상대편 탄소원자가 형성하고 있는 전자운의 일부와 중첩되면서 일정한 결합상태를 형성하게 된다. 이러한 결합방식을 **π 결합**이라 한다.

π 결합은 σ 결합에 비하여 전자궤도가 중첩되는 정도가 적으므로 상대적으로 불안정하므로 전자의 이동이 쉽고, 분자 내에서 분극을 형성하기도 쉬운 것이 특징이다. π 결합에 관여하는 전자를 **π 전자**라고 한다.

1.7 유기반응의 과정

화학반응이란 결과적으로 원래의 결합을 해체한 다음 새로운 결합을 형성하는 과정이라고 할 수 있다. 그렇다면 유기화학에서 가장 일반적인 결합방식인 공유결합은 어떤 형태로 결합이 변형될 수 있는가를 이해하는 것이 대단히 중요하다. 어떤 공유결합 A : B가 해체된다면 그림 1-15와 같은 세 가지 과정을 가정할 수 있다.

만약에 공유결합이 ① 또는 ②와 같이 해체된다면 생성될 수 있는 상태는 하전된 입자, 즉 이온을 형성하게 되고, ③과 같다면 홀수의 전자수를 갖는 전기적으로 중성상태의 조각이 생성될 것이다. 이런 중성상태의 조각을 **유리기**(free radical)이라 한다.

화학적으로 유리기들은 다른 원자, 분자나 작용기와 결합하여 화합물질을 형성하지만, 생리적으로 유리기는 인체에서 대단히 중요한 의미를 갖고 있다. 활성산소 [O]를

A : B ⟶ ① $A^{\oplus}$ + $:B^{\ominus}$
② $A:^{\ominus}$ + $B^{\oplus}$
③ A· + ·B

그림 1-15. 공유결합의 해체

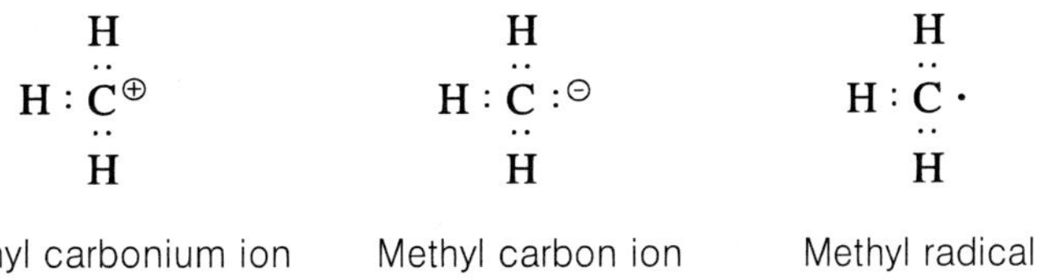

H H : C̈⊕ H	H H : C̈ :⊖ H	H H : C̈ · H
Methyl carbonium ion	Methyl carbon ion	Methyl radical

그림 1-16. 3H와 1C의 반응해석

비롯하여 인체에서 생성되는 유리기들은 조직과 장기에서 결합하여 결합부위에 손상을 입히고, 괴사 또는 심한 경우 암을 발생시키는 원인이 되기도 한다.

수소원자 3개와 결합하는 탄소원자, 즉 CH_3를 가정해 보면 그림 1-16과 같은 세 가지 형태를 예상할 수 있다.

그림에서 methyl carbonium ion과 methyl radical은 탄소원자 둘레에 있어야 할 전자수가 8개보다 적으므로 이들은 반응의 중간생성물(intermediate)로서 극히 순간적으로만 존재할 뿐이고, 반응생성물질(product)로서는 거의 존재하지 않는다.

결국 methyl radical은 또 다른 methyl radical과 반응하여 에탄(ethane)을 생성한다.

$$H_3C\cdot \ + \ \cdot CH_3 \longrightarrow \underset{\text{Ethane}}{H_3C:CH_3} \qquad (1\text{-}2)$$

그러나 methyl radical 대신에 수소나 염소원자가 존재하면 다음과 같은 반응이 이루어진다.

$$\begin{aligned} &H_3C\cdot \ + \ \cdot H \longrightarrow H_3C:H \quad \text{즉,}\ CH_4\ \text{(methane)} \\ &H_3C\cdot \ + \ \cdot \ddot{\underset{..}{Cl}}: \longrightarrow H_3C:\ddot{\underset{..}{Cl}}: \quad \text{즉,}\ CH_3Cl\ \text{(methyl chloride)} \end{aligned} \qquad (1\text{-}3)$$

Methyl radical과 마찬가지로 methyl carbonium ion도 다른 원자로부터 전자를 얻을 수 있는 기회가 발생하면 다른 원자로부터 전자쌍을 받아들여 안정한 상태로 반응한다. 만약에 염소이온이 존재한다면 다음과 같은 반응이 진행된다.

$$H_3C^{\oplus} + \ :\ddot{\underset{..}{Cl}}:^{\ominus} \longrightarrow H_3C:\ddot{\underset{..}{Cl}}: \quad \text{즉,}\ CH_3Cl \qquad (1\text{-}4)$$

이러한 이유는 염소 음이온이 최외각 전자궤도에 안정화에 필요한 전자수인 8개를 갖고 있으나 비공유전자쌍을 그대로 두지 않고 이를 필요로 하는 다른 원자를 끌어들여 공유하면서 분자 자체를 더욱 안정화시키려는 경향이 있기 때문이다.

한편, 어떤 분자의 결합이 화학반응 과정에서 해체되면 그 자리에 새로운 결합이 생성되어야 한다. 염화메틸(methyl chloride)과 나트륨(Na)의 반응을 보면 중간단계에서 다음과 같은 반응이 진행된다.

$$H_3C:\ddot{\underset{..}{Cl}}: \ + Na\cdot \longrightarrow H_3C\cdot \ + Na^{\oplus}:\ddot{\underset{..}{Cl}}:^{\ominus} \qquad (1\text{-}5)$$

그러나 H_3C- 기가 불안정하기 때문에 그대로 존재하기가 어려우므로 동일한 기 두 개가 결합하여 다음과 같은 반응식을 갖게 된다.

$$2H_3C:\ddot{\underset{..}{Cl}}: + 2Na\cdot \longrightarrow H_3C:CH_3 + 2Na^{\oplus}:\ddot{\underset{..}{Cl}}:^{\ominus} \quad (1\text{-}6)$$

1.8 산과 염기

산(acids)과 염기(bases)는 모든 화학반응을 이해하는 데 가장 기초가 되는 개념이며, 산도(acidity)와 염기도(basicity or alkalinity)에 대해서는 다양한 정의가 이루어져 있다. 여기서는 현재 가장 보편적으로 적용되고 있는 두 가지 정의를 소개한다.

현대 화학에서 산과 염기에 대해 가장 일반적인 정의 두 가지는 브론스테드-로리와 루이스의 정의를 들 수 있다. 먼저 브론스테드-로리의 개념은 산이란 양자를 줄 수 있는 물질이고, 염기는 양자를 받아들이는 물질을 말한다. 염산(HCl)이 암모니아(NH_3)와 반응하는 경우에 염산이 암모니아에 양자를 제공하면서 새로운 산인 암모늄이온(NH_4^+)과 염기인 염소이온(Cl^-)을 생성한다. 이 때 약산인 암모늄이온을 강염기인 암모니아의 **공액산**(conjugated acid)라고 하며, 약염기인 염소이온을 강산인 염산의 **공액염기**(conjugated base)라고 한다.

한편, 산과 염기의 세기는 양자를 얼마나 쉽게 주고받을 수 있는가로 평가한다. 즉,

HCl	+	NH_3	$\rightleftharpoons$	NH_4^+	+	Cl^-
강산 (Cl의 공액산)		강염기 (NH_4^+의 공액염기)		약산 (NH_3의 공액산)		약염기 (HCl의 공액염기)
H_2SO_4	+	H_2O	$\rightleftharpoons$	H_3O^+	+	HSO_4^-
강산 (HSO_4의 공액산)		약염기 (H_3O^+의 공액염기)		강산 (H_2O의 공액산)		약염기 (H_2SO_4의 공액염기)
H_3O^+	+	OH	$\rightleftharpoons$	H_2O	+	H_2O
강산 (H_2O의 공액산)		강염기 (H_2O의 공액염기)		약산 (OH의 공액산)		약염기 (H_3O^+의 공액염기)
NH_4^+	+	OH	$\rightleftharpoons$	H_2O	+	NH_3
강산 (NH_3의 공액산)		강염기 (H_2O의 공액염기)		약산 (OH의 공액산)		약염기 (NH_4^+의 공액염기)

그림 1-17. 대표적인 공액산-염기의 반응

황산(H_2SO_4)과 염산같이 양자를 쉽게 내줄 수 있는 것은 **강산**이고, 반대로 HSO_4^-와 Cl^-이온처럼 양자를 받아들일 수 있는 능력이 적은 경우는 **약염기**에 해당된다. 산의 강도(세기)는 $H_2O < NH_4^+ < H_3O^+ < H_2SO_4 < HCl$의 순서로 증가하고, 염기의 세기는 반대로 HSO_4^-, $Cl^- < H_2O < NH_3 < OH^-$ 순서로 증가한다. H_3O^+은 하이드로늄 이온(hydronium ion)이라 한다.

이와 같이 산성이 강할수록 그 산의 염기(공액염기)는 약염기의 성질을 나타내며, 반대로 산성이 약할수록 그 산의 염기는 강염기의 성질을 갖게 된다.

$$C_2H_5\ddot{O}H + H_2SO_4 \rightleftharpoons C_2H_5\overset{H^+}{\ddot{O}}H + HSO_4$$

Ethyl alcohol — Oxonium ion (protonated ethyl alcohol)

$$C_2H_5\ddot{O}C_2H_5 + HCl \rightleftharpoons C_2H_5\overset{H^+}{\ddot{O}}C_2H_5 + Cl$$

Ethyl ether — Oxonium ion (protonated ethyl ether)

산소를 함유하고 있는 대부분의 유기화합물들은 물과 같이 염기로서 작용할 수 있으므로 앞의 반응과정과 같이 양자를 받아들일 수 있다.

루이스는 산이란 한 쌍의 전자를 받아 공유결합을 형성할 수 있는 물질이며, 염기는 한 쌍의 전자를 주고 공유결합을 형성하는 물질로 정의하였다. 즉, 산은 전자쌍의 **수용체**(acceptor)이고, 염기는 전자쌍의 **공여체**(donor)라는 개념으로서 산과 염기의 정의 중에서 가장 보편적이고 일반적으로 적용하고 있는 개념이다.

양자는 전자가 없으므로 자체가 하나의 산이고, 최외각인 K 궤도를 안정화시키기 위해 한 쌍의 전자를 필요로 한다. 예를 들어 3불화붕소(BF_3, boron trifluoride)에서 붕소는 최외각에 전자가 6개 뿐이어서 한 쌍의 전자를 도입하여 안정한 8개를 형성하려고 하는 경향이 있다. 따라서 3불화붕소는 산이라고 할 수 있다. 수산화이온(OH^-), 물, 암모니아 등은 공유할 수 있는 전자쌍을 갖고 있으므로 염기로서 반응한다. 4염화주석($SnCl_4$)은 주석의 외각에 8개의 전자로 채워져 있지만 전자쌍을 추가로 받아들여 염화주석의 착화합물($SnCl_6^{2-}$)을 형성할 수 있기 때문에 산으로 작용한다. 3염화알루미늄($AlCl_3$)도 산으로 작용한다.

브론스테드-로리의 이론에 따르면 어느 물질이 산성을 가지려면 그 분자구조에 수소가 포함되어 있어야 한다. 산성도는 주로 수소와 결합한 원자의 종류에 의해서 결

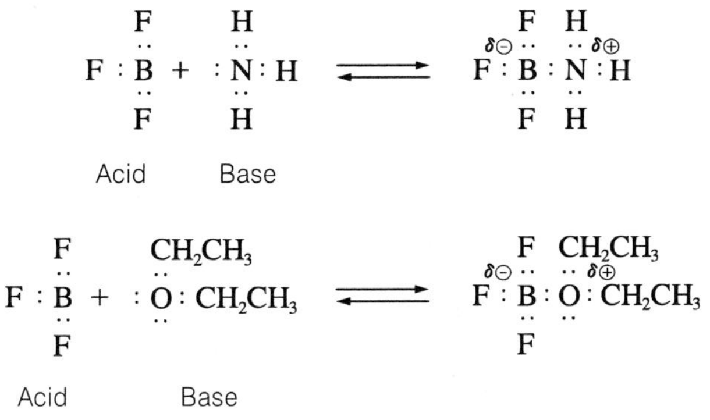

$$F:\overset{F}{\underset{F}{\ddot{B}}} + :\overset{H}{\underset{H}{\ddot{N}}}:H \rightleftharpoons F:\overset{F}{\underset{F}{\overset{\delta\ominus}{\ddot{B}}}}:\overset{H}{\underset{H}{\overset{\delta\oplus}{\ddot{N}}}}:H$$

Acid　　Base

$$F:\overset{F}{\underset{F}{\ddot{B}}} + :\overset{CH_2CH_3}{\ddot{O}}:CH_2CH_3 \rightleftharpoons F:\overset{F}{\underset{F}{\overset{\delta\ominus}{\ddot{B}}}}:\overset{CH_2CH_3}{\overset{\delta\oplus}{\ddot{O}}}:CH_2CH_3$$

Acid　　Base

그림 1-18. Lewis의 산-염기 반응개념

정되며, 수소이온(H^+)이 이탈하고 잔류하는 전자쌍과 원자가 결합할 수 있는 능력에 따라서 결정된다.

일반적으로 이러한 성질을 알 수 있는 가장 간단한 방법은 주기율표를 참고하는 방법이 있다. 즉, 주기율표의 같은 주기 안에서 왼쪽에서 오른쪽으로 갈수록 원소의 전기음성도가 증가하고, 같은 족인 경우는 아래쪽에서 위로 올라 갈수록 전기음성도가 증가하지만 원자의 크기는 감소하는 경향이 있다.

원자의 크기와 관련하여 일반적으로 다음과 같이 원자의 크기와 전기음성도가 증가할수록 전기음성도가 산성도가 증가하는 경향이 있다.

$H-CH < H-NH_2 < H-OH < H-F$ (전기음성도 증가)

$H-SH < H-Cl$

$H-F < H-Cl < H-Br < H-I$ (원자크기의 증가)

$H-OH < H-SH < H-SeH$

1.9 유기화합물의 분류

유기화합물은 화학구조가 복잡하고, 종류와 수가 많으므로 적당한 방법으로 분류를 하는 것이 물질의 성질을 이해하는 데 도움이 된다.

일반적인 분류방법의 기준으로서 탄소의 결합방식 · 관능기 · 조성 등의 세 가지를 주로 이용하고 있으며, 이 중에서 탄소의 결합방식을 이용한 분류체계가 가장 널리 이용되고 있다.

표 1-8. 유기화합물의 분류방법

분 류 기 준

- 탄소의 결합방식
- 관능기
- 화학조성

탄소의 결합방식에 따른 유기화합물의 분류

1. 쇄상화합물(chain compound) 또는 지방족화합물(aliphatic compound)
   ① 포화화합물(saturated compound)
   ② 불포화화합물(unsaturated compound)
2. 환상화합물(cyclic compound)
   ① 탄소환상화합물(carbocyclic compound)
      a. 지방족 환상화합물(alicyclic compound)
      b. 방향족화합물(aromatic compound)
   ② 이종환상화합물(heterocyclic compound)

연습문제

1. 포스핀(phosphine, PH_3)은 인이 몇 개의 수소와 연결되었는가?

2. 클로르메탄(CH_3Cl)과 아세트알데하이드(CH_3CHO)의 Lewis 구조 및 선 결합 구조를 그리시오.

3. 다음 분자의 가능한 화학식은?

   ① CCl?　② AlH?　③ $CH?Cl_2$　④ SiF?
   ⑤ AlCl?　⑥ $CF_2Cl?$　⑦ NI?

4. 다음 분자들은 공유결합 또는 이온결합 중 어느 결합을 가지는가?

   ① CH_4　② LiI　③ $MgCl_2$　④ Cl_2

5. 사염화탄소(CCl_4)의 사면체 구조를 실선, 점선 및 쐐기형으로 나타내시오.

6. 프로판($CH_3CH_2CH_3$)의 선 구조를 그리시오.

7. 프로펜($CH_3-CH=CH_2$)의 선 결합구조를 그리고, 각 원소들의 결합각은 얼마인가?

8. 물의 O-H 결합에서 극성을 띠는 방법을 설명하시오.

9. 다음 각 쌍의 원소에서 어느 것의 전기음성도가 더 큰가?

   ① Li와 H　② Be와 Br　③ Cl과 I

10. 다음 결합에서 극성을 띠는 방향을 나타내시오.

    ① $Br-CH_3$　② $Li-CH_3$　③ $HO-CH_3$

11. 다음 분자 중에서 공유결합과 이온결합을 가진 것을 고르시오.

    ① BeF_2　② SiH_4　③ CBr_4

12. 다음 분자의 화학식을 선 결합구조로 나타내시오.

    ① C_3H_8　② C_3H_7Br(2가지)　③ C_3H_6(2가지)　④ C_2H_6O(2가지)

2

포화 탄화수소

유기화학은 수많은 화합물 중에서 가장 간단한 종류인 포화 탄화수소(saturated hydrocarbon)로부터 시작된다고 할 수 있으며, 탄화수소(hydrocarbon)는 순수하게 탄소와 수소로만 이루어진 화합물을 말한다. 또한 포화란 두 원자의 결합방식에 있어서 단 하나의 전자쌍만을 갖고 있는 공유결합이 분자구조에 포함된 경우를 말한다. 탄화수소는 오직 탄소와 수소로만 이루어져 있으므로 수소원자 대신에 다른 원자나 원자단이 치환된 복잡한 구조와 종류의 탄화수소들이 존재한다. 즉, 포화 탄화수소는 유기화합물의 기본이 되는 물질군이며, 대단히 중요한 위치를 차지하고 있다.

포화 탄화수소는 모든 결합이 단일결합으로 이루어져 있고, 탄소와 수소의 원자수가 C_nH_{2n+2}의 관계를 갖고 있다. 즉, C_nH_{2n+2}의 관계를 갖고 있는 모든 포화 탄화수소를 alkane 화합물이라 하고, 이러한 관계식을 일반식이라 한다.

2.1 포화 탄화수소의 구조

Alkane 중에서 가장 간단한 화합물은 메탄(methane, CH_4)이고, 메탄을 예로 들면 그림 2-1과 같이 다양한 방법으로 결합형태를 표현할 수 있다.

표 2-1. 탄화수소 화합물의 계열

Hydrocarbon compounds				
Aliphatic Compounds				Aromatic compounds
Alkanes	Alkenes	Alkynes	Cycloaliphatics	

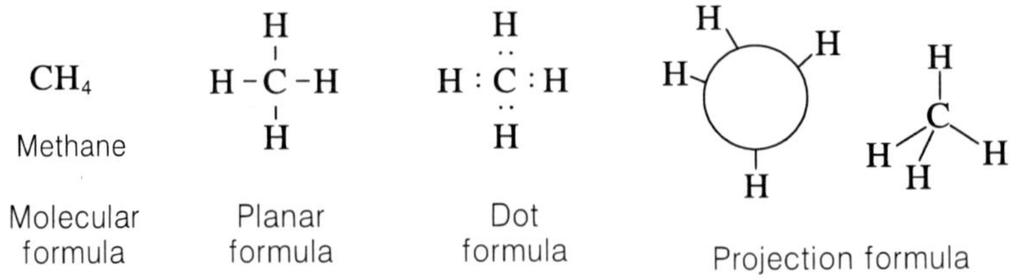

```
                  H            H
                  |            ..
CH4            H - C - H    H : C : H
                  |            ..
Methane           H            H
```

Molecular formula | Planar formula | Dot formula | Projection formula

그림 2-1. 유기화합물 결합방식의 표현방법

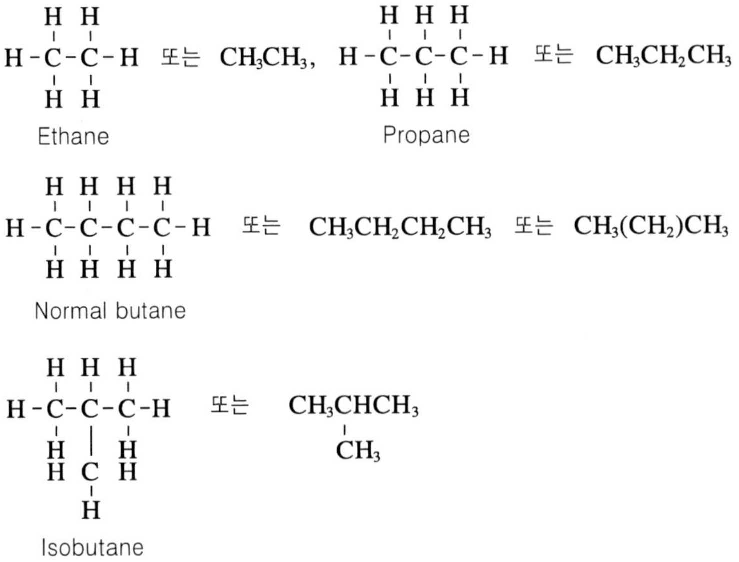

```
  H H                                H H H
  | |                                | | |
H-C-C-H  또는  CH3CH3,             H-C-C-C-H  또는  CH3CH2CH3
  | |                                | | |
  H H                                H H H
Ethane                             Propane

  H H H H
  | | | |
H-C-C-C-C-H  또는  CH3CH2CH2CH3  또는  CH3(CH2)CH3
  | | | |
  H H H H
Normal butane

  H H H
  | | |
H-C-C-C-H   또는   CH3CHCH3
  | | |                |
  H | H               CH3
  H C H
    |
    H
Isobutane
```

그림 2-2. Alkane 화합물의 예

탄소원자가 하나뿐인 메탄에 다른 탄소원자가 결합하면 이 계열의 다양한 화합물이 생성된다. 그림 2-2는 두 개 이상의 탄소원자가 이런 방식으로 결합되어 있는 몇 가지 화합물을 소개한 것이다.

탄소원자들이 한 줄로 결합된 상태의 화합물을 normal이라 하고, 노르말 파라핀계 탄화수소(normal paraffin hydrocarbon)이라고도 한다. 이에 비하여 가지모양의 측쇄(side branch or branched chain)를 갖고 있는 화합물은 보통 iso-를 이름 앞에 붙여서 표시한다.

1. 동족계열

포화 탄화수소의 일반식은 C_nH_{2n+2}이며, n은 분자 내에 존재하는 탄소원자의 수를 의미한다. 그림 2-2에 소개한 화합물을 관찰하면 각 분자에 $-CH_2-$(메틸렌기 또는 methylene group) 구조가 일정하게 반복되는 것을 알 수 있다. 이와 같이 일정한 관련성이 있는 화합물들을 **동족계열**(homologous series)이라고 한다.

탄소원자 사이의 단일결합에서 두 원자핵의 거리는 1.54Å이고, 공유된 전자쌍은 두 개의 탄소핵이 위치한 직선상에 있다고 가정할 수 있다. 즉, 두 개의 탄소원자가 서로 임의의 회전각에 놓여 있을 수 있으므로 마치 여러 종류의 에탄(ethane) 분자들이 존재하는 것처럼 가정할 수 있다. 그림 2-3과 같이 에탄은 다양한 공간배열을 할 수 있다.

상온에서 에탄분자는 충분한 열역학적 에너지를 갖고 있으므로 단일결합은 한 가지 공간배열에서 다른 공간배열로 쉽게 회전할 수 있어 에탄은 한 가지 만이 알려져 있다. 즉, 에탄은 이성체가 존재하지 않는다. 그러나 n-butane은 그림 2-4와 같이 두 가지 가능한 공간배열을 갖고 있다.

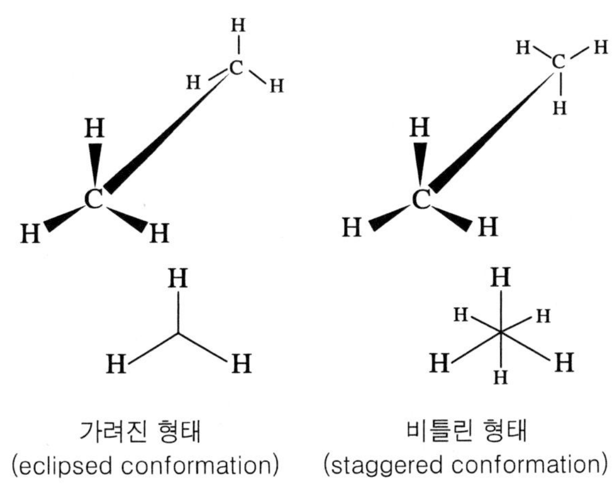

그림 2-3. Ethane의 공간배열

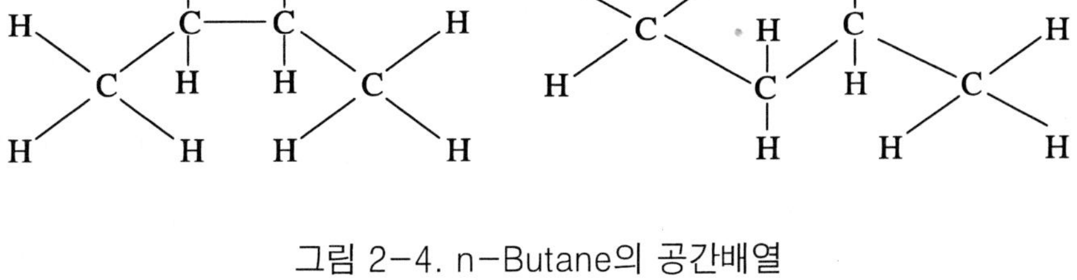

그림 2-4. n-Butane의 공간배열

2.2 명명법

탄소원자가 결합하는 형태는 단일공유결합이라 할지라도 직선형태와 가지형태 등 다양한 형태를 이룰 수 있으므로 동일한 숫자의 탄소원자수를 갖고 있다고 해도 숫자가 상당히 증가할 수 있으므로 어떤 체계적인 명명법이 필요하다. 수천 가지의 화합물에 대한 일반적인 이름을 모두 외울 수는 없으므로 복잡한 화합물의 명명에 대하여 1974년에 국제적인 명명체계가 고안되었고, 이것을 IUPAC(International Union of Pure and Applied Chemistry) 명명법이라고 한다.

IUPAC 명명법의 규칙은 매우 간단하여 사용이 편리한 것이 특징이다. 포화 탄화수소의 IUPAC 명명법은 다음과 같다.

① 파라핀, 즉 포화 탄화수소의 일반적인 명칭은 alkane이다.

② 이 계열의 처음 네 가지 화합물의 이름은 일반명칭이고, 탄소가 5개 이상인 것은 그리스 숫자의 어근에 -ane를 어미로 붙여 부른다.

③ 가지형 탄화수소는 분자 내에서 가장 긴 사슬을 결정하고, 이 사슬의 탄소수에 해당하는 탄화수소의 명칭을 이 화합물 명명의 기본으로 한다. 예를 들어 다음 식(2-1) 물질은 이름의 뒷부분이 hexane이 된다.

표 2-2. 몇 가지 직쇄형 포화 탄화수소의 명칭

분자식	IUPAC명	분자식	IUPAC명
CH_4	Methane	$C_{15}H_{32}$	Pentadecane
C_2H_6	Ethane	$C_{16}H_{34}$	Hexadecane
C_3H_8	Propane	$C_{20}H_{42}$	Eicosane
C_4H_{10}	Butane	$C_{21}H_{44}$	Heneicosane
C_5H_{12}	Pentane	$C_{22}H_{46}$	Docosane
C_6H_{14}	Hexane	$C_{23}H_{48}$	Tricosane
C_7H_{16}	Heptane	$C_{30}H_{62}$	Triacontane
C_8H_{18}	Octane	$C_{35}H_{72}$	Pentatriacontane
C_9H_{20}	Nonane	$C_{40}H_{82}$	Tetracontane
$C_{10}H_{22}$	Decane	$C_{50}H_{102}$	Pentacontane
$C_{11}H_{24}$	Undecane	$C_{64}H_{130}$	Tetrahexacontane
$C_{12}H_{26}$	Dodecane	$C_{95}H_{192}$	Pentanonacontane
$C_{13}H_{28}$	Tridecane	$C_{100}H_{202}$	Decacontane
$C_{14}H_{30}$	Tetradecane		

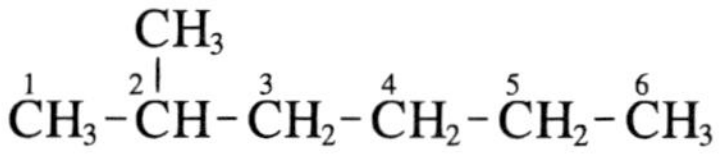

$$\overset{1}{C}H_3-\overset{2}{C}H(CH_3)-\overset{3}{C}H_2-\overset{4}{C}H_2-\overset{5}{C}H_2-\overset{6}{C}H_3 \quad (2\text{-}1)$$

④ 가지에 가장 가까운 끝부분에서 시작하여 기본 사슬의 탄소원자에 번호를 붙인다.

⑤ 사슬에 결합된 수소원자 대신에 다른 원소로 치환된 경우는 그 이름과 수를 표시한다. 치환물질의 이름이 -ane로 끝나는 것은 -yl로 고치고, 같은 탄소수를 가진 탄화수소로 명명한다. ③의 예에서 치환기는 2번 탄소위치에 한 개의 탄소원자를 가지고 있으므로 methane에서 유도된 메틸기(methyl group)이라고 한다.

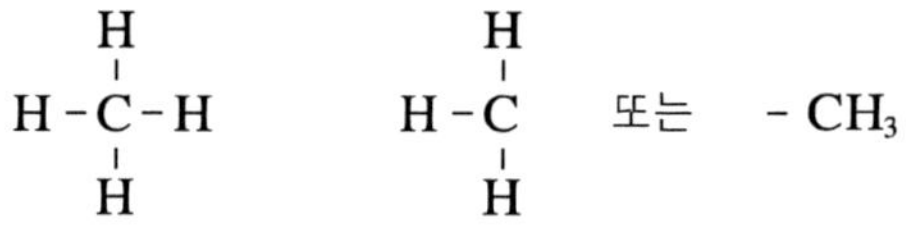

$$\underset{\text{Methane}}{H-\underset{H}{\overset{H}{C}}-H} \qquad \underset{\text{Methyl group}}{H-\underset{H}{\overset{H}{C}}} \quad \text{또는} \quad -CH_3 \quad (2\text{-}2)$$

치환기는 연결된 위치와 치환기의 이름을 기본 화합물의 앞에 표시해야 한다. 따라서 ③에서 예를 든 화합물의 정확한 IUPAC 이름은 2-methyl hexane이다.

⑥ 가장 긴 사슬의 탄소원자에 번호를 붙일 경우는 치환기가 가장 낮은 번호가 되도록 한다.

$$CH_3-\underset{CH_3}{\overset{CH_3}{C}}-CH_2-CH_3 \quad \text{또는} \quad CH_3C(CH_3)_2CH_2CH_3 \quad (2\text{-}3)$$

2,2-Dimethylbutane

⑦ 또한 다음 예와 같이 기본 사슬을 표시하는 방법도 있다.

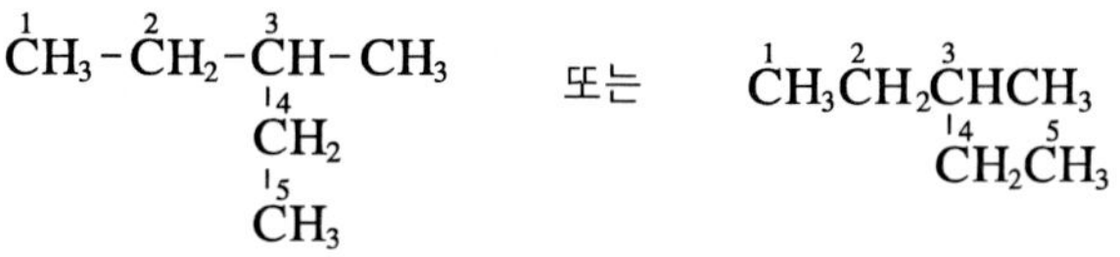

$$\overset{1}{C}H_3-\overset{2}{C}H_2-\overset{3}{C}H(\overset{4}{C}H_2\overset{5}{C}H_3)-CH_3 \quad \text{또는} \quad \overset{1}{C}H_3\overset{2}{C}H_2\overset{3}{C}H(\overset{4}{C}H_2\overset{5}{C}H_3)CH_3 \quad (2\text{-}4)$$

3-Methylpentane

1. 알킬기

포화 탄화수소에서 수소원자 한 개가 제거된 것을 **알킬기**(alkyl group)이라고 하며, 가장 간단한 알킬기는 메탄에서 유도된 메틸기($-CH_3$)이고, 다음은 탄소원자 2개인 에탄의 유도체인 에틸기($-CH_3CH_2$)이다.

그러나 탄소수 3개인 propane에서 유도되는 알킬기는 형태에 따라서 식(2-5)와 같이 두 가지 형태가 존재한다. 이러한 유도기들은 화합물의 명명과정에서 대단히 중요한 특성을 의미한다.

$$\begin{array}{ccc} \begin{array}{c} \text{H H H} \\ \text{H}-\text{C}-\text{C}-\text{C}- \\ \text{H H H} \end{array} & \quad & \begin{array}{c} \text{H H H} \\ \text{H}-\text{C}-\text{C}-\text{C}-\text{H} \\ \text{H H H} \end{array} \end{array}$$

Normal propyl기 Isopropyl기

(2-5)

$$\begin{array}{l} \quad\quad CH_3 \quad\quad CH_3 \\ \overset{1}{C}H_3-\overset{2}{C}H-\overset{3}{C}H-\overset{4}{C}H-\overset{5}{C}H_3-\overset{6}{C}H_3 \\ \quad\quad\quad\quad | \\ \quad\quad\quad\quad CH_2 \\ \quad\quad\quad\quad | \\ \quad\quad\quad\quad CH_3 \end{array} \qquad \begin{array}{c} CH_3-CH-CH_3 \\ | \\ Cl \end{array}$$

2,4-Dimethyl-3-ethylhexane Isopropyl chloride (2-chloropropane)

표 2-3. 그리스어의 숫자 표기방법

숫 자	그리스어	숫 자	그리스어	숫 자	그리스어
1/2	hemi	11	undeca, henadeca	23	tricosa
1	mono	12	dodeca	29	nonacosa
3/2	sesqui	13	trideca	30	triaconta
2	di, bi	14	tetradeca	31	hentriaconta
3	tri	15	pentadeca	32	dotriaconta
4	tetra	16	hexadeca	33	tritriaconta
5	penta	17	heptadeca	40	tetraconta
6	hexa	18	octadeca	41	hentetraconta
7	hepta	19	nonadeca	42	dotetraconta
8	octa	20	eicosa	50	pentaconta
9	nona, ennea	21	heneicosa	60	hexaconta
10	deca	22	docosa	70	heptaconta

표 2-4. 일반적인 알킬기

기 명	화학식	기 명	화학식
Methyl	CH_3-	Isobutyl	$(CH_3)_2>CHCH_2-$
Ethyl	$CH_3CH_2C_2H_5-$		
n-Propyl	$CH_3CH_2CH_2C_3H_7-$	*tert*-Butyl secondary	$CH_3CH_2-CH(CH_3)-$
Isopropyl	$CH_3-CH(CH_3)-$	*tert*-Butyl tertiary	$CH_3-C(CH_3)_2-$
n-Butyl	$CH_3CH_2CH_2CH_2-$		

일반적으로 알킬기를 -R로 표시하고, -RH는 alkane, 즉 포화 탄화수소를 의미한다. 가장 일반적인 알킬기와 대표적인 작용기를 표 2-4에 정리하였다.

2.3 물리적 성질

n-포화 탄화수소에 속하는 화합물들은 사슬의 길이가 증가되어도 일정한 범위 안에서는 물리적・화학적 성질이 유사한 관계를 나타내고 있다. 예로서, 노르말 파라핀이 탄소수가 증가되면서 비등점, 비중, 융점의 변화를 측정한 결과는 그림 2-5처럼 비슷한 곡선을 나타내는 것을 알 수 있다.

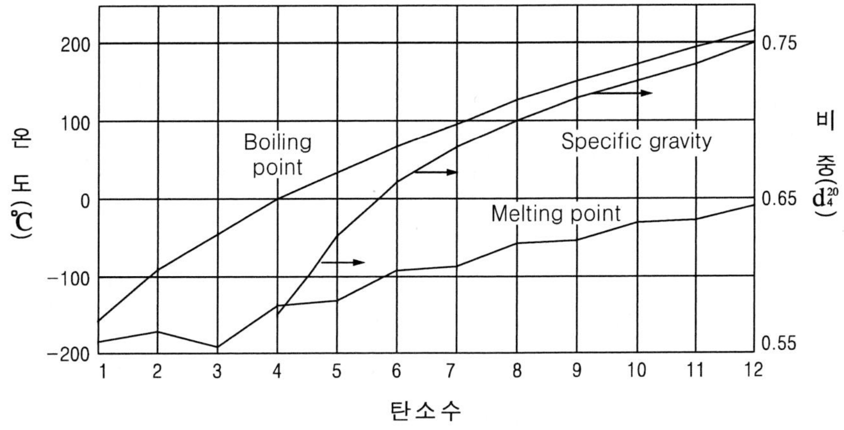

그림 2-5. 탄소수 증가에 따른 n-포화 탄화수소의 성질

표 2-5. n-Alkane의 물리적 성질

탄소수	탄화수소 이름	용점(℃)	비등점(℃)
1	Methane	-182.5	-161.5
2	Ethane	-183.5	-88.6
3	Propane	-187.1	42.1
4	n-Butane	-138.3	-0.5
5	n-Pentane	-129.7	36.1
6	n-Hexane	-95.3	68.7
7	n-Heptane	-90.6	98.4
8	n-Octane	-56.8	125.6
9	n-Nonane	-53.6	150.8
10	n-Decane	-29.7	174.0
11	n-Undecane	-25.6	195.8
12	n-Dodecane	-9.6	216.3
13	n-Tridecane	-6.0	234.0
14	n-Tetradecane	5.5	251.0
15	n-Pentadecane	10	268.0
16	n-Hexadecane	18.1	280.0
17	n-Heptadecane	22.0	303.0
18	n-Octadecane	28.0	308.0
19	n-Nonadecane	32.0	330.0
20	n-Eicosane	36.4	309.0
30	n-Triacontane	66.0	446.0
70	n-Heptacontane	105.0	-
100	n-Decacontane	115.0	-

표 2-6. 원유의 분별 증류온도 및 용도

탄소수	증류온도	용 도
C1-C4	20℃ 이하	LPG, LNG 석유화학 원료
C5-C6	20~60℃	석유 에테르, 용제
C6-C7	60~100℃	Ligroin, 용제
C5-C10 사이클로 알칸	40~200℃	가솔린
C12-C18 방향족 탄화수소	175~325℃	등유, jet유
C12 이상	250~400℃	경유, 가스오일, 연료유
C20 이상 긴 사슬 고리화합물	비휘발성 액체	미네랄유, 윤활유, 그리스
C20 이상 다중 고리화합물	비휘발성 고체	파라핀왁스, 아스팔트, 타르

탄소원자가 갖고 있는 네 개의 원자가 전자들이 정사면체의 정점(꼭지점)을 향하고 있는 것처럼 탄소원자의 모형을 표시하였는데, 이 표시방법을 근거로 C-C의 단일결합은 정사면체의 정점을 공유하는 두 개의 사면체로 표현할 수 있다.

알칸에서 탄소수에 따라 몇 가지 성질에 일정한 특성이 나타나는 것을 알 수 있다. 먼저 C1-C4는 상온/상압에서 기체이고, C5-C15는 액체, $C_{16}H_{34}$는 융점이 18.1℃, $C_{17}H_{36}$은 융점 22℃로서 탄소수가 증가할수록 융점이 점점 상승한다. 그러나 가지가 많은 알칸은 탄소수가 같은 직선형 이성체보다 비등점이 낮고, 융점은 높은 것이 일반적이다. 알칸은 파라핀(paraffin)이라고도 하며, 이 뜻은 친화력이 없다는 라틴어 parum affinis에서 따온 말로서 일반적인 조건에서는 산이나 알칼리와 반응하지 않고 산화나 환원도 일어나지 않는다. 그러나 공기중에서는 쉽게 연소하여 CO_2와 H_2O를 생성한다. 그러나 특수한 조건에서는 여러 가지 반응이 이루어지기도 한다. 즉, 고온에서 질산과 반응하여 니트로화합물을 생성하거나, 요오드(I)를 제외한 할로겐(halogen)과 반응하기도 한다.

$$CH_4 + Cl_2 \longrightarrow\longrightarrow\longrightarrow CH_3Cl + CH_2Cl + CHCl_3 + CCl_4 \qquad (2\text{-}6)$$

Alkane은 촉매사용과 관계없이 단순하게 가열만으로도 탄소결합이 깨지거나(cleavage), 탈수소반응(dehydrogenation)을 일으키면서 보다 저급한 alkane이나 기타 물질을 생성하며, 이러한 반응들은 석유화학공업에서 중요한 위치를 차지하고 있다.

2.4 화학적 성질

포화 탄화수소는 비교적 불활성이고 다른 대부분의 화학시약에 대한 친화력이 적다. 물에는 거의 용해되지 않으며, 산이나 알칼리에도 반응하지 않는다. 또한 아주 강력한 산화제인 $KMnO_4$나 $K_2Cr_2O_7$에 의해서도 쉽게 산화되지 않는다. 할로겐이나 진한 질산과 반응하며, 고온에서 산소와 반응하여 연소된다.

이들과 동족계열에 속하는 화합물들은 모두 거의 비슷한 화학적 성질을 갖고 있다.

1. 치환반응

1) 할로겐화 반응

포화 탄화수소는 오직 단일결합만을 갖고 있으므로 분자내의 모든 원자가가 채워져 있다. 그러므로 alkane계열에서 분자구조를 파괴하지 않고 반응이 일어날 수 있는 단 한 가지 방법은 한 개의 원자나 원자단을 다른 것으로 치환시키는 방법뿐이다.

염소와 브롬은 상온에서 파라핀계 탄화수소와 아주 서서히 반응하며, 고온이나 일광조건에서는 탄화수소에 존재하는 수소원자들이 할로겐원자에 의해서 치환될 수 있고, 이러한 반응을 **할로겐화**(halogenation)이라 한다. 더욱 구체적으로는 각각의 할로겐원자의 이름을 적용하여 염소화반응(chlorination), 브롬화반응(bromination), 요오드화반응(iodation)이라고 한다.

할로겐화 반응의 일반식은 다음과 같다.

$$R - H + X_2 \xrightarrow[heat]{hv} R - X + HX_2 \qquad (2\text{-}7)$$

$$X = Cl,\ Br,\ I$$

메탄의 반응 예는 다음과 같다.

$$:\ddot{\underset{..}{Cl}}:\ddot{\underset{..}{Cl}}: \xrightarrow{\text{열 또는 햇빛}} 2\ :\ddot{\underset{..}{Cl}}\cdot$$

염소분자 → 염소원자

$$H:\overset{H}{\underset{H}{C}}:H + :\ddot{\underset{..}{Cl}}: \longrightarrow H:\overset{H}{\underset{H}{C}}\cdot + H:\ddot{\underset{..}{Cl}}: \qquad (2\text{-}8)$$

Methane 염소원자 → 메틸기 염화수소

$$H:\overset{H}{\underset{H}{C}}\cdot + :\ddot{\underset{..}{Cl}}:\ddot{\underset{..}{Cl}}: \longrightarrow CH_3Cl + :\ddot{\underset{..}{Cl}}\cdot$$

메틸기 염소분자 → Methyl chloride 염소원자

에너지를 흡수한 염소분자는 대단히 활성이 큰 염소분자가 되어 탄화수소를 공격한다. 이러한 반응이 위의 반응 예와 같이 순차적으로 진행되면서 methyl chloride를 생성하고, 이 과정에서 유리된 염소원자는 다시 새로운 탄화수소를 대상으로 동일한 반응을 연쇄적으로 진행시키게 된다. 이러한 형태의 반응을 **유리기의 연쇄반응** 또는 **유리기반응**(free-radical reaction)이라 한다.

$$CH_4 + Cl_2 \xrightarrow{\text{열 또는 햇빛}} CH_3Cl + HCl \qquad (2\text{-}9)$$

이상의 화학반응을 총괄하여 반응식으로 표현하면 다음과 같다.

여기에서 얻어진 염화메틸은 필요하다면 나머지 수소들이 전부 치환될 때까지 반응이 진행될 수도 있다. 즉, CH_2Cl, $CHCl_3$, CCl_4 등이 생성될 수도 있으나, 보통의 경우는 이들의 혼합물이 얻어지고, 탄화수소의 탄소수가 증가할수록 더욱 복잡한 반응이 나타난다.

$$CH_3Cl + Cl_2 \xrightarrow{\text{열, 햇빛}} \underset{\text{Methylene chloride}}{CH_2Cl_2} + HCl$$

$$CH_2Cl_2 + Cl_2 \xrightarrow{\text{열, 햇빛}} \underset{\text{Chloroform}}{CHCl_3} + HCl \qquad (2\text{-}10)$$

$$CHCl_2 + Cl_2 \xrightarrow{\text{열, 햇빛}} \underset{\text{Carbon tetra chloride}}{CCl_4} + HCl$$

2) 니트로화 반응

진한 황산의 존재 하에서 진한 질산과 포화 탄화수소가 반응하여 치환되는 반응이 있다.

$$CH_4 + \underset{\text{Nitric acid}}{HO-NO_2} \xrightarrow[cH_2SO_4]{400℃} \underset{\text{Nitromethane}}{CH_3NO_2} + H_2O \qquad (2\text{-}11)$$

니트로화 반응(nitration)은 할로겐화 반응과 달리 오직 모노니트로화 반응(mono-nitration)만이 관찰되며, 고급 alkane에서는 C-C결합이 끊어진다.

$$\underset{\text{Propane}}{CH_3CH_2CH_3} \xrightarrow{HONO_2} \underset{\text{1-Intro-propane}}{CH_3CH_2CH_2NO_2} + \underset{\text{2-Intro-propane}}{CH_3CH(NO_2)CH_3} \quad \underset{\text{Nitroethane}}{CH_3CH_2NO_2} + \underset{\text{Nitro-methane}}{CH_3NO_2} \qquad (2\text{-}12)$$

니트로파라핀은 우수한 용매로서 특수한 경기용 및 모형엔진의 연료로 이용되고 있고, 의약품, 살충제 및 폭발물질의 중간체로 이용되고 있다.

2. 산화(oxidation)

탄화수소의 가장 중요한 용도는 연료라고 할 수 있다. 탄화수소는 과량의 산소가 존재하면 연소되면서 이산화탄소와 물을 생성하고 대량의 열을 발생한다.

탄화수소의 완전연소는 다음과 같은 일반식에 따른다.

$$2C_nH_{2n+2} + (3n+1)O_2 \longrightarrow 2_nCO_2 + (2n+2)H_2O + Heat \quad (2\text{-}13)$$

과량의 산소가 존재하는 경우는 다음과 같이 완전 연소되면서 다량의 열을 발생하고, 탄소수가 증가할수록 더 많은 양의 열량을 발생한다.

$$\begin{aligned} CH_4 + 2O_2 &\longrightarrow CO_2 + 2H_2O + 210{,}800\ cal \\ C_7H_{16} + 11O_2 &\longrightarrow 7CO_2 + 8H_2O + 1{,}146{,}000\ cal \end{aligned} \quad (2\text{-}14)$$

산소가 부족한 경우는 다음 반응식과 같이 일산화탄소와 유리탄소(매연)를 발생하게 되고, 자동차의 엔진에서 이러한 불완전연소가 발생하면 공해물질을 배출하게 된다.

$$\begin{aligned} 2CH_4 + 3O_2 &\longrightarrow 2CO + 4H_2O \\ CH_4 + O_2 &\longrightarrow C + 2H_2O \end{aligned} \quad (2\text{-}15)$$

한편, alkane을 부분적으로 산화시키면 지방산(fatty acid)을 얻을 수 있으며, 이 반응의 생성물질을 비누의 원료로 이용한다.

$$R-\overset{\displaystyle H}{\underset{\displaystyle H}{\overset{|}{\underset{|}{C}}}}-H + O_2 \longrightarrow R-\overset{\displaystyle O}{\overset{\|}{C}}-OH \quad (2\text{-}16)$$

1) 크래킹

Alkane은 안정한 화합물이기 때문에 분해되지 않는 상태로 증류가 가능하다. 그러나 이들 화합물들을 공기가 없는 진공상태에서 비등점 이상으로 가열하면 이들 화합물분자들은 몇 개의 작은 분자로 분해되는 현상을 **크래킹**(cracking)이라 한다. Carbon black은 methane을 크래킹하여 제조하며, 검정색 색소로 이용하고 있다.

$$CH_4 \xrightarrow[\text{Pyrolysis}]{\text{가열}} C + 2H_2 \tag{2-17}$$

또한 고급 탄화수소를 크래킹하면 휘발유를 얻을 수 있고, 현재는 촉매를 이용하면 이전보다 더욱 낮은 온도에서도 이와 같은 반응이 가능해지면서 고급 휘발유의 제조가 일반화되었다.

$$\text{고급 alkane} \xrightarrow{\text{열, 압력}} \text{저급 alkane + 불포화 탄화수소} \tag{2-18}$$

이 반응은 약 15내지 20개 정도의 탄소를 갖고 있는 고급 탄화수소를 탄소수가 5～12 정도인 휘발유로 전환시키는 반응으로서 석유공업에서 널리 이용하고 있다.

$$\underset{\text{Hexadecane}}{C_{16}H_{34}} \xrightarrow{\text{열, 압력}} \begin{cases} C_6H_{14} + C_{10}H_{20} \\ C_7H_{16} + C_9H_{18} \\ C_8H_{18} + C_8H_{16} \\ C_{12}H_{26} + C_2H_4 + CH_4 + C \end{cases} \tag{2-19}$$

3. 이성화(isomerization)

자동차를 비롯한 내연기관용 연료는 직쇄형 탄화수소보다 측쇄가 많이 부착된 것이 노킹(nocking)을 방지하는 효과가 크다는 것이 알려지면서 직쇄형 탄화수소를 측쇄형 탄화수소로 전환시키는 연구가 발전되었다.

$$\underset{n\text{-Butane}}{CH_3CH_2CH_2CH_3} \xrightleftharpoons{AlCl_3} \underset{\text{Isobutane}}{CH_3\underset{\displaystyle CH_3}{\underset{|}{C}}HCH_3} \tag{2-20}$$

휘발유의 품질은 일반적으로 옥탄가(octane number)로 표시하며, iso-octane의 옥탄가를 100으로 하고, n-heptane의 옥탄가를 0으로 한 다음 이들 두 화합물의 혼합비율에 의해서 나타나는 nocking방지 정도(antinocking grade)를 비교하여 연료의 품질을 결정한다. 옥탄가가 80인 연료는 iso-octane 80%와 n-heptane 20%의 비율로 혼합된 휘발유와 품질이 동등하다는 의미이다.

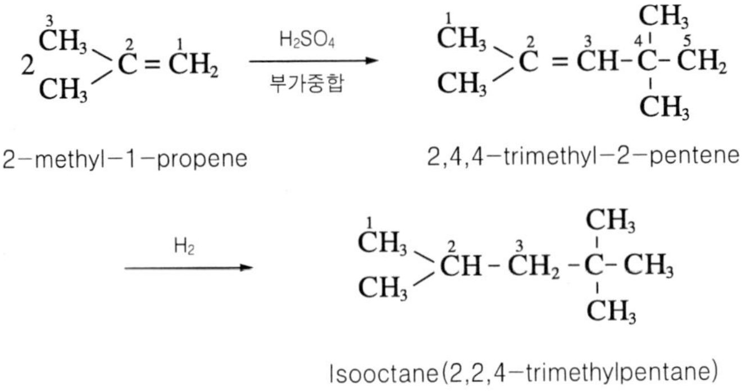

$$2\ \overset{3}{C}H_3{-}\overset{2}{C}(CH_3){=}\overset{1}{C}H_2 \xrightarrow[\text{부가중합}]{H_2SO_4} \overset{1}{C}H_3{-}\overset{2}{C}(CH_3){=}\overset{3}{C}H{-}\overset{4}{C}(CH_3)_2{-}\overset{5}{C}H_3$$

2-methyl-1-propene　　　　2,4,4-trimethyl-2-pentene

$$\xrightarrow{H_2} \overset{1}{C}H_3{-}\overset{2}{C}H(CH_3){-}\overset{3}{C}H_2{-}C(CH_3)_2{-}CH_3$$

Isooctane(2,2,4-trimethylpentane)

그림 2-6. Iso-octane의 공업적 제조방법

옥탄가가 높은 iso-octane은 공업적으로 그림 2-6과 같은 과정을 거쳐 합성하고 있다.

2.5 제조방법

가장 일반적인 파라핀계 탄화수소의 자원은 원유이며, 이것을 분별 증류시켜 여러 가지 파라핀계 탄화수소를 제조한다. 그러나 특별한 경우는 다음과 같은 실험실적인 방법으로 제조할 수도 있다.

1) Decarboxylation(산에서 카르복실 제거반응)

$$\underset{\text{Sodium acetate}}{CH_3C(=O){-}ONa} + NaOH \xrightarrow{\text{가열}} \underset{\text{Methane}}{CH_4} + Na_2CO_3 \qquad (2\text{-}21)$$

2) Hydrogenation(alkylhalide의 halogen을 수소로 치환)

Alkylhalide의 할로겐을 수소로 치환시키면 alkane을 만들 수 있다.

$$RX \xrightarrow{[H]} RH \qquad (2\text{-}22)$$

3) Alkylhalide를 금속 Na과 반응

Alkylhalide를 금속 Na와 반응시키면 NaX가 이탈되면서 alkane이 생성된다. 원료가 한 가지 종류의 alkylhalide인 경우는 원료 탄소수에 비하여 2배의 생산물질이 생성되지만, 혼합된 alkylhalide에서는 여러 가지 탄소수를 갖는 alkane이 얻어진다.

$$2RX + 2Na \longrightarrow R \cdot R + 2NaX$$

$$\underset{\text{Ethyl bromide}}{H_2CCH_2}\boxed{-Br+2Na+Br-}CH_2CH_3 \longrightarrow \underset{n\text{-butane}}{CH_3CH_2CH_2CH_3} + 2NaBr \qquad (2\text{-}23)$$

2.6 Cycloalkane

탄소원자는 사슬을 형성하는 것이 일반적이지만 경우에 따라 고리(ring) 모양을 형성하는 경우도 있다.

Cyclopropane	Cyclobutane	Cyclopentane	Cyclohexane
H_2C 고리: CH_2–CH_2–CH_2	H_2C-CH_2 / H_2C-CH_2	$(CH_2)_5$ 고리	$(CH_2)_6$ 고리

(2-24)

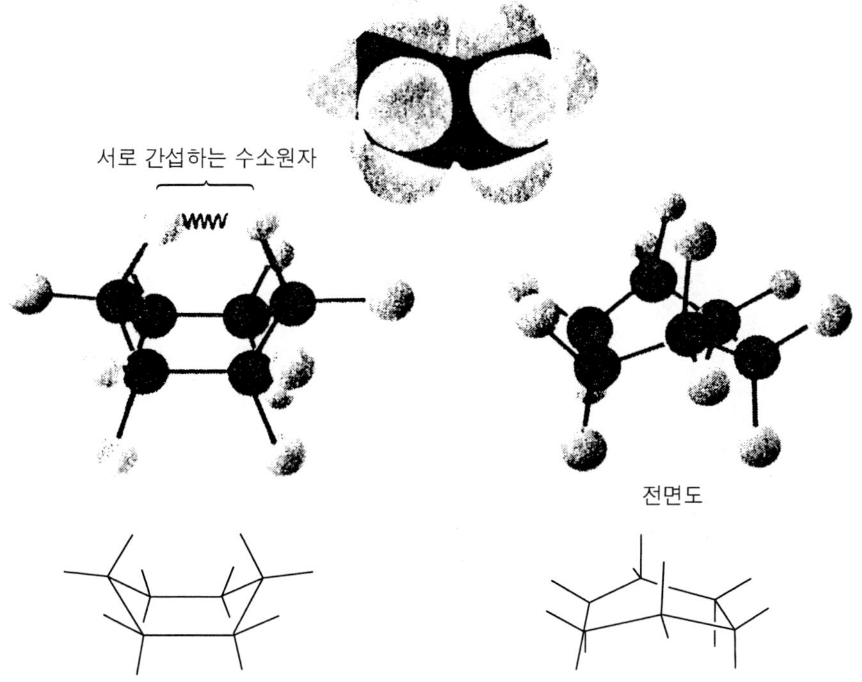

그림 2-7. Cyclohexane의 boat form 구조

이들 화합물의 일반식은 C_nH_{2n}이며, 탄소사슬의 끝이 연결되어 있는 것을 제외하면 구조가 alkane과 유사한 것을 알 수 있다. 따라서 이 계열에 속하는 화합물 중에서 C3와 C4를 제외하고는 화학적 성질이 alkane과 유사한 성질을 갖는다.

탄소의 연결방식에 있어서 가장 안정한 결합각도는 109°30′이지만, cyclopropane은 도저히 이러한 각도를 형성할 수가 없으므로 고리를 열고 안정화하려는 경향이 있다. 따라서 브롬과 반응을 진행시키면 cycloalkane의 고리가 열리면서 브롬이 결합되는 특징이 있다.

$$\text{Cyclopropane } (CH_2-CH_2-CH_2 \text{ ring}) + Br-Br \longrightarrow \underset{Br}{CH_2}-CH_2-\underset{Br}{CH_2} \text{ (1,3-Dibromopropane)} \quad (2\text{-}25)$$

Cyclopropane 1,3-Dibromopropane

C4고리도 이와 유사한 성질이 있으나 비교적 그 세기가 약하고, C5고리는 5각형의 내각(108°)과 탄소의 안정한 결합각도(109°30′)와의 차이를 조정하기 위하여 약간의 비틀림이 형성될 뿐이다. C6 고리는 결합각도의 차이(120°와 109°30′)를 보트형(boat form)이나 의자(chair form)형, 뒤틀림(twist form)형으로 배열을 조정하여 극복하고 있다. 그러나 분자구조의 안정성은 분자 내부의 수소결합 사이의 간섭으로 인해 의자형이 보다 우수한 것으로 평가되고 있다.

따라서 C5나 C6고리는 탄소의 결합각도가 안정하므로 고리를 열려는 성질이 없고, 반응은 alkane과 유사하게 치환반응을 한다. 이들 고리화합물은 자연계에 흔히 존재하지만, 이 이상의 것은 대단히 드물게 발견되고 있다.

한편, cycloalkane 구조의 입체모양을 무시하고 평면으로 나타내었을 때 치환기의 위치에 따라 나타나는 이성질체로서 *cis*-와 *trans*- 이성질체가 있다. *Cis*는 라틴어로

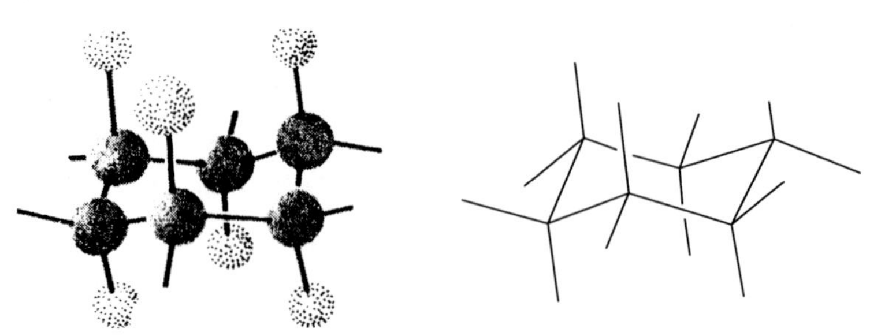

그림 2-8. Cyclohexane의 chair form 구조

보트형 트위스트형 의자형

그림 2-9. Cyclohexane의 형태 이성질체

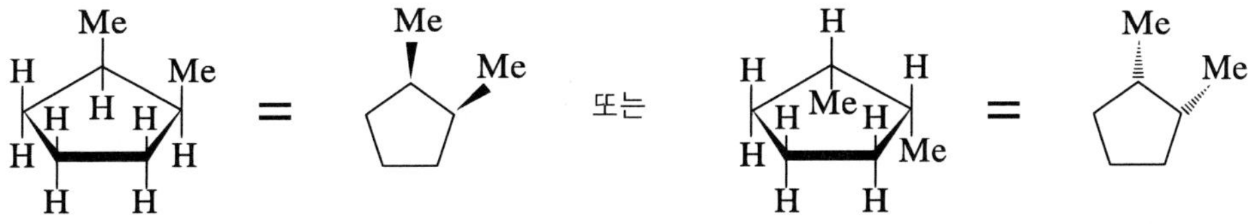

cis-1,2-Dimethylcyclopentane, bp 99℃

trans-1,2-Dimethylcyclopentane, bp 92℃

그림 2-10. Cycloalkane에서 *cis*-*trans* 이성질체

같은 쪽에 있다는 뜻이며, *trans*는 건넌다는 뜻으로 이러한 이성질체를 *cis-trans* 이성질체라고 한다. *Cis-trans* 이성질체는 입체이성질체(stereo isomer)의 일종으로 원자나 원자단(치환체)의 공간배열이 다를 뿐만 아니라 물리 및 화학적 성질도 서로 다르다. 따라서 *cis-trans* 이성질체는 서로 분리가 가능한 별개의 화합물이며, 형태 이성질체와는 다르다.

사슬형 alkane 화합물에서는 *cis-trans* 이성질체가 발생하지 않지만 cycloalkane 화합물에서 이러한 이성질체가 발생하는 이유는 사슬형에서는 탄소-탄소결합의 회전이 가능하지만, cycloalkane에서는 회전이 불가능하기 때문이다.

요점 정리

주: 특별히 쐐기선·실선 및 점선으로 나타내지 않는 한 입체화학과는 관계없음.

1. 알켄의 첨가반응

(a) HX의 첨가, X=Cl, Br 또는 I

$$\rangle C{=}C\langle \xrightarrow[\text{에테르}]{HX} -\overset{H}{\underset{|}{C}}-\overset{X}{\underset{|}{C}}-$$

Markovnikov 법칙 : H는 치환기가 적은 탄소에, X는 치환기가 더 많은 탄소에 첨가된다.

(b) H_2O의 첨가

$$\rangle C{=}C\langle + H_2O \xrightarrow[\text{촉매}]{H^+} -\overset{H}{\underset{|}{C}}-\overset{OH}{\underset{|}{C}}-$$

Markovnikov 법칙 : H는 치환기가 적은 탄소에, OH는 치환기가 더 많은 탄소에 첨가된다.

(c) X_2의 첨가, X=Cl, Br

$$\rangle C{=}C\langle \xrightarrow[CCl_4]{X_2} X-C-C-X$$

안티 첨가(anti addition)

(d) H_2의 첨가(수소첨가 반응)

$$\rangle C{=}C\langle \xrightarrow{H_2,\ \text{촉매}} H-C-C-H$$

신 첨가(syn addition)

(e) $KMnO_4$를 이용한 수산화

$$\rangle C{=}C\langle \xrightarrow[NaOH,\ H_2O]{KMnO_4} HO-C-C-OH$$

신 첨가(syn addition)

(f) 오존을 이용한 알켄의 산화분해

$$>C=C< \xrightarrow[2.\ Zn,\ H_3O^+]{1.\ O_3} >C=O + O=C<$$

(g) 알켄의 라디칼 중합

$$nH_2C=CH_2 \xrightarrow[\text{개시인자}]{\text{라디칼}} -(CH_2CH_2)-_n$$

2. 제거반응을 통한 알켄 합성

(a) 할로겐화 알킬의 할로겐화수소 이탈반응(dehydrohalogenation)

$$H-C-C-X \xrightarrow{\text{염기}} >C=C<$$

Zaitsev 법칙 : 이중결합에 치환이 더 많이 된 알켄이 주생성물로 생성된다.

(b) 알콜의 탈수(dehydration)

$$H-C-C-OH \xrightarrow{H_3O^+,\ \text{가열}} >C=C< + H_2O$$

Zaitsev 법칙 : 이중결합에 치환이 더 많이 된 알켄이 주생성물로 얻어진다.

3. 알킨의 첨가반응

(a) H_2의 첨가(수소 첨가)

$$R-C\equiv C-R' \xrightarrow[\text{Lindlar 촉매}]{H_2} (H)(R)C=C(H)(R')$$

A *cis* alkene

신 첨가(syn addition)

(b) HX의 첨가, X=Cl, Br 또는 I

$$-C\equiv C- + HX \longrightarrow (H)C=C(X)$$

Markovnikov 법칙 : H는 치환기수가 적은 탄소에, X는 치환기가 더 많은 탄소에 붙는다.

(c) X_2의 첨가, X=Cl, Br

$$-C\equiv C- + X_2 \longrightarrow \underset{/}{\overset{X}{\diagdown}}C=C\underset{\diagdown X}{\overset{/}{}}$$

트랜스 첨가(*trans* addition)

(d) H_2O를 첨가하면 케톤이 생긴다

$$-C\equiv C- + H_2O \xrightarrow[HgSO_4]{H_2SO_4} \left[\begin{matrix} OH & & H \\ \diagdown & & / \\ & C=C & \\ / & & \diagdown \end{matrix} \right] \longrightarrow \begin{matrix} O & & H \\ \| & & / \\ C & - & C- \\ / & & \diagdown \end{matrix}$$

(e) 산도: 아세틸라이드 음이온으로의 전환

$$R-C\equiv C-H \xrightarrow{NaNH_2} R-C\equiv C{:}^{-}\ Na^{+} + NH_3$$

(f) 아세틸라이드 음이온의 할로겐화 알킬과의 반응

$$R-C\equiv C{:}^{-}\ Na^{+} + R'CH_2X \longrightarrow R-C\equiv C-CH_2R' + NaX$$

연습문제

1. 다음 화합물의 IUPAC 이름을 쓰시오.

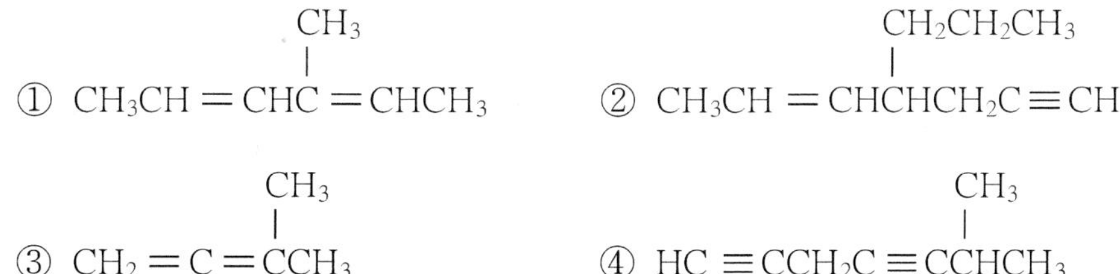

2. 다음 화합물의 IUPAC 이름에 해당하는 구조식을 쓰시오.
   ① 3-Ethyl-1-heptyne　　② 3,5-Dimethyl-4-hexen-1-yne
   ③ 1,5-Heptadiyne　　④ 1-Methyl-1,3-cyclopentadiene

3. 다음 반응의 생성물은 무엇인가? 이때의 위치화학(regiochemistry)도 표시하시오(벤조고리는 주어진 시약과 반응하지 않음).

C_6H_5-$CH=CH_2$

Styrene

   ① Styrene + H_2 $\xrightarrow{Pd}$?　　② Styrene + Br_2 $\longrightarrow$?
   ③ Styrene + HBr $\longrightarrow$?　　④ Styrene + $KMnO_4$ $\xrightarrow{NaOH,\ H_2O}$?

4. 다음과 같은 생성물을 만드는 알켄의 구조를 쓰시오. 몇몇 경우에는 답이 한 개 이상일 수도 있다.

   ① ? $\xrightarrow{H_2/Pd\ 촉매}$ 2-Methylhexane

   ② ? $\xrightarrow{Br_2\ in\ CCl_4}$ 2,3-Dibromo-5-methylhexane

   ③ ? $\xrightarrow{HBr}$ 2-Bromo-3-methylheptane

   ④ ? $\xrightarrow{KMnO_4,\ OH^-}$ $CH_3CH(CH_3)CH_2CH(OH)CH(OH)CH_2CH_2$

5. Cyclohexene의 Br_2과의 반응형태를 쓰되 중간체 및 최종 생성물의 입체화학을 나타내시오.

6. 1,3-Cyclohexadiene을 다음과 같이 각각 반응시키면 어떤 생성물이 생기는가?

① CCl_4 중에서 Br_2 1몰　② O_3에 이어 Zn
③ 1몰 HCl　④ 1몰 DCl(D=중수소)
⑤ H_2/Pd 촉매

7. 오존에 이어 Zn/H_3O^+로 처리했을 때 다음의 keto aldehyde를 생성시키는 알켄의 구조를 쓰시오.

$$? \xrightarrow[\text{2. Zn, } H_3O^+]{\text{1. } O_3} \overset{O}{\overset{\|}{HC}}CH_2CH_2CH_2CH_2\overset{O}{\overset{\|}{C}}CH_3$$

8. 어떤 알켄에 물을 첨가하면 다음과 같은 알콜이 생기는가?

① $CH_3CH_2\overset{OH}{\overset{|}{C}}HCH_3$　② (cyclohexane)–OH　③ (cyclohexyl)–CH(OH)–CH_3

9. 어떤 알킨에 물을 첨가시키면 다음과 같은 생성물이 얻어지는가?

① $CH_3\overset{CH_3}{\overset{|}{C}}HCH_2\overset{O}{\overset{\|}{C}}CH_3$　② (benzene)–C(=O)–CH_3

10. 오존과 반응하여 아세톤, $(CH_3)_2C=O$만을 생성시키는 알켄의 구조는?

11. 다음 화합물에 작용기의 위치 및 종류를 말하시오.

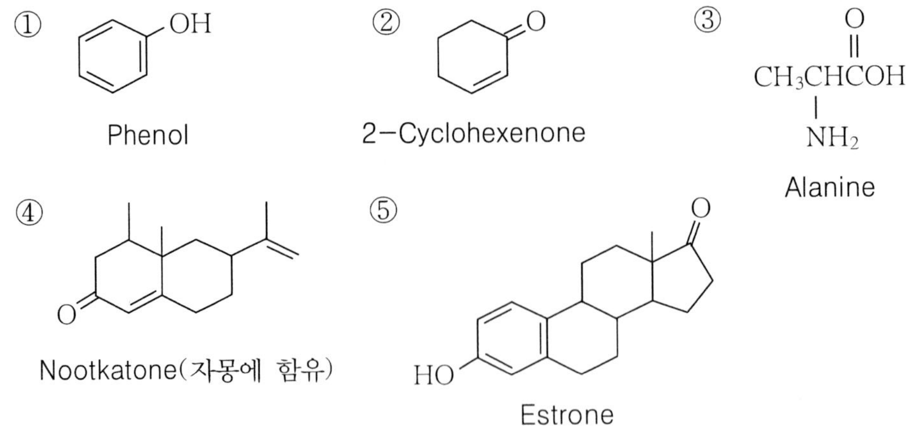

① Phenol　② 2-Cyclohexenone　③ Alanine
④ Nootkatone(자몽에 함유)　⑤ Estrone

12. 다음에 해당하는 화학구조를 쓰시오.

① 6개의 탄소로 된 알켄(alkene)
② 탄소 5개로 된 시클로알켄(cycloalkene)
③ 탄소 5개로 된 케톤(ketone)
④ 탄소 5개로 된 아미드(amide)
⑤ 탄소 5개로 된 에스테르(ester)
⑥ 방향족 알콜

13. 다음에 알맞은 화학구조를 쓰시오.

① 알켄, C_7H_{14} ② 시클로알켄, C_3H_4
③ 케톤, C_4H_8O ④ 니트릴, C_5H_9N
⑤ Dialkene, C_5H_8 ⑥ Dialdehyde, $C_4H_6O_2$

14. 다음 구조 중 동일한 화합물을 나타내는 것은 어느 것이며, 상이한 화합물을 나타내는 것은 어느 것인가?

①
```
                                          H
                                          |
                                        H-C-H
      H   H   H   H              H   H    |           H   H   H
      |   |   |   |              |   |    |           |   |   |
    H-C - C - C - C-H          H-C - C -  C-H       H-C - C - C-H
      |   |   |   |              |   |    |           |   |   |
      H   H   H   H              H   H    H           H   |   H
                                                        H-C-H
                                                          |
                                                          H
```

②
```
                                                       H
                                                       |
                                                     H-C-H
      H   H   Br  H           H   Br  H   H            |   H   H
      |   |   |   |           |   |   |   |            |   |   |
    H-C - C - C - C-H       H-C - C - C - C-H        H-C - C - C-H
      |   |   |   |           |   |   |   |            |   |   |
      H   H   H   H           H   H   H   H            H   Br  H
```

③
```
        CH3              CH3
        |                |
CH3CHBrCHCH3     CH3CHCHBrCH3     (CH3)2CHCHBrCH2CH3
```

④
```
  OH               OH            HO
     OH                          HO
                      OH
```

15. 다음에 알맞은 구조식을 쓰시오.

① 2-Methylheptane ② 4-Ethyl-2-methylhexane
③ 4-Ethyl-3,4-dimethyloctane ④ 2,4,4-Trimethylheptane
⑤ 1,1-Dimethylcyclopentane ⑥ 4-Isopropyl-3-methylheptane

16. 다음 알칸의 IUPAC 이름을 쓰시오.

① CH_3 / $CH_3CH_2CH_2CHCHCH_3$ / CH_3

② CH_3 / $CH_3CH_2CH_2CHCHCH_3$ / $CH_2CH_2CH_2CH_3$

③ CH_3 CH_2CH_3 / $CH_3CHCH_2CCH_3$ / CH_2CH_3

④ CH_2CH_3 / $CH_3CH_2CCH_2CH_3$ / CH_2CH_3

17. 다음 각 화합물에 있어서 동일한 작용기를 가진 이성질체를 쓰시오.

① CH_3 / $CH_3CHCH_2CH_2Br$ ② OCH_3 ③ $CH_3CH_2CH_2C\equiv N$

④ OH ⑤ O / ‖ / CH_3CH_2CH ⑥ O / ‖ / CH_2COH

18. 다음 화합물의 적당한 IUPAC 이름을 쓰시오.

① CH_3 ② H_3C CH_3 / H H ③ CH_3 / H / CH_3 / H

④ CH_3 ⑤ H_3C CH_3 / CH_3

3

불포화 탄화수소

불포화 탄화수소(unsaturated hydrocarbon)는 탄소원자 사이에 2중 결합 또는 3중 결합이 있다는 것이 파라핀계 즉, alkane과 다른 점이다. 2중 결합을 갖는 olefin계열 탄화수소를 **alkene**이라 하고, 3중 결합을 가진 acetylene계열 탄화수소를 **alkyne**이라 한다.

3.1 Alkene

1. 2중결합

단일결합은 두 원자가 한 쌍의 전자를 공유하지만, 다중결합에서는 두 쌍 이상의 전자가 공유된다. 즉, 2중 결합은 4개, 3중 결합은 여섯 개의 전자를 가지고 있으며, 이 전자들은 결합하려는 두 원자에 의해서 공유되어 각 원자의 최외각 껍질을 채우게 된다.

가장 간단한 불포화 탄화수소는 2중 결합을 하나만 가지고 있는 ethylene이며, 평면으로 표시하면 그림 3-1과 같은 구조식을 갖고 있다.

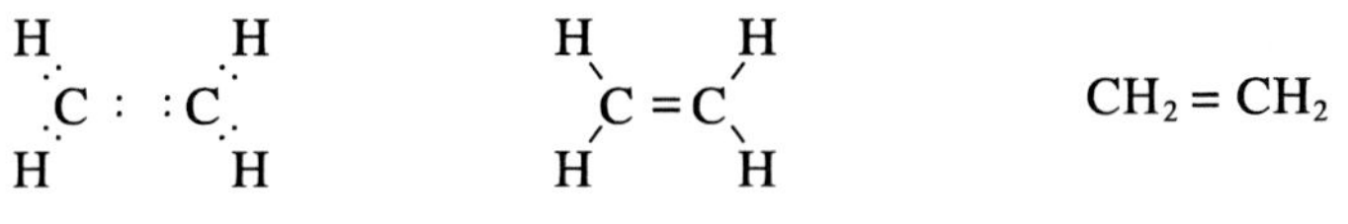

H:C::C:H (H above and below each C)　　$H_2C=CH_2$　　$CH_2=CH_2$

그림 3-1. Ethylene의 평면 구조식

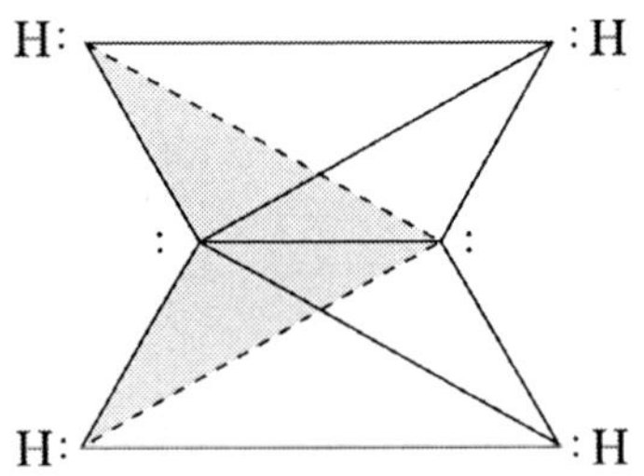

두 탄소가 한 능선을 공유하고 있다.

그림 3-2. Ethylene의 입체구조 모형

원자 사이에서 두 쌍의 공유된 전자는 분자구조에 일정한 기하학적 관계가 있다. 만약에 각 전자쌍이 정사면체의 정점에 위치한다면 2중 결합은 그림 3-2와 같이 두 사면체가 하나의 직선을 공유하고 있는 것처럼 나타날 것이다. 여기서 한 직선의 공유는 C-C결합과 달리 C=C결합은 회전이 불가능하다는 것을 의미한다.

탄소의 결합에서 두 탄소 사이의 거리는 C=C는 1.34Å으로, C-C보다 0.2Å이 짧은 것을 알 수 있다. 이것은 두 쌍의 전자가 한 쌍인 경우에 비하여 탄소핵을 끌어당기는 힘이 증가하기 때문이다.

2. 물리적 성질

순수한 alkene은 무색·무취이고, 비등점과 융점 등 몇 가지를 제외하고는 alkane과 성질이 거의 유사하다. 또한 모든 alkene은 물에 전혀 녹지 않고, 비중은 물보다 작다.

상온에서는 butene 이하의 것은 모두 기체이고, C6-C18은 액체, C19 이상의 경우는 고체로 존재한다.

3. 이성질체

Alkene은 alkane과 같은 사슬이성체(chain isomer) 외에도 불포화결합의 위치에 따른 위치이성체(positional isomer)와 불포화결합을 중심으로 양쪽 사슬의 결합상태에 따른 기하이성체(geometrical isomer) 등이 존재한다.

이미 설명한 것과 같이 탄소의 단일결합에서는 정사면체의 정점에서 결합이 이루어져 있으므로 결합부위에서 회전이 자유롭다(식 3-1).

표 3-1. 몇 가지 alkene의 물리적 성질

분자식	IUPAC명	구조식	비등점(℃)
C_2H_4	Ethene	$CH_2=CH_2$	-103.8
C_3H_6	Propene	$CH_3=CH=CH_2$	-47
C_4H_8	1-Butene	$C_2C_5-CH=CH_2$	-6.3
	2-Butene	$CH_3-CH-CH-CH_3$	3.6
	2-Methyl propene	$(CH_3)_2C=CH_2$	-6
C_5H_{10}	1-Pentene	$CH_3CH_2CH_2-CH=CH_2$	30
	2-Pentene	$CH_3-CH_2-CH=CH-CH_3$	36.4
	2-Methyl-1-butene	$CH_2=C(CH_3)-CH_2-CH_3$	32
	3-Methyl-1-butene	$(CH_3)_2CH-CH=CH_2$	20.1
	2-Methyl-1-butene	$(CH_3)_2C=CH-CH_2$	38.4
C_6H_{12}	1-Hexene	$C_4H_9-CH=CH_2$	61.4
C_7H_{14}	1-Heptene	$C_5H_{11}-CH=CH_2$	99
C_8H_{16}	1-Octene	$C_6H_{13}-CH=CH_2$	123
$C_{10}H_{20}$	1-Decene	$C_8H_{17}-CH-CH_2$	172

$$\begin{array}{c} CH_2-CH_3 \\ | \\ CH_3-CH_2 \end{array} \qquad \begin{array}{c} CH_2-CH_3 \\ | \\ CH_2-CH_3 \end{array} \tag{3-1}$$

(a) (b)

(a)와 (b)는 다른 구조로 보이지만 실제로는 동일한 화합물이다. 그러나 alkene에서는 다음과 같다.

$$\begin{array}{c} HC-CH_3 \\ \| \\ HC-CH_3 \end{array} \qquad \begin{array}{c} HC-CH_3 \\ \| \\ CH_3-CH \end{array} \tag{3-2}$$

cis-2-Butene(b.p. 3.6℃) *trans*-2-Butene(b.p. 0.9℃)

두 개의 화합물이 완전히 다른 화합물인 것을 알 수 있다. 이것은 그림 3-2에서 설명한 바와 같이 2중 결합을 사이에 두고 두 개의 탄소원자가 직선부에서 결합되어 있어 회전이 불가능하여 나타나는 현상이다.

구조식으로 표시할 경우는 2중 결합을 중심으로 같은 방향에 동일한 원자나 원자단이 배열된 화합물의 형태를 *cis* form이라 하고, 반대방향으로 배열된 형태를 *trans* form이라 한다.

4. 제조방법

1) 탈리반응(제거반응, elimination)

단일결합으로 이루어진 어떤 화합물에서 2중 결합을 만드는 방법은 인접한 두 탄소원자에서 두 원자나 기를 제거하여 만들 수 있다. 이 과정에서 한 쌍의 전자쌍이 잔류되고, 잔류된 전자쌍이 두 개의 탄소원자 사이에서 부가적인 결합을 형성하게 된다. 이 과정은 그림 3-3과 같이 정리된다.

여기서 화합물 XY는 보통 물(H_2O) 또는 할로겐화 수소(HBr 또는 HCl)와 같은 작은 무기분자이고, 반응을 일으키게 하는 시약은 탈리되는 분자에 대해 강력한 친화력을 갖고 있어야 한다.

2) 알코올의 탈수작용

그림 3-3의 반응식에서 분자 XY가 물인 경우를 **탈수반응**(dehydration)이라고 한다.

출발물질은 알코올이고, 촉매는 물에 대해 강력한 친화력을 발휘하는 진한 황산, 인산 또는 고온에서 활성 알루미나(active alumina) 등의 탈수시약을 이용한다.

$$\begin{array}{ccccccc} & & H & & H & & \\ & & | & & | & & \\ H & - & C & - & C & - & H \\ & & | & & | & & \\ & & H & & OH & & \end{array} \xrightarrow[350^\circ C]{Al_2O_3} \begin{array}{ccccccc} & & H & & H & & \\ & & | & & | & & \\ H & - & C & = & C & - & H \end{array} + H_2O \qquad (3\text{-}3)$$

Ethjyl alcohol Ethylene(ethene)

2-Butanol을 이용하면 alkene의 혼합물질을 생성시킬 수도 있다.

$$\begin{array}{ccccccccc} & & H & & H & & H & & H & \\ & & | & & | & & | & & | & \\ H & - & C & - & C & - & C & - & C & - H \\ & & | & & | & & | & & | & \\ & & H & & OH & & H & & H & \end{array} \xrightarrow{-H_2O} \left\{ \begin{array}{c} \begin{array}{ccccccccc} & & H & & H & & H & & H & \\ & & | & & | & & | & & | & \\ H & - & C & = & C & - & C & - & C & - H \\ & & & & & & | & & | & \\ & & & & & & H & & H & \end{array} \\ \text{1-Butene} \\ \\ \begin{array}{ccccccccc} & & H & & H & & H & & H & \\ & & | & & | & & | & & | & \\ H & - & C & - & C & = & C & - & C & - H \\ & & | & & & & & & | & \\ & & H & & & & & & H & \end{array} \\ \text{2-Butene} \end{array} \right. \qquad (3\text{-}4)$$

2-Butanol

$$R-\underset{H}{\underset{|}{C}}\ :\ \underset{H}{\underset{|}{C}}-R' \ \ (X\ \ Y) \longrightarrow R-\underset{H}{\underset{|}{C}}::\underset{H}{\underset{|}{C}}-R' + X:Y$$

그림 3-3. 탈리반응의 일반식

3) Haloalkane에서 할로겐화 수소의 탈리

Haloalkane에 강알칼리성 알코올용액을 접촉시키면 다음과 같은 반응이 이루어진다.

$$H-\overset{H}{\underset{H}{C}}-\overset{H}{\underset{Br}{C}}-\overset{H}{\underset{H}{C}}-H \xrightarrow[\text{in alcohol}]{KOH} H-\overset{H}{\underset{H}{C}}-\overset{H}{C}=\overset{H}{C}\ H + KBr + H_2O \qquad (3\text{-}5)$$

탈리된 할로겐화 수소는 알칼리와 반응하여 염과 물분자를 형성한다. 실험실에서 alkene을 만들 수 있는 가장 중요한 방법은 위에서 예를 든 알코올과 haloalkane이다.

4) Alkane의 열분해

Alkane을 고온으로 가열하여 수소를 떼어 내거나(dehydrogenation), 탄소의 결합을 분해하여 다음과 같은 반응을 진행시킨다.

$$CH_3CH_3 \xrightarrow{700℃} CH_2=CH_2 + H_2 \qquad (3\text{-}6)$$

n-Butane은 위 반응을 진행시킬 때 다음과 같이 cracking되어 propene과 ethene이 생성된다.

$$\underset{\text{n-Butane}}{CH_3 \overset{(a)}{/} CH_2 \overset{(b)}{/} CH_2-CH_3} \begin{cases} \xrightarrow{(a)} CH_4 + \underset{\text{Propene}}{CH_2=CH-CH_3} \\ \xrightarrow{(b)} \underset{\text{Ethene}}{CH_2=CH_2} + CH_3-CH_3 \end{cases} \qquad (3\text{-}7)$$

반응원료로서 C10~C16 정도의 alkane을 이용하면 여러 가지 다양한 화합물이 생성된다.

5. 화학반응

포화 탄화수소와 불포화 탄화수소는 반응특성에 있어서 커다란 차이가 있다. Alkane은 주로 치환반응을 하는데 비하여, alkene은 주로 부가반응을 일으킨다. 이것은 ethane과 ethene이 브롬과 반응하는 것을 보면 쉽게 이해할 수 있다.

$$CH_3-CH_3 + Br \longrightarrow CH_3CH_2Br + HBr \quad \text{(치환반응)}$$

Ethane → Bromoethane

$$CH_2=CH_2 + Br_2 \longrightarrow \underset{Br}{CH_2}-\underset{Br}{CH_2} \quad \text{(부가반응)} \qquad (3\text{-}8)$$

Ethene → 1,2-Dibromoethane

이러한 부가반응은 비교적 낮은 온도에서도 대단히 빠른 속도로 진행되지만, 치환반응은 촉매를 필요로 하거나 높은 온도를 요구한다.

또한 부가반응은 반응생성물질이 단 한 가지 밖에 생성되지 않지만, 치환반응에서는 일반적으로 두 개의 생성물질을 만들고, 이 중에서 하나는 무기부산물(inorganic byproduct)이다. Alkene은 부가반응 이외에도 산화반응과 중합반응을 한다.

1) Alkene의 부가반응

(1) 수소와 할로겐의 부가

$$R-CH=CH_2 \xrightarrow[\text{Pt, Ni}]{H_2} R-CH_2-CH_3 \qquad (3\text{-}9)$$

촉매가 존재하면 쉽게 수소첨가가 이루어지며, alakne에서는 치환반응이 이루어지는 할로겐도 이 경우에는 부가반응을 한다. 이 때는 *vic*-dihalide가 생성된다.

$$R-CH=CH_2 \xrightarrow{X_2} R-\underset{X}{\overset{H}{C}}-\underset{X}{\overset{H}{C}}-H \qquad (3\text{-}10)$$

(2) 부가반응의 메카니즘

Alkene의 부가반응은 2중 결합을 형성하고 있는 탄소 사이에서 전자의 이동에 의해 다음과 같이 두 개의 탄소에 음전하와 양전하를 띠게 된다. 먼저 음전하로 하전된 탄소에 부가시약의 양전위가 부가되고, 이어서 나머지 부가시약의 음전위가 양전하인 탄소에 부가되면서 부가반응을 일으킨다.

$$\begin{aligned} &HX \longrightarrow H^+ + X^- \text{ (부가시약)} \\ &CH_2::CH_2 \longrightarrow CH_2:CH_2 \text{ 또는 } C^+H_2-C^-H_2 \\ &{}^+CH_2-CH_2 + H^+ \longrightarrow {}^+CH_2-CH_3 \\ &{}^+CH_2-CH_3 + X \longrightarrow CH_2X-CH_3 \end{aligned} \quad (3\text{-}11)$$

이러한 부가반응에서 전자의 이동으로 발생한 음전하 상태의 탄소에 H^+와 같은 부가시약의 양이온 전위가 공격하여 형성되는 반응을 **친전자반응**(electrophilic reaction)이라 하고, 이 때 H^+와 같이 양전하를 띠고 있는 물질을 **양하전시약**(cationoid reagent) 또는 **친전자시약**(electrophilic reagent)라고 한다.

반대로 X^-같이 음이온 부위가 전자밀도가 낮은 탄소원자를 공격하여 발생하는 부가반응을 **친핵반응**(nucleophilic reaction)이라 하고, 이 때 X^-와 같은 음이온으로 하전된 시약을 **음하전시약**(anionoid reagent) 또는 **친핵시약**(nucleophilic reagent)라고 한다.

2) 할로겐화 수소의 부가

산이나 할로겐화 수소가 alkene과 반응하는 경우도 부가반응이 일어난다.

$$CH_3-CH{=}CH_2 + HBr \begin{cases} \longrightarrow CH_3-CH_2-CH_2Br \text{ (1-Bromopropane)} \\ \longrightarrow CH_3-CHBr-CH_3 \text{ (2-Bromopropane)} \end{cases} \quad (3\text{-}12)$$

위 반응에서는 두 가지 과정에 의해서 이성체가 생성될 가능성이 있으나, 실제로는 2-bromopropane이 주 생성물질이다.

3) 마르코프니코프(Markownikoff, 1838~1904)의 법칙

부가시약은 반응과정에서 양전하 부위가 수소원자가 더 많이 결합된 2중 결합의 탄소에 부가된다는 법칙이다. 즉, 1-propene의 메틸기는 전자를 밀어내는 성질(electron releasing property)을 갖고 있으므로 2중 결합의 전자밀도는 1번 탄소에 치우치게 되면서 2번 탄소의 전자밀도가 적어지게 된다. 따라서 H^+는 음전하를 띠고 있는 1번 탄소로, Br^-는 전자밀도가 적어지면서 상대적으로 양전하를 띠고 있는 2번 탄소에 부가된다.

$$\overset{3}{CH_3} \rightarrow \overset{H}{\underset{2}{C}} :: \overset{H}{\underset{1}{C}}-H \longrightarrow [CH_3 \rightarrow {}^{\delta\oplus}CH-{}^{\delta\ominus}CH_2]$$

$$CH_3-{}^{\delta\oplus}CH-{}^{\delta\ominus}CH_2 + H^+X^- \longrightarrow CH_3-CHX-CH_3 \qquad (3\text{-}13)$$

여기서 사용하는 δ^+, δ^- 기호는 이온화를 의미하는 것이 아니라 전자밀도의 상대량을 표시한다.

그러나 위와 같은 부가반응에서 과산화물이나 산소가 존재하면 반대의 결과가 나타나게 된다. 이러한 반대현상을 Kharasch가 1933년에 발견하였고, **산소효과**(oxygen effect)라고 한다.

$$CH_3-CH=CH_2 + HBr \xrightarrow{[O_2]} CH_3-CH_2-CH_2Br \qquad (3\text{-}14)$$

이 외에 산도 부가반응을 일으키며, 석유화학공업에서 포화 탄화수소와 불포화 탄화수소가 혼합되어 있는 경우에 불포화 탄화수소를 제거시키는 방법으로 이용하고 있다.

$$CH_2=CH_2 + HOSO_3H \longrightarrow CH_3-CH_2OSO_3H \qquad (3\text{-}15)$$

4) Alkane의 부가반응(alkylation)

이 경우에도 마르코프니코프의 법칙이 적용되어 다음과 같은 반응이 이루어진다.

$$\underset{\text{Ethane}}{CH_3-CH_3} + \underset{\text{Propene}}{CH_2=CH-CH_3} \longrightarrow \underset{\text{2-Methybutane}}{CH_3-\overset{CH_3}{\overset{|}{C}H}-CH_2-CH_3}$$

$$\underset{\text{2,2-Dimethylpropane}}{CH_3-\overset{CH_3}{\underset{CH_3}{C}}-CH_3} + \underset{\text{2-Butene}}{CH_3-CH=CH-CH_3} \longrightarrow \underset{\text{2,2,4-Trimethylhexane}}{CH_3-\overset{CH_3}{\underset{CH_3}{C}}-CH_2-\overset{CH_3}{\overset{|}{C}H}-CH_2-CH_3} \qquad (3\text{-}16)$$

5) 산화반응(oxidation)

(1) 연소

Alkane과 동일하다.

$$2C_nH_{2n} + 3nO_2 \longrightarrow 2nCO_2 + 2nH_2O + \text{열} \quad (3\text{-}17)$$

(2) Baeyer test

불포화화합물의 검출에 이용하는 반응이며, 보라색(violet)의 묽은 $KMnO_4$ 용액이 alkene을 산화시키고, 갈색(brown) MnO_2 침전을 형성한다.

$$3CH_2{=}CH_2 + 2MnO_4 + 4H_2O \longrightarrow 3\underset{OH}{CH_2}-\underset{OH}{CH_2} + 2OH + 2MnO_2 \quad (3\text{-}18)$$

Ethene Ethylene glycol

표 3-2. 알켄의 산화반응

분 류	시 약	생성물질
절단되지 않는 산화반응 (파이결합의 산화)	• $KMnO_4$와 OH^- 용액 • OsO_4와 반응 후 Na_2SO_3 • $C_6H_3CO_3H$ • O_2(촉매)	1,2-디올 1,2-디올 에폭시화합물 메틸케톤
절단되는 산화반응 (시그마결합의 절단, 파이결합의 산화)	• $KMnO_4$ 뜨거운 용액 • O_3 다음에 산화반응(H_2O_2, H^+) • O_3 다음에 환원반응(Zn과 H^+)	카르복실산과 케톤 카르복실산과 케톤 알데하이드와 케톤

(3) 오존의 부가반응

Alkene과 오존(ozone, O_3)을 작용시키면 기름형태의 폭발성 오존화합물(explosive ozonide)이 생성되고, 이것을 물로 분해시키거나 접촉수소화(catalytic hydrogenation)시키면 2중 결합이 있는 위치가 끊어지면서 aldehyde나 ketone이 생성된다. 이러한 반응을 **오존분해**(ozonolysis)라고 하고, 임의의 화합물에서 2중 결합의 위치를 찾아내는 방법으로 사용한다.

$$R_2C=CR'_2 \xrightarrow{O_3} \text{Ozonide (}R_2C\text{–O–}CR'_2\text{ with O–O bridge)} \xrightarrow{H_2} \underset{\text{Ketone}}{R_2C=O} + \underset{\text{Ketone}}{R'_2C=O} + H_2O$$

$$\underset{\text{Propene}}{CH_3-CH=CH_2} \xrightarrow{O_3} CH_3-CH(-O-O-)(-O-)CH_2 \xrightarrow{H_2O} \underbrace{CH_3CHO + HCHO}_{\text{Aldehyde}} + H_2O_2 \qquad (3\text{-}19)$$

6) Alkene의 중합반응(polymerization)

작은 분자들이 서로 많이 모여서 형성된 큰 분자를 **중합체**(polymer)라고 하며, 여기서 기본이 되는 작은 분자들을 **단량체**(monomer)라고 한다.

Alkene의 중합반응에서 대표적인 단량체는 ethene(ethylene)이고, 이 물질은 중합이 되어 polyethylene(PE)가 된다.

$$\underset{\text{Ethene(ethylene)}}{n(CH_2=CH_2)} \xrightarrow{1,000\text{기압, } 100\sim140℃} \underset{\text{Polyethylene}}{(CH_2-CH_2)_n} \qquad (3\text{-}20)$$

여기서 n값은 70 내지 700 정도이다.

그러나 이 반응은 실제로는 유리기반응(free radical reaction)으로서 이 과정을 다음과 같이 표시할 수 있다.

$$R\cdot \; + \; CH_2=CH_2 \longrightarrow R-CH_2-CH_2\cdot$$
$$R-CH_2-CH_2\cdot \; + \; CH_2=CH_2 \longrightarrow R-CH_2-CH_2-CH_2-CH_2\cdot \qquad (3\text{-}21)$$

이 과정은 첫째로 기가 너무 커져서 더 이상 기의 형성을 할 수 있는 에너지가 부족할 때까지 또는 두 유리기의 결합으로 반응이 완료되면서 안정화될 때까지 진행된다. 이 반응에 사용하는 촉매는 쉽게 유리기 R·을 만들 수 있어야 하며, 보통 R_3Al

과 $TiCl_4$의 혼합물을 사용한다.

Polyethylene은 식품의 포장용 필름이나 농업용 비닐하우스용 필름제조의 원료로 사용된다.

3.2 Dialkene과 polyalkene

한 분자 안에 두 개의 2중 결합을 갖고 있는 탄화수소를 dialkene 또는 alkadiene이라 하고, 두 개 이상의 2중 결합을 갖고 있는 것을 polyalkene이라 한다. Dialkene과 polyalkene은 분자내 2중 결합의 배치상태에 따라 다음과 같이 구별한다.

① 고립된 2중 결합(Isolated double bond)

2중 결합이 서로 멀리 떨어져 고립된 결합상태이므로 2중 결합 상호간에 간섭이 없고, 일반적인 alkene과 동일한 반응성을 나타낸다.

$$\begin{gathered} -CH=CH-CH=CH- \\ CH_2=CH-CH=CH_2 \end{gathered} \qquad (3\text{-}22)$$

1,3-Butadiene

② 공액 2중 결합(Conjugated double bond)

2중 결합이 한 칸 건너씩 배치된 결합상태로서 결합 간에 상호작용이 나타날 수 있다.

$$\begin{gathered} -CH=CH-(CH_2)_n-CH=CH- \\ CH_2=CH-CH_2-CH_2-CH=CH_2 \end{gathered} \qquad (3\text{-}23)$$

1,5-Hexadiene

③ 중복 2중 결합(Cumulated double bond)

2중 결합이 연속하여 배치된 결합상태로서 allene이 대표적인 예이다.

$$CH_2=C=CH_2 \qquad (3\text{-}24)$$

Allene

1. Dialkene

Dialkene에서 중요한 것은 1,3-butadiene과 이 물질의 메틸유도체인 isoprene 등의 화합물들이다.

$$\underset{\text{1,3-Butadiene}}{CH_2-CH-CH=CH_2} \qquad \underset{\text{Isoprene(2 methyl-1,3-butadiene)}}{CH_2-\overset{\overset{\large CH_3}{|}}{C}-CH=CH_2} \qquad (3\text{-}25)$$

이들과 같은 공액 2중 결합 화합물들은 일반적으로 반응성이 강하고, 특이한 부가반응을 할 수 있다.

Butadiene 1분자량과 브롬 1분자량을 반응시키면 1,4 부가체와 1,2 부가체가 생성되는데, 일반적으로 1,4 부가반응(1,4 addition)이 보다 잘 이루어진다.

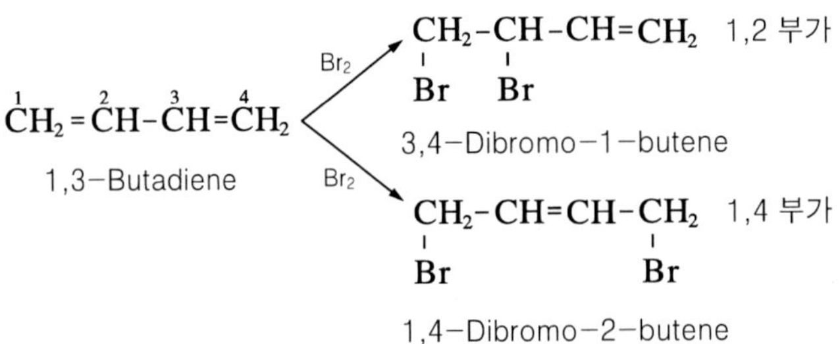

그림 3-4. 1,4 Addition in butadiene

이 반응과정은 전자설을 적용하면 쉽게 이해가 된다. 즉, butadiene은 부가시약인 X_2, HOX와 작용하여 먼저 양하전된 중간체를 형성하고, 안정한 중간체는 전자이동으로 다음과 같은 공명혼성체(resonance hybrid)를 형성하게 된다.

$$H_2C::CH:CH::CH_2 \xrightarrow{Br_2} \underset{(\text{I})}{Br:CH_2:{}^{\oplus}CH:CH::CH_2} \qquad (3\text{-}26)$$

$$\longleftrightarrow \underset{(\text{II})}{Br:CH_2:CH::CH:{}^{\oplus}CH_2} \qquad BrCH_2-\overset{\delta\oplus}{C}H=CH=\overset{\delta\oplus}{C}H_2$$

이 과정에서 브롬은 다음과 같이 해리되어 (I)에서는 1,2 부가반응이 진행되고, (II)에서는 1,4 부가반응이 진행된다.

$$Br_2 \longrightarrow :\ddot{\underset{..}{Br}}^{\oplus} + :\ddot{\underset{..}{Br}}:^{\ominus} \qquad (3\text{-}27)$$

2. Polyalkene

Polyalkene은 isoprene의 중합체인 천연고무를 비롯하여 carotene, sterol 등이 알려져 있고, 자연계에 널리 분포되어 있다. 한편 neoprene처럼 인공적으로 합성된 고분자 유기화합물에서도 쉽게 찾아볼 수 있다.

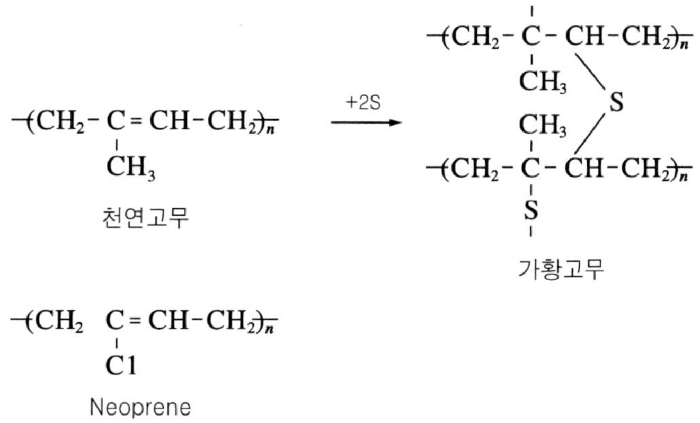

$$-\!\!(CH_2-\underset{\underset{CH_3}{|}}{C}=CH-CH_2)_n\!\!- \xrightarrow{+2S} \begin{matrix} -\!\!(CH_2-\overset{|}{\underset{\underset{CH_3}{|}}{C}}-CH-CH_2)_n\!\!- \\ \qquad\qquad \diagdown S \\ CH_3 \diagup \\ -\!\!(CH_2-\overset{|}{\underset{\underset{S}{|}}{C}}-CH-CH_2)_n\!\!- \end{matrix}$$

천연고무 가황고무

$$-\!\!(CH_2\ \underset{\underset{C1}{|}}{C}=CH-CH_2)_n\!\!-$$

Neoprene

그림 3-5. 천연고무의 반응

3. Allene과 유도체

Allene은 다음과 같이 생성시킬 수 있다.

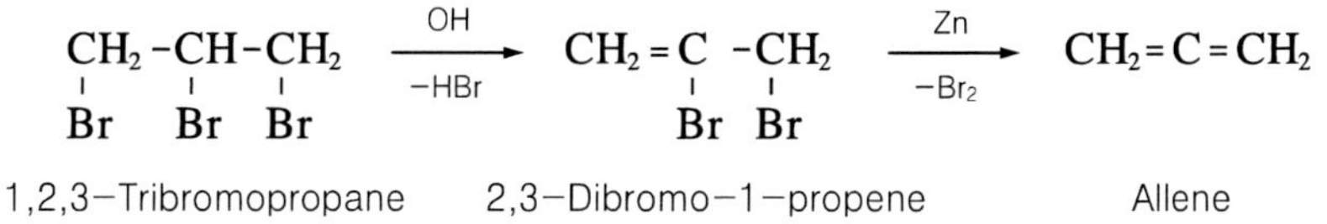

$$\underset{\text{1,2,3-Tribromopropane}}{\underset{Br\quad Br\quad Br}{CH_2-CH-CH_2}} \xrightarrow[-HBr]{OH} \underset{\text{2,3-Dibromo-1-propene}}{\underset{Br\quad Br}{CH_2=C-CH_2}} \xrightarrow[-Br_2]{Zn} \underset{\text{Allene}}{CH_2=C=CH_2} \qquad (3\text{-}28)$$

$$\underset{\text{Allene}}{CH_2=C=CH_2} \xrightarrow[Na]{Ether} \underset{\text{Methylacetylene}}{CH_3-C\equiv CH}$$

$$\underset{\text{Allene}}{CH_2=C=CH_2+2H_2O} \xrightarrow{Conc\ H_2SO_4} CH_3-\overset{OH}{\underset{OH}{C}}-CH_3 \xrightarrow{-H_2O} \underset{\text{Acetone}}{CH_3-\underset{\underset{O}{\|}}{C}-CH_3}$$

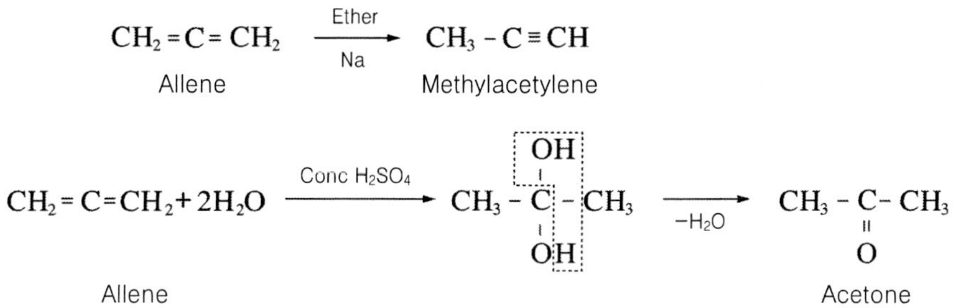

그림 3-6. Allene의 반응

Allene을 ether 속에서 Na와 함께 가열하면 이성화가 이루어지면서 methylacetylene이 되고, 진한 황산에 흡수시킨 다음에 물을 가해 증류하면 acetone이 생성된다.

3.3 Alkyne

분자구조에 3중 결합을 가지고 있는 탄화수소 화합물들을 alkyne이라 하고, 일반식은 C_nH_{2n-2}로 표시한다. 명명법은 alkene의 -ene 대신에 -yne를 붙여서 부른다.

3중 결합은 2중 결합의 개념과 동일하게 설명할 수 있으며, CH≡CH를 예로 들면 C와 C는 *sp-sp*궤도의 중첩, C와 H는 *sp-s*궤도의 중첩으로 σ 결합을 형성하고 있다.

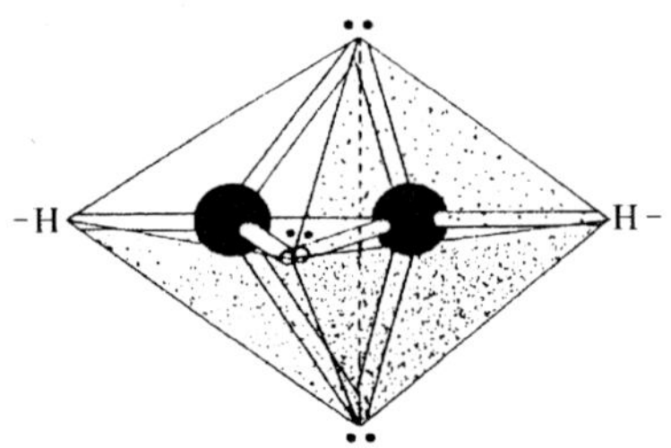

그림 3-7. 탄소 사이의 3중 결합

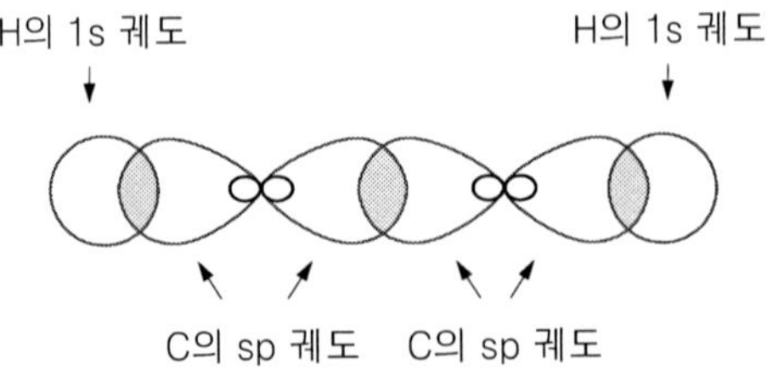

그림 3-8. Acetylene의 σ결합

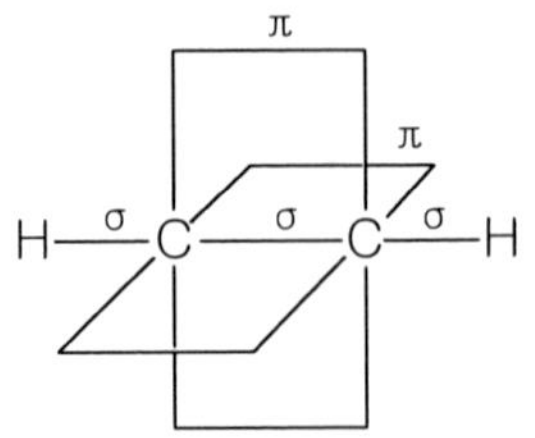

그림 3-9. Acetylene의 π결합

또한 두 탄소는 서로 직각을 이루고 있는 두 개의 *p*궤도가 있어 두 개의 탄소에 존재하는 네 개의 *p*궤도는 두 개의 분자궤도(molecular orbital)를 형성하여 두 개의 π 결합을 이루고 있다. 이들의 관계는 그림 3-7, 3-8, 3-9에 설명되어 있다.

1. 물리적 성질

Alkyne의 물리적 성질은 alkane, alkene과 비슷하지만, 일반적으로 alkyne은 비등점과 물에 대한 용해도가 다소 높은 것이 특징이다. C2-C4는 상온/상압에서 기체이고, 이보다 탄소가 많이 결합된 화합물들은 상온/상압에서 액체상태로 존재한다.

2. 제조방법

1) *vic*-Dihalide에서 탈할로겐화 수소

$$\underset{\text{Br}}{\text{CH}_2} - \underset{\text{Br}}{\text{CH}_2} \xrightarrow[-2\text{HBr}]{\text{KOH}} \text{CH} \equiv \text{CH} \tag{3-29}$$

vic-Dibromoethane　　　Acetylene

2) *gem*-Dihalide에서 탈할로겐화

$$\text{CH}_3-\text{CH}_2-\text{CHCl}_2 \xrightarrow{\text{KOH}} \text{CH}_3\text{C}\equiv\text{CH} \tag{3-30}$$

gem-Dichloropropane　　　Propyne

3) 탄화칼슘(calcium carbonate)에 물을 작용

$$\begin{aligned} &3\text{C} + \text{CaO} \xrightarrow{2,000\sim3,000℃} \underset{\text{Ca-carbonate}}{\text{CaC}_2} + \text{CO} \\ &\text{CaC}_2 + 2\text{H}_2\text{O} \longrightarrow \underset{\text{Acetylene}}{\text{CH}\equiv\text{CH}} + \text{Ca(OH)}_2 \end{aligned} \tag{3-31}$$

Acetylene은 금속의 용접용 연료로 이용되며, 고분자물질의 원료로도 사용되고 있다. 따라서 제조원가를 감소시키기 위해 methane을 cracking하여 제조하기도 한다.

$$3\text{CH}_4 \xrightarrow[\text{촉매}]{\text{크래킹}} \text{CH}\equiv\text{CH} + 3\text{H}_2 \tag{3-32}$$

3. 화학반응

Acetylene의 주요 반응은 부가반응과 중합반응으로서 앞에서 설명한 alkene보다 부가시약을 2분자 더 많이 부가시킬 수 있다. 이 경우에도 마르코프니코프의 규칙이 적용된다.

1) 수소의 첨가

$$\mathrm{R-C{\equiv}C-R'} \xrightarrow[\mathrm{Pt}]{2\mathrm{H_2}} \mathrm{R-CH_2-CH_2-R'}$$
$$\mathrm{R-C{\equiv}C-R'} \xrightarrow[\mathrm{Pb\ 또는\ Fe}]{\mathrm{H_2}} \mathrm{R-CH{=}CH-R'} \tag{3-33}$$

2) 할로겐의 첨가

$$\underset{\text{Acetylene}}{\mathrm{H-C{\equiv}C-H}} \xrightarrow{\mathrm{Br_2}} \underset{\text{1,2-Dibromoethene}}{\mathrm{H-C(Br){=}C(Br)-H}} \xrightarrow{\mathrm{Br_2}} \underset{\text{1,1,2,2-Tetrabromoethane}}{\mathrm{H-CBr_2-CBr_2-H}} \tag{3-34}$$

이와 비슷한 방법으로 제조하는 tetrachloroethane은 니스와 페인트 제조에 이용하며, 양털에서 지방을 추출하는 과정에 용매로 이용하고 있다.

3) 할로겐화 수소 및 산의 부가반응

마르코프니코프의 규칙이 적용된다.

$$\underset{\text{Acetylene}}{\mathrm{H-C{\equiv}C-H}} \xrightarrow{+\mathrm{HCl}} \underset{\text{Vinyl chloride}}{\mathrm{H-C(Cl){=}C(H)-H}} \xrightarrow{+\mathrm{HCl}} \underset{\text{Dichloroethane}}{\mathrm{H-C(Cl)_2-CH_2-H}}$$
$$\underset{\text{Propyne}}{\mathrm{CH_3-C{\equiv}CH}} \xrightarrow{\mathrm{HI}} \underset{\text{2-Iodopropene}}{\mathrm{CH_3-C(I){=}C(H)-H}} \xrightarrow{\mathrm{HI}} \underset{\text{2,2-Diiodopropane}}{\mathrm{CH_3-CI_2-CH_3}} \tag{3-35}$$

염화비닐(vinyl chloride)을 촉매와 함께 중합시키면 염화비닐 중합체(polyvinyl

chloride, PVC)를 제조할 수 있다. PVC는 건축자재나 수도관 등 다양한 용도로 이용되고 있다.

$$\underset{\text{Vinyl chloride}}{H_2C{=}\underset{\underset{Cl}{|}}{C}H} \xrightarrow[\text{cat}]{\text{중합}} \underset{\text{Polyvinyl chloride(PVC)}}{-\!(H\,C{-}\underset{\underset{Cl}{|}}{C}H)_n} \tag{3-36}$$

$$\underset{\text{Acetylene}}{CH{\equiv}CH} + \underset{\text{Acetic acid}}{CH_3COOH} \longrightarrow \underset{\text{Vinyl acetate}}{CH_2{=}\underset{\underset{O-CO-CH_3}{|}}{C}H} \xrightarrow{\text{중합}} PVA$$

4) 물의 부가반응

$$CH{\equiv}CH + H_2O \xrightarrow{H_2SO_4} \underset{\text{Vinyl alcohol}}{CH_2{=}\underset{\underset{OH}{|}}{C}H} \xrightleftharpoons{\text{상호 변이성화}} \underset{\text{Acetaldehyde}}{CH_3{-}\underset{\underset{O}{\|}}{C}H} \tag{3-37}$$

5) HCN의 부가반응

$$CH{\equiv}CH + HCN \longrightarrow \underset{\text{Acrylonitrile}}{CH_2{=}CH{-}CN} \tag{3-38}$$

6) 중합반응(polymerization)

$$\underset{\text{3 Acetylenes}}{3\,H{-}C{\equiv}C{-}H} \xrightarrow[500\sim800℃]{\text{중합}} \underset{\text{Benzene}}{C_6H_6} \tag{3-39}$$

또한 acetylene에서 석유계열의 용매에 안정한 neoprene계 고무를 합성할 수도 있다.

$$2CH\equiv CH \xrightarrow[HgCl_2 \text{ 또는 } Cu_2Cl_2]{NH_4Cl} CH_2=CH-C\equiv CH$$

$$\xrightarrow{HCl} CH_2=CH-\underset{\underset{Cl}{|}}{C}=CH_2$$

Chloroprene

$$nCH_2=CH-\underset{\underset{Cl}{|}}{C}=CH_2 \longrightarrow -\!\!\left(CH_2-CH=\underset{\underset{Cl}{|}}{C}-CH_2\right)\!\!-_n \quad (3\text{-}40)$$

Neoprene

$$4CH\equiv CH \xrightarrow[Ni(CN)_2]{\text{압력, }65℃}$$

Cyclooctatetraene

7) 금속화합물의 형성

$$2CH\equiv CH + 2N_2 \longrightarrow 2CH\equiv 2N_2 - H_2$$

Sodium acetylide (3-41)

$$CH\equiv CH + 2Cu(NH_3)_2OH \longrightarrow$$

$$CuC\equiv CCu + 4NH_3 + 2H_2O$$

Cuprous acetylide

금속계열의 acetylide 건조물질은 폭발성이 있으므로 대단한 주의가 필요하다.

8) 산화(oxidation)

과망간산카리($KMnO_4$)나 오존에 의해서 카르복실산의 생성반응이다.

$$R-C\equiv C-H + 2O_2 \xrightarrow{KMnO_4,\ H_2O} R-COOH + CO_2$$

Carboxylic acid (3-42)

$$R-C\equiv C-H + 2O_2 \longrightarrow R-COOH + HCOOH$$

Carboxylic acid Formic acid

3.4 탄화수소의 명명법

지금까지 배운 alkane · alkene · alkyne의 명명법을 IUPAC 방법을 토대로 직쇄형 포화 탄화수소의 명명법을 정리해 보자.

① 포화 탄화수소(alkane)는 희랍어의 숫자 어미에 -ane를 붙여서 표시한다.

② 측쇄(side chain, branch)가 있는 화합물은 가장 긴 탄소직쇄의 탄소수에 -ane를 붙여 어간으로 하고, 측쇄의 작용기 이름과 작용기의 숫자를 접두어로서 화합물 이름의 맨 앞에 붙여 표시한다.

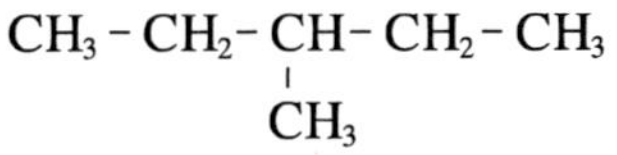

$$\begin{array}{c} CH_3-CH_2-\underset{\displaystyle CH_3}{\underset{|}{CH}}-CH_2-CH_3 \end{array} \tag{3-43}$$

3-Methylpentane

③ 작용기의 숫자는 di-, tri-, tetra-, penta- 등으로 하고, 탄소의 위치번호는 아라비아 숫자로 하되 작은 숫자가 되게 한다.

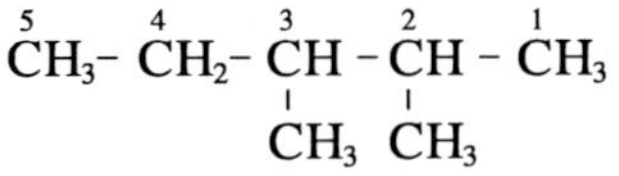

$$\overset{5}{C}H_3-\overset{4}{C}H_2-\underset{\displaystyle CH_3}{\underset{|}{\overset{3}{C}H}}-\underset{\displaystyle CH_3}{\underset{|}{\overset{2}{C}H}}-\overset{1}{C}H_3$$

2,3-Dimethylpentane(3,4-dimethylpentane이라 하지 않음)

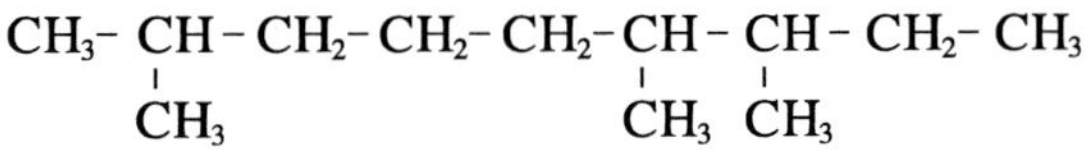

$$CH_3-\underset{\displaystyle CH_3}{\underset{|}{CH}}-CH_2-CH_2-CH_2-\underset{\displaystyle CH_3}{\underset{|}{CH}}-\underset{\displaystyle CH_3}{\underset{|}{CH}}-CH_2-CH_3 \tag{3-44}$$

2,6,7-Trimethylnonane
(3,4,8-로 하지 않음, 즉 최초의 숫자가 작은 것을 택함)

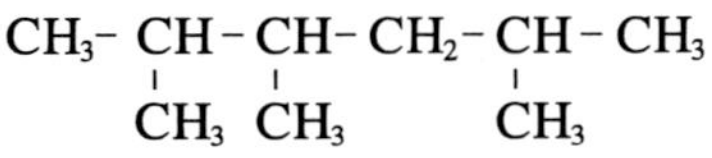

$$CH_3-\underset{\displaystyle CH_3}{\underset{|}{CH}}-\underset{\displaystyle CH_3}{\underset{|}{CH}}-CH_2-\underset{\displaystyle CH_3}{\underset{|}{CH}}-CH_3$$

2,3,5-Trimethylhexane
(2,4,5-로 하지 않음, 최초의 수가 같을 경우는 둘째 수가 작은 것을 택함)

④ 2가지 이상의 측쇄가 있는 경우는 간단한 작용기부터 복잡한 것으로 명명하는 방법(a)과, 알파벳 순서로 명명하는 방법(b)이 있고, 알파벳 순서로 명명하는 경우에 화합물 이름 앞의 숫자인 di-, tri- 등은 고려하지 않는다.

$$CH_3-\underset{\displaystyle CH_3}{CH}-\underset{\displaystyle C_2H_5}{CH}-\underset{\displaystyle CH_3}{CH}-CH_2-CH_3 \qquad (3\text{-}45)$$

(a)의 방법 : 2,4-Dimethyl-3-ethylhexane
(b)의 방법 : 3-Ethyl-2,4-dimethylhexane

⑤ 2중 결합이 있는 것은 어미를 -ane 대신에 -ene로, 3중 결합이 있는 것은 -ane 대신에 -yne를 접미어로 사용한다.

$CH_2-CH-CH_3$ Propene
$CH\equiv C-CH_3$ Propyne (3-46)

⑥ 2중 및 3중 결합의 위치번호는 작은 수가 되도록 하고, 화합물의 이름 앞에 표시한다.

$CH_3-CH=CH-CH_2-CH_3$ 2-Pentene
$CH_3-CH_2-C\equiv C-CH_3$ 2-Pentyne (3-47)

⑦ 2중 결합이 한 분자 안에 두 개 이상 있을 때는 각각 -ene를 -adiene과 -atriene으로 하고, 3중 결합은 -adiyne과 -atriyne로 하며, 위치번호는 작은 숫자가 되도록 한다.

$CH_2-CH-CH=CH-CH_3$ 1,3-Pentadiene
$CH\equiv C-CH_2-C\equiv C-CH_3$ 1,4-Hexadiyne (3-48)

⑧ 2중 결합과 3중 결합이 섞여 있는 경우는 -ane 대신에 해당되는 접미어인 -enyne(C=C 1개와 C≡C 1개), -adienyne(C=C 2개와 C≡C 1개), -enediyne(C=C 1개와 C≡C 2개)를 붙이며, 이 때는 2중 결합을 먼저 쓰고 위치번호는 -ene, -yne와 관계없이 작은 수가 되도록 한다.

$CH\equiv C-CH_2-CH_2=CH-CH_3$ 4-Hexene-1-yne
$CH_2=CH-C\equiv C-CH=CH-CH_3$ 1,5-Heptadiene-3-yne
$CH_2=CH-C\equiv C-C\equiv C-\underset{\displaystyle CH_3}{CH}-CH_3$ 7-Methyl-1-octene-3,5-diyne (번호는 측쇄보다도 불포화 결합을 기준으로 한다) (3-49)

$CH\equiv C-CH_2-CH=CH_2$ 1-Pentene-4-yne (-ene과 -yne의 번호가 같을 경우 -ene을 우선한다)

⑨ 측쇄가 불포화 탄화수소인 경우는 불포화결합을 가장 많이 가질 수 있는 직쇄형 탄화수소의 유도체로서 명명한다.

$$\begin{array}{c} \qquad\qquad CH_2CH_2CH_3 \\ \qquad\qquad | \\ CH_2=CH-C=C-C=CH \\ | \\ CH_2CH_3 \end{array} \tag{3-50}$$

3-Ethyl-4-propyl-1,3-hexadiene-5-yne

그러나 이 과정에서 다음과 같은 점에 주의해야 한다.

ⓐ 탄소 직쇄의 숫자가 C6와 C7 중에서 어느 쪽을 택하는가에 주의한다.

ⓑ 탄소수보다 2중, 3중 결합의 최다 직쇄를 어간으로 하고, 위치번호가 2중 결합과 3중 결합이 같은 경우는 2중 결합이 기준이 된다.

ⓒ 작용기 이름은 알파벳이나 탄소수가 적은 것부터 나열한다.

⑩ Alkane의 제일 끝 탄소에서 수소원자 1개를 제거하여 유도된 1가의 작용기를 알킬기(alkyl radical, R-)이라 한다. 알킬기는 alkane의 -ane 대신에 -yl을 붙여 명명한다. 또한 이 경우는 수소가 제거된 탄소를 항상 1번 탄소로 한다.

$$\overset{4}{C}H_3\overset{3}{C}H_2\overset{2}{C}H_2\overset{1}{C}H_2- \quad \text{Butyl기} \tag{3-51}$$

⑪ 불포화 탄화수소에서 유도되는 1가의 작용기는 각각 -ane 대신에 -enyl, -ynyl, -dienyl 등으로 명명한다. 위치번호의 표시는 ⑩과 같은 방법으로 정한다.

$$\begin{array}{ll} CH_2=CH-CH_2- & \text{2-Propenyl기} \\ CH\equiv C-CH=CH-CH_2- & \text{2-Pentene-4-ynyl기} \end{array} \tag{3-52}$$

연습문제

1. 다음 화합물에서 작용기를 찾아내시오.

① $CH_3CH_2C\equiv N$ ② 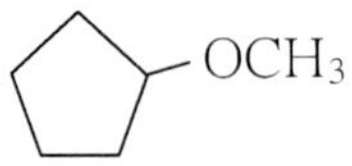 ③ $CH_3\overset{O}{\overset{\|}{C}}CH_2\overset{O}{\overset{\|}{C}}OCH_3$

④ 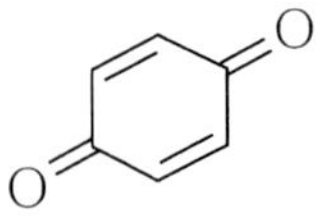 ⑤ 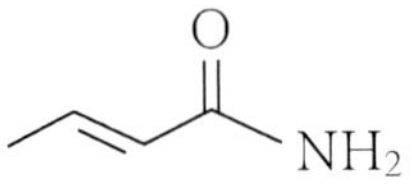 ⑥ 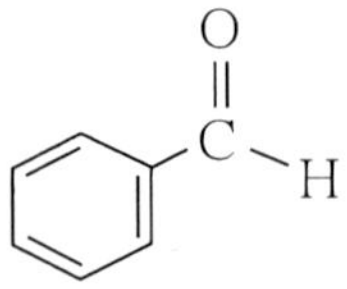

2. 다음 화합물에서 작용기를 찾아내시오.

① 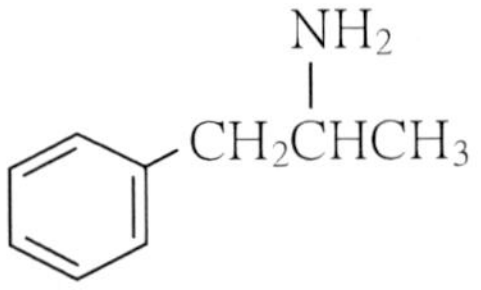

Amphetamine

② 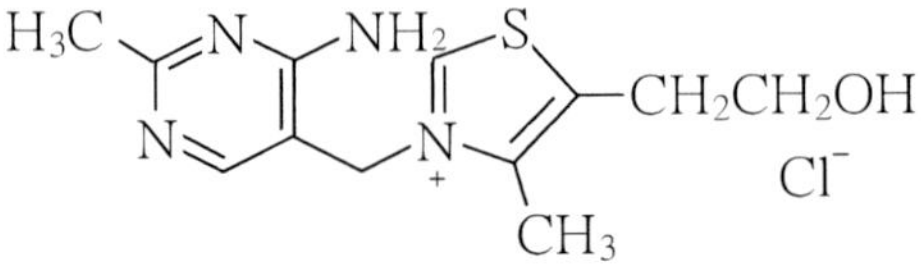

Thiamine

3. 다음을 친핵체 또는 친전자체인지 구별하시오.

① Cl^- ② CH_3NH_2 ③ Mg^{2+}
④ CN^- ⑤ CH_3^+

4. 다음 알켄의 IUPAC 이름을 쓰시오.

① $CH_3CH=CH\overset{CH_3}{\overset{|}{C}}HCH_2CH_3$ ② $CH_3CH=CH\overset{CH_2CH_2CH_3}{\overset{|}{C}}HCH_2CH_2CH_3$

③ $H_2C=\overset{CH_2CH_3}{\overset{|}{C}}CH_2CH_3$ ④ $H_2C=C=CHCH_3$

5. 다음의 시클로알켄을 IUPAC 규칙에 따라 명하시오.

① 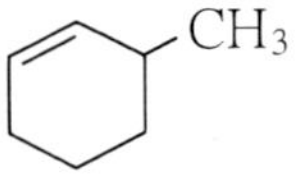 ② 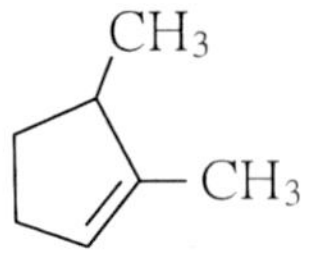 ③ 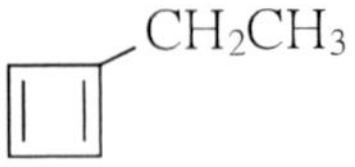 ④ 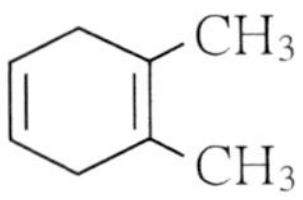

6. 다음의 IUPAC 이름에 해당하는 화학구조식을 쓰시오.

① 3-Propyl-2-heptene
② 2,4-Dimethyl-2-hexene
③ 1,5-Octadiene
④ 4-Methyl-1,3-pentadiene
⑤ *cis*-4,4-Dimethyl-2-hexene
⑥ (*E*)-3-Methyl-3-heptene

7. 다음 시클로알켄의 구조를 쓰시오.

① *cis*-4,5-Dimethylcyclohexene
② 3,3,4,4-Tetramethylcyclobutene

8. 다음 중 시스-트랜스 이성질을 가지는 것은 어느 것인가?

①
$$\begin{array}{c} CH_3 \\ | \\ CH_3C = CHCH_2CH_3 \end{array}$$

②
$$\begin{array}{c} H_3C \quad CH_3 \\ | \quad\; | \\ ClCH_2CH_2C = CCH_2CH_2Cl \end{array}$$

③ HO

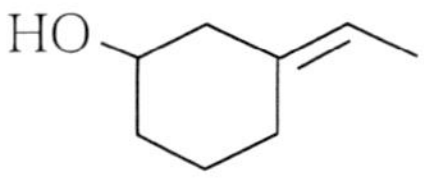

9. 순위결정 규칙에 따라 다음 각 조에 주어진 치환기의 순서를 매기시오.

① $-CH_3$, $-Br$, $-H$, $-I$
② $-OH$, $-OCH_3$, $-H$, $-COOH$
③ $-CH_3$, $-COOH$, $-CH_2OH$, $-CHO$
④ $-CH_3$, $-CH=CH_2$, $-CH_2CH_3$, $-CH(CH_3)_2$

10. 어느 반응에서 $\Delta H = 12$ kcal/mol이면 이것은 발열반응인가 또는 흡열반응인가? 그 이유를 설명하시오.

4

방향족 화합물

유기화학의 발전과정에서 초기에 매우 독특한 성질을 갖고 있는 탄화수소류가 있다는 것이 알려졌고, 이 화합물들과 유도체들이 방향성 냄새를 갖고 있어 이들을 **방향족 화합물**(aromatic compounds)라고 부르게 되었다. 이들의 또 다른 특징으로서 여섯 개의 탄소원자가 집단으로 모여 있으며, 화학반응의 과정에서도 상당히 안정하다는 사실 등을 알게 되었다.

이러한 방향족 화합물의 핵심구조는 벤젠이고, 1825년에 Michael Faraday에 의해서 처음 발견되었다. 콜타르(coal tar)는 벤젠을 얻을 수 있는 중요한 원료이고, 석유에도 소량이 포함되어 있으며, 석유계열의 탄화수소를 방향족화시켜도 제조할 수 있다.

4.1 벤젠의 구조

벤젠(benzene)의 분자식은 C_6H_6로 표시하며, 여섯 개의 탄소원자가 고리모양으로 육각형을 이루고 있다. 또한 각각의 탄소원자는 한 개씩의 수소원자가 결합되어 있

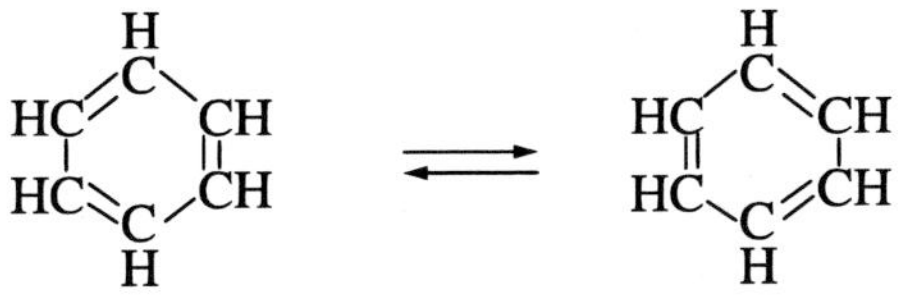

(a) (b)

그림 4-1. Kekule의 가정에 따른 벤젠의 구조식 모델

$$o\text{-Xylene} \xrightarrow{2O_3} CH_3COCOCH_3\ (\text{Biacetyl}) + COH{-}COH\ (\text{Glyoxal}) + CHO{-}CHO\ (\text{Glyoxal}) \quad (4\text{-}1)$$

$$o\text{-Xylene} \xrightarrow{2O_3} CH_3COCHO\ (\text{Methylglyoxal}) + OHC{-}CHO\ (\text{Glyoxal}) + CH_3COCHO\ (\text{Methylglyoxal})$$

는 것을 1865년에 Kekule가 주장하였다. Kekule는 (a)와 (b) 두 가지 구조식을 제안하면서 이들 두 가지 구조식이 서로 자유롭게 변이되므로 2중 결합의 위치가 고정되어 있지 않다고 발표하였다.

이상의 내용을 Kekule의 **진동이론**이라 하며, 이러한 설명에 의해 벤젠의 한 가지 유도체인 o-xylene을 오존으로 산화시켜서 생성되는 glyoxyl, biacetyl, methylglyoxal 등의 생성과정을 이해할 수 있게 되었다.

또한 벤젠구조에 포함된 여섯 개의 탄소간 결합은 모두 같은 성질을 갖고 있어 어

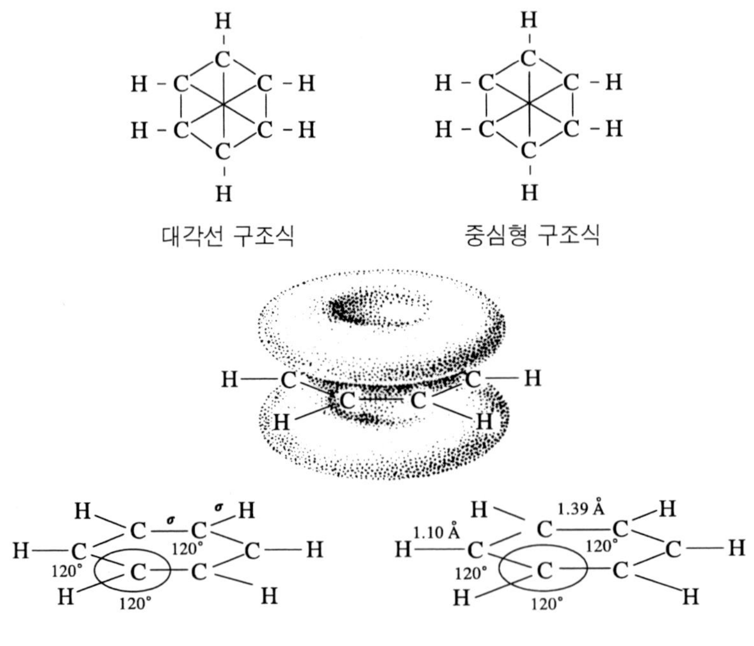

그림 4-2. 벤젠의 구조

느 것이 단일 또는 2중 결합인가를 구별할 수 없으므로 이러한 성질을 설명하기 위하여 Kekule의 진동이론 이외에도 Claus의 대각선 구조식(1867)과 Armstrong Baeyer의 중심형 구조식(1892) 이론 등이 발표되었다.

현재 일반적으로 사용하는 벤젠의 구조는 ⌬과 ⌬이지만, 이러한 표현방법은 전자분포를 토대로 평가할 때 적합한 표현이라고 할 수 없다. 즉, 2중 결합을 형성하는 π 결합은 여섯 개의 탄소에 고르게 분포되어 있다는 것이 알려져 있으므로 다음과 같은 방법으로 벤젠을 표시하자는 제안이 있다.

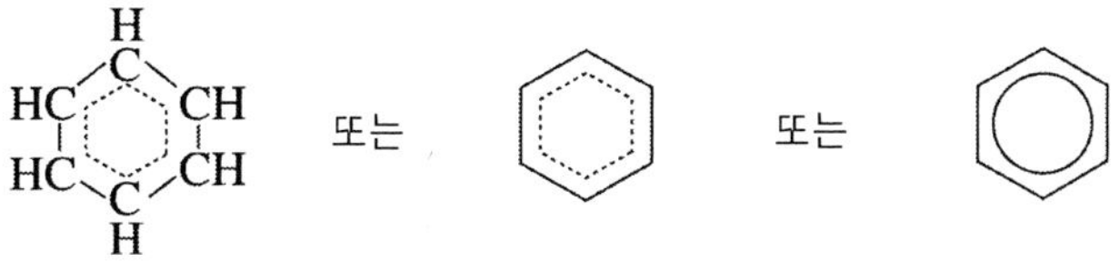

H, HC, CH, HC, CH, C, C, H 또는 ⌬ 또는 ⌬ (4-2)

1. 공명 혼성체

어떤 화합물에서 두 가지 이상의 동등한 구조로 쓸 수 있으며, 원자들의 위치는 동일하지만 전자의 배치가 다른 현상을 **공명**(resonance)라고 한다. 이러한 성질을 갖는 분자의 진정한 구조는 단 한 가지 방식으로는 표시가 불가능하며, 그림으로 표현 가능한 몇 가지 구조식의 혼성체(hybrid)일 것으로 추정하고 있다.

벤젠의 공명혼성체는 위에서 설명한 것과 마찬가지로 ⌬ 이고, 부가적인 전자는 점선으로 표시하거나 또는 고전적인 구조 사이에 양쪽으로 화살표시를 사용하여 다음과 같이 표시한다.

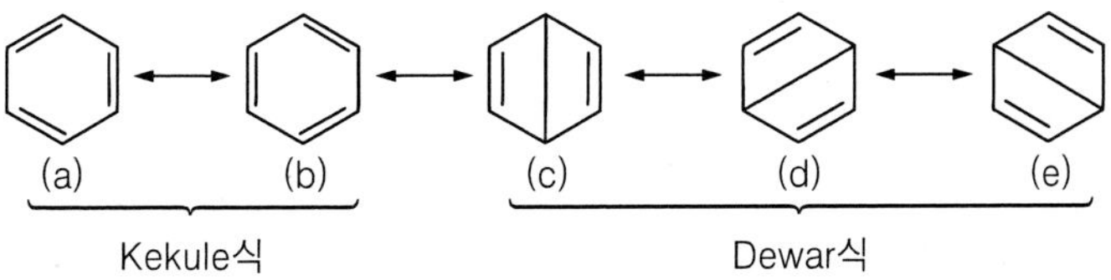

(a) ⟷ (b) ⟷ (c) ⟷ (d) ⟷ (e) (4-3)

Kekule식 Dewar식

벤젠의 진정한 모습은 이들 5개 구조의 공명혼성체라고 볼 수 있으며, 공명에 참여하는 위와 같은 독립적인 구조식을 정준구조식(canonical structure), 공명구조식(resonance structure) 또는 한계구조식(grenz structure)이라고 한다.

4.2 벤젠의 안정성

양자역학 이론에 의하면 공명혼성체의 에너지는 한계구조식이 가진 에너지보다는 적은 것으로 알려져 있다. 즉, 벤젠은 Kekule 구조식의 (a)나 (b)와 같은 상태로 존재할 경우에 비하여 이것을 중첩시킨 형식인 공명혼성체가 더욱 안정하다는 것이다. 이것은 공명에 의하여 에너지가 방출되면서 안정화되기 때문이다. 이때 어느 정도의 에너지를 방출시켜 안정화되었는가를 kcal/mol 단위로 표시한 것을 **공명에너지**(resonance energy)라고 한다. 일반적으로 실제 벤젠 공명혼성체가 갖고 있는 공명에너지는 약 36 kcal/mol 정도이다.

1. 벤젠의 공명에너지

Cyclohexene에 1mol의 수소를 부가시켜서 cyclohexane을 만들 때 28.6 kcal/mol의 열이 발생한다.

$$\text{Cyclohexene} + H_2 \longrightarrow \text{Cyclohexane} + 28.6\ \text{kcal/mole} \qquad (4\text{-}4)$$

그런데 벤젠의 한계구조식에 따르면 구조 중에 세 개의 2중 결합이 있으므로 여기에 수소를 부가시켜서 cyclohexane을 만들기 위해서는 28.6 × 3 = 85.8 kcal/mol의 열량이 발생되어야 한다.

그러나 실제 반응과정을 측정한 실험결과에 따르면 벤젠의 수소부가열은 49.8 kcal/mol이므로 85.8 - 49.8 = 36 kcal/mol의 에너지가 벤젠의 안정화를 위한 공명에너지로 사용된다고 할 수 있다.

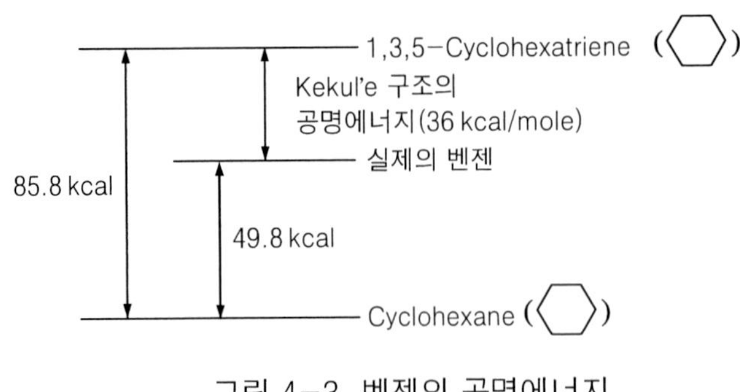

그림 4-3. 벤젠의 공명에너지

4.3 벤젠 유도체의 명명법

① 방향족 화합물의 관용명은 IUPAC 명명법에서도 인정하고 있다.

② 방향족 화합물의 고리에서 수소원자 하나를 제거한 작용기를 일반적으로 aryl기라고 하며, 어미가 -ene로 끝나는 탄화수소의 aryl 기는 어미를 -enyl로 명명한다. 그러나 C_6H_5-(phenyl), $CH_3C_6H_4$-(tolyl), $C_{10}H_7$-(naphthyl), $C_6H_5C_6H_4$-(biphenyl) 등은 예외로서 위의 규칙에 따르지 않는다.

③ 치환기가 있는 벤젠 유도체의 작용기는 작용기가 되어 있는 탄소원자의 이름을 앞에 오도록 표시한다.

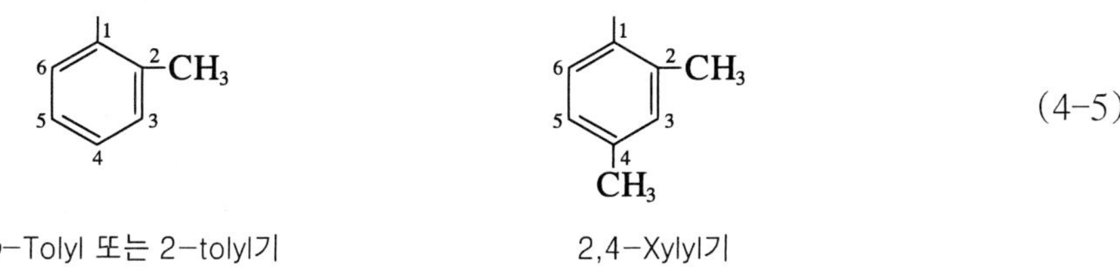

o-Tolyl 또는 2-tolyl기　　2,4-Xylyl기　　(4-5)

④ 방향족 고리에서 수소원자 두 개를 제거한 2가의 작용기는 일반적으로 arylene이라 하고, 1가의 작용기 어미 -yl 대신에 -ylene을 붙여서 표시한다.

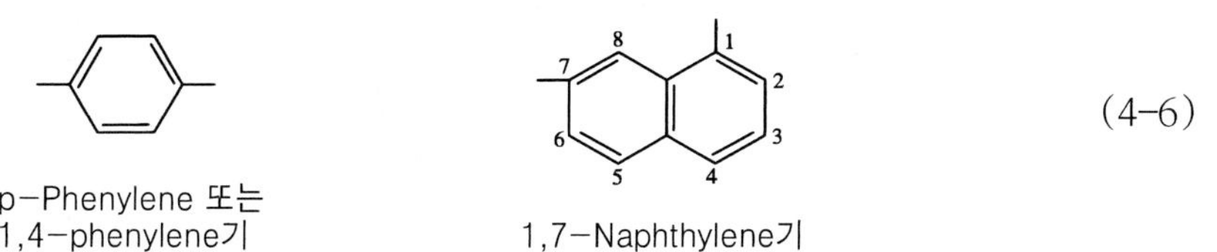

p-Phenylene 또는 1,4-phenylene기　　1,7-Naphthylene기　　(4-6)

⑤ 치환기의 위치는 탄소번호에 따라 표시하며, 벤젠고리에 두 개의 치환기가 있을 때 1,2 치환기는 ortho-(o-), 1,3 치환기는 meta-(m-), 1,4 치환기는 para-(p-)라고 한다.

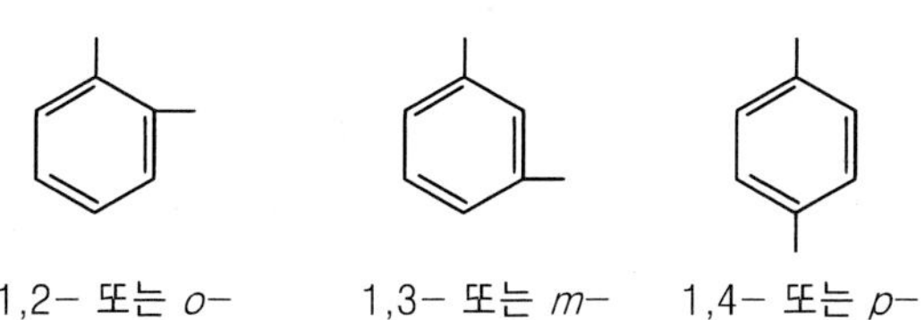

1,2- 또는 *o*-　　1,3- 또는 *m*-　　1,4- 또는 *p*-

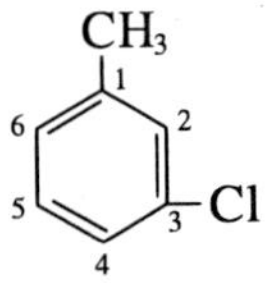

3-(또는 *m*-) Chlorotoluene

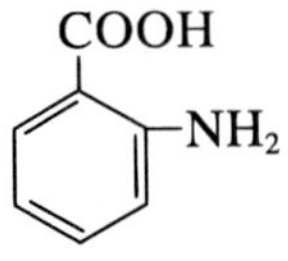

2-(또는 *o*-) Aminobenzoic acid

(4-7)

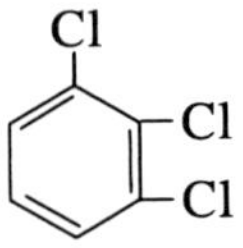

1,2,3-(또는 *vic*-) Trichlorobenzene
vic : vicinal

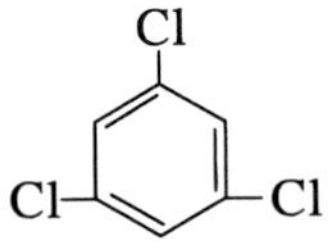

1,3,5-(또는 *sym*-) Trichlorobenzene
sym : symmetrical

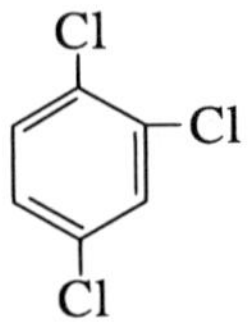

1,2,4-(또는 *asym*-, *as*-) Trichlorobenzene
asym : asymmetrical

4.4 벤젠의 제조방법

1. 지방족 화합물에서 제조반응

석유화학 공업의 발전에 따라 석유 화합물에서 방향족 화합물을 제조하는 방법이 널리 이용되고 있다.

Diels-Alder의 합성방법에 따라 다음과 같이 반응이 이루어진다.

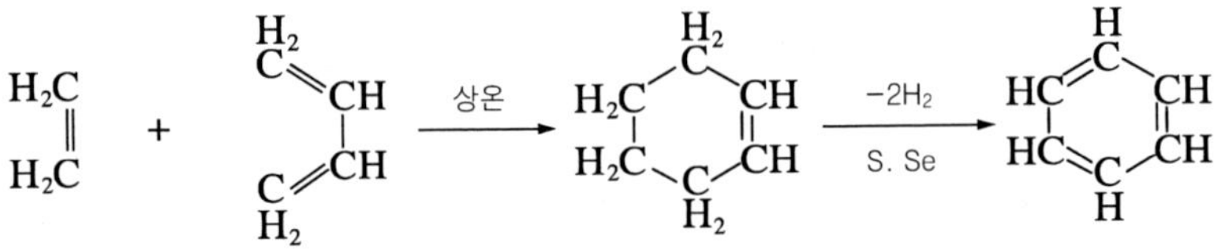

$$H_2C{=}CH_2 + H_2C{=}CH{-}CH{=}CH_2 \xrightarrow{\text{상온}} C_6H_{10} \xrightarrow[\text{S. Se}]{-2H_2} C_6H_6 \qquad (4\text{-}8)$$

Ethene, 1,3-Butadiene, Cyclohexene, Benzene

2. Acetylene의 중합반응

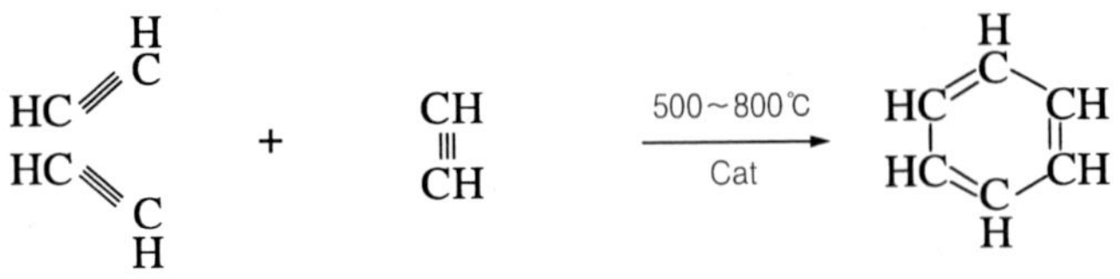

$$3\,HC{\equiv}CH \xrightarrow[\text{Cat}]{500\sim800℃} C_6H_6 \qquad (4\text{-}9)$$

3 Acetylene, Benzene

3. Coal tar에서 제조반응

석탄을 고온에서 건류(destructive distillation)시키면 석탄가스-콜타르 암모니아 물과 코크스(cokes)가 생성된다.

콜타르는 석탄의 무게에 비하여 약 5%가 생성되며, 점성이 매우 강한 액체이지만 이것을 분별 증류(분류)시키면 벤젠을 비롯하여 약 200여 종의 화합물질을 얻을 수 있다.

4.5 반 응

방향족 고리의 가장 일반적인 반응은 수소원자를 다른 원자나 또는 작용기로 치환시키는 반응이다.

1. 치환반응

벤젠고리의 치환반응은 대체적으로 핵의 수소원자가 친전자시약(양이온을 띤 물질)의 공격에 의해서 치환되는 친전자 치환반응(electrophilic substitution, SE반응)이며, 이 때 수소원자는 양자상태로 떨어져 나가게 된다.

벤젠의 주요 치환반응은 다음과 같다.

1) 할로겐화 반응(halogenation)

촉매로서 철이나 할로겐화 철이 존재하면 염소나 브롬과 쉽게 반응한다.

$$C_6H_6 + Cl_2 \xrightarrow{Fe} C_6H_5Cl + HCl \qquad (4\text{-}10)$$

Chlorobenzene

Alkyl 측쇄(side chain)가 존재하면 치환과정은 다음의 두 가지 과정 중의 하나를 따르게 된다.

$$C_6H_5CH_3 + Cl_2 \xrightarrow[\text{무촉매}]{\text{햇빛}} C_6H_5CH_2Cl + HCl \qquad (4\text{-}11)$$

Toluene → Benzyl chloride

2) 니트로화 반응(nitration)

비교적 낮은 온도에서 진한 질산과 황산의 혼합물질을 사용하면 다음과 같은 반응이 진행된다.

$$C_6H_6 + HO-NO_2 \xrightarrow[50℃]{H_2SO_4} C_6H_5NO_2 + H_2O \quad (4\text{-}12)$$

Nitric acid Nitrobenzene

3) 설폰화 반응(sulfonation)

벤젠은 차가운 황산과 반응하지 않지만 높은 온도에서는 천천히 설폰화 반응이 이루어진다.

$$C_6H_6 + HO-SO_3H \longrightarrow C_6H_5SO_3H + H_2O \quad (4\text{-}13)$$

Sulfuric acid Benzensulfonic acid

4) Alkyl benzene

고리에 alkyl기가 붙은 어떤 벤젠의 유도체들은 콜타르에서 얻을 수 있다. 그러나 이들의 대부분은 탄소가 두 개 이상의 것이 드물 정도로 대단히 짧은 측쇄를 가지고 있다.

Fittig는 1864년에 할로겐화 alkyl과 방향족 할로겐 화합물(aromatic halide) 혼합물질에 나트륨을 작용시켜서 이루어지는 Wurtz 반응을 alkyl benzene의 제조에 응용하였다.

$$C_6H_5Br + 2Na + BrCH_2CH_2CH_3 \longrightarrow C_6H_5CH_2CH_2CH_3 + 2Na^+Br^- \quad (4\text{-}14)$$

Bromobenzene *n*–Propylbenzene

$$Ar-X + 2Na + X-R \longrightarrow Ar-R + 2Na^+X^-$$

Reagent	Product	Name	Reaction
$HNO_3 \cdot H_2SO_4$	$C_6H_5-NO_2$	Nitrobenzene	Nitration
$Br_2 \cdot FeBr_3$	$C_6H_5-Br + HBr$	Bromobenzene	Bromination
$Cl_2 \cdot FeCl_3$	$C_6H_5-Cl + HCl$	Chlorobenzene	Chlorination
$HOCl \cdot H^{\oplus} \cdot Ag^{\oplus}$	C_6H_5-Cl	Chlorobenzene	Chlorination
conc, H_2SO_4	$C_6H_5-SO_3H + H_2O$	Benzenesulfonic acid	Sulfonation
CH_3CH_2Cl / $AlCl_3$	$C_6H_5-CH_2CH_3$	Ethylbenzene	Alkylation
$CH_3CH{=}CH_2$ / H_3PO_4	$C_6H_5-CH(CH_3)_2$	Isopropylbenzene (cumene)	Alkylation
$CH_3\overset{O}{\overset{\parallel}{C}}Cl$ / $AlCl_3$	$C_6H_5-\overset{O}{\overset{\parallel}{C}}-CH_3$	Methyl phenyl ketone (acetophenone)	Acylation
D_2SO_4	C_6H_5-D	Monodeuterobenzene	Deuteration

$$C_6H_5CH_3 + Cl_2 \xrightarrow[\text{Fe}]{\text{어두운 곳}} \left\{ \begin{array}{l} o\text{-Chlorotoluene} \\ p\text{-Chlorotoluene} \end{array} \right\} + HCl$$

그림 4-4. 벤젠의 주요 치환반응

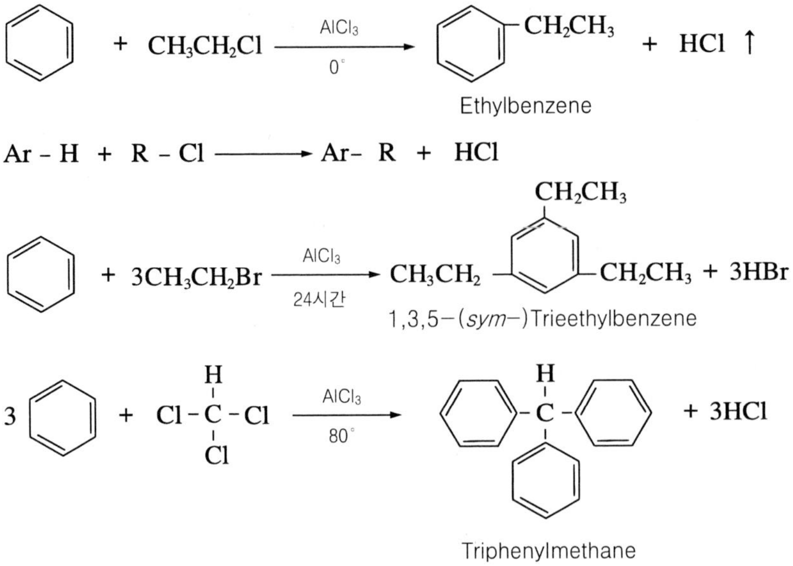

$$C_6H_6 + CH_3CH_2Cl \xrightarrow[0°]{AlCl_3} C_6H_5CH_2CH_3 + HCl \uparrow$$

Ethylbenzene

$$Ar - H + R - Cl \longrightarrow Ar - R + HCl$$

$$C_6H_6 + 3CH_3CH_2Br \xrightarrow[24시간]{AlCl_3} C_6H_3(CH_2CH_3)_3 + 3HBr$$

1,3,5-(*sym*-)Trieethylbenzene

$$3\,C_6H_6 + Cl-\overset{H}{\underset{Cl}{C}}-Cl \xrightarrow[80°]{AlCl_3} (C_6H_5)_3CH + 3HCl$$

Triphenylmethane

그림 4-5. 할로겐화 alkyl과 방향족 탄화수소의 축합

이 반응은 나중에 Wurtz-Fittig 반응으로 명명되었다. 또한 촉매로서 $AlCl_3$가 존재하면 할로겐화 alkyl이 방향족 탄화수소와 축합되는 것도 알려져 있다(그림 4-5).

알킬화 벤젠은 때로는 할로겐화 알킬 대신에 oleffin(alkene)과도 이루어지며, 에틸벤젠은 벤젠과 에틸렌에서 이 방법으로 대량 생산되고 있다.

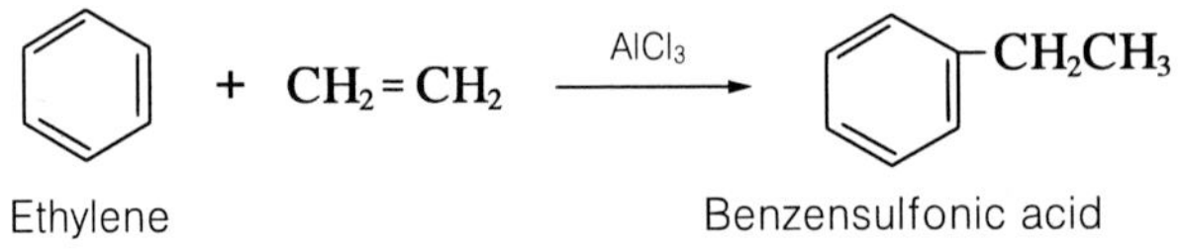

$$C_6H_6 + CH_2=CH_2 \xrightarrow{AlCl_3} C_6H_5CH_2CH_3 \qquad (4-15)$$

Ethylene　　　Benzensulfonic acid

에틸벤젠은 polystylene을 제조하는 데 이용되고 있다.

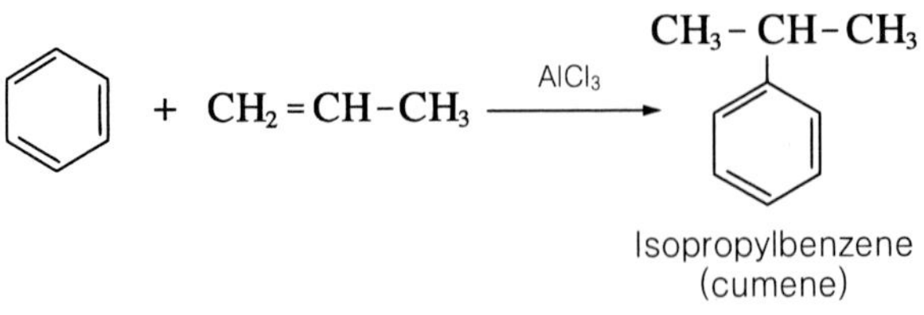

$$C_6H_6 + CH_2=CH-CH_3 \xrightarrow{AlCl_3} C_6H_5CH(CH_3)_2 \qquad (4-16)$$

Isopropylbenzene
(cumene)

고급 olefin으로 alkyl화를 진행시키면 측쇄를 갖는 알킬계열의 방향족 화합물을 생성한다.

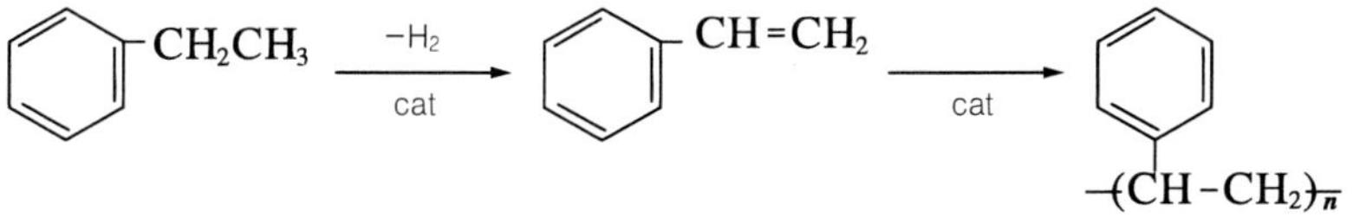

$$C_6H_5CH_2CH_3 \xrightarrow[\text{cat}]{-H_2} \underset{\text{Styrene}}{C_6H_5CH{=}CH_2} \xrightarrow[\text{cat}]{} \underset{\text{Polystyrene}}{-\!\!\left(CH(C_6H_5)-CH_2\right)\!\!-_n} \qquad (4\text{-}17)$$

2. 측쇄의 산화

Alkyl benzene을 강력한 산화제로 처리하는 과정에서 alkyl benzene에 포함된 벤젠핵이 대단히 안정하다는 것을 알 수 있다.

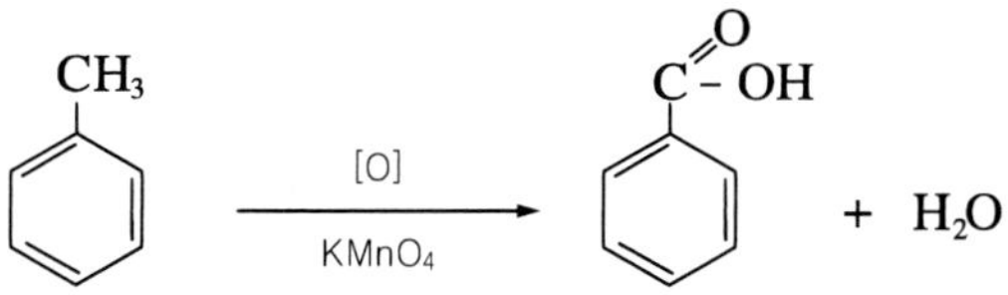

$$\underset{\text{Toluene}}{C_6H_5CH_3} \xrightarrow[KMnO_4]{[O]} \underset{\text{Benzoic acid}}{C_6H_5COOH} + H_2O \qquad (4\text{-}18)$$

사슬에 결합된 나머지 탄소원자들은 CO_2로 산화되고, 만약에 두 개의 alkyl기가 고리에 결합된 경우는 둘 다 산화되는 것을 알 수 있다.

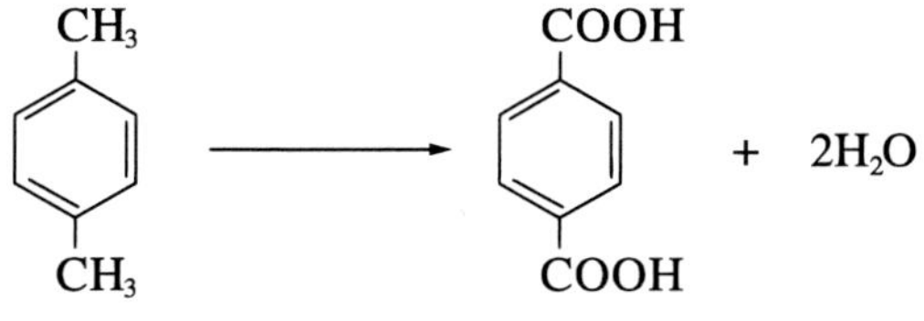

$$\underset{p\text{-Xylene}}{CH_3C_6H_4CH_3} \longrightarrow \underset{\text{Terephthalic acid}}{HOOCC_6H_4COOH} + 2H_2O \qquad (4\text{-}19)$$

위 반응에서 생성되는 terephthalic acid는 중합시켜 DACRON® 같은 합성섬유 제조의 원료로 사용하고 있다.

3. 치환반응에서의 지향성

벤젠에서 발생하는 치환반응은 니트로화, 할로겐화, 설폰화 및 알킬화 반응 등이고, 이들 반응과정을 살펴보면 벤젠고리를 형성하는 여섯 개의 꼭지점 위치가 동등하다는 것을 예상할 수 있다. 또한 벤젠고리에는 한 개 이상의 치환기를 도입할 수 있다.

벤젠의 치환과정에서 수소원자 한 개가 이미 Y로 치환되어 있고, 다음에 도입될 수 있는 치환기 X는 다음 그림과 같은 다섯 가지 방법으로 치환이 가능하다.

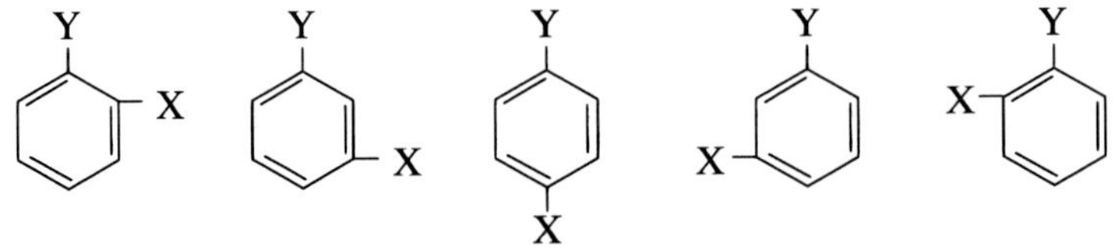

$$\text{(a)}\ \ \text{(b)}\ \ \text{(c)}\ \ \text{(d)}\ \ \text{(e)} \qquad (4\text{-}20)$$

그런데 (a)=(e), (b)=(d)이므로 여기서 (a), (b), (c)와 같은 각각의 치환기가 생성될 수 있는 확률은 (a)=40%, (b)=40%, (c)=20%일 것으로 예상할 수 있으나 실제 반응과정에서는 미리 존재하는 치환기의 종류(Y의 경우)에 따라서 표 4-1과 같이 2차적으로 도입되는 치환기의 도입 위치가 달라진다.

표 4-1에서 보면 니트로벤젠이 다시 니트로화되는 경우와 또는 안식향산의 니트로 유도체는 주로 meta 이성체를 생성하지만, 반대인 경우는 ortho와 para 이성체의 혼합물질을 생성한다.

일반적으로 벤젠고리에 미리 들어가 있는 작용기는 다음에 도입되는 작용기의 위치에 중요한 영향을 끼치게 되고, 이러한 특성을 **지향성**(directing)이라 하며, 위치에 따라서 meta 지향성 또는 ortho 및 para 지향성 등으로 구별한다.

지향성에 대하여 보다 상세한 설명을 보충하면 다음과 같다. 도입될 작용기가 양이온이므로 전자밀도가 가장 큰 탄소원자를 공격하게 될 것이다. 또한 이미 존재하고 있는 치환기는 공명현상이나 감응효과(inductive effect)에 의해서 고리를 구성하고 있는 각각의 탄소에 대해서 전자밀도의 차이가 발생하게 된다.

결과적으로 새롭게 도입될 작용기는 *o*-와 *p*- 위치에 전자가 편중되는 현상이 발생

표 4-1. 벤젠의 2차 치환에 의해서 생성되는 *o*, *m*, *p* 치환체의 생성량

화합물질	반 응	생성수율(%)		
		o	*m*	*p*
C_6H_5-CH_3	Nitratim(0℃)℃	58	3.9	38
	Sulfonation(0℃)	43	4	53
	Bromation	40	-	60
C_6H_5Cl	Nitration	30	-	70
	Chlorination	39	6	55
C_6H_5-OH	Nitration	40	-	60
C_6H_5-NO_2	Nitration	7	92	1
C_6H_5-COOH	Nitration	18	80	2

표 4-2. 벤젠고리에서 지향성을 나타내는 작용기

지향성	작용기
Ortho 및 para	CH_3 및 alkyl, Cl, Br, OH, $OCH_3(OR)$, NH_2, NHR, NR_2, $NHCOCH_3(NHCOR)$, CH_2COOH, CH_2COOR
Meta	NO_2, COOH(COOR), CHO, COR, SO_3H, CN, NH_3, $-NH_2R$, NHR_2, NR_3

하거나, 또는 전자가 빠져 나가면서 전자결핍 상태에 도달되는 두 가지 결과를 초래하게 되는 성질을 지향성이라고 할 수 있다.

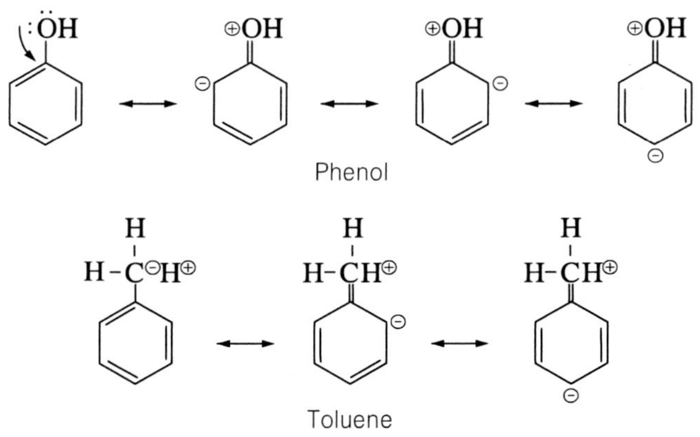

Phenol

Toluene

(4-21)

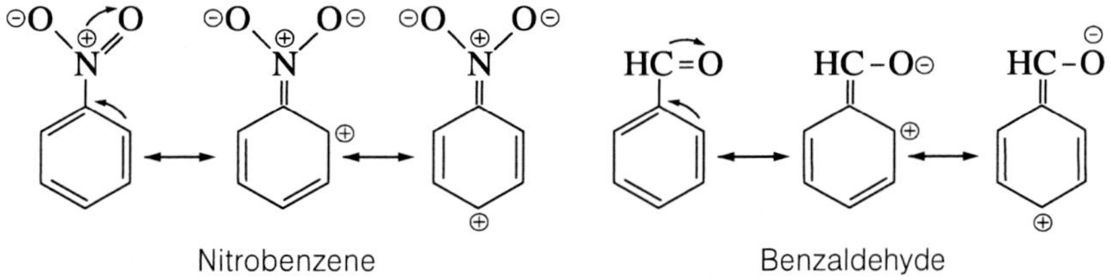

Nitrobenzene

Benzaldehyde

위의 그림과 같이 치환에 의해서 도입될 작용기는 친전자성 물질이므로 -OH기가 미리 도입되어 있는 phenol의 경우는 *o*-와 *p*- 위치에 도입될 수 있으며, $-NO_2$기가 미리 도입되어 있는 nitrobenzene의 경우는 *o*-와 *p*- 위치에 전자가 결핍된 상태이어서 친전자시약이 도입 가능한 위치는 m- 위치로 결정되게 된다.

한편, 공명현상과 관련하여 일반적인 π 전자에 의한 공명현상 이외에 σ 전자에 의한 공명현상이 알려져 있다. Toluene의 경우에 alkyl기는 전자를 밀어내는 성질이 있으며, 이 때 이동하는 전자는 σ 전자쌍 뿐이다. 그러나 일반적인 공명현상에서는 이동하는 전자는 오직 π 전자뿐이다. 그러므로 σ 전자의 이동에 의한 공명현상을 일반적인 공명현상과 구별하여 **초공액**(hyperconjugation) 또는 **비결합성 공명**(non-bond resonance)라고 한다.

4. 3 치환체의 생성

벤젠고리에 두 개의 치환기가 이미 도입된 경우는 이들 두 치환체의 상대적 힘의 세기에 따라서 제3의 작용기가 도입될 수 있는 위치를 결정하게 된다. 이 때 표 4-3과 같이 작용기의 특성에 따라 지향성에 일정한 특성을 나타내게 된다.

다음의 그림에서 화살표는 제3의 치환기가 들어갈 위치를 표시한 것이다.

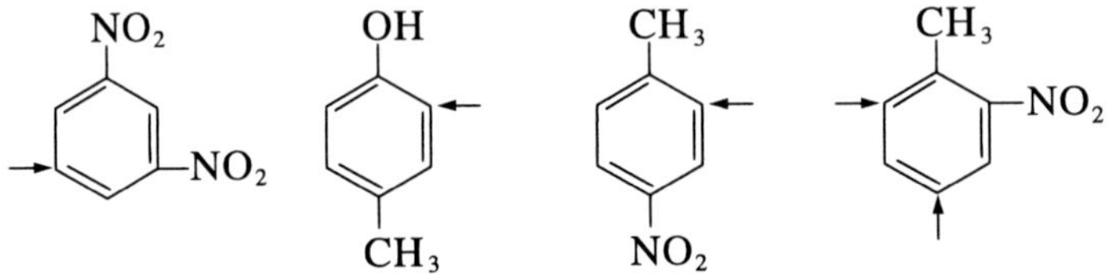

NO_2, NO_2 OH, CH_3 CH_3, NO_2 CH_3, NO_2 (4-22)

표 4-3. 벤젠의 제3 치환체 도입에 따른 지향성

지 향 성	작 용 기
Ortho 및 para	$-OH$, $NH_2 > CH_3CONH_2 > Cl > I > Br > CH_3$
Meta	$NO_2 > COOH > SO_3H$

4.6 방향족 다핵 화합물

한 개의 화합물구조 속에 벤젠고리가 두 개 이상 결합된 상태로 존재하는 것을 방향족 다핵 화합물이라 하고, 이들 중에서 탄소만으로 고리를 형성한 탄화수소 화합물은 다음과 같으며, 주로 coal tar에서 얻어진다.

나프탈렌의 분자구조를 보면 π 전자가 분자구조에 균일하게 분포되어 있다고 예상되지만, 안트라센과 페난트렌의 경우는 9번과 10번 위치의 탄소에서 치환이나 부가 반응이 쉽게 발생하므로 이들 위치를 2중 결합으로 표시한다.

1. 나프탈렌

나프탈렌(naphthalene)은 평판형 결정이고 승화되는 성질을 갖고 있어서 의복의 보관에 따른 방충제나 악취가 발생하는 장소에 방향제로서 이용하고 있다. 공업용으로는 합성수지와 염료의 원료로도 많이 사용하고 있다. 나프탈렌은 니트로화(nitration)이나 설폰화(sulfonation) 반응이 쉽게 이루어지고, 주로 α 위치에서 발생하지만 특수한 경우에는 β 위치에서도 발생한다.

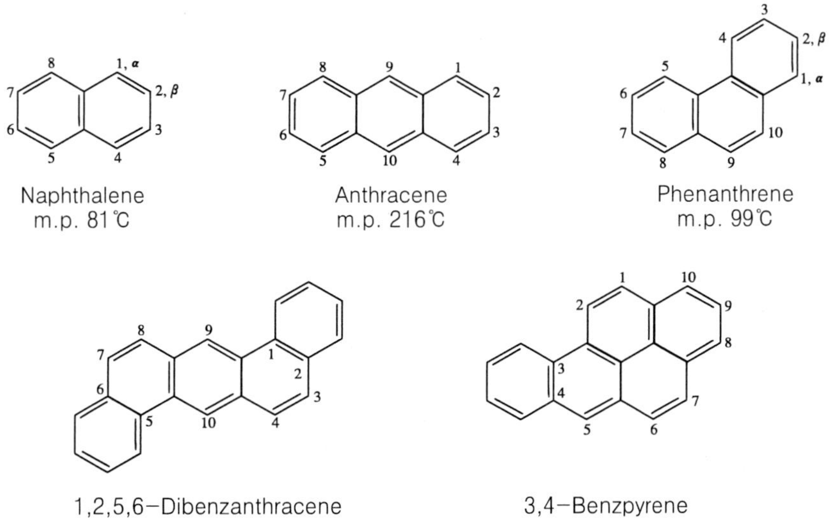

Naphthalene
m.p. 81℃

Anthracene
m.p. 216℃

Phenanthrene
m.p. 99℃

1,2,5,6-Dibenzanthracene

3,4-Benzpyrene

그림 4-6. 대표적인 방향족 다핵 화합물

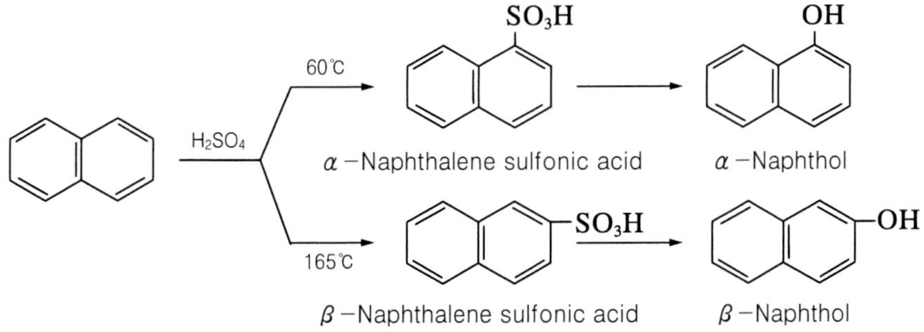

H_2SO_4 → 60℃ → SO_3H → OH

α-Naphthalene sulfonic acid → α-Naphthol (4-23)

H_2SO_4 → 165℃ → SO_3H → OH

β-Naphthalene sulfonic acid → β-Naphthol

나프탈렌에서 1,4와 1,2위치가 산화되어 >C=O형태로 전환된 구조를 나프토퀴논(naphthoquinone)이라 하며, quinone(O= =O)와 비슷한 성질을 갖고 있다.

α-Naphthoquinone의 대표적인 유도체로서 비타민 K 중에서 K_3는 식품용 방부제로서 이용하고 있다.

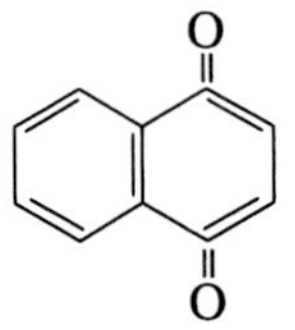

1,4-Naphthoquinone
(α-naphthouinone)
황색결정, m.p. 125℃)

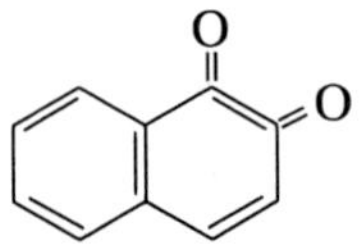

1,2-Naphthoquinone
(β-naphthouinone)
적색결정, m.p. 115~120℃)

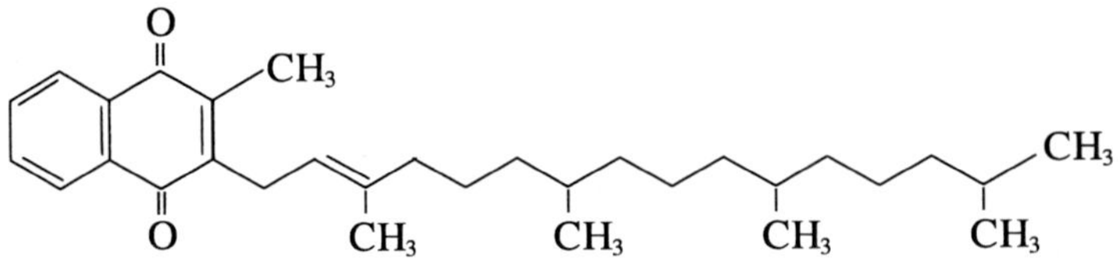

Vitamin K_1(2-methyl-3-phytyl-1,4-naphthoquinone)

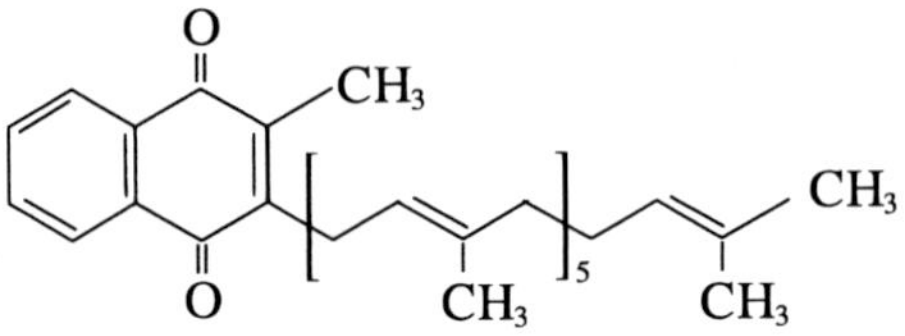

Vitamin K_2(2-methyl-3-difarnesyl-1,4-naphthoquinone)

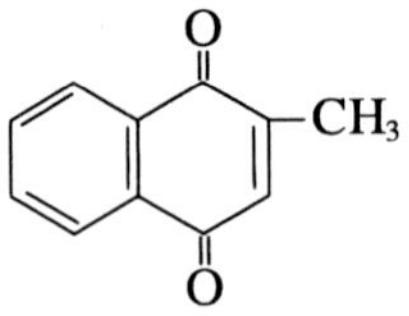

Vitamin K_3(2-methyl-1,4-naphthoquinone, menadion)

그림 4-7. α-Naphthoquinone의 대표적인 유도체

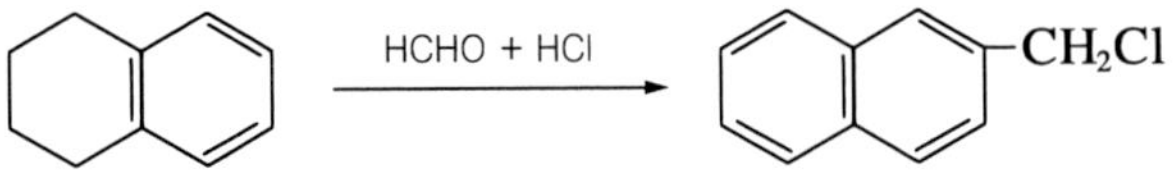

Naphthalene $\xrightarrow{HCHO + HCl}$ β-Chloromethyl naphthalene (CH_2Cl)

$\xrightarrow{KCN}$ β-Cyanomethyl naphthalene (CH_2CN) $\xrightarrow{H^+H_2O}$ β-Naphthylacetic acid (CH_2COOH) (4-24)

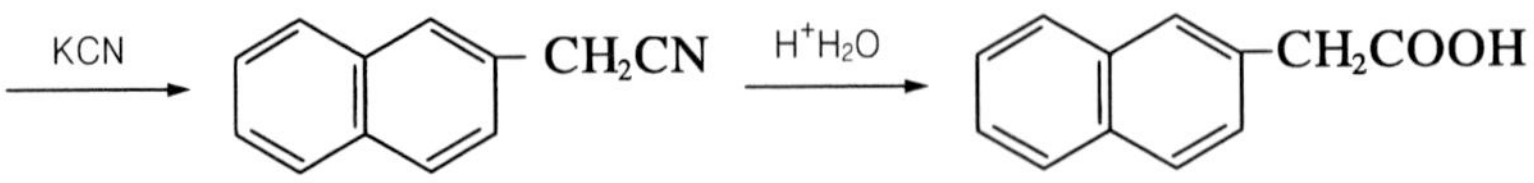

또한 나프탈렌에서 β-나프틸초산(β-naphthyl acetic acid or acetate, NAA)을 합성할 수 있으며, 식물의 뿌리형성 촉진(발근작용)과 과실의 낙과 방지작용을 하지

만, 고농도에서는 반대로 발근작용을 억제하는 기능이 있다.

2. 안트라센

안트라센(anthracene)의 구조에서 9번과 10번 위치의 탄소원자는 비교적 쉽게 반응이 발생한다. 산화되면 안트라퀴논으로 전환된다. 안트라퀴논은 이외에도 무수프탈산(phthalic anhydride)과 벤젠을 반응시키는 Friedel-Crafts 반응을 거쳐서도 합성이 가능하다.

Anthracene —[O]→ Anthraquinone (4-25)

Phthalic anhydride + Benzene —$AlCl_3$→ *o*-Benzoyl benzoic acid (COOH) —H_2SO_4 ($-H_2O$)→ Anthraquinone

이들 화합물은 염료의 중요한 원료이며, 유도체들은 산화나 환원반응을 거쳐 argol red와 같은 다양한 물질을 합성하고 있다.

Argol red의 산화형 ⇌ ([H] / [O]) Argol red의 환원형(알칼리 가용) (4-26)

요점 정리

1. 친전자성 치환반응

(a) 브롬화(bromination)

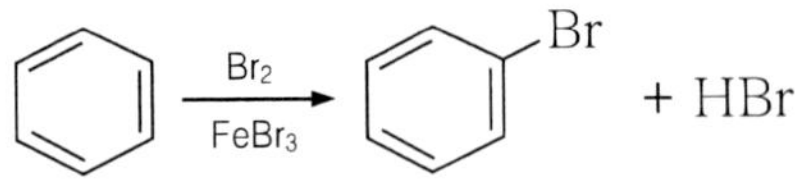

$$C_6H_6 \xrightarrow[FeBr_3]{Br_2} C_6H_5Br + HBr$$

(b) 염소화(chlorination)

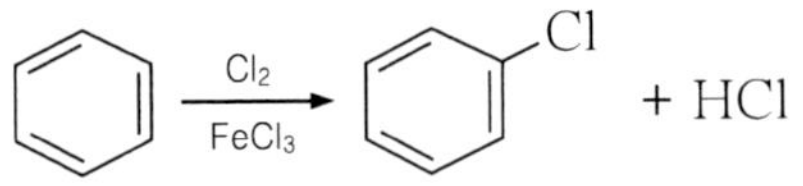

$$C_6H_6 \xrightarrow[FeCl_3]{Cl_2} C_6H_5Cl + HCl$$

(c) 니트로화(nitration)

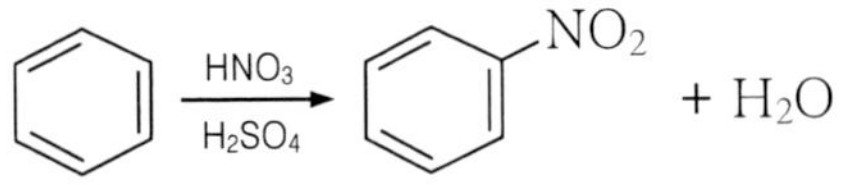

$$C_6H_6 \xrightarrow[H_2SO_4]{HNO_3} C_6H_5NO_2 + H_2O$$

(d) 설폰화(sulfonation)

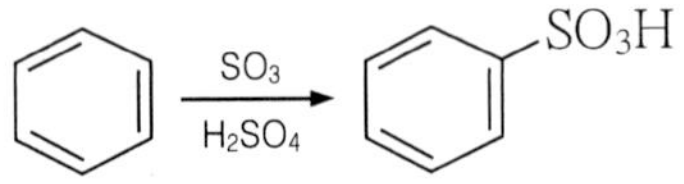

$$C_6H_6 \xrightarrow[H_2SO_4]{SO_3} C_6H_5SO_3H$$

(e) Friedel-Crafts 알킬화(alkylation)

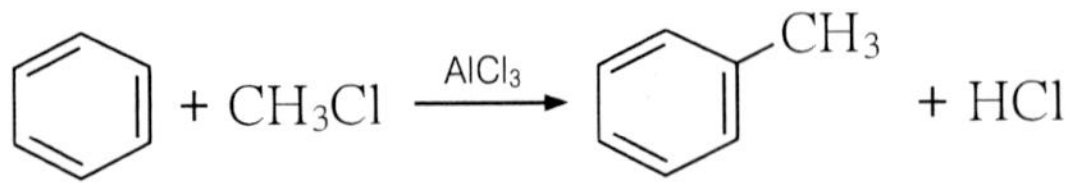

$$C_6H_6 + CH_3Cl \xrightarrow{AlCl_3} C_6H_5CH_3 + HCl$$

(f) Friedel-Crafts 아실화(acylation)

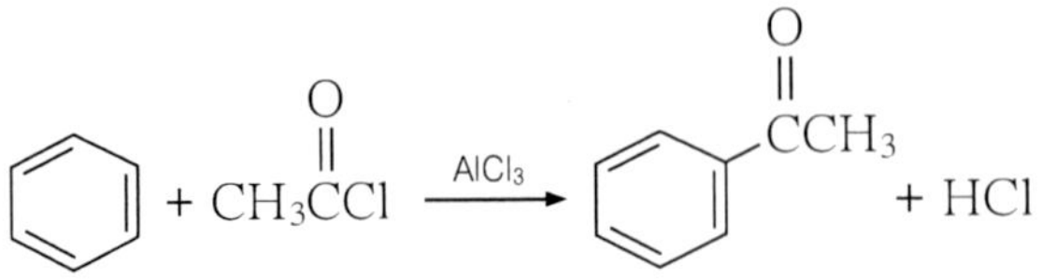

$$C_6H_6 + CH_3\overset{O}{\overset{\|}{C}}Cl \xrightarrow{AlCl_3} C_6H_5\overset{O}{\overset{\|}{C}}CH_3 + HCl$$

2. 방향족 화합물의 곁사슬 산화(oxidation)

$$\text{C}_6\text{H}_5\text{-R} \xrightarrow[H_2O]{KMnO_4} \text{C}_6\text{H}_5\text{-C(=O)-OH}$$

3. 방향족 고리의 수소화(hydrogenation)

$$\text{C}_6\text{H}_6 \xrightarrow[PtO_2]{H_2} \text{C}_6\text{H}_{12}$$

연습문제

1. 다음 화합물의 IUPAC 이름을 쓰시오.

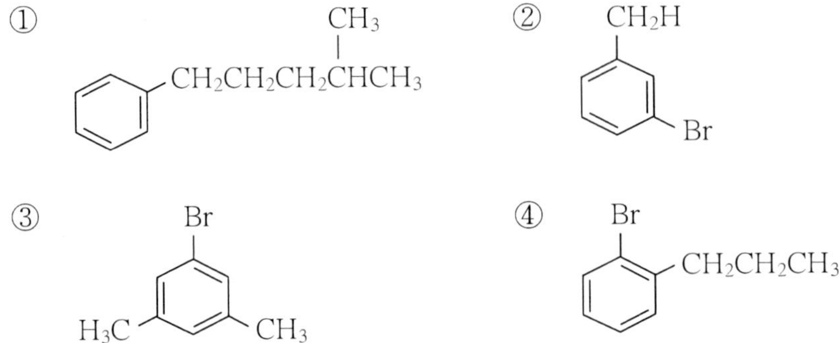

2. 다음 이름에 해당하는 화학구조식을 쓰시오.

① *m*-Bromophenol ② 1,3,5-Benzenetriol
③ *p*-Iodonitrobenzene ④ 2,4,6-Trinitrotoluene(TNT)
⑤ *o*-Aminobenzoic acid ⑥ 3-Methyl-2-phenylhexane

3. 다음 화합물의 모든 이성체를 쓰고 명명하시오.

① Dinitrobenzenes ② Bromodimethylbenzenes

4. 다음 화합물을 니트로화시킬 때의 주생성물을 나타내 보세오.

① Bromobenzene ② Benzonitrile(cyanobenzene)
③ Benzoic acid ④ Nitrobenzene
⑤ Phenol ⑥ Benzaldehyde

5. 다음 각 조의 화합물을 친전자성 치환반응에 있어서 반응성의 크기에 따라 순서를 매기시오.

① Chlorobenzene, *o*-dichlorobenzene, benzene
② *p*-Bromonitrobenzene, nitrobenzene, phenol
③ Fluorobenzene, benzaldehyde, *o*-dimethylbenzene

6. 다음 화합물을 설폰화시킬 때 얻어지는 주생성물은 무엇이겠는가?

① Bromobenzene ② *m*-Bromophenol
③ *p*-Nitrotoluene

7. $KMnO_4$로 산화시키면 *p*-bromobenzoic acid를 생성하는 (C_8H_9Br)의 구조식을 가진 화합물은 무엇인가?

8. 벤젠에서 출발하여 다음 화합물들은 어떻게 합성하는가? 필요하다면 오르토와 파라 이성질체는 분리할 수 있다고 가정한다.

   ① *m*-Bromobenzenesulfonic acid ② *o*-Chlorobenzenesulfonic acid
   ③ *p*-Chlorotoluene

9. 어느 방향족 탄화수소로부터 다음 화합물들을 어떻게 합성하겠는가? 오르토나 파라 이성질체는 분리할 수 있다.

   ① *o*-Nitrobenzoic acid ② *p*-tert-Butylbenzoic acid

10. 다음 합성과정에서 틀린 것은 무엇인가?

   ① $C_6H_5CH_3$ (toluene) —(1. Cl_2, $FeCl_3$ / 2. $KMnO_4$)→ *m*-ClC_6H_4COOH (COOH, Cl)

   ② C_6H_5Cl (Cl) —(1. $(CH_3)_3CCl$, $AlCl_3$ / 2. $KMnO_4$, H_2O)→ *p*-ClC_6H_4COOH (Cl, COOH)

알코올과 에테르

5.1 Alcohol

탄화수소에서 수소원자 하나를 -OH 작용기로 치환시킨 화합물을 알코올(alcohol)이라 하고, 일반식으로서 R-OH로 표시한다.

또한 하나의 분자구조에 결합된 -OH 작용기의 수에 따라 한 개인 것을 1가 알코올(monohydric alcohol), 두 개인 것은 2가 알코올(dihydric alcohol), 세 개인 것은 3가 알코올(trihydric alcohol)이라 하며, 네 개 이상의 경우를 통틀어 다가 알코올(polyhydric alcohol)이라 한다.

$$CH_3-OH \quad C_2H_5-OH \qquad \begin{matrix} CH_2-CH_2 \\ | \quad\;\; | \\ OH \quad OH \end{matrix} \tag{5-1}$$

1가 알코올 2가 알코올

한편 -OH 작용기의 숫자 이외에 결합된 탄소의 종류에 따라서도 분류가 이루어진다. 즉, 1급 탄소에 -OH가 결합된 것을 1급 알코올(primary alcohol), 2급 탄소에 결합된 것은 2급 알코올(secondary alcohol), 3급 탄소에 결합된 경우는 3급 알코올(tertiary alcohol)이라 한다.

$$\begin{matrix} H \\ | \\ R-C-OH \\ | \\ H \end{matrix} \qquad \begin{matrix} H \\ | \\ R-C-OH \\ | \\ R \end{matrix} \qquad \begin{matrix} R \\ | \\ R-C-OH \\ | \\ R \end{matrix} \tag{5-2}$$

1급 알코올 2급 알코올 3급 알코올

1. 명명법

알코올의 명명방법은 관용법, IUPAC법, 카르비놀법(carbinol 또는 Kolbe법) 등이 적용되고 있다.

1) 관용적 명명방법

알킬 작용기의 명칭 다음에 알코올을 붙여서 표시한다.

$$\begin{array}{ll}
CH_3-OH & \text{Methyl alcohol} \\
CH_3CH_2-OH & \text{Ethyl alcohol} \\
CH_3CH_2CH_2-OH & n\text{-Propyl alcohol} \\
\begin{array}{l} CH_3\underset{\displaystyle OH}{\underset{|}{C}}HCH_3 \end{array} & \text{Isopropyl alcohol} \\
CH_3CH_2CH_2CH_2-OH & n\text{-Butyl alcohol} \\
CH_3-\underset{\displaystyle CH_3}{\underset{|}{CH}}-CH_2-OH & \text{Isobutyl alcohol} \\
CH_3-\overset{\displaystyle CH_3}{\overset{|}{\underset{\displaystyle CH_3}{\underset{|}{C}}}}-OH & tert\text{-butyl alcohol}
\end{array} \qquad (5\text{-}3)$$

수산기를 두 개 갖고 있는 알코올은 탄화수소의 기본 이름 뒤에 글리콜(glycol)을 붙여서 표시한다.

$$\begin{array}{ll}
\underset{\displaystyle OH}{\underset{|}{CH_2}}-\underset{\displaystyle OH}{\underset{|}{CH_2}} & \text{Ethylene glycol} \\
CH_3-\underset{\displaystyle OH}{\underset{|}{CH}}-\underset{\displaystyle OH}{\underset{|}{CH_2}} & \text{Propylene glycol} \\
\underset{\displaystyle OH}{\underset{|}{CH_2}}-CH_2-\underset{\displaystyle OH}{\underset{|}{CH_2}} & \text{Trimethylene glycol}
\end{array} \qquad (5\text{-}4)$$

2) IUPAC 명명방법

탄화수소의 IUPAC 이름에서 어미 -ane를 -anol로 바꾸어서 표시한다. 한편 수산기의 수에 따라서 두 개이면 -diol, 세 개이면 -triol 등을 어미에 붙여 표시한다. 탄소에 번호를 표시할 필요가 있는 경우는 수산기가 붙은 탄소의 번호가 가급적 작은 숫자가 되도록 번호를 표시한다.

$C_nH_{2n+1}OH$	Alkanol	
CH_3-OH	Methanol	
CH_3CH_2-OH	Ethanol	
$CH_3CH_2CH_2-OH$	1-Propanol	
$CH_3\underset{\underset{\displaystyle OH}{\mid}}{C}HCH_3$	2-Propanol	
$CH_3-\underset{\underset{\displaystyle CH_3}{\mid}}{CH}-CH_2-OH$	2-Methyl-1-propanol	(5-5)
$CH_3-\overset{\overset{\displaystyle CH_3}{\mid}}{\underset{\underset{\displaystyle CH_3}{\mid}}{C}}-OH$	1,1-Dimethyl ethanol	
$CH_3-\underset{\underset{\displaystyle CH_3}{\mid}}{CH}-CH_2-OH$	2-Methyl-1-propanol	
$CH_3-\underset{\underset{\displaystyle CH_3}{\mid}}{CH}-\underset{\underset{\displaystyle CH_3}{\mid}}{CH}-OH$	1,2-Dimethyl-1-propanol	

3) Carbinol 명명방법

메틸알코올을 carbinol이라 하고, 다른 1가 알코올은 carbinol의 유도체로서 표시하는 방법이다.

CH_3-OH	Carbinol	
CH_3CH_2-OH	Methyl carbinol	
$CH_3-\underset{\underset{\displaystyle CH_3}{\mid}}{CH}-OH$	Dimethyl carbinol	(5-6)
$CH_3-\overset{\overset{\displaystyle CH_3}{\mid}}{\underset{\underset{\displaystyle CH_3}{\mid}}{C}}-OH$	Trimethyl carbinol	

표 5-1. 몇 가지 normal 1급 알코올의 물리적 성질

이 름	화학식	비등점(℃)
Methyl alcohol	CH_3OH	65
Ethyl alcohol	CH_3CH_2OH	78.3
n-Propyl alcohol	$CH_3(CH_2)_2OH$	97
n-Butyl alcohol	$CH_3(CH_2)_3OH$	117.7
n-Amyl alcohol	$CH_3(CH_2)_4OH$	137
n-Bexyl alcohol	$CH_3(CH_2)_5OH$	155.8

2. 일반적 성질

알코올은 중성이고, C1~C11인 것은 액체, C12 이상인 것은 고체상태로 존재한다. 저급 알코올은 물에 녹지만, 탄소수가 증가할수록 용해도가 감소된다. 즉, -OH 작용기는 친수성이지만, R이 기름에 잘 녹는 성질이기 때문에 R값이 커질수록 물에 불용성을 나타내게 된다.

액체상태의 알코올은 특유한 냄새와 맛을 가지고 있지만, 고체인 경우는 탄화수소의 성질에 가까우므로 유기용매에 녹는 성질이 있다.

분자량이 100인 알칸(n-heptane)은 98℃에서 끓지만, 분자량이 102인 $C_6H_{13}OH$의 비등점은 156℃이다. 이렇게 알코올이 고온에서 끓는 이유는 알코올 분자가 서로 결합되어 있어서 일종의 고분자 상태를 형성하고 있기 때문이다. 참고로 표 5-2와 같이 물도 분자량에 비하여 비등점이 높은 물질의 하나이다.

수소결합과 회합 및 공회합물이나 알코올은 수소가 옆에 있는 서로 다른 원자들이 결합하여 형성한 이종분자의 비공유 전자쌍을 공유하면서 마치 2가의 전자가를 가지고 있는 것처럼 나타나는 결합을 형성하는 경우가 있다. 이러한 결합방식이 수소결합이고, 수소결합에 의해서 형성되는 결합방식을 **회합**(association)이라 하고, 서로 다른 분자 사이의 회합을 **공회합**(co-association)이라 한다.

물이나 알코올류는 다음 그림과 같이 수소결합에 의해서 2량체(dimer), 3량체(tri-

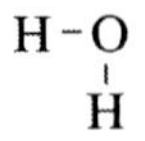

H-O
　 |
　 H
일량체(monomer)

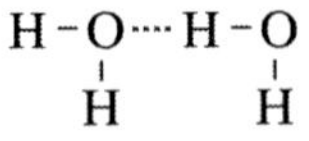

H-O····H-O
　 |　　　 |
　 H　　　H
이량체(dimer)

물의 회합 (5-7)

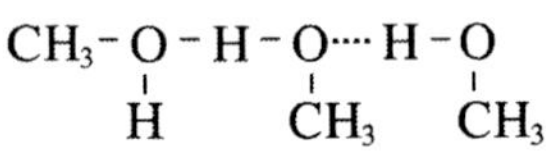

CH_3-O-H-O····H-O
　　　 |　　　|　　　|
　　　 H　　CH_3　CH_3
메탄올의 회합

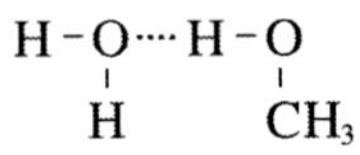

H-O····H-O
　 |　　　 |
　 H　　　CH_3
물과 메탄올의 공회합

표 5-2. 여러 가지 물질의 분자량과 비등점

화학식	분자량	비등점(℃)	화학식	분자량	비등점(℃)
H_2	2	-253	CH_3Cl	50	-23
N_2	28	-196	CH_3Br	94	5
O_2	32	-183	CH_3I	142	45
H_2O	18	100	CH_3OH	32	65
CH_4	16	-161			

mer) 등이 형성되고, 서로 다른 분자들도 회합에 의해서 분사량이 증가되는 현상이 있다.

이러한 수소결합은 산소가 갖고 있는 비공유 전자쌍이 전자를 공급하고, 다른 분자의 수소와 결합하여 형성되며, 이 때 형성되는 수소결합을 끊어내기 위해서는 1몰당 5 kcal의 에너지가 필요하다. 따라서 회합에 의해서 생성된 회합분자를 원래 상태인 단일분자나 1량체 또는 단량체(monomer)가 기화된 형태로 만들려면 상당한 열을 공급해야 하므로 이와 같은 상호작용이 없는 화합물에 비하여 비등점이 상승하게 된다.

특히 알코올과 물을 혼합시키면 각각의 체적을 합한 값보다 부피가 감소되는 현상도 공회합이 형성되기 때문이다.

한편, 알코올도 일종의 유기용매이지만 분자량이 작은 것은 물에 잘 녹기 때문에 **극성용매**(polar solvent)라고 하기도 한다. 이것은 물이 비공유 전자쌍 2쌍을 갖고 있는 일종의 극성물질이기 때문이다.

3. 제조방법

1) Ester의 가수분해

동식물의 조직에는 비교적 많은 양의 알코올이 유기산과 결합된 에스테르의 형태로 존재하고 있으며, 가장 대표적인 것으로 유지나 왁스를 들 수 있다.

이러한 형태의 에스테르를 산이나 알칼리로 가수분해시키면 알코올이 생성된다.

$$\underset{\text{Ester}}{RCOOR'} + H_2O \longrightarrow \underset{\text{유기산}}{RCOOH} + \underset{\text{Alcohol}}{R'OH} \tag{5-8}$$

Alkene이나 haloalkane을 에스테르화시킨 다음에 가수분해하면 알코올이 생성된다.

$$\underset{\text{Propene}}{CH_3CH{=}CH_2} + H_2SO_4 \longrightarrow \underset{\substack{| \\ OSO_2OH}}{CH_3CHCH_3}$$

$$\xrightarrow[\text{가수분해}]{H_2O} \underset{\substack{| \\ OH \\ \text{2-Propanol}}}{CH_3CHCH_3} + H_2SO_4 \tag{5-9}$$

$$\underset{n\text{-Butyl chlocide}}{CH_3CH_2CH_2CH_2Cl} + \underset{\text{Silver acetate}}{CH_3COOAg} \longrightarrow \underset{\text{Butyl acetate}}{CH_3CH_2CH_2CH_2OCOCH_3} + AgCl$$

$$\underset{\text{Butyl acetate}}{CH_3CH_2CH_2CH_2OCOCH_3} \longrightarrow \underset{n\text{-Butanol}}{CH_3CH_2CH_2CH_2OH} + \underset{\text{Potassium acetate}}{CH_3COOK}$$

2) Ester의 환원

지방산 에스테르를 금속 Na과 알코올로 환원시키는 방법으로, 왁스에서 고급알코올을 만드는 과정에 적용한다.

$$RCOOR \xrightarrow{Na+C_2H_5OH} RCH_2OH + R'OH \qquad (5\text{-}10)$$

3) Haloalkane의 가수분해

다음 그림과 같이 반응하며, 이 때 생성되는 alkene은 AgOH로 침전시킨다. Haloalkane이 가수분해되는 순서는 3급 > 2급 > 1급의 순서로 진행된다.

$$RX + KOH \longrightarrow ROH + KX \qquad (5\text{-}11)$$

4) Carbonyl 화합물의 환원

알데히드에서는 1급 알코올이, 케톤에서는 2급 알코올이 생성된다.

$$\underset{\text{Aldehyde}}{R-CHO} \xrightarrow{[H]} \underset{\text{1급 alcohol}}{R-CH_2OH}$$

$$\underset{\text{지방산}}{R-\overset{\displaystyle O}{\overset{\|}{C}}-OH} \xrightarrow{[H]} \underset{\text{1급 alcohol}}{R-CH_2-OH} \qquad (5\text{-}12)$$

$$\underset{\text{Ketone}}{R-\overset{\displaystyle O}{\overset{\|}{C}}-R} \xrightarrow{[H]} \underset{\text{1급 alcohol}}{R-\underset{OH}{\underset{|}{CH}}-R'}$$

5) Alkene의 가수분해

Alkene을 직접 진한 황산에 흡수시켜 가수분해한다.

$$\underset{\text{Alkene}}{RCH=CH_2} + H_2O \xrightarrow{\text{conc, }H_2SO_4} \underset{\text{2급 alcohol}}{R\underset{OH}{\underset{|}{C}}HCH_3}$$

$$\underset{\text{Alkene}}{R-\underset{R'}{\underset{|}{C}}=CH_2} + H_2O \xrightarrow{\text{conc, }H_2SO_4} \underset{\text{3급 alcohol}}{R-\overset{OH}{\overset{|}{\underset{R'}{\underset{|}{C}}}}-CH_3} \qquad (5\text{-}13)$$

6) Grignard 반응

Grignard 반응은 Grignard 시약에 의해서 반응이 이루어진다. Haloalkane은 무수 에테르 중에서 금속 Mg와 반응하여 alkylmagnesium halide(RMgX)를 형성한다. 이 시약은 프랑스의 Grignard(1871～1935)에 의해서 발견되었고, 유기합성 분야에서 대단히 중요한 시약이다.

$$RX + Mg \xrightarrow{\text{Ether}} RMgX$$
$$\underset{\text{Ethyliodide}}{C_2H_5I} + Mg \xrightarrow{\text{Ether}} \underset{\text{Ethylmagnesium iodide}}{C_2H_5MgI} \qquad (5\text{-}14)$$

또한 이 시약은 반응성이 대단히 강하여 에테르 용액상태에서도 직접 반응시약과 작용이 가능하다. 특히 이 시약 RMgX에서 R부분은 음전하, 마그네슘은 양전하로서 작용한다.

$$R\text{-}Mg^{+}X + H^{+}\text{-}OH \longrightarrow RH + Mg\begin{smallmatrix}X\\OH\end{smallmatrix} \qquad (5\text{-}15)$$

카르보닐 화합물에 Grignard 시약을 작용시키면 formaldehyde에서는 1급 알코올이 생성되고, 알데히드와 케톤에서는 2급 또는 3급 알코올이 생성된다.

$$\underset{\text{Formal-dehyde}}{HCHO} + \underset{\text{그리그나드 시약}}{RMgX} \longrightarrow RCH_2OMgX \xrightarrow{HX} \underset{\text{1급 alcohol}}{RCH_2OH} + MgX_2$$

$$\underset{\text{Aldehyde}}{RCHO} + R'MgX \longrightarrow R\text{-}\underset{R'}{CH}\text{-}OMgX \xrightarrow{HX} \underset{\text{2급 alcohol}}{H\text{-}\underset{R'}{CHOH}} + MgX_2 \qquad (5\text{-}16)$$

$$\underset{\text{Ketone}}{R\text{-}\underset{R'}{C}=O} + R''MgX \longrightarrow R\text{-}\overset{R''}{\underset{R'}{C}}\text{-}OMgX \xrightarrow{HX} \underset{\text{3급 alcohol}}{R\text{-}\overset{R''}{\underset{R'}{C}}\text{-}OH} + MgX_2$$

4. 화학반응

알코올은 관능기로서 -OH를 가지고 있으므로 다음과 같은 두 가지 반응을 한다.

① -OH는 극성분자이므로 수소는 산성을 나타낸다.
② 산소원자가 갖고 있는 비공유 전자쌍은 염기성이고, 친핵성을 나타낸다.

1) 알코올의 산성반응

알코올의 alkyl 작용기는 전자공여체이므로 물에 비하여 약간의 산성(약산성)을 나타낸다.

$$R-OH + NaOH \rightleftharpoons RO^-Na^+ + H_2O \qquad (5\text{-}17)$$

따라서 실험실에서 알코올의 염을 생성시키려면 -OH보다 강한 알칼리를 사용해야 하고, 이 때 금속 Na를 사용하는 것이 효과적이다.

$$2CH_3OH + 2Na \longrightarrow \underset{\text{Sodium methylalcoxide (alcoholate)}}{2CH_3O^-Na^+} + H_2\uparrow \qquad (5\text{-}18)$$

2) 친핵성 반응

산의 무수물이나 염화물질이 알코올과 반응하여 에스테르가 생성된다.

$$\underset{\text{Alcohol}}{RO^{\ominus}-H^{\oplus}} + \underset{\text{Acyl chloride}}{Cl^{\ominus}-{}^{\oplus}\overset{\overset{O}{\|}}{C}-R'} \longrightarrow \underset{\text{Ester}}{RO-\overset{\overset{O}{\|}}{C}-R'} + HCl \qquad (5\text{-}19)$$

위에서 acyl chloride는 공명에 의해서 에스테르가 되므로 친핵성 시약인 ROH의 RO^-는 전자밀도가 낮은 C^+를 공격하여 친핵성 반응을 나타낸다.

친핵성 반응의 반대 경우는 친전자성 반응이며, 양으로 하전된 친전자시약이 전자밀도가 높은 탄소원자를 공격하여 나타나는 반응이다.

3) -OH 작용기의 치환

다음과 같은 반응이 나타난다.

$$C_2H_5-OH + H-Br \longrightarrow C_2H_5Br + H_2O \qquad (5\text{-}20)$$

위 반응의 과정은 다음과 같으며, 3급 > 2급 > 1급 알코올의 순서로 반응속도가 빨라진다.

$$C_2H_5 : \ddot{\underset{..}{O}} : H + H^+ \longrightarrow \left[C_2H_5 : \underset{..}{\overset{\overset{H}{..}}{O}} : H \right]^+ \xrightarrow{Br} C_2H_5Br + H_2O \quad (5\text{-}21)$$

Oxonium ion

4) 탈수반응

2급 알코올에서는 -OH 작용기가 붙은 탄소 중에서 수소가 적게 붙은 탄소의 수소 원자와 -OH 작용기가 결합하면서 탈수된다.

$$H-\underset{\underset{H}{|}}{\overset{\overset{H}{|}}{C}}-\underset{\underset{OH}{|}}{\overset{\overset{H}{|}}{C}}-H \xrightarrow[H_2O]{H_2SO_4} CH_2=CH_2 \quad (5\text{-}22)$$

Ethanol　　Ethene(ethylene)

또한 알코올에서 alkene을 생성하는 반응속도는 3급 > 2급 > 1급의 순서를 갖고 있다.

$$CH_3-\underset{\underset{H}{|}}{\overset{\overset{CH_3}{|}}{C}}-\underset{\underset{OH}{|}}{CH}-CH_2-CH_3 \xrightarrow{-H_2O} CH_3-\overset{\overset{CH_3}{|}}{C}=CH-CH_2-CH_3 \quad (5\text{-}23)$$

2-Merthyl-3-pentanol　　2-Merthyl-3-pentane

5) 산화반응

저급 알코올은 산화제와 반응시키면 쉽게 산화되면서 다음과 같이 변화된다.

1급 알코올 $\xrightarrow{[O]}$ Aldehyde

2급 알코올 $\xrightarrow{[O]}$ Ketone

2급 알코올 $\xrightarrow{[O]}$ 산화되지 않음

$$CH_3CH_2OH \xrightarrow{K_2Cr_2O_7} CH_3CHO + H_2O \quad (5\text{-}24)$$

Ethanol (1급 알코올)　　Acetaldehyde (aldehyde)

$$CH_3-\underset{\underset{CH_3}{|}}{\overset{\overset{H}{|}}{C}}-OH \xrightarrow{KMnO_4} CH_3-\underset{\underset{CH_3}{|}}{C}=O + H_2O$$

2-Propanol(2급 알코올)　　Acetone(ketone)

3급 알코올은 산화제에 대해서 안정하지만 강한 산화제 처리를 거치면 사슬이 끊어지면서 다음과 같이 변화된다.

$$CH_3-\underset{\displaystyle CH_3}{\overset{\displaystyle OH}{C}}-C_2H_5 \xrightarrow[HNO_3]{[O]} CH_3-\underset{\displaystyle CH_3}{C}=O + CH_3COOH \qquad (5\text{-}25)$$

2-Methyl-2-butanol (3급 알코올) → Acetone (ketone) + Aacetic acid (organic acid)

5. 주요 알코올 화합물

1) 목정(methanol, methyl alcohol, carbinol, b.p. 64.5℃)

무색의 액체로서 비중은 0.81이며, 유독성이 있고 시신경을 손상시킨다. 목재를 250℃에서 건류시키면 lignin이 분해되면서 다른 유출물질과 함께 목정이 유출된다.

일반적으로 목재 20톤에서 목탄 5톤, 목정 35 kg, 식초산 75 kg, 목재 tar 100 kg을 얻을 수 있으나, 현재는 수증기와 코크스에서 제조한다.

$$C + H_2O \xrightarrow{1,000\sim2,000℃} CO + H \qquad (5\text{-}26)$$

Cokes Steam

$$CO + 2H_2 \xrightarrow[cat]{} CH_3OH$$

Methanol

Methanol은 formaldehyde의 제조용 원료, 용제나 변성 알코올의 원료 등으로 이용된다.

2) 주정(Ethanol, ethyl alcohol, b.p. 78.3℃)

전분질을 당화효소나 산으로 분해하여 포도당으로 전환시키고, 여기에 효모를 첨가하여 발효시키면 ethanol이 생성된다.

$$C_6H_{12}O_6 \xrightarrow{발효} 2C_2H_5OH + 2CO_2\uparrow \qquad (5\text{-}27)$$

Glucose → Ethanol

이 상태의 주정을 증류하면 96% 정도의 공비혼합물(azeotropic mixture)까지 농축된다. 그 이상의 고농도 주정은 증류를 통한 농축이 불가능하므로 생석회 등을 가하여 수분을 흡착 제거하여 알코올의 순도를 높이고 있다.

공비혼합물이란 최소 비등점을 의미하며, 95.6% ethanol에 4.4%의 물이 혼합된 것의 비등점은 78.1℃로서 순수한 ethanol의 비등점인 78.5℃보다 낮은 것을 알 수 있다. 이러한 함수에타놀은 증류를 시켜도 물을 제거할 수 없으므로 이러한 혼합물질을 **공비혼합물질**이라 한다.

그 외의 예로서 물(b.p. 100℃), ethanol(b.p. 78.3℃), 벤젠(b.p. 80.5℃)인데, 이들을 다음과 같은 비율로 혼합하면 비등점이 낮아진다.

ethanol : benzene : water = 18.5 : 74.1 : 7.4 (b.p. 64.8℃)
ethanol : benzene = 19.8 : 80.2 (b.p. 68.2℃) (5-28)

3) Amyl alcohol(amyl alcohol, $C_5H_{11}OH$)

Amyl alcohol은 여덟 개의 이성체가 있으며, 이 중에서 다음 세 가지는 fusel oil에 해당되는 물질로서 음주 후에 나타나는 숙취작용 물질이다.

$CH_3CH_2CH_2CH_2CH_2OH$ b.p. 137℃, n-Amyl alcohol(pentanol)

$CH_3-CH(CH_3)-CH_2-CH_2-OH$ b.p. 131℃, Isoamyl alcohol (3-methyl butanol) (5-29)

$CH_3-CH_2-CH(CH_3)-CH_2-OH$ b.p. 128℃, Active amyl alcohol (3-methyl butanol)

4) Glycol

일반적으로 한 분자구조 안에 -OH기를 두 개 갖고 있는 물질을 glycol이라 한다. Ethylene glycol은 다음과 같이 alkene 화합물에 촉매를 작용시켜 제조하며, 용매・화장품 원료・자동차 엔진을 비롯한 내연기관의 냉각수가 동결되는 것을 방지하는 부동액의 성분으로 이용하고 있다.

$$CH_2=CH_2 \xrightarrow{KMnO_4} CH_2(OH)-CH_2(OH)$$

$$CH_2=CH_2 \xrightarrow{HOCl} CH_2(OH)-CH_2(OH) \qquad (5\text{-}30)$$

5.2 다가 알코올

일반적으로 한 분자 안에 -OH기가 2개 이상인 것을 다가 알코올이라 하며, 자연계에는 -OH기가 3개 이상인 물질이 많이 존재한다.

1. 글리세린(glycerine, glycerol, 1,2,3-propanetriol ; b.p. 290℃, m.p. 17℃)

Glycerine은 자연계에서 고급 지방산과 에스테르를 형성하여 유지로서 생성되므로 유지는 glycerine의 좋은 자원이며, 석유화학공업에서 합성을 통해서도 생산된다. 점도가 높은 무색의 액체로서 ethylene glycol보다 약간 강한 감미(단맛)를 갖고 있으며, 흡습성이 강하다. 물에는 임의의 비율로 녹지만 ether나 chloroform에는 녹지 않는다.

Glycerine의 용도는 상당히 넓어서 화장품 원료, 담배의 습기 조절제에 사용되고, alkyd resin을 비롯한 합성수지나 화약의 제조원료로 사용되고 있다. 특히 glycerine에 HNO_3를 작용시키면 nitroglycerine이 형성되며, 노벨상의 창설자인 Alfred Novel은 이것을 원료로 dynamite를 발명하였다.

$$\underset{\text{Glycerine}}{\begin{matrix} CH_2OH \\ | \\ CHOH \\ | \\ CH_2OH \end{matrix}} + 3HNO_3 \xrightarrow{H_2SO_4} \underset{\text{Nitroglycerine}}{\begin{matrix} CH_2ONO_2 \\ | \\ CHONO_2 \\ | \\ CH_2ONO_2 \end{matrix}} + 3H_2O \qquad (5\text{-}31)$$

Glycerine의 제조방법은 다음과 같다.

1) 유지의 가수분해

$$\underset{\text{유지}}{\begin{matrix} CH_2OCOR \\ | \\ CHOCOR \\ | \\ CH_2OCOR \end{matrix}} + 3NaOH \xrightarrow{\text{가수분해}} \underset{\substack{\text{지방산 소다} \\ \text{(비누)}}}{3RCOONa} + \underset{\substack{\text{Glycerin} \\ \text{(glycerol)}}}{\begin{matrix} CH_2OH \\ | \\ CHOH \\ | \\ CH_2OH \end{matrix}} \qquad (5\text{-}32)$$

2) Propene에서 합성

$$\underset{\text{Propene}}{\begin{matrix} CH_2 \\ \| \\ CH \\ | \\ CH_3 \end{matrix}} \xrightarrow[80\%]{Cl_2,\ 400\sim500℃} \underset{\text{Allyl chloride}}{\begin{matrix} CH_2 \\ \| \\ CH \\ | \\ CH_2Cl \end{matrix}} \xrightarrow{NaOH} \underset{\text{Allyl alcohol}}{\begin{matrix} CH_2 \\ \| \\ CH \\ | \\ CH_2OH \end{matrix}} \qquad (5\text{-}33)$$

$$\xrightarrow{HO^+Cl^-} \begin{matrix} CH_2Cl \\ | \\ CHOH \\ | \\ CH_2OH \end{matrix} \xrightarrow{NaOH} \underset{\text{Glycerol}}{\begin{matrix} CH_2OH \\ | \\ CHOH \\ | \\ CH_2OH \end{matrix}}$$

2. 4가, 5가, 6가의 alcohol

이들 alcohol의 이름은 해당하는 당의 이름에 포함된 접미어 -ose 대신에 -itol을 붙여서 사용한다.

4가 alcohol의 대표적인 예로서 에리스리톨(erythritol 및 erythrite)로서 지의류(이끼) 중에 함유되어 있다. 5가인 펜티톨(pentitol 및 pentite)은 pentose를, 6가인 hexitol은 hexose를 환원시켜 제조한다.

$$\begin{array}{ccc} CH_2OH & CH_2OH & CH_2OH \\ | & | & | \\ CHOH & CHOH & CHOH \\ | & | & | \\ CHOH & CHOH & CHOH \\ | & | & | \\ CH_2OH & CHOH & CHOH \\ & | & | \\ & CH_2OH & CHOH \\ & & | \\ & & CH_2OH \\ \text{Mesoerythritol} & \text{Adonitol} & \text{Allitol} \\ \text{(erythritol)} & \text{(pentitol)} & \text{(hexitol)} \end{array} \qquad (5\text{-}34)$$

5.3 방향족 알코올

Benzene 또는 그들의 유도체가 수산기를 갖고 있는 물질들을 방향족 알코올(aromatic alcohol)이라 하며, 가장 간단한 것은 페놀(phenol)이다.

1. Phenol

Phenol(C_6H_5OH)은 석탄산이라고도 하며, m.p. 42℃인 무색의 결정으로서 상온에서는 8% 정도만 물에 녹고, 수용액은 산성을 나타내지만 carbonic acid보다는 약한 산이다. 예전부터 소독약으로 사용되고 있다.

1) 제조방법

(1) Benzene 황산염의 알칼리 용융

앞에서 설명한 alcohol의 합성방법은 phenol제조에 응용할 수 없으므로 황산(sul-

$$C_6H_6 \xrightarrow[50\sim70℃]{H_2SO_4} C_6H_5SO_3H \xrightarrow[25℃]{NaOH} C_6H_5SO_3Na \xrightarrow[320\sim350℃]{2NaOH} C_6H_5ONa \xrightarrow[25℃]{HCl} C_6H_5OH \qquad (5\text{-}35)$$

furic acid)염을 알칼리로 용융시켜 공업적으로 제조한다.

(2) Chlorobenzene에서 공업적 제조

다우코닝에서 개발한 방법으로 할로겐 치환체를 가압하여 고온상태에서 알칼리로 고리치환을 거쳐 제조한다.

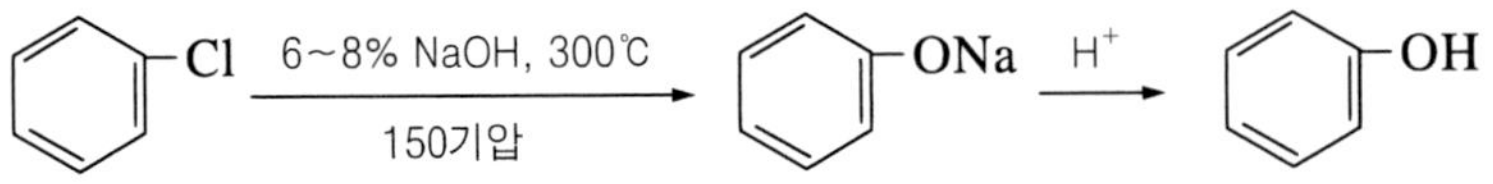

$$C_6H_5Cl \xrightarrow[\text{150기압}]{\text{6~8\% NaOH, 300℃}} C_6H_5ONa \xrightarrow{H^+} C_6H_5OH \qquad (5\text{-}36)$$

또한 이와 유사한 방법으로 독일의 라시히(Raschig) 방법은 다음과 같다.

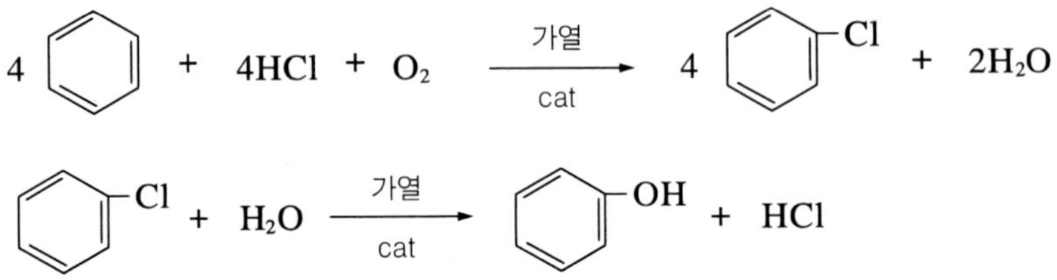

$$4\,C_6H_6 + 4HCl + O_2 \xrightarrow[\text{cat}]{\text{가열}} 4\,C_6H_5Cl + 2H_2O$$

$$C_6H_5Cl + H_2O \xrightarrow[\text{cat}]{\text{가열}} C_6H_5OH + HCl \qquad (5\text{-}37)$$

(3) Benzene의 alkyl화

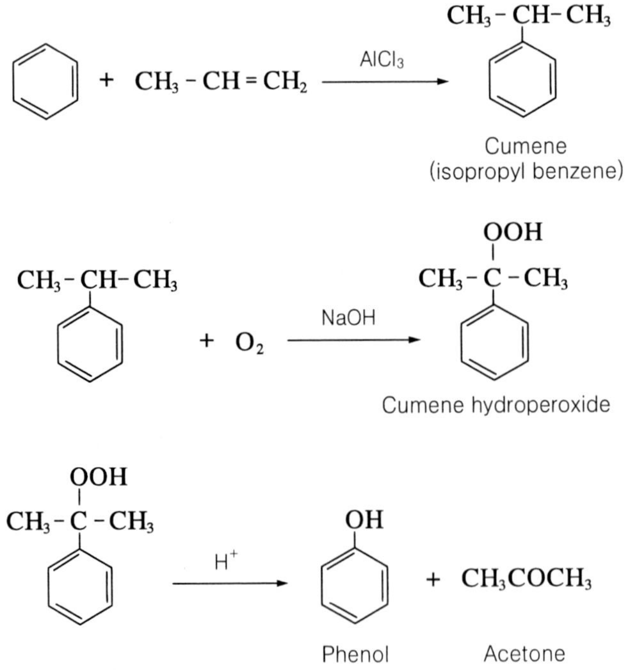

$$C_6H_6 + CH_3-CH=CH_2 \xrightarrow{AlCl_3} C_6H_5-CH(CH_3)_2$$

Cumene
(isopropyl benzene)

$$C_6H_5-CH(CH_3)_2 + O_2 \xrightarrow{NaOH} C_6H_5-C(OOH)(CH_3)_2 \qquad (5\text{-}38)$$

Cumene hydroperoxide

$$C_6H_5-C(OOH)(CH_3)_2 \xrightarrow{H^+} C_6H_5OH + CH_3COCH_3$$

Phenol Acetone

2) 화학적 성질

Phenol은 알칼리와 반응하면 염을 형성하며, 이 때 생성된 물질을 페놀레이트(phenolate)라고 한다.

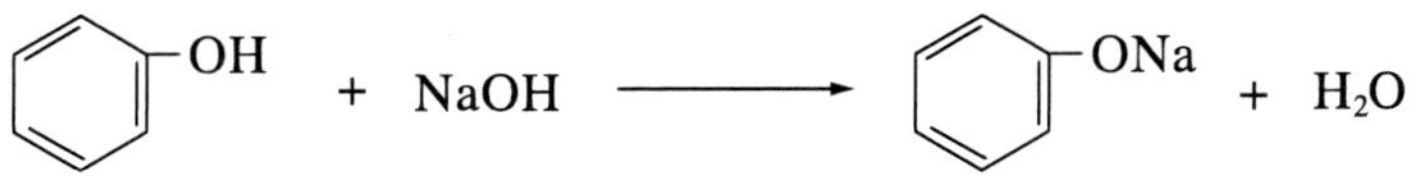

$$C_6H_5OH + NaOH \longrightarrow C_6H_5ONa + H_2O \qquad (5\text{-}39)$$

Phenol　　Sodium phenolate

Phenol이 산성을 나타내는 것은 수산기의 산소원자가 갖고 있는 유리쌍이 benzene 핵의 전자와 공명하고 있기 때문이며, 다음과 같은 공명구조를 갖고 있다.

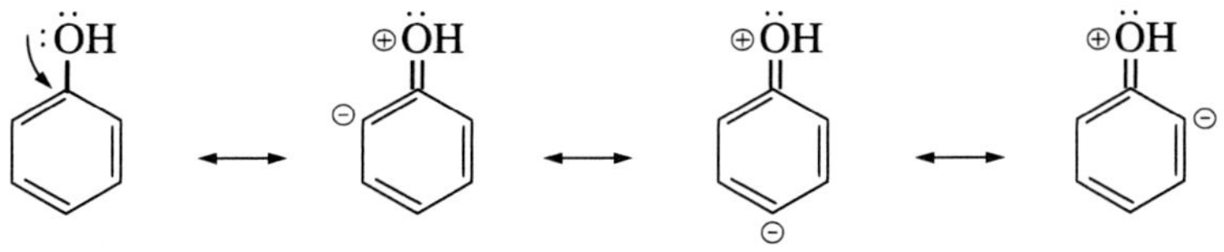

$$\text{(5-40)}$$

결국 수산기의 산소가 양성으로 하전되므로 수소는 반발하여 이탈하므로 phenol이 산성을 나타내게 된다. 그러나 지방족 alcohol은 이러한 현상이 나타나지 않으므로 산성을 나타낼 수 없다.

위와 같은 공명현상으로 인해서 친전자시약을 ortho-와 para- 위치에 도입시킬 수 있다(phenol의 지향성). 따라서 phenol을 니트로화(nitration)하면 ortho 치환체와 para 치환체를 생성시킬 수 있다.

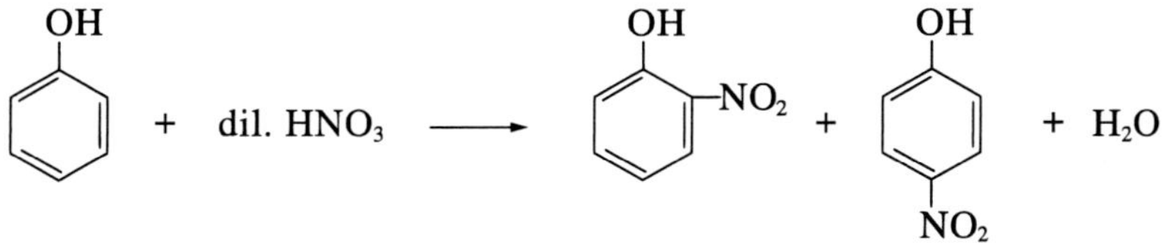

$$C_6H_5OH + \text{dil. } HNO_3 \longrightarrow o\text{-}NO_2C_6H_4OH + p\text{-}NO_2C_6H_4OH + H_2O$$

Phenol　　*o*-Nitrophenol　　*p*-Nitrophenol　　(5-41)

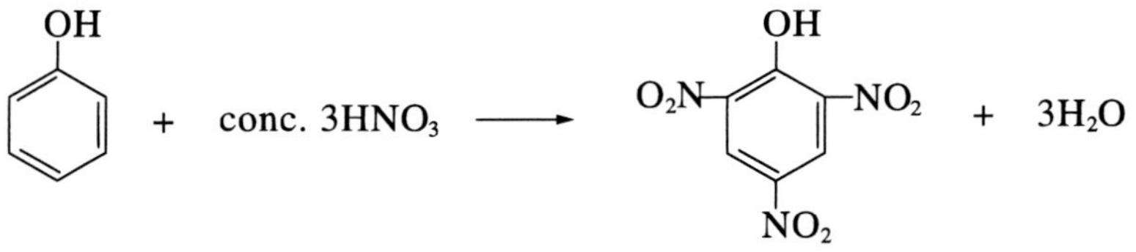

$$C_6H_5OH + \text{conc. } 3HNO_3 \longrightarrow (O_2N)_3C_6H_2OH + 3H_2O$$

Phenol　　Picric acid

Ortho 치환체는 융점 45℃의 황색결정으로 수증기 증류가 이루어지지만, para 치환체는 융점이 114℃로서 수증기 증류가 불가능하다. 그 이유는 전자가 분자 내에서 수소결합(chelate라고 함)을 이루어 고리를 형성하여 비등점이 낮은데 비하여 후자는 분자간 회합을 형성하여 비등점이 상승되기 때문이다.

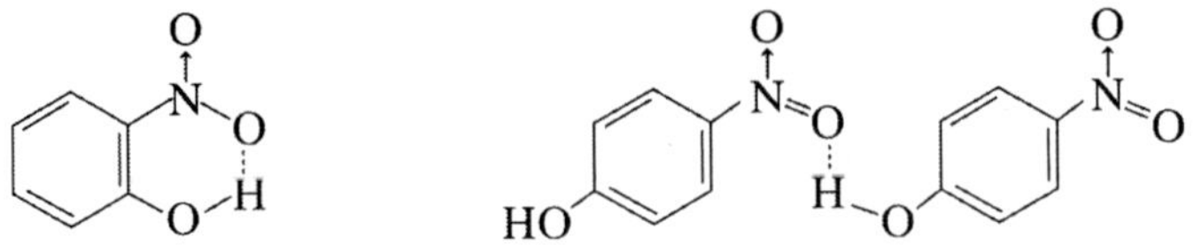

(5-42)

o-Nitrophenol의 분자내 수소결합

p-Nitrophenol의 회합

브롬수를 phenol과 작용시키면 2,4,6-tribromophenol이 생성되는데, 이 반응은 phenol의 검출이나 해수에서 브롬을 추출할 때 이용하고 있다. 이러한 작업을 **해양광산**(sea mining)이라 한다.

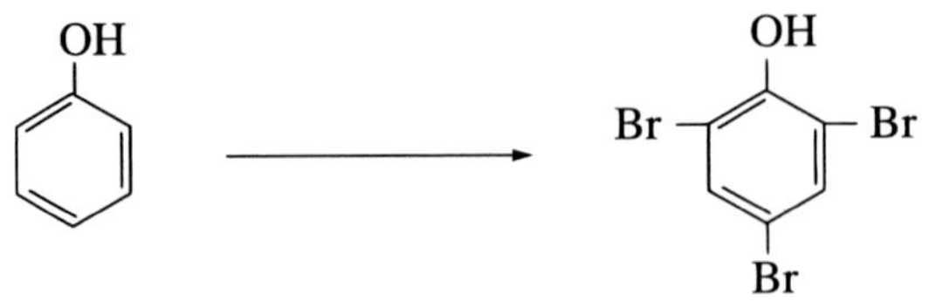

(5-43)

Phenol

2,4,6-Tribromophenol

2. Phenol 유도체

Phenol은 aldehyde와 알칼리 존재 조건에서 축합시켜 phenol 수지를 생성한다.

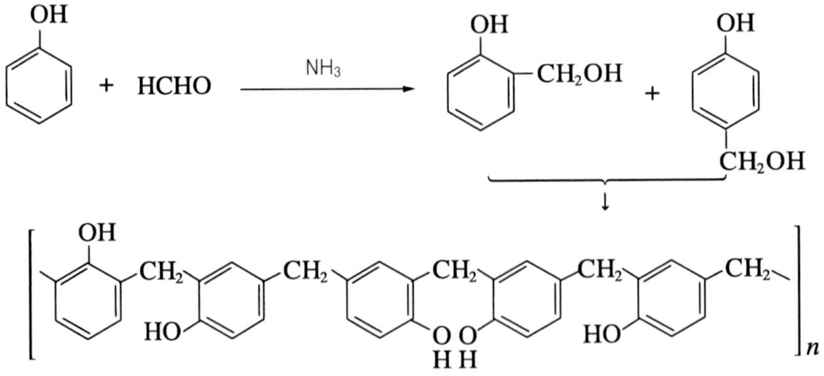

(5-44)

Phenol 수지

크레졸(cresol)은 coal tar에서 얻으며, 살균제로 이용하고 있다. 상품화된 cresol은 o-, m-, p- 이성체의 혼합물 상태이다.

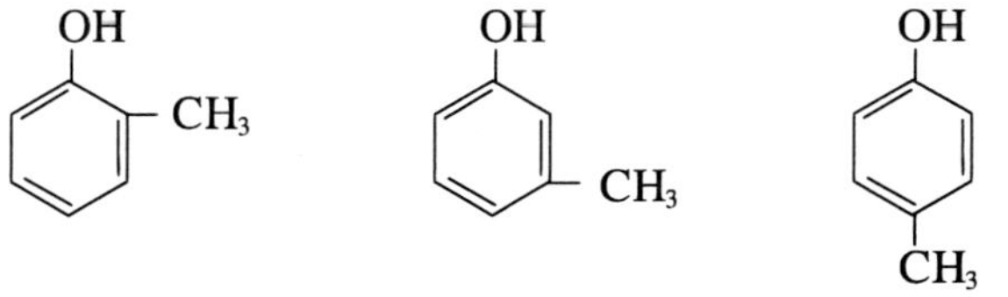

$$o\text{-Cresol},\quad m\text{-Cresol},\quad p\text{-Cresol} \tag{5-45}$$

o-Cresol *m*-Cresol *p*-Cresol

박하기름에서 추출하는 티몰(thymol)과 회향기름에서 추출하는 카바크롤(carvacrol)은 둘 다 살균성이 있으므로 의약용 소독제로 이용하고 있다.

$$\text{Thymol},\quad \text{Carvacrol} \tag{5-46}$$

Thymol(m.p. 51℃)
3-methyl-6-isopropylphenol

Carvacrol(m.p. 0℃)
2-methyl-5-isopropylphenol

5.4 에테르

Alcohol이 물의 수소원자 하나를 alkyl기로 치환한 것이라고 한다면, 에테르(ether)는 물의 수소원자 두 개를 alkyl기 또는 aryl기로 치환한 물질이다.

$$H-O-H \qquad H-O-R \qquad R-O-R \quad R-O-Ar \tag{5-47}$$

물 Alcohol Ether

즉, 일반식 R-O-R 또는 R-O-Ar로 표시한다. 여기서 산소원자에 결합된 원자단이 모두 같은 종류를 단순 에테르(simple ether), 다른 경우를 혼합 에테르(mixed ether)라고 한다. Ether는 흔히 관용명으로 부르며, 원자단의 이름 다음에 ether를 붙여서 부르고, IUPAC 방법에서는 alkoxy methane으로 명명한다.

$$CH_3-O-CH_2CH_3 \qquad CH_3CH_2-O-CH_2CH_3 \qquad C_6H_5-O-CH_3 \tag{5-48}$$

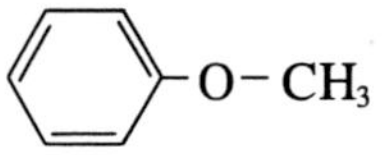

Methylethyl ether
(methoxyethane)
혼합 에테르

Diethyl ether 또는
simple ethyl ether
(ethoxyethane)
단순 에테르

Anisole
methylphenyl ether
(methoxybenzene)
혼합 에테르

단순 에테르의 명명에서는 접두어인 di-를 반드시 붙여야 할 필요는 없으나, 일반적으로는 그대로 붙여서 사용한다.

표 5-3. Ether의 종류와 비등점

화학식	관용명	비등점(℃)
CH_3-O-CH_3	Dimethyl ether	-24.9
$C_2H_5-O-C_2H_5$	Diethyl ether(ether)	34.9
$CH_3-O-C_2H_5$	Methylethyl ether	7.9
CH_2–O–CH_2 (ring)	Ethylene oxide	10.8
CH_2-CH_2–O–CH_2-CH_2 (ring)	Tetrahydrofuran	6.5
O(CH_2-CH_2)$_2$O (ring)	Dioxane	101

1. Ether의 제조방법

1) Alcohol에서 탈수

$$2C_2H_5OH \xrightarrow[\text{촉매 } 140℃]{H_2SO_4} C_2H_5-O-C_2H_5 + H_2O \quad (5\text{-}49)$$

2) Haloalkane과 sodium alcoholate(sodium alkoxide)의 반응 (Williamson 합성방법)

$$RONa + R'X \longrightarrow ROR' + NaX$$
$$CH_3CH_2ONa + CH_3I \longrightarrow CH_3CH_2OCH_3 + NaI \quad (5\text{-}50)$$

Sodium ethanolate Methylethyl ether

2. 화학반응

Ether는 비교적 안정한 화합물로서 묽은 산, alkali, 또는 금속 나트륨과도 반응을 하지 않으므로 이러한 성질을 이용하여 이성체인 alcohol과 구별한다. 일반적으로 ether는 많은 점에서 포화 탄화수소와 화학적인 성질이 비슷하지만, ether는 HI, 진한 황산과 PCl_5에 녹기 때문에 alkane과 구별된다.

1) HI와 반응

$$CH_3OCH_2CH_2CH_3 + HI \xrightarrow{\text{고온}} CH_3I + CH_3CH_2CH_2OH$$

Methyl *n*-propyl ether　Methyl iodide　*n*-Propyl alcohol

또는 과잉의 HI에 의해서 (5-51)

$$CH_3OCH_2CH_2CH_3 + 2HI \xrightarrow{100℃} CH_3I + CH_3CH_2CH_2I + H_2O$$

2) 진한 황산과 반응

$$C_2H_5-O-C_2H_5 + H_2SO_4 \xrightarrow[\text{가열}]{} C_2H_5OH + C_2H_5OSO_3H \qquad (5\text{-}52)$$

3) PCl_5와 반응

$$CH_3-O-C_2H_5 + PCl_5 \longrightarrow CH_3Cl + C_2H_5Cl + POCl_3 \qquad (5\text{-}53)$$

Phosphoryl chioride

방향족 ether는 같은 형태의 반응에 의해서 쉽게 phenol로 전환된다.

$$C_6H_5-O-CH_2CH_3 + HBr \longrightarrow C_6H_5OH + CH_3CH_2Br \qquad (5\text{-}54)$$

3. 중요한 ether

1) Diethyl ether[ethoxyethane, b.p. 34.6℃, 비중 0.736(0℃)]

인화성이며 휘발성인 무색의 액체로서 물에는 잘 녹지 않지만 지방을 잘 녹이는 성질이 있기 때문에 실험실에서 지방질을 선택적으로 추출 정량하는 목적으로 사용하며, 과거에는 의료분야에서 전신마취제로 이용하였다.

$$CH_3CH_2OH + HOSO_3H \xrightarrow{0℃} CH_3CH_2OSO_3H$$

$$CH_3CH_2OSO_3H + HOCH_2CH_3 \xrightarrow{140℃} CH_3CH_2-O-CH_2CH_3$$

(5-55)

2) 산화에틸렌(ethylene oxide, epoxy ethane, b.p. 10.8℃)

합성화학 분야에서 널리 사용하며, 니스와 락카의 용제로서 다량이 소비되고 있다.

제조방법은 다음과 같이 비교적 단순하다.

$$\begin{matrix} CH_2OH \\ | \\ CH_2Cl \end{matrix} \xrightarrow{KOH} \begin{matrix} CH_2 \\ | \\ CH_2 \end{matrix} \!\!>\! O + KCl + H_2O \qquad (5\text{-}56)$$

Ethylene chlorohydrin　　Ethylene oxide

3) 디메틸 에테르(dimethyl ether)

냉각제나 마취제로 사용이 되고 있으나 효과가 제한적이어서 사용량이 적다. 제조방법은 Williamson의 합성법에 따라 다음과 같이 진행된다.

$$CH_3ONa + CH_3Cl \longrightarrow CH_3OCH_3 + NaCl \qquad (5\text{-}57)$$

Sodium methanolate　　Dimethyl ether

4) 디페닐 에테르(diphenyl ether)

다우공법(Dow process)에 의해서 phenol을 공업적으로 제조할 때 대량이 부산물로서 얻어지는 물질이다. 높은 비등점(252℃)에 비하여 불활성 액체이기 때문에 열전달용 매체(열매체)로서 사용하고 있다.

$$2\, C_6H_5OH \xrightarrow{ZnCl_2,\ 350℃} C_6H_5-O-C_6H_5$$

$$2\, C_6H_5OH \xrightarrow{AlCl_3,\ 가열} C_6H_5-O-C_6H_5 \qquad (5\text{-}58)$$

천연 방향족 화합물의 일부, 즉 유게놀(eugenol, 클로버기름) 및 아네톨(anethole, 대회향기름)과 같은 물질들은 ether결합을 이루고 있다.

$$CH_2{=}CH{-}CH_2{-}C_6H_3(O{-}CH_3){-}OH \qquad CH_3{-}CH{=}CH{-}C_6H_4{-}O{-}CH_3 \qquad (5\text{-}59)$$

Eugenol　　Anethole

요점 정리

1. 알코올의 합성

(a) 알데히드를 환원시키면 1차 알코올이 생성된다.

$$\mathrm{R\overset{\overset{\displaystyle O}{\|}}{C}H} \xrightarrow{\mathrm{NaBH_4}} \mathrm{RCH_2OH}$$

(b) 케톤을 환원시키면 2차 알코올이 된다.

$$\mathrm{R\overset{\overset{\displaystyle O}{\|}}{C}R'} \xrightarrow{\mathrm{NaBH_4}} \mathrm{R\overset{\overset{\displaystyle OH}{|}}{C}HR'}$$

(c) 에스테르를 환원시키면 1차 알코올이 생성된다.

$$\mathrm{R\overset{\overset{\displaystyle O}{\|}}{C}OR'} \xrightarrow{\mathrm{LiAlH_4}} \mathrm{RCH_2OH}$$

(d) 카르복실산을 환원시키면 1차 알코올이 생성된다..

$$\mathrm{R\overset{\overset{\displaystyle O}{\|}}{C}OH} \xrightarrow{\mathrm{LiAlH_4}} \mathrm{RCH_2OH}$$

2. 에테르의 합성

$$\mathrm{RO^- \ Na^+ + R'Br} \xrightarrow[\text{반응}]{\mathrm{S_N2}} \mathrm{ROR'}$$

3. 페놀(phenol)의 합성

$$\mathrm{C_6H_5SO_3H} \xrightarrow{\mathrm{KOH}} \mathrm{C_6H_5OH}$$

4. 에폭시드(epoxide)의 합성

$$\mathrm{>C{=}C<} \xrightarrow{\mathrm{RCO_3H}} \mathrm{>C{-}C<}\ (\text{with bridging O})$$

5. 티올(thiol)의 합성

$$Na^{+}\ {}^{-}SH + RBr \xrightarrow[\text{반응}]{S_N2} RSH$$

6. 황화물(sulfide)의 합성

$$RS^{-}\ Na^{+} + R'Br \xrightarrow[\text{반응}]{S_N2} RSR'$$

7. 알코올의 반응

(a) 에테르로의 전환

$$2\,ROH + 2\,Na \longrightarrow 2\,RO^{-}\ Na^{+} + H_2$$

$$RO^{-}\ Na^{+} + R'Br \xrightarrow[\text{반응}]{S_N2} ROR'$$

(b) 탈수시키면 알켄이 생성된다.

$$-\overset{\overset{\Large H}{|}}{\underset{|}{C}}-\overset{\overset{\Large OH}{|}}{\underset{|}{C}}- \xrightarrow{H_2SO_4} \rangle C=C\langle + H_2O$$

(c) 산화시키면 카르보닐 화합물이 생성된다.

$$RCH_2OH \xrightarrow[\text{Chlorochromate}]{\text{Pyridinium}} R\overset{\overset{\Large O}{||}}{C}H \quad \text{알데히드}$$

$$RCH_2OH \xrightarrow[H_3O^{+}]{CrO_3} R\overset{\overset{\Large O}{||}}{C}OH \quad \text{카르복실산}$$

$$R\overset{\overset{\Large OH}{|}}{C}HR' \xrightarrow[\text{Chlorochromate}]{\text{Pyridinium}} R\overset{\overset{\Large O}{||}}{C}R' \quad \text{케톤}$$

8. 에테르의 반응 : 산 분해

$$ROR' + HI \longrightarrow ROH + R'I$$

연습문제

1. IUPAC 이름에 해당하는 구조식을 쓰시오.
   ① Ethyl isopropyl ether
   ② 3,4-Dimethoxybenzoic acid
   ③ 2-Methyl-2,5-heptanediol
   ④ *trans*-3-Ethylcyclohexanol
   ⑤ 4-Allyl-2-methoxyphenol(eugenol, 클로버유)

2. 다음의 화합물들을 IUPAC 규칙에 따라 명명하시오.

   ① $HOCH_2CH_2CH(CH_3)CH_2OH$

   ② $CH_3CH(OH)CH(CH_2CH_2CH_3)CH_2CH_3$

   ③ Ph, H / OH, H (cyclopentane)

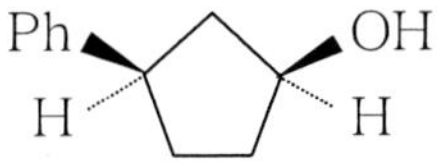

   ④ $(CH_3)_2CHC(SH)(CH_3)CH_2CH_2CH_3$

3. 다음 분해반응에서 생길 수 있는 생성물은 무엇인가?

   ① $CH_3CH_2OCH(CH_3)CH_3 \xrightarrow{HI,\ H_2O}$

   ② $(CH_3)_3CCH_2OCH_3 \xrightarrow{HI,\ H_2O}$

4. 다음의 화학변화를 하기 위해서는 어떤 시약을 사용해야 하는가?

   ① cyclohexyl–OH $\xrightarrow{?}$ cyclohexanone (=O)

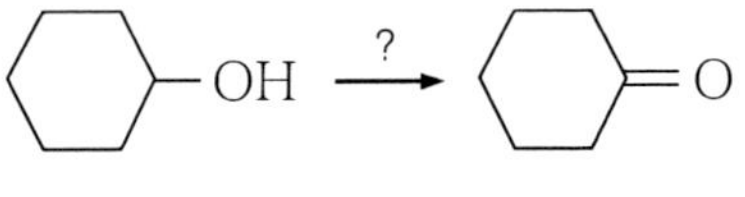

   ② cyclohexyl–OH $\xrightarrow{?}$ cyclohexyl–Br

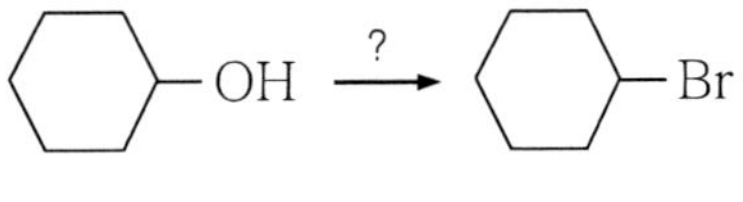

   ③ $CH_3CH_2CH_2OH \xrightarrow{?} CH_3CH_2CHO$

   ④ $CH_3CH_2CH_2OH \xrightarrow{?} CH_3CH_2COOH$

   ⑤ $CH_3CH_2CH_2OH \xrightarrow{?} CH_3CH_2CH_2O^-Na^+$

   ⑥ $CH_3CH_2CH_2OH \xrightarrow{?} CH_3CH_2CH_2Cl$

5. 2-Phenylethanol로부터 다음 화합물을 어떻게 합성하겠는가?

   ① Benzoic acid
   ② Ethylbenzene
   ③ 2-Bromo-1-phenylethane
   ④ Phenylacetic acid($C_6H_5CH_2COOH$)

6. Phenol을 다음의 시약들과 반응시켜서 얻어지는 주 생성물의 구조식을 쓰시오.

   ① Br_2(1몰)　② Br_2(3몰)
   ③ NaOH, 그리고 CH_3I　④ $Na_2Cr_2O_7$, H_3O^+

7. 1-Butanol이 다음 시약과 반응하여 얻어지는 생성물은 무엇인가?

   ① PBr_3　② CrO_3, H_2O, H_2SO_4
   ③ Na　④ Pyridinium chlorochromate

8. 다음 화합물들을 얻기 위해서는 어떤 알코올을 산화시켜야 하는가?

   ① (cyclopentanone, ring=O)　② (benzene ring)–CHO　③ $CH_3CH(CH_3)COOH$

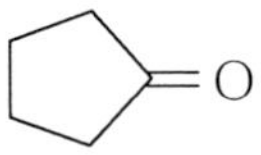

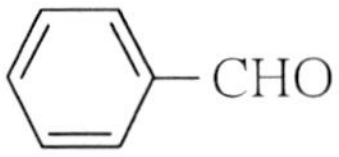

9. 다음 카르보닐 화합물을 환원시켜 얻게 되는 알코올을 나타내시오.

   ① $CH_3CH(CH_3)CH_2CHO$　② (benzene ring with two COOH)　③ $CH_3CH_2C(=O)CH_2CH(CH_3)CH_3$

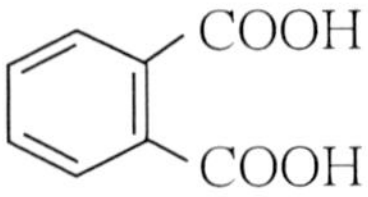

10. 2-Butanone을 $NaBH_4$로 환원시키면 2-butanol이 생긴다. 이 생성물은 키랄성인지, 또 광학활성인지를 설명하시오.

$$CH_3C(=O)CH_2CH_3$$

2-Butanone

11. 다음 화합물들을 산도가 커지는 순서로 나열하시오.

$CH_3C(=O)CH_3$	$CH_3C(=O)CH_2C(=O)CH_3$	(benzene ring)–OH	$CH_3C(=O)OH$
Acetone	2,4-Pentanedione	Phenol	Acetic acid
$pK_a = 19$	$pK_a = 9$	$pK_a = 10$	$pK_a = 4.7$

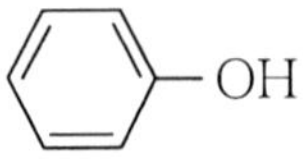

12. 다음 에테르들은 어떻게 합성하겠는가?

① (benzene ring)–OCH_2CH_3

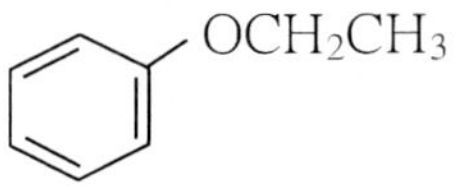

② (epoxide: O bridging C–C; H_3O and H on the left carbon, H and CH_3 on the right carbon)

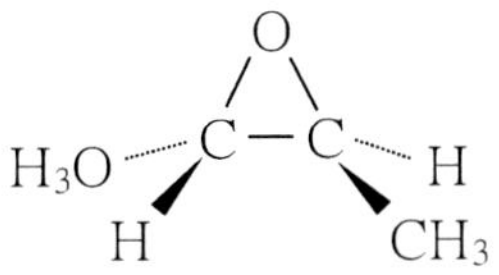

13. Tetrahydrofuran을 HI와 반응시키면 어떤 생성물이 얻어지는가?

Tetrahydrofuran

6

할로겐 화합물

6.1 할로알칸(haloalkane)

할로겐(halogen) 원자가 지방족 화합물에 부착된 할로겐화 알킬(alkyl halide)은 할로겐이 직접 방향족 고리에 결합된 할로겐화 아릴(aryl halide)보다 쉽게 치환반응을 일으킨다. 할로겐화 알킬의 반응성은 또한 알킬기의 성질에 따라서도 관계가 있어 제 1, 2 또는 제 3 할로겐화물(halide)에 따라서 그 생성반응에 차이가 있다.

할로겐의 종류에 따라서 생성물질의 안정성에도 차이가 나타나며, 탄소와 불소의 결합은 가장 안정한 공유결합이고, 탄소와 요오드의 결합은 쉽게 끊어진다. 염소화합물과 브롬화합물은 중간 정도에 해당된다.

일반적으로 유기합성에 가장 일반적으로 사용되는 할로겐화 알킬은 염화물과 브롬화물인데, 이러한 할로겐화물은 가격이 싸고, 반응성이 적당하여 많이 사용되고 있다.

1. 할로알칸의 종류와 반응성

할로알칸(haloalkane)은 RF · RCl · RBr · RI의 네 가지가 있으며, 이들의 반응성은 RI > RBr > RCl > RF의 순서로 할로겐원소의 크기가 클수록 반응성이 큰 것을 알 수 있다. 또한 alkyl기의 크기에 따라서도 할로알칸의 반응성이 다르며, 할로겐화 메틸(methyl halide)은 할로겐화 에틸(ethyl halide) 또는 이보다 큰 할로겐화 알킬보다 반응성이 강하다.

$$CH_3X \quad > \quad C_2H_5X \ \ n\text{-}C_3H_7X \quad > \quad n\text{-}C_4H_9X \qquad (6\text{-}1)$$

할로알칸은 할로겐이 붙은 탄소의 종류에 따라서 1급, 2급 및 3급 할로알칸으로 구분된다.

$$\underset{\substack{\text{1급 할로알칸} \\ (\textit{pri}\text{-haloalkane})}}{\begin{array}{c} H \\ | \\ R-C-X \\ | \\ H \end{array}} \qquad \underset{\substack{\text{2급 할로알칸} \\ (\textit{sec}\text{-haloalkane})}}{\begin{array}{c} R \\ | \\ R-C-X \\ | \\ H \end{array}} \qquad \underset{\substack{\text{3급 할로알칸} \\ (\textit{tert}\text{-haloalkane})}}{\begin{array}{c} R \\ | \\ R-C-X \\ | \\ R \end{array}} \tag{6-2}$$

2. 물리적 성질과 명명법

할로알칸은 대체적으로 무색이며, 물에는 용해되지 않지만 벤젠, 에테르, 알코올에는 잘 녹는다. 액체인 것은 비중이 물보다 크고, $Cl < Br < I$의 순서로 비중이 증가한다.

할로알칸의 할로겐원자는 수용액 중에서 질산은($AgNO_3$)과 작용하지 않지만 질산은의 알코올용액과는 반응하여 할로겐화은(AgX)을 형성한다.

$$RX + AgNO_3 \xrightarrow{\text{Alcohol}} RNO_3 + AgX \tag{6-3}$$

할로알칸의 IUPAC 명명법은 fluoro-, chloro-, bromo-, iodo- 등과 같이 할로겐원자명을 탄화수소 앞에 붙인다. 할로알칸의 물리적 성질과 명명법의 몇 가지 예를 표 6-1에 정리하였다.

표 6-1. 할로알칸의 물리적 성질과 명명

관용명	IUPAC명	분자식	m.p.(℃)	b.p.(℃)
Methyl chloride	Chloromethane	CH_3Cl	-97	-24
Methylene chloride	Dichloromethane	CH_2Cl_2	-96.7	40～41
Chloroform	Trichloromethane	$CHCl_3$	-63.5	61.2
Carbon tetrachloride	Tetrachloromethane	CCl_4	-22.6	76.8
Methyl bromide	Bromomethane	CH_3Br	-93	4.6
Methylene bromide	Dibromomethane	CH_2Br_2	-52.8	99
Bromoform	Tribromomethane	$CHBr_3$	8～9	150.5
Carbon tetrabromide	Tetrabromomethane	CBr_4	90.1	189.5
Methyl iodide	Iodomethane	CH_3I	-64.4	42.5
Methylene iodide	Diiodomethane	CH_2I_2	5.7	180(분해)
Iodoform	Triiodomethane	CHI_3	119	승화
Carbon tetraiodide	Tetraiodomethane	CI_4	분해	

3. 제조방법

1) 치환반응

다음 반응에서 혼합물로 생성되는 할로알칸을 분별 증류시켜 분리한다.

$$CH_3CH_2CH_2CH_3 + Cl_2 \longrightarrow CH_3CH_2CH_2CH_2Cl + HCl \quad \text{또는 } CH_3CHClCH_2CH_3 \tag{6-4}$$

2) 부가반응

마르코프니코프(Markownikoff)의 법칙에 따라 다음의 과정을 거쳐 생성된다.

$$RCH{=}CH_2 + HX \longrightarrow R-\underset{\displaystyle X}{\underset{|}{C}H}-CH_3$$

$$\underset{\text{Propene}}{CH_3CH{=}CH_2} + HCl \longrightarrow \underset{\text{2-Chloropropane}}{CH_3-\underset{\displaystyle Cl}{\underset{|}{C}H}-CH_3} \tag{6-5}$$

3) 알코올과 산에서 탈수

$$RCH + HX \xrightarrow{\text{탈수제}} RX + H_2O$$

$$CH_3CH_2CH_2CH_2OH + HBr \xrightarrow{H_2SO_4} CH_3CH_2CH_2CH_2Br + H_2O \tag{6-6}$$

$$CH_3CH_2CH_2CH_2OH + HCl \xrightarrow{ZnCl_2} CH_3CH_2CH_2CH_2Cl + H_2O$$

그러나 3급 알코올에서는 탈수제가 없어도 쉽게 비교적 우수한 효율로 3급 할로알칸을 생성할 수 있다.

$$CH_3-\overset{\displaystyle CH_3}{\underset{\displaystyle CH_3}{C}}-OH + HCl \longrightarrow \underset{(85\%)}{CH_3-\overset{\displaystyle CH_3}{\underset{\displaystyle CH_3}{C}}-Cl} + H_2O \tag{6-7}$$

4) 알코올과 할로겐화인의 반응

$$3\,ROH + PCl_3 \longrightarrow 3\,RCl + H_3PO_3$$

$$ROH + PCl_5 \longrightarrow RCl + HCl + POCl_3 \tag{6-8}$$

$$3\,P + 3I_2 \longrightarrow 3PI_2$$

$$3\,CH_3OH + PI_3 \longrightarrow 3\,CH_3I + H_3PO_3 \quad (94\%)$$

할로알칸은 알코올에 염화티오닐(thionyl chloride, $SOCl_2$)을 작용시켜서도 만드는데, 이 반응에서는 부산물인 HCl, SO_2가 기체이기 때문에 반응생성 물질의 분리가 쉽다.

$$ROH + SOCl_2 \longrightarrow RCl + HCl\uparrow + SO_2\uparrow \qquad (6\text{-}9)$$

4. 반 응

할로알칸은 반응성이 강하여 유기합성 화학분야에서 널리 사용하고 있고, 특히 알킬화제(alkylating agent)로서 잘 알려져 있다.

1) Grignard reaction

$$R\text{-}Mg^{+}X + H^{+}\text{-}OH^{-} \longrightarrow RH + Mg^{2+}\begin{smallmatrix}X^{-}\\ OH^{-}\end{smallmatrix}$$

$$CH_3CH_2CH_2MgCl + HOH \longrightarrow CH_3CH_2CH_3 + Mg^{2+}OH^{-}Cl^{-} \qquad (6\text{-}10)$$

n–Propylmagnesium chloride　　Propane　　Basic magnesium chloride

2) 축합반응(condensation)

1차적으로 Wurtz반응을 거쳐 알칸을 생성한 다음

$$2RX + 2Na \longrightarrow R\text{-}R + 2NaX \qquad (6\text{-}11)$$

Haloalkane　　Alkane

Grignard시약과 반응시켜 생성된다.

$$RX + R'MgX \longrightarrow R\text{-}R' + MgX_2 \qquad (6\text{-}12)$$

Alkane

3) 할로겐을 다른 작용기로 치환

$$C_2H_5I + KCN \longrightarrow C_2H_5CN + KI$$

Ethyl cyanide

$$C_2H_5I + KOH \longrightarrow C_2H_5OH + KI$$

Ethanol

$$C_2H_5I + NaOC_2H_5 \longrightarrow C_2H_5OC_2H_5 + NaI \qquad (6\text{-}13)$$

Diethyl ether

$$C_2H_5I + KSH \longrightarrow C_2H_5SH + KI$$

Ethyl hydrosulfide

$$C_2H_5I + NaNH_2 \longrightarrow C_2H_5NH_2 + NaI$$

Ethylamine

$$C_2H_5I + NaC \equiv C-R \longrightarrow C_2H_5C \equiv C-R + NaI$$

Alkyne

4) 치환반응의 과정

할로알칸의 가수분해에 의한 치환반응은 C-X결합의 음이온이 공격해 오는 반응, 즉 양으로 하전된 탄소에 친핵적(nucleophilic)인 시약이 공격해 오는 반응이다. 이러한 반응을 **S_N반응**(nucleophilic substitution)이라 하며, 이러한 S_N반응은 반응속도론적(kinetically)으로 S_N-1과 S_N-2의 두 가지로 구별하고 있다.

5) S_N-1반응(1분자 친핵적 치환반응)

예를 들어 2-bromooctane과 수산기 이온(OH^-)이 반응하여 2-octanol을 생성하는 경우로서 반응속도는 2-bromooctane의 농도에 의해서만 결정된다.

$$\text{rate} = k[RBr] \qquad (6\text{-}14)$$

다음 식과 같이 2-bromooctane은 유도효과(inductive effect)에 의해서 해리되고

$$CH_3-(CH_2)_5-\underset{\displaystyle Br}{\underset{|}{C}}H-CH_3 \longrightarrow [CH_3-(CH_2)_5-CH-CH_3]^+ + Br^- \qquad (6\text{-}15)$$

2-Bromooctane　　　Octyl 양이온　　　브롬음이온

이 때 생성되는 옥틸 양이온과 시약인 OH^-와의 반응은 이온 사이의 반응이기 때문에 순간적으로 이루어진다.

즉, 그림 6-1에서 (a)반응이 발생하면 (b)반응은 자동적으로 이루어지므로 전체 치환반응은 (a)에서 이온화과정이 반응속도를 결정하는 율속단계(rate controlling step)가 되므로 이 반응은 OH의 농도와 무관한 1분자 반응으로 볼 수 있다. 또한 octyl 양이온과 Br^-로 해리된 그림 6-1과 같이 OH^-이온은 양쪽에서 들어갈 가능성이 있으므로 동위치환기(retention)와 전화치환(inversion)의 두 가지 입체이성체를 형성한다.

그러나 OH^-이온은 Br^-이온이 있는 부분보다는 반대쪽으로 도입되는 것이 이온 사

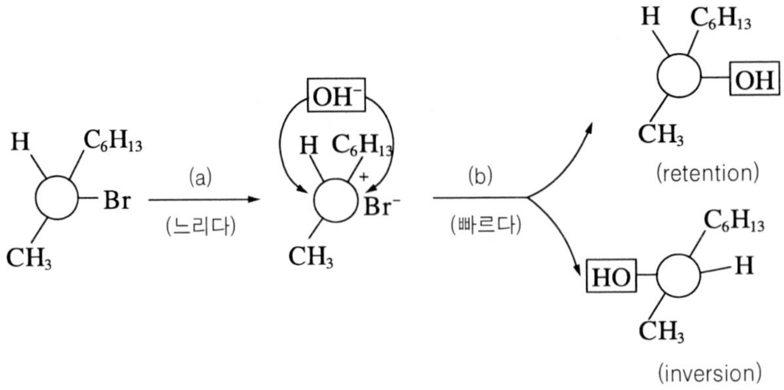

그림 6-1. 치환반응의 해석

이의 반발을 피할 수 있으므로 역시 전화치환에 의한 입체이성체가 더 많이 생성된다.

6) S_N-2반응(2분자 친핵적 치환반응)

다음 식과 같이

$$R - Cl + OH \longrightarrow ROH + Cl \qquad (6\text{-}16)$$

RCl과 OH의 두 가지가 동시에 반응에 관여하게 되므로 속도론적 해석에 의하면 2분자 반응(bimolecular reaction)으로 진행된다.

$$rate = k[RCl][OH^-] \qquad (6\text{-}17)$$

즉, RCl은 유도효과에 의해 분자구조 안에서 $R^{\delta+}Cl^{\delta-}$로 되므로 시약인 OH^-이온은 $Cl^{\delta-}$의 반대방향에서 $R^{\delta+}$에 접근함으로써 같은 극성끼리의 반발을 회피한다. 따라서 이 경우에는 전화치환(inversion)에 의한 생성물질을 얻게 된다(그림 참조).

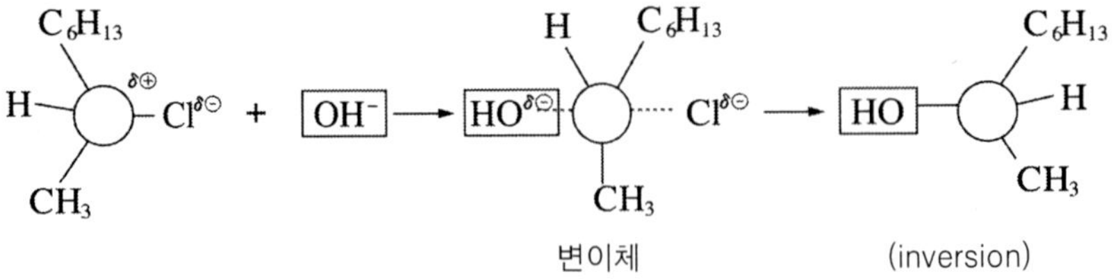

(6-18)

변이체 (inversion)

다음 순간 일종의 변이상태(transition state)를 거쳐 Cl^-이온을 밀어내게 된다. 결국 이상의 치환반응 전체 과정은 RCl과 OH^-이온들의 농도에 의해서 반응속도가 결정되

표 6-2. S_N-2반응과 S_N-1반응의 비교

구 분	S_N-2반응	S_N-1반응
차이점	• 반응속도는 기질과 친핵체 농도에 영향받음(2차) • 하나의 전이상태(Walden inversion) • 율속단계 없음 • 알킬기에 따른 반응성 메틸 > 1차 > 2차 > 3차	• 반응속도는 기질의 농도에만 영향받음(1차) • 2개의 전이상태(카르보양이온) • 율속단계 존재 • 알킬기에 따른 반응성 3차 > 2차 > 1차 > 메틸
공통점	• 할로겐의 치환(이탈기) • 친핵체가 기질의 머리탄소를 공격 • 시약의 친핵성 정도가 클수록(활성화에너지가 작을수록) 반응속도가 빠르다	

는 2분자 친핵적 치환반응이다.

일반적으로 S_N-2반응은 CH_3X 등을 비롯한 1급 haloalkane에서 잘 발생하고, S_N-1 반응은 $(CH_3)_2CHX$나 $(CH_3)_3CX$와 같은 2급과 3급의 haloalkane에서 더 쉽게 발생한다.

6.2 Polyhaloalkane

알칸(alkane)에서 두 개 이상의 수소를 할로겐 원자로 치환한 것을 polyhaloalkane이라 하고, dihaloalkane에서 동일한 탄소에 할로겐 원자가 붙어 있는 경우를 *gem*-dihaloalkane, 인접한 두 탄소에 붙어 있는 경우를 *vic*-dihaloalkane 등으로 구별한다.

$$\begin{array}{c} | \;\; | \\ -C-C- \\ | \;\; | \\ X \;\; X \end{array} \qquad \begin{array}{c} X \\ | \\ -C-C- \\ | \\ X \end{array} \tag{6-19}$$

vic-Dihaloalkane *gem*-Dihaloalkane

6.3 주요한 haloalkane

1. 염화메틸(methyl chloride, chloromethane)

$$CH_3OH + HCl \xrightarrow{ZnCl_2} CH_3Cl + H_2O \tag{6-20}$$

Methanol Chloromethane

이 물질은 비등점 -24℃로서 공업적 메틸화시약으로 사용되며, 국부마취제로 사용하고 있다.

2. 브롬화메틸(methyl bromide, bromomethane)

$$2CH_3OH + 2NaBr + H_2SO_4 \longrightarrow 2CH_3Br + Na_2SO_4 + 2H_2O \quad (6\text{-}21)$$

Methanol　　　　Bromomethane

이 물질은 훈연제로 많이 사용되며, 비등점 4~4.5℃, 밀도 1.73이다.

3. 요오드화메틸(methyl iodide, iodomethane)

분자식은 CH_3I이고, 비등점은 43℃이다.

4. 클로로포름(chloroform, trichloromethane)

분자식은 $CHCl_3$이고, 비등점은 61℃이다. 무색의 액체이고, 주정이나 acetone을 표백분과 함께 증류시켜서 제조하거나, 또는 CCl_4를 부분적으로 환원시켜 공업적으로 제조한다.

$$2CH_3CH_2OH + 2CaOCl_2 \longrightarrow 2CH_3CHO + 2CaCl_2 + H_2O$$

Ethanol　　　　Acetaldehyde

$$2CH_3CHO + 6CaOCl_2 \longrightarrow 2CCl_3CHO + 3Ca(OH)_2 + 3CaCl_2 \quad (6\text{-}22)$$

Chloral

$$2CCl_3CHO + Ca(OH)_2\ (NaOH) \longrightarrow 2CHCl_3 + (HCOO)_2Ca$$

Chloroform

이 물질을 햇빛에 쪼이면 포스겐(phosgen)이 생성되는데, phosgen은 1차 세계대전까지 독가스로 이용되었다.

$$2CHCl_3 + 3O \longrightarrow 2COCl_2 + Cl_2 + H_2O$$

Chloroform　　　　Phosgen　　　　(6-23)

$$COCl_2 + H_2O \longrightarrow 2HCl + CO_2$$

클로로포름은 전신마취제로 사용되기도 하며, 지방·수지·고무류의 용제로서 용도가 대단히 넓다.

5. 요오드포름(iodoform)

황색결정으로 m.p.는 119℃이고, 분자식은 CHI_3이다.

$$CH_3CH_2OH + 10I + H_2O \longrightarrow CHI_3 + CO_2 + 7HI \qquad (6\text{-}24)$$

방부제나 소독제로 이용되며, ethanol이나 acetone과 같이 CH_3CO-나 $CH_3CH(OH)$-를 갖은 화합물질을 검출하는 목적으로 사용한다.

6. 사염화탄소(carbon tetrachloride, tetrachloromethane)

분자식은 CCl_4이고 비등점은 76.8℃이며, 비중 1.575인 무거운 액체이다.

$$CS_2 + 3Cl_2 \longrightarrow CCl_4 + S_2Cl_2 \qquad (6\text{-}25)$$

화재진압용 소화제로서 이용되며, 우수한 용제 및 훈연제로 이용한다. C_2H_5Cl은 국부마취제로서, C_2H_5Br은 전신마취제로서 사용된다.

7. Dichlorofluoromethane

분자식은 CCl_2F_2이고, freon-12라는 상품명으로서 냉매로 이용한다.

$$\begin{aligned} 3CCl_4 + 2SbF_3 &\xrightarrow{SbF_5} 3CCl_2F_2 + 2SbCl_3 \\ CCl_4 + 2HF &\xrightarrow{SbF_3} CCl_2F_2 + 2HCl \end{aligned} \qquad (6\text{-}26)$$

비등점은 -30℃이며, 무독·무미·비인화성이고, 금속에 대해서도 부식성이 없으므로 연무질(aerosol) 제조용 용제로 사용되기도 하나, 지구오존층 파괴와 관련이 있어 사용에 규제를 하고 있다.

8. Chloropicrin

Chloral 또는 trichloromethane을 HNO_3로 처리하여 제조하거나, picric acid에 표백분을 작용시켜 만들며, 최루성 가스와 훈연제로 사용한다. 비등점은 112℃, 분자식은 CCl_3NO_2이다.

$$\underset{\text{Chloral}}{CCl_3CHO} + HNO_3 \longrightarrow \underset{\text{Chloropicrin}}{CCl_3NO_2} + HCOOH \qquad (6\text{-}27)$$

6.4 할로겐의 방향족 화합물

일반적으로 Cl_2나 Br_2는 다른 원소나 화합물과 쉽게 반응하여 이들의 화합물을 형성하지만, F_2나 I_2는 직접 이들과 화합물질을 형성하기가 어렵기 때문에 간접적인 반응을 거쳐 합성한다.

1. 측쇄에서 할로겐으로 치환된 화합물

1) 제조방법

측쇄를 갖고 있는 방향족 화합물에 촉매 없이 Cl_2나 Br_2를 작용시키면 측쇄의 α 위치에서 치환반응이 발생한다. 이 과정에 햇빛을 쪼이면 반응이 촉진된다.

$$C_6H_5-CH_2CH_3 \longrightarrow C_6H_5-\overset{\alpha}{C}H(Cl)\overset{\beta}{C}H_3 \qquad (6\text{-}28)$$

Ethylbenzene → α-Chloroethylbenzene

2) 반응

측쇄에서 할로겐이 치환된 것은 지방족 탄화수소의 할로겐 치환체와 비슷한 성질과 반응을 나타내며, 특히 α 위치에 할로겐이 있는 것은 할로알칸보다 반응성이 강하다.

$$C_6H_5-CH_2Cl + H_2O \longrightarrow C_6H_5-CH_2OH + HCl$$

Benzyl chloride → Benzyl alcohol

$$C_6H_5-CHCl_2 + H_2O \longrightarrow C_6H_5-CHO + 2HCl \qquad (6\text{-}29)$$

Benzal chloride → Benzaldehyde

$$C_6H_5-CCl_3 + 2H_2O \longrightarrow C_6H_5-COOH + 3HCl$$

Abenzotrichloride → Benzoic acid

Toluene의 메틸기에 Cl이 치환된 것은 지방족 탄화수소의 염소 치환체보다 더 쉽게 가수분해가 이루어진다.

2. 방향족 고리에서 할로겐이 치환된 화합물

1) 제조방법

철분이나 I_2 등의 촉매를 가하여 할로겐화시키면 핵치환이 발생한다.

$$C_6H_5Cl + Cl_2 \longrightarrow o\text{-}C_6H_4Cl_2 + p\text{-}C_6H_4Cl_2 \qquad (6\text{-}30)$$

Chlorobenzene o–Dichlorobenzene p–Dichlorobenzene

2) 반응

방향족 고리에 할로겐이 결합된 것은 일반적으로 안정하여 반응성이 낮아 지방족 할로겐 화합물에 비하여 반응이 어렵다. 그러나 특수한 조건 아래에서는 가수분해나 암모니아 분해(ammonolysis)가 이루어진다.

$$C_6H_5Cl \xrightarrow[\text{Cu, 가압}]{NaOH} C_6H_5OH + NaCl$$

$$C_6H_5Cl \xrightarrow[\text{Cu, 가압}]{2NH_3} C_6H_5NH_2 + NH_4Cl \qquad (6\text{-}31)$$

또한 iodobenzene이나 bromobenzene에 금속 마그네슘을 작용시켜 Grignard시약을 생성하며, Wurtz–Fittig반응을 거쳐 염료의 중간체로 이용하는 triphenylmethane을 제조한다.

$$C_6H_5Br + Mg \xrightarrow{\text{무수 ether}} C_6H_5MgBr$$

Phenylmagnesium bromide

$$C_6H_5CHCl_2 + 2\,C_6H_5Cl \xrightarrow[\text{Wurtz–Fittig 반응}]{4Na} (C_6H_5)_3CH \qquad (6\text{-}32)$$

Benzal chloride Chlorobenzene Triphenylmethane

3. 중요한 방향족 할로겐 화합물

o-Dichlorobenzene은 용매로서 p-dichlorobenzene은 나프탈렌과 비슷한 냄새를 발생하여 방충제로 이용하고 있다.

BHC(benzenehexachloride, hexachlorocyclohexane)는 1942년에 발견한 살충제로서 벤젠을 자외선이나 햇빛에 쪼여 염소화시켜 제조하며, 여러 가지 입체 이성체 중에서 γ-BHC가 가장 살충력이 강하다.

$$C_6H_6 + 3Cl_2 \xrightarrow{\text{일광}} (CHCl)_6 \text{ (BHC)} \quad (6\text{-}33)$$

BHC

BHC의 의자형 구조

또한 살충제로 이용하는 aldrin이나 dieldrin은 다음과 같이 제조한다.

Cyclopentadiene + CH≡CH —(Diels-Alder 반응)→ Bicyclo(2,2,1)heptadiene (6-34)

Aldrin

Dieldrin

표 6-3. 주요 할로겐화 벤젠의 물리적 성질

명 칭	화학식	비등점(℃)	녹는점(℃)
Chlorobenzene	C_6H_5Cl	132	-45.2
Bromobenzene	C_6H_5Br	155~156	-31
Iodobenzene	C_6H_5I	188.5	-29
o-Dichlorobenzene	$C_6H_4Cl_2$(1,2)	180~183	-17.5
p-Dichlorobenzene	$C_6H_4Cl_2$(1,4)	174	53

2,4-D(2,4-dichlorophenoxyacetic acid)는 미량을 사용할 때 관엽식물의 성장촉진 호르몬으로 작용하지만, 과량인 경우는 식물을 자극하여 죽게 한다. 따라서 밀이나 벼농사 분야에서 잡초제거용 제초제로 이용하고 있다.

$$\text{2,4-Dichlorosodium phenolate } (C_6H_3Cl_2ONa) + ClCH_2COOH \longrightarrow \text{2,4-D } (C_6H_3Cl_2OCH_2COOH) \qquad (6\text{-}35)$$

2,4-Dichlorosodium phenolate　　2,4-D

요점 정리

1. 할로겐화 알킬의 제법

(a) 알칸의 라디칼 염소화

$$-\overset{|}{\underset{|}{C}}-H + Cl_2 \xrightarrow{h\nu} -\overset{|}{\underset{|}{C}}-Cl + HCl$$ 비선택적 반응

(b) 알코올로부터 할로겐화 알킬 합성

(1) 3차 알코올의 HX와 반응, X=Cl, Br

$$R_3C-OH \xrightarrow[\text{Ether}]{HX} R_3C-X + H_2O$$

(2) 1차 및 2차 알코올의 PBr_3 또는 $SOCl_2$와의 반응

$$ROH + PBr_3 \longrightarrow RBr$$

$$ROH + SOCl_2 \longrightarrow RCl$$

2. 할로겐화 알킬의 반응

(a) Grignard 시약의 형성과 양성자 첨가

$$RX + Mg \longrightarrow RMgX$$

$$RMgX \xrightarrow{H^+} RH$$

(b) S_N-2 반응: 친핵체의 할로겐화 알킬에 대한 후면 공격

$$Nu:^- + C-X \longrightarrow Nu-C + X:^-$$ 1차 또는 2차 기질이어야 함

(c) S_N-1 반응: 카르보양이온 중간체가 생김

$$R_3C-X \longrightarrow [R_3C^+] \xrightarrow{:Nu^-} R_3C-Nu + :X^-$$ 3차 기질이어야 함. 때로는 2차 기질도 가능

(d) E2 반응

염기 :

$$\text{H–C–C–Br} \xrightarrow[\text{Ethanol}]{\text{KOH}} \text{C=C}$$

안티 근사평면이어야 함

(e) E1 반응

$$-\underset{|}{\overset{\text{H}}{\overset{|}{C}}}-\underset{\underset{\text{R}}{|}}{\overset{\text{X}}{\overset{|}{C}}}-\text{R} \longrightarrow \left[-\underset{|}{\overset{\text{H}}{\overset{|}{C}}}-\underset{\underset{\text{R}}{|}}{\overset{+}{C}}-\text{R}\right] \longrightarrow \text{C=C(R)(R)} + \text{HX}$$

중성 및 산성 용매에서 기질이 3차
일 경우가 가장 잘 반응한다.
카르보양이온 중간체가 관여됨

연습문제

1. IUPAC 규칙에 따라 다음 할로겐화 알킬들을 명명하시오.

   ① $(CH_3)_2CHCHBrCHBrCH_2CH(CH_3)_2$　　② $CH_3CH{=}CHCH_2CHICH_3$

   ③
$$\begin{array}{c} \quad Br \qquad\qquad Cl\ \ CH_3 \\ CH_3\overset{|}{\underset{|}{C}}CH_2CH_2\overset{|}{C}H\overset{|}{C}HCH_3 \\ CH_3 \end{array}$$

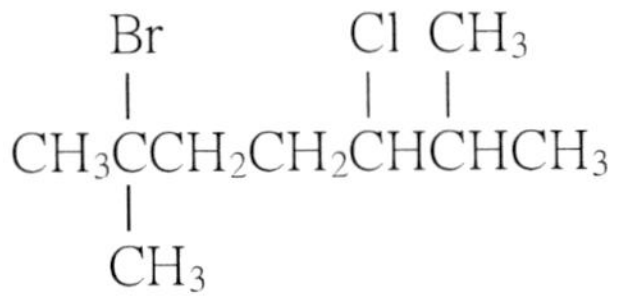

   ④
$$\begin{array}{c} CH_2Br \\ | \\ CH_3CH_2CHCH_2CH_2CH_3 \end{array}$$

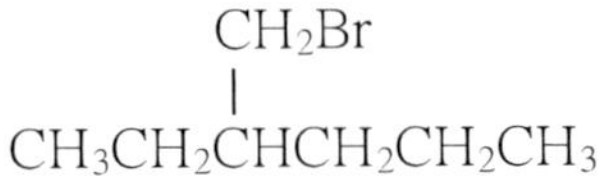

2. 다음 IUPAC 이름에 해당하는 구조식을 쓰시오.

   ① 2,3-Dichloro-4-methylhexane　　② 4-Bromo-4-ethyl-2-methylhexane
   ③ 3-Iodo-2,2,4,4-tetramethylpentane

3. 2-Methylpentane을 라디칼 염소화시켜 얻어지는 일염화 화합물을 쓰고 명명하시오. 어느 생성물이 키랄성인가? 광활성 생성물이 존재하는가?

4. 다음의 각 쌍 중 어느 것이 보다 좋은 이탈기인가?

   ① F^-와 Br^-　　② Cl^-와 NH_2^-　　③ OH^-와 I^-

5. 다음 반응의 생성물을 알아보시오.

   ① (1-methylcyclohexanol: H_3C, OH on the same ring carbon) $\xrightarrow[\text{에테르}]{HBr}$?

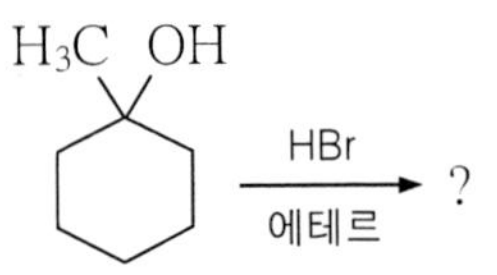

   ② $CH_3CH_2CH_2CH_2OH \xrightarrow{SOCl_2}$?

   ③ (cyclohexanol: ring–OH) $\xrightarrow[\text{에테르}]{PBr_3}$?

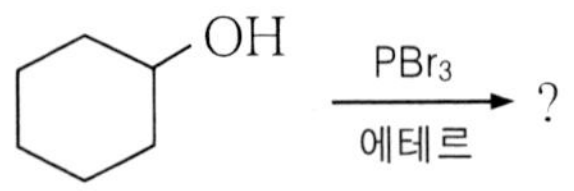

   ④ $CH_3CH_2CHBrCH_3 \xrightarrow[\text{에테르}]{Mg} A \xrightarrow{H_2O} B$

6. 1-Bromopropane과 다음 시약들이 반응하면 어떤 생성물이 생기는가?

   ① NaI　　② NaCN
   ③ NaOH　　④ Mg 그리고 H_2O
   ⑤ $NaOCH_3$

7. 다음 화합물들을 S_N-1 및 S_N-2의 반응성 크기에 따라 순서를 쓰시오.

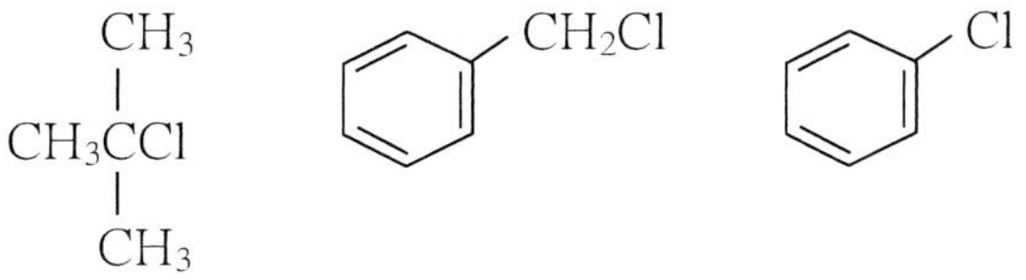

8. S_N-2 반응성의 크기에 따라 순서를 쓰시오.

① $(CH_3)_3CCl$, $CH_3CH_2CH_2CH_2Cl$, $CH_3CH_2CHClCH_3$

② $(CH_3)_2CHCHBrCH_3$, $(CH_3)_2CHCH_2Br$, CH_3Br

9. 다음 각 반응에서 틀린 것은 무엇인가?

①
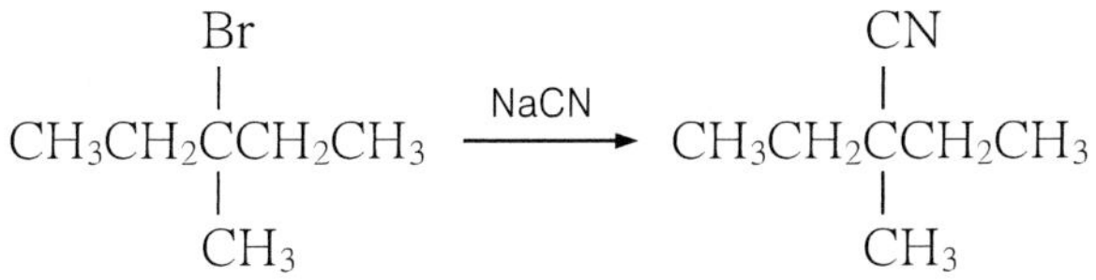

②
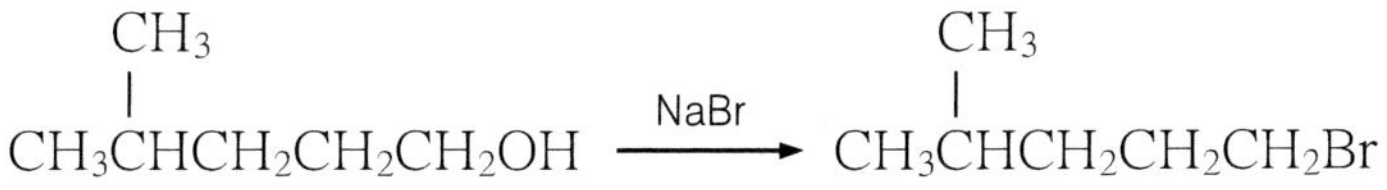

③
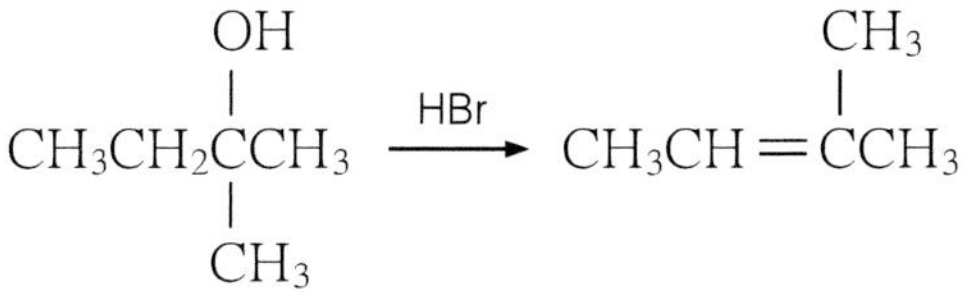

10. (*R*)-2-Bromooctane이 다음 친핵체들과 반응할 때 그 생성물은 무엇이며, 이들의 입체화학은 어떻게 되는가?

① CN^-　　② $CH_3CO_2^-$　　③ Br

알데히드와 케톤

7.1 구조와 명명법

알데히드는 $R-\overset{O}{\overset{\|}{C}}-H$의 일반식으로 표시하고, 케톤은 $R-\overset{O}{\overset{\|}{C}}-R$ 또는 $R-\overset{O}{\overset{\|}{C}}-H$가 일반식인 화합물질들을 말한다. 이들은 다 같이 C=O(carbonyl기)를 갖고 있으므로 카르보닐화합물이라고도 한다. 알데히드(aldehyde)와 케톤(ketone)의 특징적인 성질은 이들 카르보닐기에 의한 것으로 볼 수 있다. 일반식에서 R은 경우에 따라 방향족기(aromatic group)에 의해서 대치될 수도 있다.

$$\underset{\text{Formaldehyde}}{H-\overset{O}{\overset{\|}{C}}-H} \qquad \underset{\text{Aliphatic aldehyde}}{R-\overset{O}{\overset{\|}{C}}-H} \qquad \underset{\text{Aromatic aldehyde}}{Ar-\overset{O}{\overset{\|}{C}}-H}$$
$$\underset{\text{Aliphatic ketone}}{R-\overset{O}{\overset{\|}{C}}-R} \qquad \underset{\text{Mixed ketone}}{R-\overset{O}{\overset{\|}{C}}-Ar} \qquad \underset{\text{Aromatic ketone}}{Ar-\overset{O}{\overset{\|}{C}}-Ar} \qquad (7\text{-}1)$$

간단한 aldehyde는 산화되면서 생성되는 산의 이름과 밀접한 관계를 갖는 관용명으로도 불린다. 표 7-1은 몇 가지 aldehyde의 물리적인 성질을 정리한 것이다.

IUPAC 방법을 적용한 명명은 알코올에 대하여 -ol 대신에 -al(aldehyde의 경우), 또는 -one(ketone의 경우)을 붙여서 부른다.

간단한 ketone은 관용명으로 부르는 경우가 일반적이고, 이들은 카르보닐기와 결합한 탄화수소의 이름에서 유도된 경우가 많지만 일부는 특수한 명칭을 사용하고 있다.

Formaldehyde를 제외한 alkanal은 모두 무색의 액체 또는 고체상태이고, 특이적인

표 7-1. 몇 가지 aldehyde의 물리적인 성질

명 칭	화학식	비등점(℃)	녹는점(℃)	비 중
Formaldehyde	$H-\overset{O}{\overset{\Vert}{C}}-H$	-21	-92	0.815
Acetaldehyde	$CH_3-\overset{O}{\overset{\Vert}{C}}-H$	21	-121	0.801
Propionaldehyde	$CH_3CH_2\overset{O}{\overset{\Vert}{C}}-H$	48.8	-81	0.807
n-Butylaldehyde	$CH_3CH_2CH_2\overset{O}{\overset{\Vert}{C}}-H$	75.7	-99	0.817
Isobutylaldehyde	$CH_3\underset{CH_3}{\underset{\Vert}{C}}H\overset{O}{\overset{\Vert}{C}}-H$	61	-65.9	0.794
Benzaldehyde	$-\overset{O}{\overset{\Vert}{C}}-H$	179.5	-59	1.046

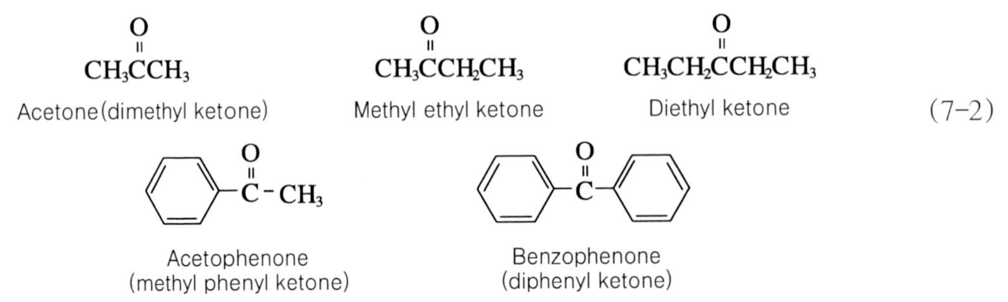

냄새를 갖고 있다. 대체로 분자량이 클수록 향기로운 냄새를 갖으며, 비등점도 상승한다.

7.2 제조방법

1. 알코올의 산화

1급 알코올을 산화시키면 알데히드(aldehyde)가 생성되고, 2급 알코올을 산화시키면 케톤(ketone)이 된다.

$$RCH_2OH \xrightarrow[K_2Cr_2O_7 \text{ 및 } KMnO_4]{[O]} RCHO + H_2O$$

1급 알코올 → Aldehyde

$$CH_3-\underset{\underset{CH_3}{|}}{CHOH} \xrightarrow[CrO_3 \text{ 및 } K_2Cr_2O_7]{[O]} CH_3-\underset{\underset{CH_3}{|}}{C}=O \quad (7\text{-}3)$$

2급 알코올 (2-propanol) → Acetone (ketone)

2. *gem*-Dihaloalkane의 가수분해

다음 반응식과 같이 알칼리에 의해 가수분해된다.

$$R-\overset{\overset{Cl}{|}}{\underset{\underset{Cl}{|}}{C}}-H + 2NaOH \xrightarrow{-H_2O} RCHO + 2NaCl$$

Aldehyde

$$R-\overset{\overset{Cl}{|}}{\underset{\underset{Cl}{|}}{C}}-R' + 2NaOH \xrightarrow{-H_2O} R-\overset{\overset{O}{\|}}{C}-R' + 2NaCl \quad (7\text{-}4)$$

Ketone

표 7-2. Aldehyde와 ketone의 명명방법

화학식	IUPAC 이름	관용명
CH_3CHO	Ethanal	Acetaldehyde
CH_3CHCHO (2번 탄소에 CH_3)	2-Methyl propanol	Isobutylaldehyde
$\overset{\gamma}{\underset{4}{C}}H_3\overset{\beta}{\underset{3}{C}}H\overset{\alpha}{\underset{2}{C}}H\underset{1}{C}HO$ (3, 2번 탄소에 Br, Br)	2,3-Dibromobutanal	α,β-Dibromobutyl aldehyde
$CH_3\overset{O}{\overset{\|}{C}}CH_2CH_2$	Butanone	Methyl ethyl ketone
$\underset{1}{C}H_3\underset{2}{\overset{O}{\overset{\|}{C}}}\underset{3}{C}H_2\underset{4}{C}H_2\underset{5}{C}H_3$	2-Pentanone	Methyl propyl ketone
$\underset{1}{C}H_3\underset{2}{\overset{O}{\overset{\|}{C}}}\underset{3}{C}H_2\underset{4}{C}H\underset{5}{C}H_3$ (4번 탄소에 CH_3)	4-Methyl-2-pentanone	Methyl isobutyl ketone

3. Grignard 시약을 이용하는 방법

Grignard 시약에 개미산 에스테르(ethylformate)를 반응시켜 aldehyde를 생성시킨다. 그러나 nitrile에 Grignard 시약을 작용시키면 ketone이 생성되지만, 이 경우는 Grignard시약이 과량 존재하면 이미 생성된 ketone과 작용하여 부반응이 진행되므로 주의가 필요하다.

$$\underset{\text{Ethylformate}}{HC(=O)OC_2H_5} + RMgX \longrightarrow H-\overset{OMgX}{\underset{OC_2H_5}{C}}-R$$

$$\xrightarrow{+H_2O} \underset{\text{Aldehyde}}{RCHO} + \underset{\text{Ethanol}}{C_2H_5OH} + Mg\begin{matrix}X\\OH\end{matrix} \qquad (7\text{-}5)$$

$$\underset{\text{Nitrile}}{RC\equiv N} + \underset{\text{Grignard 시약}}{R'MgX} \longrightarrow R-\underset{N-MgX}{C}-R'$$

$$\xrightarrow{2H_2O} \underset{\text{Ketone}}{R-\overset{O}{\overset{\|}{C}}-R'} + NH_3 + MgXOH$$

7.3 화학반응

1. 부가반응

알데히드나 케톤은 carbonyl의 영향에 따라 여러 가지 화학반응을 일으키는데, >C=O 2중 결합은 다른 불포화결합에서와 마찬가지로 부가반응이 진행된다. 이 때 카르보닐은 공명현상으로 인하여 다음 그림과 같은 평형상태가 형성된다.

$$>C::\ddot{O}: \longleftrightarrow >C^{\oplus}:\ddot{O}:^{\ominus} \qquad (7\text{-}6)$$

이와 같이 탄소는 δ^+로서 전자가 부족한 상태가 되므로 전자를 공급할 수 있는 시약, 즉 음하전시약(anionoid reagent, 친핵시약)이나 비공유 전자쌍을 갖고 있는 원자와 반응한다. 그러나 이러한 반응은 친전자시약에 전자를 공급하는 것처럼 작용하는 탄소와 탄소 간의 불포화결합의 경우와는 반대의 개념이다. 그림으로 설명하면 이러한 개념의 이해가 비교적 쉬울 것이다.

$$>C^{\oplus}-\ddot{O}:^{\ominus} + H_2(\ H^+,\ :H^-) \longrightarrow >CH-OH \qquad (7\text{-}7)$$

이상의 반응을 거쳐 aldehyde에서는 1급 알코올, ketone에서는 2급 알코올이 생성된다.

$$>C^{\oplus}-O^{\ominus} + H^{\oplus}CN^{\ominus} \longrightarrow >C<\begin{matrix}OH\\CN\end{matrix} \qquad (7\text{-}8)$$

시안화 수소(HCN)도 카르보닐과 반응해서 cyanohydrin을 생성한다.

$$2CH_3\overset{O}{\overset{\|}{C}}H \xrightarrow{OH} \overset{\gamma}{C}H_3\overset{\beta}{C}H\overset{\alpha}{C}H_2\overset{O}{\overset{\|}{C}}H \qquad (7\text{-}9)$$
$$\quad\quad\quad\quad\quad\quad\quad\quad | $$
$$\quad\quad\quad\quad\quad\quad\quad\quad CH-OH$$

Acetaldehyde → β−Hydroxybutanal

Cyanohydrin은 옥시산, 아미노산 및 당류를 합성하는 중간체(intermediate)로서 중요한 물질이다.

2. Aldol 축합반응

α 탄소에 수소원자를 갖은 알데히드와 몇 가지 케톤은 알칼리의 영향을 받아 자기부가(self-addition)반응이 이루어진다. 아세트알데히드는 다음과 같이 반응한다.

$$\begin{matrix}R\\H\end{matrix}>C<\begin{matrix}OH\\CN\end{matrix} \qquad \begin{matrix}R\\H\end{matrix}>C<\begin{matrix}OH\\CN\end{matrix} \qquad (7\text{-}10)$$

Aldehyde cyanohydrin　　Ketone cyanohydrin

반응과정을 보다 상세하게 단계별로 나누어 분석해 보면 다음과 같은 단계로 나누어 진행된다.

$$CH_3\overset{O}{\overset{\|}{C}}H + OH^- \rightleftharpoons CH_2-\overset{O}{\overset{\|}{C}}H + H_2O$$

$$CH_3\overset{O^-}{\overset{|}{C^+}}H + {}^-CH_2-\overset{O}{\overset{\|}{C}}H \longrightarrow CH_3\overset{O}{\overset{|}{C}}HCH_2\overset{O}{\overset{\|}{C}}H \qquad (7\text{-}11)$$

$$CH_3\overset{O^-}{\overset{|}{C}}HCH_2\overset{O}{\overset{\|}{C}}H + H-OH^- \longrightarrow CH_3\overset{OH}{\overset{|}{C}}HCH_2\overset{O}{\overset{\|}{C}}H + OH^-$$

Aldol은 알데히드와 알코올에 의해서 생성된다는 것을 알 수 있으며, 이러한 반응은 탄소사슬을 연결하는 데 매우 효과적인 반응으로서 n-butylalcohol, butadiene 및 여러 가지 화학물질을 합성하는 데 이용하고 있다.

3. 산화작용

Alkanal이나 alkanone은 $KMnO_4$나 $K_2Cr_2O_7$ 등의 산화제로서 산화시키면 카르복실산(carboxylic acid)이 된다.

$$RCHO \xrightarrow{[O]} RCOOH$$

$$\begin{matrix} RCH_2 \\ R'CH_2 \end{matrix} \!\!> C=O \xrightarrow{[O]} \begin{cases} RCH_2COOH + R'COOH \\ RCOOH + R'CH_2COOH \end{cases} \qquad (7\text{-}12)$$

이 밖의 산화제로는 Tollens 시약, Fehling 시약 등이 있고, 이들은 온화한 산화제이므로 환원성을 갖고 있는 알데히드는 산화시키지만 케톤은 산화시키지 못한다.

Tollens 시약은 질산은을 암모니아수에 용해시킨 것이고, 은암모니아 이온상태를 하고 있다. Fehling 시약은 황산구리 용액과 주석산 칼륨 소다용액을 혼합한 용액이다.

4. 치환반응

알데히드나 케톤의 α 탄소에 결합한 수소는 쉽게 할로겐 원소와 치환된다.

$$CH_3\overset{\overset{O}{\|}}{C}H \xrightarrow{Cl_2} ClCH_2\overset{\overset{O}{\|}}{C}H + HCl \qquad (7\text{-}13)$$

이 반응은 α 탄소의 수소 전체가 치환될 때까지 진행된다. 결국 이 반응이 진행되면 다음 식에서 알 수 있는 것처럼 α 탄소와 carbonyl 탄소 간의 결합이 약화되면서 분해되고, chloroform과 산을 생성한다. 이러한 반응을 **haloform반응**이라고 한다.

$$Cl^{\ominus} \leftarrow \overset{\overset{Cl^{\ominus}}{\uparrow}}{\underset{\underset{Cl^{\ominus}}{\downarrow}}{C^{\oplus}}} - {}^{\oplus}C \begin{matrix} \diagup O^{\ominus} \\ \diagdown H(R) \end{matrix}$$

$$CCl_3-\overset{\overset{O}{|}}{\underset{\underset{H}{|}}{C^+}} + OH \longrightarrow C^-Cl_3 + HO-\overset{\overset{O}{\parallel}}{C}-H \qquad (7\text{-}14)$$

Carban ion (탄소 음이온) Formic acid

$$HO-\overset{\overset{O}{\parallel}}{C}-H + C^-Cl_3 \longrightarrow O^--\overset{\overset{O}{\parallel}}{C}-H + HCCl_3$$

개미산이온 Chloroform

5. 중합반응

α 탄소에 수소원자를 갖고 있는 알데히드는 진한 알칼리 존재 하에서 중합되어 부정확한 구조의 큰 분자를 형성한다. 그러나 이 보다는 좀더 명확하고 간단한 구조의 많은 중합체가 알데히드에서 생성된다.

저급 알데히드는 알데히드의 성질을 나타내지 못하는 환상 삼중체(cyclic trimer)를 형성하지만, 열이나 산에 의해서 분해되어 해당하는 알데히드가 생성된다.

$$3HCHO \xrightarrow{\text{conc, } H_2SO_4} \text{Trioxane} \qquad (7\text{-}15)$$

Formaldehyde

Trioxane (formaldehyde trimer)

수산화칼슘이나 수산화바륨 존재하에서 formaldehyde는 쉽게 중합하여 당류(poly-hydroxy aldehyde)로 알려진 화합물질의 혼합물을 형성한다.

$$6\ H-\overset{\overset{O}{\parallel}}{C}-H \longrightarrow H-\underset{\underset{H}{|}}{\overset{\overset{OH}{|}}{C}}-\underset{\underset{H}{|}}{\overset{\overset{OH}{|}}{C}}-\underset{\underset{H}{|}}{\overset{\overset{OH}{|}}{C}}-\underset{\underset{H}{|}}{\overset{\overset{OH}{|}}{C}}-\underset{\underset{H}{|}}{\overset{\overset{OH}{|}}{C}}-\overset{\overset{O}{\parallel}}{C}-H \qquad (7\text{-}16)$$

Polyhydroxyaldehyde(sugar)

6. Bakelite

$$\text{Phenol} + H\overset{\overset{O}{\parallel}}{C}H \longrightarrow p\text{-}HOC_6H_4CH_2OH + o\text{-}HOC_6H_4CH_2OH \qquad (7\text{-}17)$$

Phenol

p-Hydroxybenzyl alcohol *o*-Hydroxybenzyl alcohol

생성된 벤질알코올을 가압탈수시켜 축합하면 불용성이며, 열에 녹지 않는 수지(resin)가 생성된다.

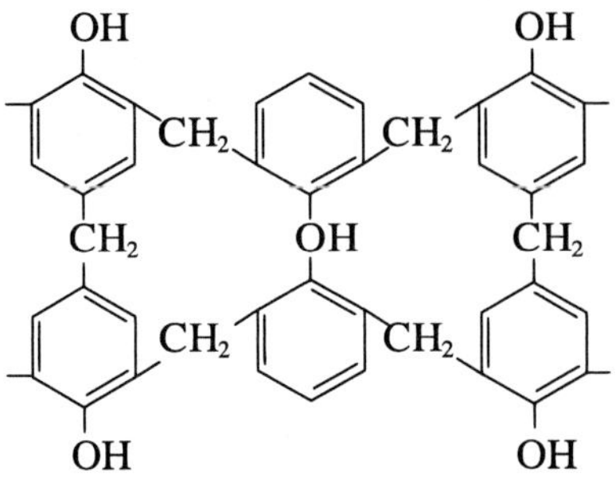

(7-18)

Bakelite의 일부 구조

7. Carbonyl 산소의 반응

카르보닐화합물은 hydroxyamine, phenylhydrazine 및 semicarbazide와 쉽게 축합하고, 이 때 물분자가 생성된다.

$$R_2C{=}O + NH_2OH \rightleftharpoons R_2C{=}N-OH + H_2O$$

Hydroxylamine　　Oxime

$$R_2C{=}O + NH_2NH-C_6H_5 \rightleftharpoons R_2C{=}NNH-C_6H_5 + H_2O \qquad (7\text{-}19)$$

Phenylhydrazine　　Phenylhydrazone

$$R_2C{=}O + NH_2NH-\overset{\overset{\large O}{\|}}{C}-NH_2 \rightleftharpoons R_2C{=}N-NH-\overset{\overset{\large O}{\|}}{C}-NH_2 + H_2O$$

Semicarbazide　　Semicarbazone

이 생성물질은 결정상태이며, 각각 화합물질 특유의 융점을 나타냄으로써 카르보닐 화합물의 확인시험에 이용한다. 또한 식품성분에 함유된 저분자량의 알데히드나 케톤의 분석에도 이용한다.

7.4 대표적인 알데히드와 케톤

1. 포름알데히드(formaldehyde, methanal)

가장 간단한 알데히드이고, 메타놀을 산화시켜서 제조한다. 비등점 -21℃이고, 자극성 냄새가 있다. 30% 수용액을 formalin이라 한다. 이 물질은 쉽게 중합해서 paraformaldehyde가 되어 포르말린에서 백색침전을 생성하지만, 가열하면 다시 formaldehyde가 생성된다.

또한 각종 중합 및 축합반응을 일으키며, formaldehyde는 α 탄소가 없으므로 Cannizzaro 반응을 일으킨다.

$$2HCHO + KOH \longrightarrow HCOOK + CH_3OH \quad (7\text{-}20)$$

Formaldehyde에 NH_3를 작용시키면 hexamethylene tetramine $\{(CH_2)_6N_4\}$이란 결정성 화합물이 생성된다. 이것은 물에 잘 녹으며, 약한 알칼리성이고 이뇨제와 폭약 제조에 이용되고 있다. 과거에는 식품용 방부제로 이용된 시기도 있었으며, 일명 urotropine이라고도 한다.

Formalin은 방부 및 소독제, 토양과 종자의 살균제 및 염료 의약품 합성수지 등의 원료로 사용되고 있다.

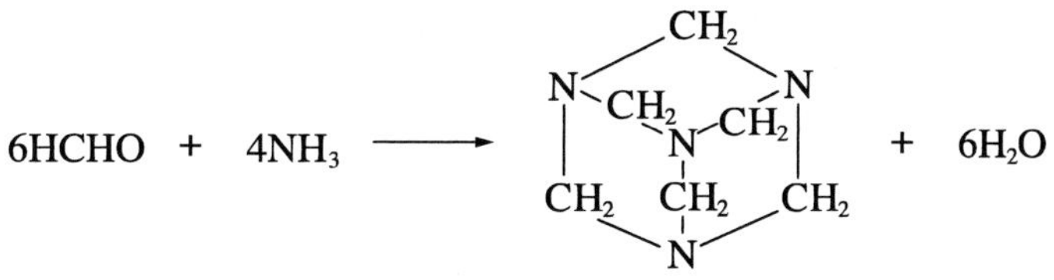

$$6HCHO + 4NH_3 \longrightarrow (CH_2)_6N_4 + 6H_2O \quad (7\text{-}21)$$

Hexamethylene tetramine
(urotropine)

2. 아세트알데히드(acetaldehyde, ethanal, b.p. 21℃)

유기합성 분야에서 중요한 화합물질로서 공업적으로는 acetylene을 촉매와 함께 수화시켜 제조하며, 이 외에 주정이나 탄화수소를 산화시켜도 제조할 수 있다.

Acetaldehyde도 formaldehyde와 마찬가지로 중합반응을 할 수 있으며, 황산 존재하에서 상온에서는 3량체(trimer)인 paraldehyde를 생성하고, 저온(0℃)에서는 4량체(tetramer)인 metaldehyde를 생성한다.

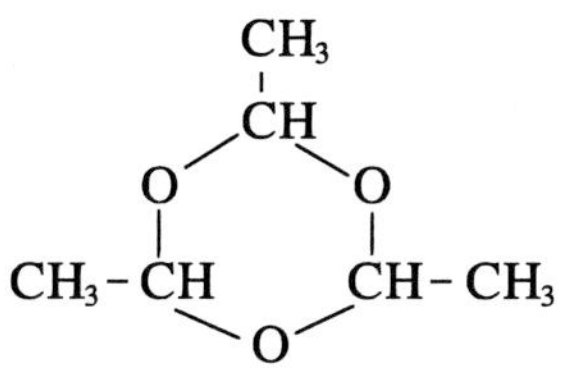

(7-22)

Paraldehyde

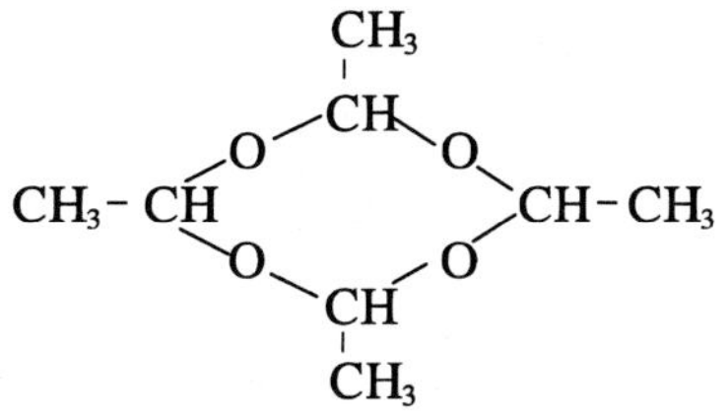

Paraldehyde

Acetaldehyde는 식초산(acetic acid) 및 butanol의 합성원료로 사용하고 있다.

3. 아크로레인(acrolein)

Glycerine을 탈수제인 $KHSO_4$나 P_2O_5 등과 함께 가열하여 제조한다.

$$\begin{matrix} CH_2OH \\ | \\ CHOH \\ | \\ CH_2OH \end{matrix} \xrightarrow{-2H_2O} \begin{matrix} CH_2 \\ \| \\ C \\ \| \\ CHOH \end{matrix} \longrightarrow \underset{\text{Acrolein}}{\begin{matrix} CH_2 \\ \| \\ CH \\ | \\ CHO \end{matrix}} \qquad (7\text{-}23)$$

자극성이 강한 액체로서 중합이 쉽게 이루어지고, 알데히드와 알켄의 성질을 갖고 있다. 동식물 유지를 태울 때 자극성 냄새가 발생하는 것은 이 물질이 존재하기 때문이다.

4. 아세톤(acetone, propanone, b.p. 56℃)

아세톤은 공업적으로 다음과 같은 공정으로 제조한다.

$$\text{전분} \xrightarrow{\text{Acetone-butanol 발효}} \text{Acetone}$$

$$\underset{\text{Acetic acid}}{2CH_3COOH} \xrightarrow[300\sim400℃]{\text{Mno}} \underset{\text{Acetone}}{CH_3COCH_3} + CO_2 + H_2O \qquad (7\text{-}24)$$

$$\underset{\text{Acetylene}}{2CH\equiv CH} + 3H_2O \xrightarrow[400℃]{\text{Zno}} \underset{\text{Acetone}}{CH_3COCH_3} + CO_2 + 2H_2$$

5. 방향족 카르보닐화합물

방향족에 carbonyl기가 결합된 물질을 방향족 카르보닐화합물질이라 한다. 대표적인 방법으로 Gatterman의 합성방법에 따르면 다음과 같은 반응특성을 갖고 있다.

$$C_6H_5\text{-}OH + HCN \xrightarrow[HCl]{ZnCl_2} HO\text{-}C_6H_4\text{-}CH{=}NH\text{-}HCl$$

$$\xrightarrow{+H_2O} \underset{p\text{-Hydroxybenzaldehyde}}{HO\text{-}C_6H_4\text{-}CHO} + NH_4Cl \qquad (7\text{-}25)$$

$$C_6H_5\text{-}CHO \xrightarrow{Ag(NH_3)_2^+} C_6H_5\text{-}COO^- + Ag\downarrow \ (\text{은경반응})$$

$$C_6H_6 \xrightarrow[\text{Fehling's}]{\text{Benedict's}} \text{반응치 않음}$$

방향족 고리에 결합된 알데히드기를 potassium cyanide 알코올용액과 함께 끓이면 축합물질이 생성되는 반응을 벤조인 축합(benzoin condensation)이라 한다.

$$C_6H_5\text{-}CHO + OHC\text{-}C_6H_5 \longrightarrow C_6H_5\text{-}CH(OH)\text{-}C(=O)\text{-}C_6H_5 \qquad (7\text{-}26)$$

Benzaldehyde　　　　Benzoin(m.p.134℃)

방향족 케톤도 지방족 케톤과 마찬가지로 환원시키면 해당되는 알코올로 전환된다.

$$C_6H_5\text{-}C(=O)\text{-}CH_3 + H_2 \xrightarrow{Ni} C_6H_5\text{-}CH(OH)\text{-}CH_3 \qquad (7\text{-}27)$$

Acetophenone　　　　1-Phenyl-1-ethanol

7.5 알데히드와 케톤의 차이점

알데히드와 케톤은 단순하게는 상당히 유사한 물질로 오해할 수 있으나, 화학적으로는 다음과 같이 명백한 차이점이 나타난다.

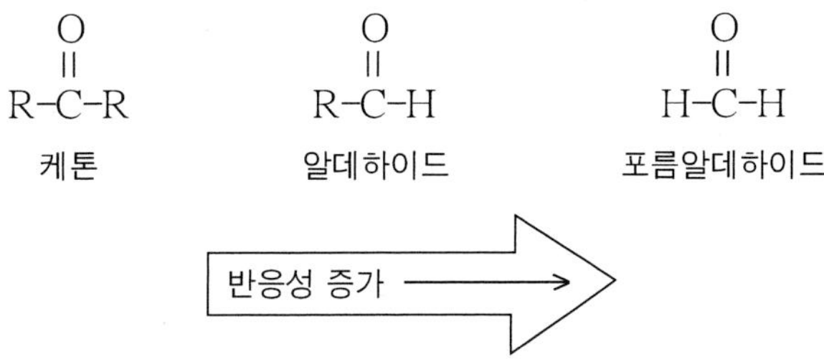

① 알데히드는 Tollens 시약과 Fehling 용액을 환원시키지만, ketone은 환원능력이 없다.

② Aldehyde는 탄소수의 변화없이 쉽게 산화되어 carboxylic acid로 전환되지만, ketone은 강하게 산화시키면 탄소수가 원래보다 작은 carboxylic acid를 생성한다.

③ 대부분의 aldehyde는 Shiff 시약을 환원시키지만, ketone은 음성이다. 쉬프시약은 fuchsine의 적색색소를 아황산으로 탈색시킨 것으로 aldehyde의 환원반응에 의하여 본래의 fuchsine색을 나타낸다.

④ Ketone은 중합반응을 하지 않는다.

요점 정리

1. 케톤이나 알데히드는 알코올과 반응하여 아세탈을 형성한다.

$$R_2C{=}O + ROH \underset{\text{촉매}}{\overset{H^+}{\rightleftharpoons}} \left[R_2C(OH)(OR) \right] \rightleftharpoons R_2C(OR)(OR) + H_2O$$

2. 케톤이나 알데히드가 아민과 반응하면 이민을 만든다.

$$R_2C{=}O + RNH_2 \longrightarrow R_2C{=}NR + H_2O$$

3. Wolff-Kishner 반응에서는 알칸을 만든다.

$$R_2C{=}O \xrightarrow[KOH]{H_2NNH_2} \left[R_2C{=}N-NH_2 \right] \longrightarrow R_2CH_2 + N_2$$

4. 케톤이나 알데히드가 Grignard 시약과 반응하면 알코올을 형성한다.

$$R_2C{=}O \xrightarrow[\text{2. } H_3O^+]{\text{1. RMgX}} R_2C(OH)R$$

연습문제

1. 다음의 분자구조에서 카르보닐기를 포함한 작용기의 명칭은?

① Aspirin　② Cocaine　③ Ascorbic acid(vitamin C)

2. 다음 화합물 이름에서 구조를 나타내시오.

① Bromoacetone　② 3-Methyl-2-butanone
③ 3-5-Dinitrobenzaldehyde　④ 3,5-Dimethylcyclohexanone
⑤ 2,2,4,4-Tetramethyl-3-pentanone　⑥ Butanedial
⑦ (S)-2-Hydroxypropanal　⑧ 3-Phenyl-2-proenal

3. 다음을 적절히 IUPAC 방법으로 명명하시오.

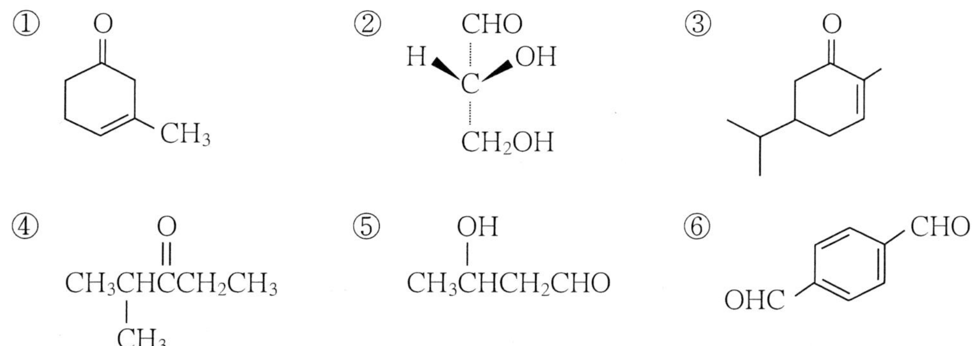

4. Phenylacetaldehyde($C_6H_5CH_2CHO$)와 다음 시약이 반응하면 어떤 화합물이 생성되나?

① $NaBH_4$, 그리고 H_3O^+　② Tollens 시약
③ NH_2OH　④ CH_3MgBr, 그리고 H_3O^+
⑤ CH_3OH, H^+ 촉매　⑥ H_2NNH_2, KOH

5. 2-Cyclohexenone에서 출발하여 어떻게 다음 물질을 합성할 수 있겠는가? 반응은 한 단계 이상일 수 있다.
   ① Cyclohexene ② 1-Methylcyclohexanol
   ③ Cyclohexanol ④ 1-Phenyl-2-cyclohexen-1-ol

6. 케톤이나 알데히드에서 Grignard 반응으로 어떻게 다음 화합물을 합성하겠는가?
   ① 2-Pentanol ② 2-Phenyl-2-butanol
   ③ 1-Ethylcyclohexanol ④ Diphenylmethanol

7. Phenylmagnesium bromide와 다음 시약간 반응에서 어떤 생성물이 생기는가?
   ① CH_2O ② Benzophenone($C_6H_5COC_6H_5$) ③ 3-Pentanone

8. 알데히드와 Grignard 반응으로 어떻게 다음 알코올을 얻겠는가?
   ① $CH_3CH(CH_3)CH_2CH_2CH_2OH$ ② (cyclohexyl–CH(OH)–CH₃ 구조) ③ $CH_3CH_2CH(OH)CH=CHCH_3$

9. 다음 반응이 생성하는 hemiacetal 중간체와 최종 acetal의 구조를 나타내시오.
   ① $C_6H_5C(=O)CH_3$ + $CH_3CH(OH)CH_3$ $\xrightarrow[\text{촉매}]{H^+}$
   ② $CH_3CH_2C(=O)CH_2CH_3$ + (cyclopentyl)–OH $\xrightarrow[\text{촉매}]{H^+}$

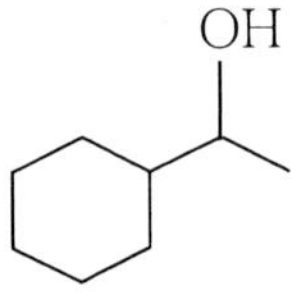

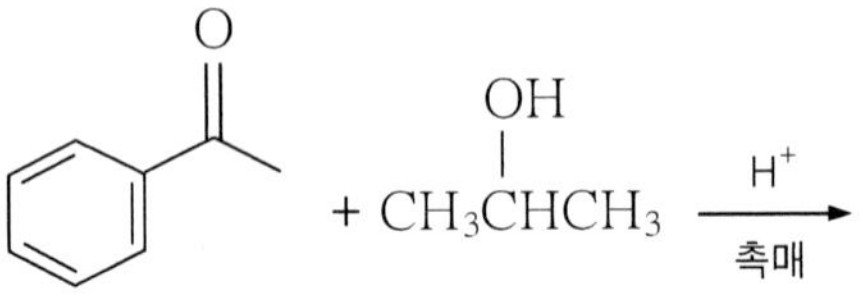

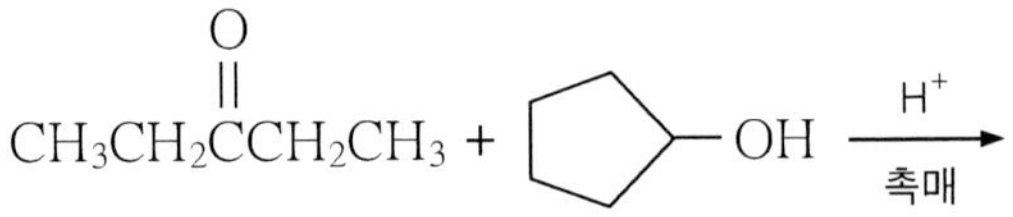

10. Cyclohexanone에서 어떻게 다음 화합물을 합성하겠는가?
   ① 1-Methylcyclohexene ② *cis*-1,2-Cyclohexanediol
   ③ 1-Bromo-1-methylcyclohexane ④ 1-Cyclohexylcyclohexanol

카르복실산과 유도체

카르복실산(carboxylic acid)는 분자 중에 $-COOH$(carboxyl기)를 갖고 있는 화합물질로서 유기산이라고도 한다. Carboxyl은 carbonyl(>C=O)기와 hydroxyl(-OH)기로 구성되어 있다는 뜻이며, 일반적으로 이들의 수용액은 약한 산성을 띠고 있다.

Carboxylic acid는 한 분자 안에 카르복실기가 한 개 있는 일염기산(monocarboxylic acid)과 두 개 있는 이염기산(dicarboxylic acid), 삼염기산 등으로 구별하거나, 지방족에 카르복실기가 결합된 지방족 카르복실산(aliphatic carboxylic acid)과 방향족에 카르복실기가 결합한 방향족 카르복실산(aromatic carboxylic acid)으로 구별한다. 방향족 카르복실산은 방향족 고리에 카르복실기가 직접 결합되어 있다.

$$H-\overset{H}{\underset{H}{C}}-\overset{O}{\overset{\|}{C}}-OH$$

Acetic acid
(aliphatic acid)

$$C_6H_5-\overset{O}{\overset{\|}{C}}-OH$$

Benzoic acid
(aromatic acid)

(8-1)

$$R-COOH$$

Monocarboxylic acid

$$HOOC-(CH_2)_n-COOH$$

Dicarboxylic acid

지방족 카르복실산은 지방산(fatty acid)이라고도 하는데, 이것은 이들 물질이 천연지방에서 쉽게 분리되기 때문이다.

과실류에 포함된 대표적인 유기산 중에서 구연산(citric acid), 주석산(tataric acid), 사과산 등은 생활환경에서 가장 쉽게 발견할 수 있는 카르복실산이다.

8.1 명명법

카르복실산(carboxylic acid)은 자연계에 널리 존재하기 때문에 오래 전부터 연구되어 온 대표적인 유기화합물질이다. 즉, 이 종류에 속하는 물질들의 이름은 대부분이 관용명으로 알려져 있고, 이러한 관용명들은 대부분 산을 만들어 내는 원료를 의미하는 라틴어나 그리스어에서 유래한 경우가 많다.

IUPAC법은 탄화수소 이름의 어미 -e를 -oic로 바꾸어 부른다. 한편 카르복실기는 구조가 알데히드기와 비슷하기 때문에 일반적으로 탄소사슬 끝에 결합된다. 사슬 중에 치환된 부분이 있는 경우는 그 위치를 α, β, γ... 등으로 표시하는 방법과 또는 탄소번호로 표시하는 방법이 있다. 탄소번호로 표시하는 경우는 카르복실 탄소가 항상 1번이 된다.

$$\overset{8}{CH_3}-\overset{7}{CH_2}-\overset{\varepsilon}{\overset{6}{CH_2}}-\overset{\delta}{\overset{5}{CH_2}}-\underset{Br}{\overset{\gamma}{\overset{4}{CH}}}-\overset{\beta}{\overset{3}{CH_2}}-\underset{CH_3}{\overset{\alpha}{\overset{2}{CH}}}-\overset{1}{COOH} \qquad (8\text{-}2)$$

IUPAC명 : 2-Methyl-4-bromoctanoic acid
관용명 : α-Methyl-γ-bromcaprylic acid

어떤 경우의 반응에서 카르복실산은 $-R-\overset{O}{\overset{\|}{C}}-$의 단위로 반응하므로 이러한 원자단을 **acyl group**이라 부른다. 이들의 명칭은 산의 어미인 -oic 대신에 -oyl로 바꾸어 부른다. 아실기의 몇 가지 예를 표 8-2에, 지방산의 경우는 표 8-3에 소개한다.

지방족 dicarboxylic acid의 일반식은 $HOOC-(CH_2)_n-COOH$이며, 일반적으로 관용명이 이용되고 있으나 복잡한 것은 IUPAC 방법을 적용하는 것이 편리하다(표 8-4).

방향족산은 관용명을 이용하거나 모체 화합물질(mother compound)인 안식향산에서 유도된 이름을 붙인다.

표 8-1. 일반식에 대한 IUPAC명

일반식	명 칭	예	명 칭
C_nH_{2n+2}	Alkane	C_2H_6	Ethane
C_nH_{2n}	Alkane	$CH_2=CH_2$	Ethene
C_nH_{2n+2}	Alkyne	$CH\equiv CH$	Ethyne
$C_nH_{2n+1}OH$	Alkanol	C_2H_5OH	Ethanol
$C_nH_{2n+1}CHO$	Alkanol	CH_3CHO	Ethanal
$(C_nH_{2n+1})CO$	Alkanone	CH_3COOH	Ethanoic acid
$C_nH_{2n+1}COOH$	Alkanoic acid	CH_3COCH_3	Ethanone

Benzoic acid, *p*-Chlorobenzoic acid, *p*-Toluic acid, Phthalic acid (benzenedioic acid), Phenylacetic acid

$$C_6H_5-\overset{O}{\overset{\|}{C}}-OH \quad Cl-C_6H_4-\overset{O}{\overset{\|}{C}}-OH \quad H_3C-C_6H_4-\overset{O}{\overset{\|}{C}}-OH \quad C_6H_4(COOH)_2 \quad C_6H_5-CH_2-\overset{O}{\overset{\|}{C}}-OH \tag{8-3}$$

표 8-2. 몇 가지 대표적인 아실기

화학식	관용명	IUPAC명
$R-\overset{O}{\overset{\|}{C}}-$	Acyl	Alkanoyl
$H-\overset{O}{\overset{\|}{C}}-$	Formayl	Methanoyl
$CH_3-\overset{O}{\overset{\|}{C}}-$	Acetyl	Ethanoyl
$CH_3CH_2-\overset{O}{\overset{\|}{C}}-$	Propionyl	Propanoyl
$CH_3CH_2CH_2-\overset{O}{\overset{\|}{C}}-$	Butyryl	Butanoyl
$C_6H_5-\overset{O}{\overset{\|}{C}}-$		Benzoyl

8.2 일반적 성질

1. 카르복실산의 세기

카르복실기을 갖고 있는 화합물질은 이보다 더 염기성인 물질에 대하여 수소이온을 내줄 수 있으므로 산성물질로서 작용한다. 즉 수용액 상태에서 다음과 같이 평형을 이루게 된다.

$$R-\overset{\overset{O}{|}}{C}-OH \rightleftharpoons R-\overset{\overset{O}{|}}{C}-O^- + H^+ \quad (8-4)$$

표 8-3. 지방산의 관용명과 IUPAC명

화합물질	관용명	IUPAC명
HCOOH	개미산(formic acid)	Methanoic acid
CH_3COOH	(식)초산(acetic acid)	Ethanoic acid
CH_3CH_2COOH	프로피온산(propionic acid)	Propanoic acid
$CH_3(CH_2)_2COOH$	*n*-낙산(*n*-butyric acid)	Butanoic acid
$(CH_3)_2CHCOOH$	*iso*-낙산(*iso*-butyric acid)	2-Methyl propanoic acid
$CH_3(CH_2)_3COOH$	*n*-길초산(*n*-valeric acida)	Pentanoic acid
$CH_3(CH_2)_4COOH$	카프로산(caproic acid)	Hexanoic acid
$CH_3(CH_2)_6COOH$	카프릴산(caprylic acid)	Octanoic acid
$CH_3(CH_2)_7COOH$	펠라르곤산(pelargonic acid)	Nonanoic acid
$CH_3(CH_2)_8COOH$	카프르산(capric acid)	Decanoic acid

표 8-4. 지방족 dicarboxylic acid의 이름

분자식	관용명	IUPAC명
HOOC-COOH	Oxalic acid	Ethane dioic acid
$HOOC-CH_2-COOH$	Malonic acid	Propane-1, 3-dioic acid
$HOOC-(CH_2)_2-COOH$	Succinic acid	Butane-1, 4-dioic acid
$HOOC-(CH_2)_3-COOH$	Glutaric acid	Pentane-1, 5-dioic acid
$HOOC-(CH_2)_4-COOH$	Adipic acid	Hexane-1, 6 dioic acid

이러한 평형상태가 오른쪽으로 치우치는 정도의 크기에 따라 산의 크기를 나타내게 된다. 그러므로 이온화상수 Ka는 다음과 같이 계산한다.

$$Ka = \frac{[H^+] \times [RCOO^-]}{[RCOOH]} \quad (8-5)$$

위 평형식에서 분모는 해리되지 않은 산의 농도이고, 분자는 해리된 양이온과 음이온의 농도인데, 이들이 많을수록 강한 산으로 작용한다. 식초산을 예로 들어 이온화

상수 Ka를 계산해 보자.

0.1M 식초산 수용액에서 H^+이온의 농도를 실험으로 측정하면 0.00135M이다. H^+ 이온 한 개에 대해서 CH_3COO^- 이온도 한 개의 비율로 해리되므로 음이온 역시 0.00135M이 될 것이다. 결국 해리되지 않은 식초산의 농도는 0.1 - 0.00135 = 0.09865M이므로 위 식에 대입하여 계산하면

$$Ka = \frac{0.00135 \times 0.00135}{0.09865} = 1.85 \times 10^{-5} \qquad (8\text{-}6)$$

최근에는 산의 강도를 표시할 때 Ka 대신 pKa로 표시하는 것이 일반적이며, Ka와 pKa의 관계는 다음과 같다.

$$pKa = -\log Ka = pH \qquad (8\text{-}7)$$

식초산의 경우는 $Ka = 1.85 \times 10^{-5}$이므로 pKa = -(-5 + 0.26) = 4.74가 된다.

대부분의 카르복실산(carboxylic acid)은 염산・황산・질산 등에 비하여 상당히 약한 산이며, 이러한 산들은 사슬의 길이와 관계없이 대략 같은 정도의 세기를 가지고 있다. 그러나 이러한 산의 α 탄소에 전기음성도가 강한 치환체로서 Cl 등이 결합하면 산의 세기가 크게 증가한다. 이것은 전기음성도가 센 Cl에 의하여 산의 분자 끝에 위치한 카르복실기에서 전자를 강하게 잡아당기기 때문이다. 분자구조에서 발생하는 이러한 현상을 **감응효과**라고 한다.

```
     H   O
     |   |
Cl ← C - C - C ← H        (8-8)
     |
     H
```

따라서 분자구조의 끝에 위치한 H는 전자를 빼앗기고 H^+의 상태로 떨어져 나가게 된다. 반대로 염소와 같이 치환이 없는 알킬기는 전자를 밀어내는 성질이 있으므로 수소는 해리도를 감소시키게 된다. 표 8-5에서 보면 개미산의 Ka는 식초산보다 약 10배 정도 큰 것을 알 수 있는데, 이것은 개미산이 전자를 밀어내는 알킬기가 없기 때문이다.

2. 카르복실산 이온의 공명현상

카르복실기의 -OH이온이 알코올이나 phenol의 -OH보다 더 쉽게 H^+를 방출하는 이유는 무엇일까? 표 8-5에 정리한 것과 같이 식초산의 산은 phenol보다 약 10만배 정도 강하고(phenol의 Ka = 1.0 × 1010), phenol은 알코올보다 약 10억배 정도 강

하다(알코올의 Ka ≒ 1.0 × 1020). 이러한 현상은 phenol이 공명에 의해서 안정화되기 때문이며, 이 설명은 카르복실산 이온에도 적용된다.

카르복실기의 공명구조를 보면 다음 그림과 같으며, 이 경우에 실제 구조는 두 가지 대조적인 공명체 구조의 혼성체이기 때문에 아래의 두 가지 구조에 비하여 안정도가 큰 것이 특징이다.

$$R-C(=\ddot{O}:)-\ddot{O}:^- \longleftrightarrow R-C(-\ddot{O}:^-)=\ddot{O}: \qquad R-C(\cdots O^{\frac{1}{2}-})\cdots O^{\frac{1}{2}-} \tag{8-9}$$

알코올이 이온화되면서 생성되는 RO−는 이러한 공명현상에 의해서 안정화가 되지

표 8-5. 대표적인 카르복실산의 물리적 성질

산의 이름	구조식	용해도 (g/100g H_2O)	용해도 (℃)	끓는점 (℃)	$Ka(H_2O)$ (25℃) $\times 10^{-x}$
Formic acid	HCOOH	∞	8.4	100.7	1.77×10^{-4}
Acetic acid	CH_3COOH	∞	16.6	118.1	1.75×10^{-5}
Propionic acid	CH_3CH_2COOH	∞	−22	141.1	1.3×10^{-5}
n-Butyric acid	$CH_3CH_2CH_2COOH$	∞	−8	163.5	1.5×10^{-5}
iso-Butyric acid	$(CH_3)_2CHCOOH$	20^{20}	−47	154.5	1.4×10^{-5}
n-Valeric acid	$CH_3(CH_2)_3COOH$	3.3^{16}	−59	187	1.6×10^{-5}
Palmitic acid	$CH_3(CH_2)_{14}COOH$	무용	64	390	
Stearic acid	$CH_3(CH_2)_{16}COOH$	0.034^{25}	59.4	360	
Chloroacetic acid	$ClCH_2COOH$	가용	63	189	1.4×10^{-3}
Dichloroacetic acid	$Cl_2CHCOOH$	8.63	10	194	5×10^{-2}
Trichloroacetic acid	Cl_3CCOOH	120^{25}	58	195.5	1×10^{-1}
Trifluoroacetic acid	F_3CCOOH	∞	−15	72.4	
α-Chlorobutyric acid(D, L)	$CH_3CH_2CHClCOOH$	열수용해		101^{15mm}	1.4×10^{-3}
β-Chlorobutyric acid(D, L)	$CH_3CHClCH_2COOH$		44	116^{22mm}	8.0×10^{-5}
γ-Chlorobutyric acid	$ClCH_2CH_2CH_2COOH$		16	196^{22mm}	3.0×10^{-5}
δ-Chloro-n-valeric acid	$ClCH_2(CH_2)_3COOH$		18	130^{11mm}	2×10^{-5}
Methoxyacetic acid	CH_3OCH_2COOH	가용		203	3.3×10^{-4}
Cyanoacetic acid	$N{\equiv}CCH_2COOH$	가용	66	108^{15mm}	4×10^{-3}
Vinylacetic acid	$CH_2{=}CHCH_2COOH$	가용	−39	163	3.8×10^{-5}
Benzoic acid	C_6H_5COOH	0.27^{18}	122	249	6.5×10^{-5}
Phenylacetic acid	$C_6H_5CH_2COOH$	1.66^{20}	76.7	265	5.6×10^{-5}

않는다. 따라서 음이온의 공명에 의한 안정화가 카르복실기의 산성을 나타내게 하는 주요한 요소임이 분명하며, 또 다른 요소는 카르복실기에 전기음성도가 큰 산소원자가 위치하여 이것이 전자를 잡아당기면서 수소이온의 해리를 더욱 촉진하는 결과를 나타낸다.

3. 물리적 성질

$C_1 \sim C_9$까지의 알칸산(alkanoic acid)은 상온에서 액체이며, 이보다 고급의 것들은 wax상태의 고체상태를 형성하고 있다. 한편, 짝수의 탄소수를 갖고 있는 carboxylic acid의 융점은 일반적으로 이들보다 탄소수가 한 개 더 많은 것보다 높은 특징을 나타낸다(그림 8-1).

$C_1 \sim C_5$의 물질들은 물과 섞이기가 쉽고 자극적인 냄새를 갖고 있으나, $C_6 \sim C_{10}$에 속하는 물질들은 물에 잘 녹지 않고 불쾌한 동물성 냄새를 풍기는 특징이 있다. 알칸산은 일반적으로 약산이지만 개미산만은 다른 알칸산보다 약 10배 정도 강하다.

알칸산은 수소결합(hydrogen bond)에 의해서 회합(association)상태를 이루고 있다. 이와 같은 현상은 알코올과 에테르에서도 이미 설명한 바가 있다. 그런데 산의 구조에서 O-H결합은 알코올의 경우보다 더 강력하게 $-O^{\delta-}-H^{\delta+}$로 극성을 나타내기 때문에 더 강한 수소결합을 갖게 된다.

실제로 알칸산은 고체상태나 액체상태로 있을 때는 고리형태의 2량체(dimer)로 존재한다.

$$R-C^{\delta\oplus}(=O^{\delta\ominus}\cdots H-O)(-O-H\cdots O^{\delta\ominus}=)C^{\delta\oplus}-R \qquad (8\text{-}10)$$

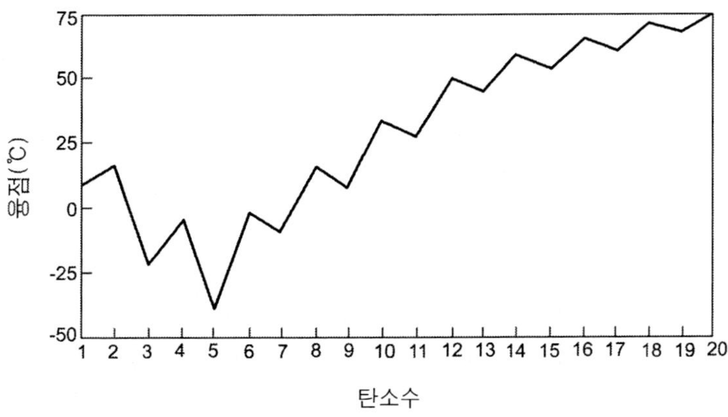

그림 8-1. 지방산의 탄소수와 융점

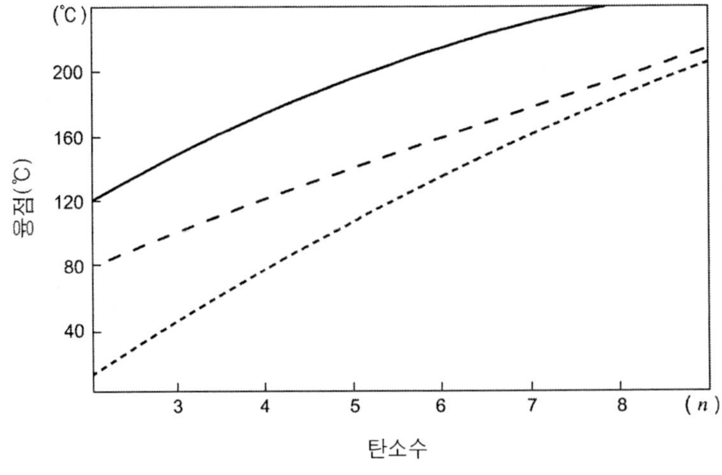

그림 8-2. $CH_3(CH_2)_{n-2}X$의 비등점

이와 같은 2량체는 증기상태로 있을 경우나 탄화수소에 묽게 녹아 있는 경우에도 변화가 없다.

산이 동일한 탄소수의 알코올이나 염화물보다 현저하게 비등점이 높은 이유는 수소결합에 의해서 분자량이 증가되었기 때문이며, 그림 8-2에 $CH_3(CH_2)_{n-2}X$의 일반식으로 표시되는 동족계열 화합물(X : COOH, CH_2OH, CH_2Cl)의 비등점을 정리하였다.

알칸산은 수용액 상태일 때는 물과 공회합하여 존재한다. 저급의 산인 경우(개미산 · 식초산 · 프로피온산 · 부틸산 등)는 특히 물과 공회합하여 잘 녹으며, R의 크기(길이나 가지의 크기 등)에 따라서 용해도가 현저하게 감소한다.

```
        O···H−O···H−O
       //     |      \
R−C           H        C−R        (8-11)
       \              //
        O−H···O−H···O
              |
              H
```

물과 알칸의 공회합

식초산도 수용액 중에서 물과 공회합하기 때문에 증류를 통해 분리는 대단히 어렵다. 또한 C_{10} 이하의 지방산은 수증기와 함께 증류되므로 이들을 **휘발산**(volatile acid)라고도 하는데, 일반적으로 식품이 변패하면 휘발산의 총량이 증가하면서 독특한 냄새(쉰내)를 발생하게 된다.

8.3 제조방법

1. 산화를 이용한 제조방법

1) 카르보닐 화합물의 산화

알데히드나 케톤은 산의 존재하에서 $KMnO_4$나 $K_2C_2O_7$에 의해서 산화되어 카르복실산(carboxylic acid)이 생성된다.

$$CH_3CHO \xrightarrow{[O]} CH_3COOH$$

$$CH_3-\overset{\overset{\displaystyle O}{\|}}{C}-CH_3 \xrightarrow{[O]} CH_3COOH + CO_2 + H_2O$$

$$\underset{\text{Alkanol}}{3\,RCH_2OH} \xrightarrow{Na_2Cr_2O_7,\ H_2SO_4} \underset{\text{Alkanoic acid}}{3\,RCOOH} + 3H_2O \qquad (8\text{-}12)$$

$$\underset{\text{1,4-Butanediol}}{\begin{matrix} CH_2-CH_2OH \\ | \\ CH_2-CH_2OH \end{matrix}} \xrightarrow{[O]} \underset{\text{Succinic acid}}{\begin{matrix} CH_2-\overset{\overset{\displaystyle O}{\|}}{C}-OH \\ | \\ CH_2-\underset{\underset{\displaystyle O}{\|}}{C}-OH \end{matrix}} + 2H_2O$$

2) 방향족 고리에 결합한 파라핀의 산화

이 반응은 비교적 쉽게 일어난다.

$$\underset{\text{Toluene}}{C_6H_5-CH_3} \xrightarrow{[O]} \underset{\text{Benzoic acid}}{C_6H_5-\overset{\overset{\displaystyle O}{\|}}{C}-OH} + H_2O \qquad (8\text{-}13)$$

2차대전 당시에 독일에서는 천연지방의 공급이 어려워지면서 석유에서 분리한 고급 알칸을 공기로 산화시켜 지방에서 얻은 것과 동등한 지방산을 생성시켜 식용지방의 합성에 성공하였다.

3) 나프탈렌의 산화

나프탈렌(naphthalene)을 공기로 산화시키면 고리 한개가 열리면서 산을 생성한다.

$$\text{Naphthalene} \xrightarrow[\text{Vanadium pentoxide(촉매)}]{\text{공기}} C_6H_4(COOH)_2\ (\text{Phthalic acid}) + \text{OHC-CHO}\ (\text{Glyoxal}) \qquad (8\text{-}14)$$

2. 에스테르, 니트릴, 산무수물 등의 가수분해

1) 에스테르의 가수분해

$$\underset{\text{Ester}}{R-\overset{O}{\overset{\|}{C}}-O-R'} \xrightarrow{H^+ \text{ 또는 } OH^-} \underset{\text{Acid}}{R-\overset{O}{\overset{\|}{C}}-OH} + \underset{\text{Alcohol}}{R'-OH} \qquad (8\text{-}15)$$

2) 니트릴의 가수분해

유기시안화합물을 산성이나 염기성 촉매와 반응시키면 가수분해가 진행된다.

$$R-C\equiv N \xrightarrow{H\text{-}OH} R-\overset{OH}{\overset{|}{C}}=NH \xrightarrow{\text{Rearrangement}} R-\overset{O}{\overset{\|}{C}}-NH_2$$

$$\xrightarrow[H^+]{H\text{-}OH} R-\overset{O}{\overset{\|}{C}}-OH + NH_4^+ \qquad (8\text{-}16)$$

3) 산무수물의 가수분해

$$\underset{\text{산무수물}}{(R-CO)_2O} + H-OH \longrightarrow \underset{\text{지방산}}{2R-\overset{O}{\overset{\|}{C}}-OH} \qquad (8\text{-}17)$$

3. Grignard 시약을 이용한 방법

고체상태의 탄산(dry ice)에 그리그나드 시약을 작용시키면 다음과 같은 반응이 진행된다.

$$C\overset{\nearrow O}{\underset{\searrow O}{}} + RMgX \longrightarrow RC\overset{\nearrow OMgX}{\underset{\searrow O}{}} \xrightarrow{HX} RC\overset{\nearrow OH}{\underset{\searrow O}{}} + MgX_2 \qquad (8\text{-}18)$$

결국 그리그나드 시약이 공기중에서 탄산가스와 접촉하면 위와 같은 반응이 발생하므로 저장조건에 주의가 필요하다.

8.4 화학반응

Carboxylic acid의 화학반응은 다음과 같이 분류하여 설명이 가능하다.

$$R-\overset{O}{\overset{\|}{C}}-O-H \qquad (8\text{-}19)$$

① 이온화할 수 있는 수소의 치환반응
② 수산기의 치환반응
③ 카르보닐기의 반응
④ 카르복실기의 이탈반응
⑤ 알킬(alkyl)기의 수소 치환반응

1. 수소의 치환 - 염의 형성

$$\underset{\text{Acid}}{R-\overset{O}{\overset{\|}{C}}-OH} \quad Na^{+}OH^{-} \rightleftharpoons \underset{\text{Salt}}{R-\overset{O}{\overset{\|}{C}}-O-Na} + H_2O$$

$$\underset{\text{Acetic acid}}{CH_3COOH} + NaOH \longrightarrow \underset{\text{Sodium acetate}}{CH_3COONa} + H_2O \qquad (8\text{-}20)$$

이와 동일한 반응과정을 거쳐 다음과 같은 물질도 생성된다.

$$\underset{\text{Potassium benzoate}}{C_6H_5-\overset{O}{\overset{\|}{C}}-OK} \qquad \underset{\text{Calcium propionate}}{[CH_3CH_2\overset{O}{\overset{\|}{C}}-O^{-}]_2Ca^{2+}} \qquad (8\text{-}21)$$

고급 지방산의 나트륨이나 칼륨염이 비누이고, 마그네슘염 · 철염 · 칼슘염은 물에 녹지 않는다.

각종 기계류의 윤활용으로 이용하는 윤활제는 보통 윤활유와 고급 지방산의 염(특히 리튬염)을 혼합하여 제조하고 있다.

2. 수산기의 치환

1) 산 할로겐 화합물(acid halide)의 생성

알코올과 마찬가지로 산의 수산기(OH)도 할로겐에 의해서 치환이 가능하다. 이 경우에 할로겐화를 이루기 위한 시약은 할로겐화 인(PCl_3, PCl_5)과 염화티오닐($SOCl_2$) 등이 있다.

$$3\,R-\overset{\displaystyle O}{\overset{\|}{C}}-OH + PCl_3 \longrightarrow 3\,R-\overset{\displaystyle O}{\overset{\|}{C}}-Cl + H_3PO_3$$

Fatty acid　　　　Acyl chloride

$$R-\overset{\displaystyle O}{\overset{\|}{C}}-OH + PCl_5 \longrightarrow R-\overset{\displaystyle O}{\overset{\|}{C}}-Cl + HCl\uparrow + POCl_3 \qquad (8\text{-}22)$$

Phosphorus oxychloride

$$R-\overset{\displaystyle O}{\overset{\|}{C}}-OH + SOCl_2 \longrightarrow R-\overset{\displaystyle O}{\overset{\|}{C}}-Cl + HCl\uparrow + SO_2\uparrow$$

알코올의 할로겐화 과정에서 HX를 작용시키면 할로겐화 아실(halogenated acyl)을 생성할 수 있으나, 지방산의 경우는 이러한 반응이 성립되지 않는다.

2) 에스테르의 생성

유기산을 알코올과 함께 가열하면서 촉매로서 미량의 무기산이 존재하면 에스테르와 물을 생성하면서 평형을 이룬다.

$$R-\overset{\displaystyle O}{\overset{\|}{C}}-\boxed{OH + H}O-R' \underset{}{\overset{H^+}{\rightleftharpoons}} R-\overset{\displaystyle O}{\overset{\|}{C}}-O-R' + H_2O \qquad (8\text{-}23)$$

Acid　　　Alcohol　　　Ester

이 반응에서 생성되는 물을 연속적으로 제거하면 평형상태가 깨지면서 반응이 오른쪽으로 진행되어 에스테르의 생성수율을 선택적으로 향상시킬 수 있다.

3) 에스테르의 명명

에스테르의 이름은 그 모체가 되는 알코올과 산에 따라서 다르며, 끝을 -yl로 부르는 알코올의 이름과 끝을 -ate 또는 -oate로 부르는 산의 이름에서 만들고, 알코올 이름을 먼저 부른다.

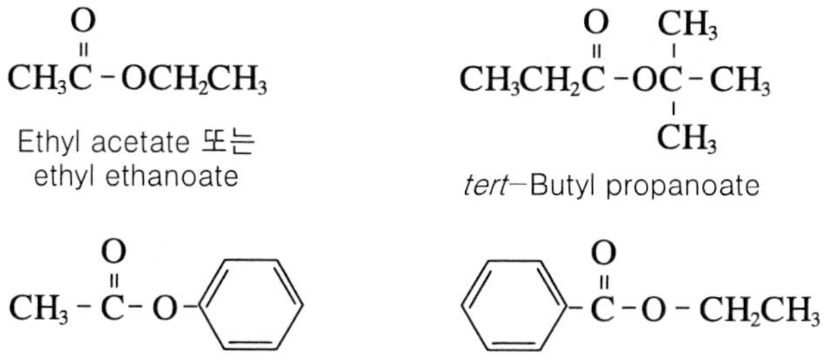

$$CH_3\overset{O}{\overset{\|}{C}}-OCH_2CH_3$$

Ethyl acetate 또는 ethyl ethanoate

$$CH_3CH_2\overset{O}{\overset{\|}{C}}-O\underset{CH_3}{\underset{|}{\overset{CH_3}{\overset{|}{C}}}}-CH_3$$

tert–Butyl propanoate

$$CH_3-\overset{O}{\overset{\|}{C}}-O-C_6H_5$$

Phenyl acetate

$$C_6H_5-\overset{O}{\overset{\|}{C}}-O-CH_2CH_3$$

Ethyl benzoate

(8-24)

에스테르는 일반적으로 상쾌한 냄새를 갖고 있는 물질들로서 여러 가지 과일과 꽃 샘새(방향)의 원인물질이다. 자연계에 흔히 존재하는 것들을 정리하면 다음과 같다.

- n-초산아밀 : 바나나
- 부틸산 에틸 : 파인애플
- 초산 옥틸 : 오렌지
- 부틸산 아밀 : 살구
- 개미산 에틸 : 럼주의 인공향료

4) 에스테르화 반응과정

에스테르화 반응과정을 화학식으로 정리하면 다음과 같이 두 가지 방법이 있으나, 산소의 동위원소를 이용하여 실험한 결과 ①식이 옳다는 것을 증명하고 있다.

$$RCO\boxed{OH + H}OR' \longrightarrow RCOOR' + H_2O \cdots\cdots ①$$

$$RCOO\boxed{H + HO}R' \longrightarrow RCOOR' + H_2O \cdots\cdots ② \qquad (8\text{-}25)$$

식물에 존재하는 유지성분도 지방산과 알코올(glycerol)의 에스테르이다.

5) Amide의 형성

암모니아는 산과 작용하여 암모늄염(ammonium salt)을 생성하며, 이것을 가열하면 산 아미드(acid amide)가 생성된다.

$$R-\overset{O}{\overset{\|}{C}}-OH + NH_3 \longrightarrow R-\overset{O}{\overset{\|}{C}}-ONH_4 \xrightarrow{\text{가열}} \underset{\text{산 amide}}{R-\overset{O}{\overset{\|}{C}}-NH_2} + H_2O \qquad (8\text{-}26)$$

3. 카르보닐기의 반응

카르보닐기(>C=O)는 적당한 촉매의 존재 하에서 고압으로 수소화시키면 $-CH_2-$로 환원되면서 알코올이 생성된다.

$$C_{11}H_{23}-\overset{\overset{\displaystyle O}{\|}}{C}-OH \xrightarrow[3,000\sim5,000\ lbs]{H(Ni)} C_{11}H_{23}CH_2OH \qquad (8\text{-}27)$$

Lauric acid → Lauryl alcohol

4. -COOH기의 반응

지방산 소다를 소다(soda) 석회와 함께 가열하면 탈탄산되면서 탄화수소가 된다.

$$R-\overset{\overset{\displaystyle O}{\|}}{C}-ONa + NaOH(CaO) \longrightarrow RH + Na_2CO_3 \qquad (8\text{-}28)$$

5. 알킬기의 치환반응

산의 α 수소원자는 촉매의 존재조건에서 할로겐과 치환할 수 있다.

$$CH_3\overset{\overset{\displaystyle H}{|}}{C}H\overset{\overset{\displaystyle O}{\|}}{C}-OH + Cl_2 \xrightarrow{PCl_3} CH_3\overset{\overset{\displaystyle Cl}{|}}{C}H\overset{\overset{\displaystyle O}{\|}}{C}-OH + HCl\uparrow \qquad (8\text{-}29)$$

Propionic acid → α-Chloropropionic acid

카르복실기가 벤젠고리에 직접 결합되어 있는 경우는 정상적인 방향족 치환이 진행된다. 이 경우 지향성은 meta 위치이다.

$$C_6H_5-COOH \xrightarrow[FeBr_3]{Br_2} (m\text{-}Br)C_6H_4-COOH + HBr\uparrow \qquad (8\text{-}30)$$

Abenzoic acid → *m*-Bromobenzoic acid

8.5 개미산과 식초산

1. 개미산(formic acid, methanoic acid ; 비등점 101℃)

개미산은 아황산가스와 비슷한 냄새를 가진 액체이며, 이 계열 중에서 가장 강한 산이다. 천연상태에서는 개미나 벌의 체내에 있으며, 과거에는 개미를 증류하여 제조하였다.

개미산은 구조에서 알 수 있듯이 알데히드와 산의 두 가지 형태를 갖고 있으므로 다른 카르복실산과는 다른 환원성을 발휘하며, 또한 쉽게 산화되어 탄산가스와 물로 전환된다.

$$\underbrace{H-\boxed{\overset{O}{\overset{\|}{C}}-OH}}_{\text{산의 모양}} \qquad \underbrace{\boxed{H-\overset{O}{\overset{\|}{C}}}-OH}_{\text{알데히드의 모양}} \qquad (8\text{-}31)$$

$$HCOOH \xrightarrow{[O]} CO_2 + H_2O$$

공업적으로는 가성소다(NaOH)와 일산화탄소(CO)를 6～7 atm에서 150～170℃로 가열하거나, 또는 수산(oxalic acid)을 glycerine과 함께 가열분해시켜 제조한다.

$$CO + NaOH \xrightarrow{\text{열, 압력}} HCOONa \xrightarrow{H^+} HCOOH$$

또는 (8-32)

$$\underset{\text{Oxalic acid}}{\begin{matrix} COOH \\ | \\ COOH \end{matrix}} \xrightarrow[\text{Glycerine}]{\text{가열}} \underset{\text{Formic acid}}{HCOOH} + CO_2$$

한편, 개미산의 환원능력을 이용하여 가용성인 $HgCl_2$를 환원시켜서 불용성인 Hg_2Cl_2로 전환시키는 용도로 이용한다.

2. 식초산(acetic acid, ethanoic acid)

과일 중에는 유리상태 또는 에스테르 상태로 포함되어 있으나, 식초에는 6% 정도의 식초산이 함유되어 있다.

발효방법으로 식초산을 제조하는 방법은 다음과 같은 과정을 거쳐 제조하며, 전통적으로는 양조주 또는 양조부산물인 술찌꺼기를 발효시켜 제조한다.

$$\underset{\text{Ethanol}}{H-\underset{H}{\overset{H}{C}}-\underset{H}{\overset{H}{C}}-OH} \xrightarrow[\text{식초산균}]{[O]} \underset{\text{Acetic acid}}{H-\underset{H}{\overset{H}{C}}-\overset{O}{\overset{\|}{C}}-OH} + H_2O \qquad (8\text{-}33)$$

발효방법 이외에 목재의 건류액(목초액)에서도 분리할 수 있으며, 화학적인 합성방법은 다음 과정을 거쳐 제조한다.

$$CH\equiv CH \xrightarrow{H_2O} CH_3CHO \xrightarrow[\text{초산망간}]{[O]} CH_3COOH \quad (8\text{-}34)$$

1) 빙초산(glacial caetic acid)

수분함량이 적은 식초산으로서 16.6℃에서 얼음과 같이 결정체를 형성하기 때문에 빙초산이라고 부른다.

빙초산은 공업적으로 용도가 매우 다양하며, 합성수지용이나 의약품용 또는 합성식초용 원료로 사용한다.

2) 초산무수물(acetic anhydride)

이 물질은 2분자의 식초산에서 1분자의 물을 제거한 것과 동일한 구조식으로 표시되며, 다음과 같은 과정을 거쳐 제조한다.

또한 무수초산은 아세틸화제로도 광범위하게 이용하고 있다.

$$CH_3\overset{O}{\overset{\|}{C}}-Cl + Na-O\overset{O}{\overset{\|}{C}}CH_3 \longrightarrow (CH_3\overset{O}{\overset{\|}{C}})_2O + NaCl \quad (8\text{-}35)$$

Acetyl chloride　　Sodium acetate　　Acetic anhydride

8.6 이염기산(dicarboxylic acid)

이염기산(二鹽基酸)의 동족계열은 HOOC-(CH_2)n-COOH의 일반식으로 표현하며, 명칭은 IUPAC명과 관용명이 사용된다. 예를 들면 글루타르산(glutaric acid)은 IUPAC명으로 pentane-1,5-dioic acid이다.

1. 물리적 성질

분자구조 안에 카르복실기가 두 개 있으므로 이온화상수에는 K1과 K2가 존재한다. 그러나 제1 카르복실기의 이온화상수는 제2의 값보다 크고, 후자는 거의 중성에 가깝다.

이 화합물의 융점은 탄소수의 증가와 함께 상승되는 것이 일반적이지만, 그림 8-3과 같이 탄소수가 짝수인 것은 다음 짝수인 것보다 높은 융점을 나타내지만 두 값 사이의 융점 차이는 탄소수가 증가되면 점차 적어지는 특징이 있다.

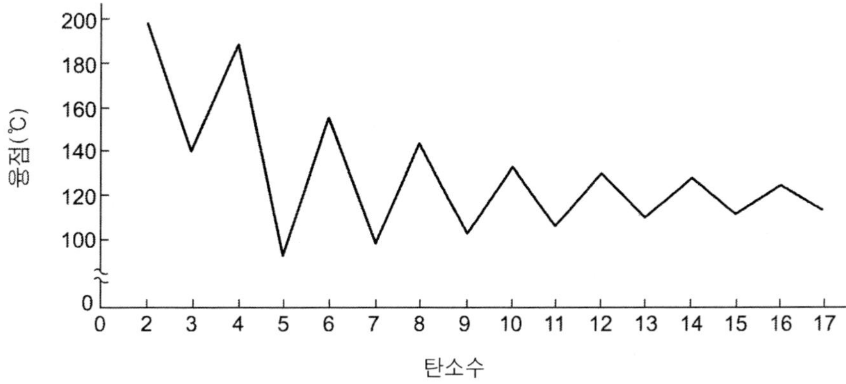

그림 8-3. 이염기산(二鹽基酸)의 탄소수와 융

2. 화학적 성질

1) 에스테르 · 염 · 아미드 · 산염화물의 생성

모든 카르복실산과 마찬가지로 ester, salt, amide, 산무수물 등을 생성시키기 위해서 카르복실기 한 개를 사용하는 경우와 두 개를 이용하는 방법이 있다.

2) 고리모양의 무수물 형성

호박산이나 glutaric acid와 같이 1, 4 및 1, 5 위치에 카르복실기가 있는 경우는 탈수반응을 거쳐 5 및 6각 고리가 형성되기 쉽기 때문에 분자내의 무수물질을 얻을 수 있다.

$$2\begin{array}{l} H_2C-\overset{\displaystyle O}{\overset{\|}{C}}-OH \\ \;\;| \\ H_2C-\underset{\displaystyle O}{\underset{\|}{C}}-OH \end{array} + POCl_3 \longrightarrow 2\begin{array}{l} H_2C-\overset{\displaystyle O}{\overset{\|}{C}}\diagdown \\ \;\;|\qquad\quad O \\ H_2C-\underset{\displaystyle O}{\underset{\|}{C}}\diagup \end{array} + HPO_3 + 3HCl$$

Succinic acid　　　　Succinic anhydride　　　　(8-36)

$$H_2C\begin{array}{l} \diagup CH_2-\overset{\displaystyle O}{\overset{\|}{C}}-OH \\ \diagdown CH_2-\underset{\displaystyle O}{\underset{\|}{C}}-OH \end{array} \xrightarrow{(CH_3CO)_2O} H_2C\begin{array}{l} \diagup CH_2-C\overset{\displaystyle O}{\diagup\!\!\diagup}\diagdown \\ \qquad\qquad\qquad O \\ \diagdown CH_2-C\underset{\displaystyle O}{\diagdown\!\!\diagdown}\diagup \end{array} + 2CH_3COOH$$

Glutaric acid　　　　Glutaric anhydride

같은 반응이 암모늄염(ammonium salt) 또는 diamide 유도체에서도 일어나며,

imide를 생성한다.

$$\begin{matrix} H_2C-COONH_4 \\ | \\ H_2C-COONH_4 \end{matrix} \xrightarrow{\text{가열}} \begin{matrix} H_2C-C(=O) \\ | \quad\quad \diagdown \\ \quad\quad\quad NH \\ | \quad\quad \diagup \\ H_2C-C(=O) \end{matrix} + NH_3 + 2H_2O \qquad (8\text{-}37)$$

Diammonium succinate　　Succinimide

$$H_2C\begin{matrix} \diagup CH_2-C(=O)-NH_2 \\ \diagdown CH_2-C(=O)-NH_2 \end{matrix} \xrightarrow{\text{가열}} H_2C\begin{matrix} \diagup CH_2-C(=O) \diagdown \\ \diagdown CH_2-C(=O) \diagup \end{matrix}NH + NH_3$$

Glutardiamide　　Glutarimide

이들 구조식에서 $\begin{matrix} -C(=O) \diagdown \\ -C(=O) \diagup \end{matrix}NH$ 를 imide기라고 하며, 질소에 결합한 수소원자는 산성인 K 또는 Na 등으로 치환된다.

3) 중합물질의 형성

Adipic acid 등을 사용하여 사슬형태의 polyamide, 폴리(poly) 무수물 및 polyester 등을 제조할 수 있으며, 이들은 대부분 합성섬유나 합성수지로서 이용하고 있다.

(1) 폴리아미드(polyamide)

$$n\{HO-\overset{O}{\overset{\|}{C}}-(CH_2)_4-\overset{O}{\overset{\|}{C}}-OH\} + n\{H_2N-(CH_2)_6-NH_2\} \qquad (8\text{-}38)$$

Adipic acid　　Hexamethylene diamine

$$\longrightarrow \left[\overset{O}{\overset{\|}{C}}-(CH_2)_4-\overset{O}{\overset{\|}{C}}-NH-(CH_2)_6-NH\right]_n$$

6,6－nylon

(2) 폴리(poly) 무수물

$$n\{HO-\overset{O}{\overset{\|}{C}}-(CH_2)_4-\overset{O}{\overset{\|}{C}}-OH\} \longrightarrow \left[\overset{O}{\overset{\|}{C}}-(CH_2)_4-\overset{O}{\overset{\|}{C}}-O-\overset{O}{\overset{\|}{C}}-(CH_2)_4-\overset{O}{\overset{\|}{C}}\right]_n \qquad (8\text{-}39)$$

Adipic acid　　Poly 무수물

위의 반응식에서 6, 6-nylon이라고 부르는 이유는 탄소 6개씩을 가진 이염기산과 diamine으로 생성되었기 때문이다.

(3) 폴리에스테르(polyester)

$$n\{HO-\overset{\overset{\displaystyle O}{\|}}{C}-(CH_2)_4-\overset{\overset{\displaystyle O}{\|}}{C}-OH\} + n\{HO-CH_2-CH_2-OH\}$$

Adipic acid Ethylene glycol (8-40)

$$\longrightarrow \left[\overset{\overset{\displaystyle O}{\|}}{C}-(CH_2)_4-\overset{\overset{\displaystyle O}{\|}}{C}-O-CH_2-CH_2-O\right]_n$$

Polyester

제 1차 세계대전 당시에 의복이 부족하여 화학합성 방법으로 인조견사(인조견)를 제조하는 데 성공하였으나 열과 물에 대해 특성이 나빠 이것을 개량하여 광택이 있으면서도 질긴 섬유를 개발하는 과정에서 나일론(nylon)이 탄생하게 되었다.

나일론의 개발과정에서 연구자들은 먼저 견사의 분자구조를 분석하였고, 분자구조에 polypeptide 결합을 형성하고 있는 것을 확인하여 결국 나일론이 개발되었다. 따라서 나일론의 분자결합은 천연견사와 비슷하며, 광택도 유사하다. 나일론의 분자량은 10,000~25,000이며, 융점은 260℃로서 내열 및 내수성은 초기의 합성섬유인 인조견사에 비하여 비교가 어려울 정도로 우수한 합성섬유이다.

나일론의 개발에 성공한 이후에는 다양한 특성과 기능을 발휘하는 합성섬유들이 개발되는 계기가 되었고, 최근에는 합성섬유는 물론 합성가죽에 이르기까지 화학적 합성을 통해 수많은 합성섬유가 이용되고 있다. 또한 이들은 의류용 섬유는 물론 분리용 막, 포장용 재료, 인공피부를 비롯하여 다양한 재질의 코팅용 피막에 이르기까지 기존의 섬유가 갖고 있었던 한계를 초월하는 다양한 사용범위에 적용되고 있다.

8.7 대표적인 이염기산

1. 수산(oxalic acid)

석회염으로서 식물계에 널리 존재하며, 공업적으로는 개미산소다를 360~400℃로 가열하여 수산소다로 전환시키고, 이것을 산으로 중화시켜 제조한다.

이외에 톱밥을 비롯한 식물성 섬유를 수산화 알칼리로 가열분해시켜 제조한다.

$$2\,HCOONa \xrightarrow{360\sim400℃} \underset{\text{Sodiumoxalate}}{\begin{matrix} COONa \\ | \\ COONa \end{matrix}} \xrightarrow{H^+} \underset{\text{Oxalic acid}}{\begin{matrix} COOH \\ | \\ COOH \end{matrix}} \qquad (8\text{-}41)$$

수산은 Ca에 의해서 물에 불용성 염을 형성하고 $KMnO_4$를 환원시키는 작용이 있으므로 분석화학에 사용되며, H_2SO_4와 함께 가열하면 CO를 생성한다.

$$\underset{\text{Oxalic acid}}{(COOH)_2} \xrightarrow{H_2SO_4} \underset{\text{Carbon monoxide}}{CO} + CO_2 + H_2O \qquad (8\text{-}42)$$

전분질을 가수분해해서 물엿이나 포도당을 제조하는 과정에 수산이 이용되며, 가수분해가 완료된 다음에 Ca로 중화시키면 불용성의 수산화칼슘$[Ca(OH)_2]$이 되므로 여과하여 제거할 수 있다.

2. 말론산(malonic acid)

예전에는 사과산(malic acid)을 산화시켜서 제조하였으나, 현재는 다음과 같은 반응과정을 거쳐 제조한다.

$$CH_3COOH \xrightarrow[P]{Cl_2} \begin{matrix} CH_2COOH \\ | \\ Cl \end{matrix} \xrightarrow{NaOH} \begin{matrix} CH_2COONa \\ | \\ Cl \end{matrix}$$

$$\xrightarrow{KCN} \begin{matrix} CH_2\text{-}COONa \\ | \\ CN \end{matrix} \xrightarrow[H^+]{3H_2O} \underset{\text{Malonic acid}}{\begin{matrix} CH_2\text{-}COOH \\ | \\ COOH \end{matrix}} + NaOH + HCN \qquad (8\text{-}43)$$

말론산을 황산과 함께 에틸화시키면 말론산 2에틸화물이 생성된다.

$$\underset{\text{Malonic acid}}{\begin{matrix} COOH \\ | \\ CH_2 \\ | \\ COOH \end{matrix}} \xrightarrow[H_2SO_4]{2C_2H_5OH} \underset{\text{Diethyl malonate}}{\begin{matrix} COOC_2H_5 \\ | \\ CH_2 \\ | \\ COOC_2H_5 \end{matrix}} + 2H_2O \qquad (8\text{-}44)$$

디에틸화 말론산(diethyl malonate)의 중심부에 존재하는 메틸렌기($-CH_2-$)는 수소가 활성상태이므로 R기 등과 쉽게 치환된다.

$$\mathrm{H{:}\overset{COOC_2H_5}{\underset{COOC_2H_5}{C}}{:}H} + \mathrm{Na} \longrightarrow \left[\mathrm{{:}\overset{COOC_2H_5}{\underset{COOC_2H_5}{C}}{:}H}\right]^- \mathrm{Na^+} \xrightarrow{R^+X^-} \mathrm{R{:}\overset{COOC_2H_5}{\underset{COOC_2H_5}{C}}{:}H} + \mathrm{NaX} \tag{8-45}$$

$$\mathrm{R{-}\overset{COOC_2H_5}{\underset{COOC_2H_5}{CH}}} \xrightarrow{\text{가수분해}} \mathrm{R{-}\overset{COOH}{\underset{COOH}{CH}}} \xrightarrow{-CO_2} \mathrm{RCH_2COOH}$$

(R: $-\overset{R}{\underset{R}{C}}-$)

3. 호박산(succinic acid)

예전에는 호박을 증류하여 얻었으므로 이러한 이름이 생겨났으며, 자연계에서는 식물이나 또는 주정발효액에 존재한다.

공업적으로는 다음과 같은 반응과정을 거쳐 제조한다.

$$\underset{\text{Ethylene}}{\mathrm{CH_2{=}CH_2}} \xrightarrow{Br_2} \underset{\text{Ethylene dirbromide}}{\mathrm{CH_2Br{-}CH_2Br}} \xrightarrow{KCN} \underset{\text{Succinonitrile}}{\mathrm{CH_2CN{-}CH_2CN}} \xrightarrow{H_2O} \underset{\text{Succinic acid}}{\mathrm{CH_2COOH{-}CH_2COOH}} \tag{8-46}$$

무색 결정으로 융점이 185℃인데, 235℃에서 탈수되어 호박산 무수물(succinic anhydride)이 되며, 이 물질은 융점이 120℃이다.

$$\underset{\text{Succinic acid}}{\mathrm{CH_2COOH{-}CH_2COOH}} \xrightarrow[\text{가열}]{-H_2O} \underset{\text{Succinic anhydride}}{\mathrm{CH_2{-}C({=}O){-}O{-}C({=}O){-}CH_2}\ (\text{ring})} \tag{8-47}$$

4. 아디픽산(adipic acid)

Phenol을 수소화시켜 사이클로헥사놀(cyclohexanol)을 생성시킨 다음 산화시킨다.

$$\text{Phenol} \xrightarrow{[H]} \text{Cyclohexanol} \xrightarrow{[O]} \text{Adipic acid}\ (HOOC-(CH_2)_4-COOH) \quad (8\text{-}48)$$

아디픽산은 나일론의 제조원료로 사용하고 있다.

5. 말레인산(maleic acid)과 푸말산(fumaric acid)

이 두 가지 물질은 다 같이 $C_4H_4O_6$로 표시되는 이염기산(二鹽基酸)이다. 이들을 환원시키면 두 가지 물질 모두 호박산이 되고, 할로겐을 부가시키면 할로겐화 호박산이 생성된다. 그러나 이들을 가열하면 말레인산은 쉽게 탈수되어 무수 말레인산이 생성되지만, 푸말산은 탈수가 쉽지 않고 승화된다.

이러한 화학적 성질은 다음 식에서 나타나는 것과 마찬가지로 말레인산에 존재하는 두 개의 카르복실기가 같은 방향에 위치하며(cis형), 푸말산은 각각 반대쪽에 존재(trans형)하기 때문에 발생한다.

$$\begin{array}{c} H-C-COOH \\ \| \\ H-C-COOH \end{array} \qquad \begin{array}{c} H-C-COOH \\ \| \\ HOOC-C-H \end{array} \quad (8\text{-}49)$$

Maleic acid (*cis* form) Fumaric acid (*trans* form)

이러한 두 가지 형태가 생성되는 이유는 회전이 불가능한 2중결합이 있기 때문이고, 결국 수소화나 할로겐화 등의 부가반응으로 2중결합을 포화시켜 주면 cis, trans의 구별이 없어지게 된다.

요점 정리

1. 카르복실산의 반응

(a) 산 염화물로 전환

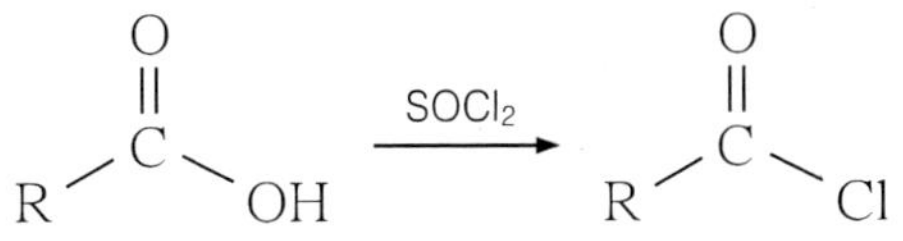

$$R-\overset{\overset{O}{\|}}{C}-OH \xrightarrow{SOCl_2} R-\overset{\overset{O}{\|}}{C}-Cl$$

(b) 에스테르로 전환

$$R-\overset{\overset{O}{\|}}{C}-OH + R'OH \xrightarrow[\text{촉매}]{H^+} R-\overset{\overset{O}{\|}}{C}-OR'$$

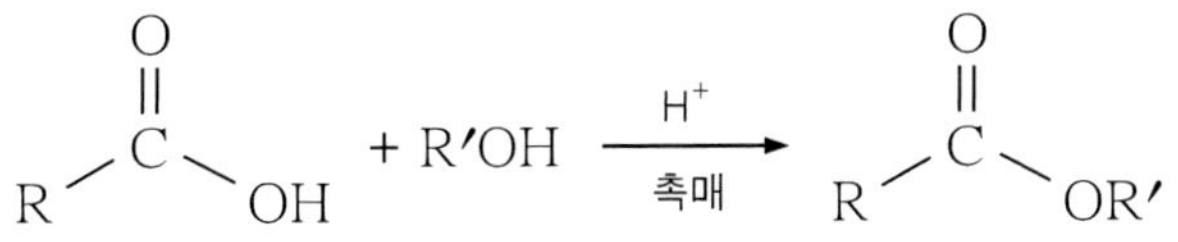

2. 산염화물(acid chloride)의 반응

(a) 카르복실산으로 전환

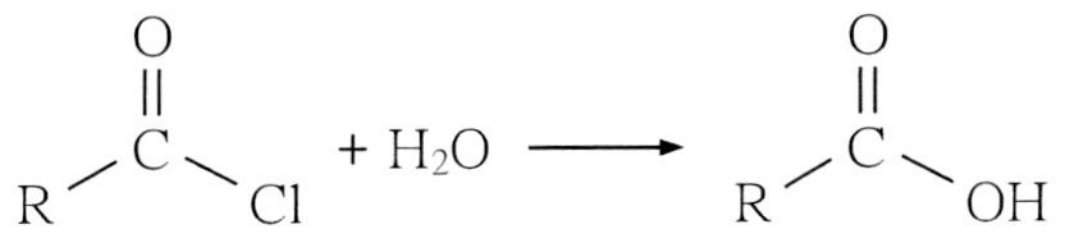

$$R-\overset{\overset{O}{\|}}{C}-Cl + H_2O \longrightarrow R-\overset{\overset{O}{\|}}{C}-OH$$

(b) 에스테르로 전환

$$R-\overset{\overset{O}{\|}}{C}-Cl + R'OH \xrightarrow{\text{Pyridine}} R-\overset{\overset{O}{\|}}{C}-OR'$$

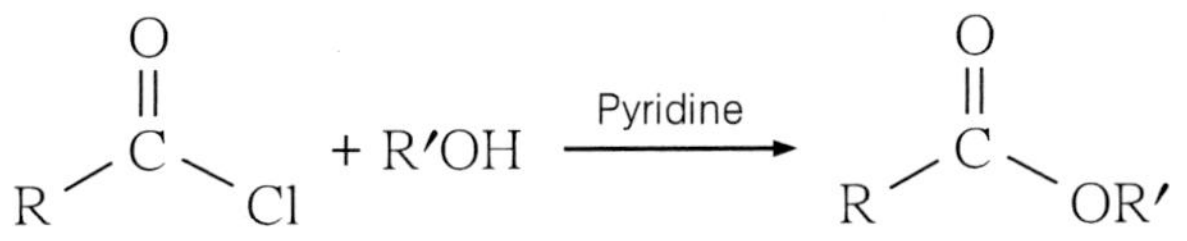

(c) 아미드로 전환

$$R-\overset{\overset{O}{\|}}{C}-Cl + NH_3 \xrightarrow{NaOH} R-\overset{\overset{O}{\|}}{C}-NH_2$$

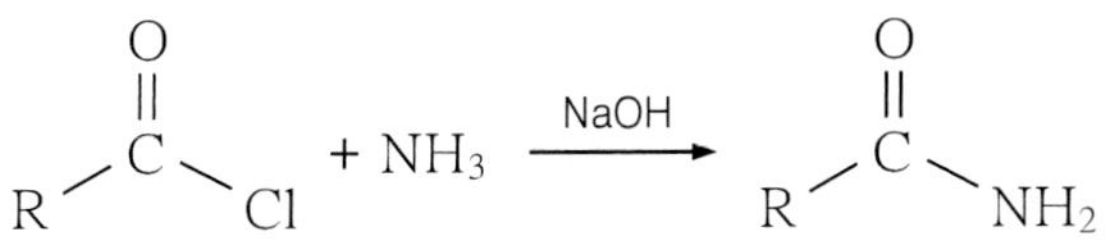

3. 산무수물(acid anhydride)의 반응

(a) 에스테르로 전환

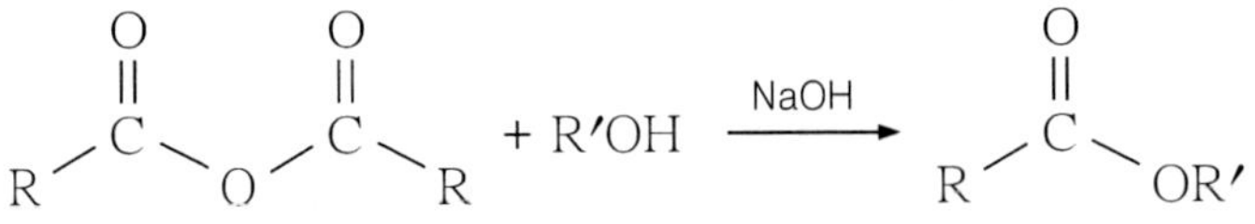

$$\mathrm{RC(=O)OC(=O)R} + \mathrm{R'OH} \xrightarrow{\mathrm{NaOH}} \mathrm{RC(=O)OR'}$$

(b) 아미드로 전환

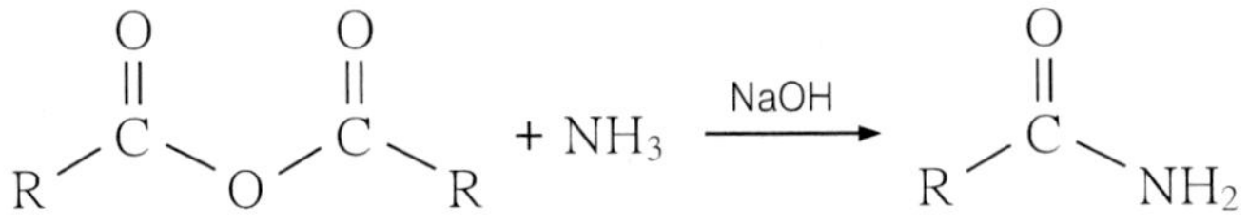

$$\mathrm{RC(=O)OC(=O)R} + \mathrm{NH_3} \xrightarrow{\mathrm{NaOH}} \mathrm{RC(=O)NH_2}$$

4. 에스테르의 반응

(a) 산으로 전환

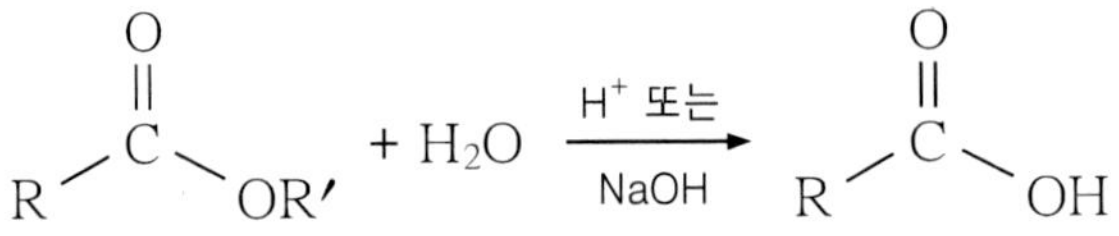

$$\mathrm{RC(=O)OR'} + \mathrm{H_2O} \xrightarrow[\mathrm{NaOH}]{\mathrm{H^+}\ \text{또는}} \mathrm{RC(=O)OH}$$

(b) 아미드로 전환

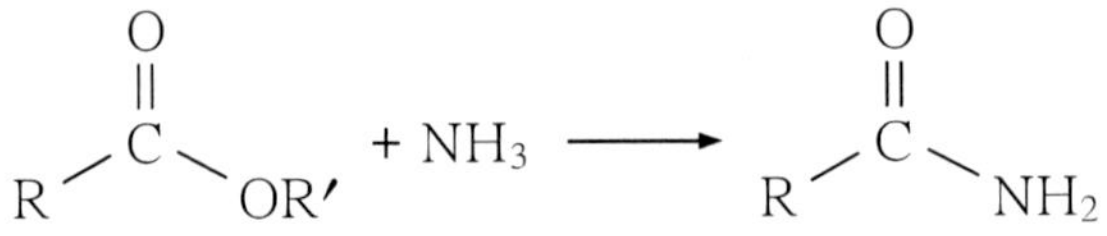

$$\mathrm{RC(=O)OR'} + \mathrm{NH_3} \longrightarrow \mathrm{RC(=O)NH_2}$$

(c) 환원에 의해 일차 알코올로 전환

$$\mathrm{RC(=O)OR'} \xrightarrow{\mathrm{LiAlH_4}} \mathrm{RCH_2OH}$$

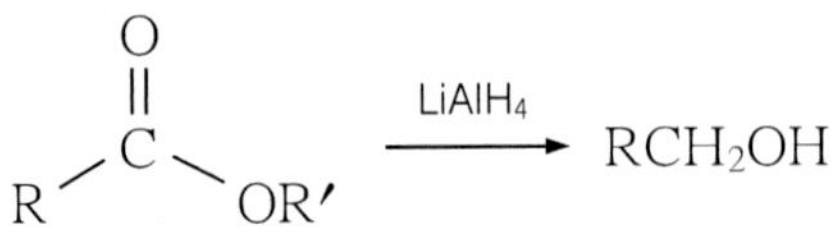

(d) Grignard 반응으로 삼차 알코올로 전환

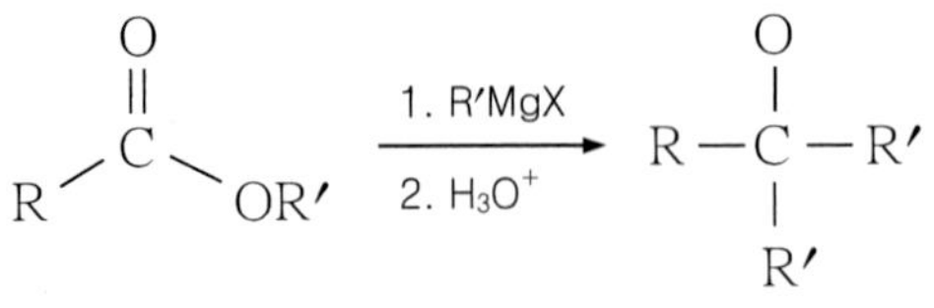

$$\mathrm{RC(=O)OR'} \xrightarrow[2.\ \mathrm{H_3O^+}]{1.\ \mathrm{R'MgX}} \mathrm{R{-}C(O)(R'){-}R'}$$

5. 아미드의 반응

(a) 카르복실산으로 전환

$$RC(=O)NH_2 + H_2O \xrightarrow[\text{NaOH}]{H^+ \text{ 또는}} RC(=O)OH$$

(b) 환원에 의해 아민으로 전환

$$RC(=O)NH_2 \xrightarrow[\text{2. } H_2O]{\text{1. } LiAlH_4} RCH_2NH_2$$

6. 니트릴의 반응

(a) 카르복실산으로 전환

$$R-C\equiv N + H_2O \xrightarrow[\text{NaOH}]{H^+ \text{ 또는}} RC(=O)OH$$

(b) 환원에 의해 아민으로 전환

$$R-C\equiv N \xrightarrow[\text{2. } H_2O]{\text{1. } LiAlH_4} RCH_2NH_2$$

(c) Grignard 반응에 의해 케톤으로 전환

$$R-C\equiv N \xrightarrow[\text{2. } H_2O]{\text{1. } LiAlH_4} RC(=O)R'$$

연습문제

1. 다음 카르복실산의 IUPAC 명명은?

① COOH COOH
$CH_3CHCH_2CH_2CHCH_3$

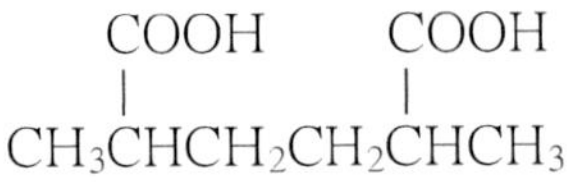

② $(CH_3)_3CCOOH$

③ $CH_2CH_2CH_3$
$CH_3CH_2CH_2CH$
CH_2COOH

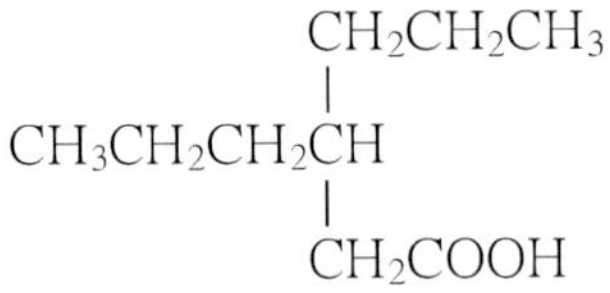

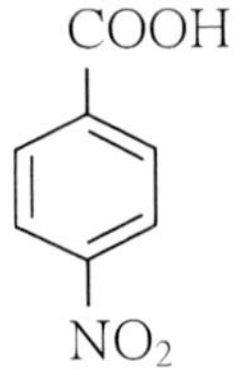

④ COOH
NO_2

⑤ COOH

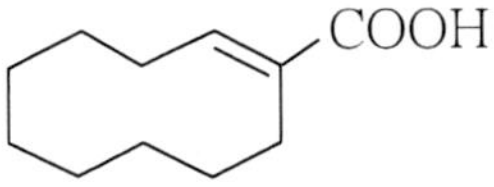

⑥ $BrCH_2CHBrCH_2CH_2COOH$

2. 다음 카르복실산 유도체를 IUPAC 방법으로 명명하시오.

① $CONH_2$
H_3C

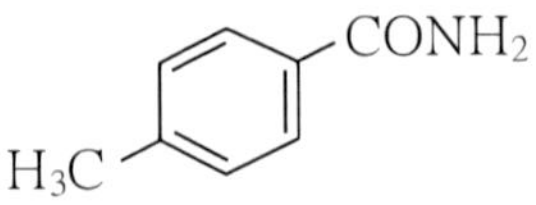

② $(CH_3CH_2)_2CHCH{=}CHCN$

③ $CH_3O_2CCH_2CH_2CO_2CH_3$

④ $CH_2CH_2CO_2CH(CH_3)_2$

⑤ O
C—O

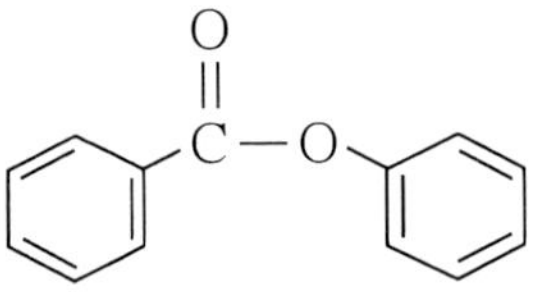

⑥ $CH_3CHBrCH_2CONHCH_3$

⑦ O
Br C—Cl
Br

⑧ CN

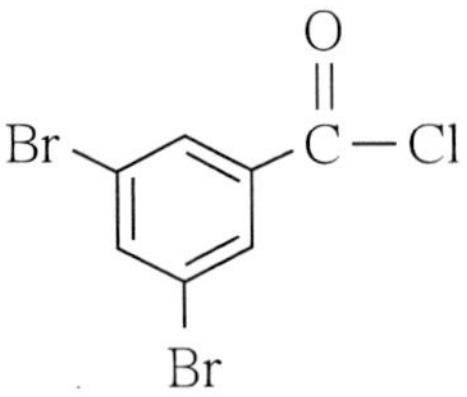

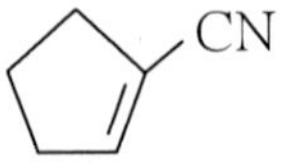

3. 다음 IUPAC 명명에서 구조식을 나타내시오.

① 4,5-Dimethylheptanoic acid
② *cis*-1,2-Cyclohexanedicarboxylic acid
③ Heptanedioic acid
④ Triphenylacetic acid
⑤ 2,2-Dimethylhexanamide
⑥ Phenylacetamide
⑦ 2-Cyclobutenecarbonitrile
⑧ Ethyl cyclohexanecarboxylate

4. 산성도가 증가하는 순서로 다음을 나열하시오.

① 아세트산, chloroacetic acid, trifluoroacetic acid
② Benzoic acid, *p*-bromobenzoic acid, *p*-nitrobenzoic acid
③ 아세트산, phenol, cyclohexanol

5. 다음 화합물을 친핵성 아실 치환반응을 받기 쉬운 순서로 나열하시오.

① CH_3COOCH_3
② CH_3COCl
③ CH_3CONH_2
④ $CH_3CO_2COCH_3$

6. 다음 시약과 *p*-methylbenzoic acid 간 반응의 생성물을 예측하시오.

① $LiAlH_4$
② CH_3OH, HCl
③ $SOCl_2$
④ NaOH, 그리고 CH_3I

7. 다음 반응을 수행하기 위하여 Grignard 카르복시화 반응과 니트릴 가수분해 중 어느 방법이 더 적절하겠는가? 그 선택 이유도 나타내시오.

① o-(HO)$C_6H_4CH_2Br$ ⟶ o-(HO)$C_6H_4CH_2COOH$

② $CH_3CH_2CHBrCH_3$ ⟶ $CH_3CH_2CH(CH_3)COOH$

③ $CH_3C(=O)CH_2CH_2CH_2I$ ⟶ $CH_3C(=O)CH_2CH_2CH_2COOH$

④ $HOCH_2CH_2CH_2Br$ ⟶ $HOCH_2CH_2CH_2COOH$

8. 마치 에스테르를 환원하면 일차 알코올을 얻는 것과 같이 산 염화물을 $LiAlH_4$로 환원하면 같은 반응물을 얻는다. 다음 반응의 생성물은?

① $CH_3CH(CH_3)CH_2CH_2C(=O)Cl \xrightarrow[2.\ H_2O]{1.\ LiAlH_4}$?

② 1-methylcyclopentane-1-COCl $\xrightarrow[2.\ H_2O]{1.\ LiAlH_4}$?

9. 다음 알코올을 얻기 위해 어떤 에스테르와 Grignard 시약이 필요할까?

10. 다음을 얻을 수 있는 두 가지 합성법을 제안하시오.

① $CH_3CH(CH_3)CH_2CH_2C(=O)OCH_2CH_3$

② (cyclopentyl)$-CH_2OC(=O)CH_3$

11. 다음 에스테르를 비누화하면 무엇을 얻을까?

① Br$-C_6H_4-C(=O)-OCH(CH_3)CH_3$

② Cyclohexyl propanoate

9

광학활성

9.1 광학활성과 광학이성

이성체(isomer)의 종류는 다음과 같이 분류할 수 있다.

① 쇄상이성체(chain isomer) :
$CH_3CH_2CH_2CH_3$와 $CH(CH_3)_3$는 쇄상 이성의 관계이다.

② 위치이성체(position isomer) :
관능기의 위치에 따른 이성체, 즉 관능기 이성체를 말한다.

③ 호변이성체(tautomer) :
분자 안에서 양자가 위치를 바꾸어서 생성되는 이성체를 말한다.

④ 입체이성체(stereo isomer) :
알켄에서 나타나는 *cis*형이나 *trans*형에 따른 이성체를 말한다.

⑤ 광학이성체(optical isomer) :
분자 안에 부제탄소에 의해서 생성되는 이성체를 말한다. 어떤 물질이 평면편광에 대해 물리적으로 특별한 작용을 하여 편광의 평면을 회전시키는 성질을 광학이성이라 한다.

1. 대당체

양손은 비대칭물체(chiral object)이며, 2-butanol은 비대칭분자이다. 자연계의 화합물은 비대칭인 것들이 많으며, 특수하게는 단 두 개의 비대칭구조를 갖고 있는 경우도 일부가 있다. 효소는 비대칭화합물의 일종이고, 효소-기질의 관계는 마치 손과 장갑의 관계와 같다. 왼손장갑은 왼손에만 맞는 것처럼 효소반응을 받을 기질분자는 효소분자와 일치되어야 한다.

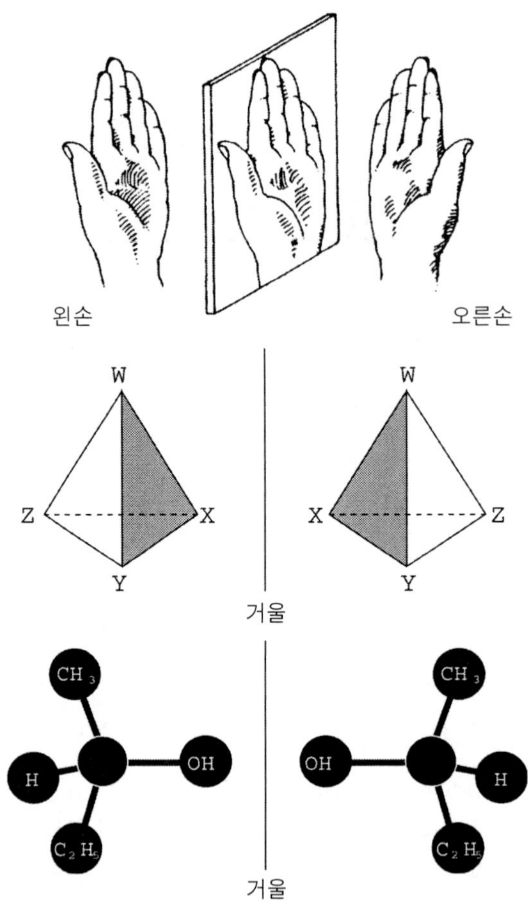

그림 9-1. 실물과 거울상의 관계

비대칭성(chirality)이란 두 분자가 실물과 거울상과의 관계에 있고 합쳐지지 않는 것을 말하며, 이것을 서로 **대당체**(enantiomer)라고도 한다. *Cis, trans* 이성체는 두 가지로 안정된 이성체이지만 대당체와는 다르다. 즉 *cis, trans* 이성체에서는 두 원자나 원자단의 거리가 서로 다르지만 대당체는 서로 같다.

가장 단순한 대당체는 탄소의 4면체에 각각 다른 그룹이나 원자가 결합되어 있는 경우이고, 이와 같은 탄소를 **부제탄소**(asymmetric carbon) 또는 **비대칭탄소**(chiral carbon)이라고 한다.

2. 광학활성

대당체의 독특한 성질은 광선이 물질이나 용액을 통과할 때 굴절하는 것과 마찬가지로 평면편광이 회전한다는 사실이다. 따라서 대당체는 역사적으로 광학이성체라고도 한다.

광학활성 물질에 의한 이러한 편광의 회전을 **선광**이라 하며, 선광계를 이용하여 쉽게 측정할 수 있고, 편광의 회전정도, 즉 선광도나 회전방향(우회전 또는 좌회전)은 광학활성 물질의 종류에 따라서 다르게 나타난다.

일반적인 광선은 진행하는 방향과 직각인 모든 방향으로 진동하면서 진행하는데, 이것이 평면편광되면 진행하는 방향과 직각인 단일 평면에서만 진동하게 된다. 즉, 광선이 어떤 특수한 물질(전기석의 결정, polaroid, nicol prism, 방해석 등)을 통과할 때는 단일 평면에서만 진동하는 평면편광으로 전환되어 빠져 나오게 된다.

만약에 평면편광된 광선이 투명한 물질을 통과하면 진동의 각도가 바뀔 수 있다. 즉, 특정한 물질에 의해서 독특한 회전각을 나타내게 된다.

대당체의 한 종류를 평면편광된 광선의 진행통로(광로)에 위치시키면 어느 각도만큼 선광하게 되고, 나머지 또 한 가지를 편광의 진행로에 놓으면 반대쪽으로 같은 각

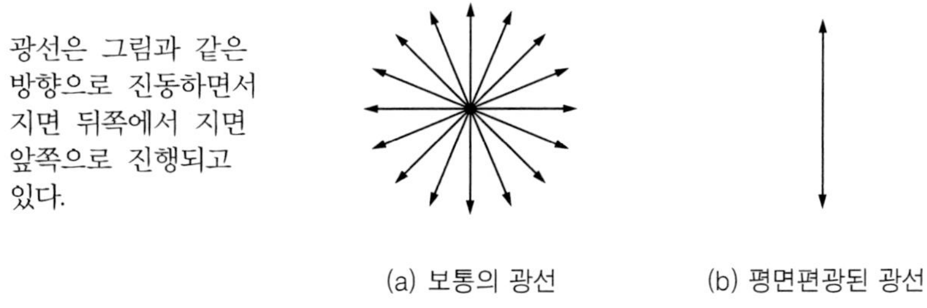

그림 9-2. 보통 광선과 편광의 특성

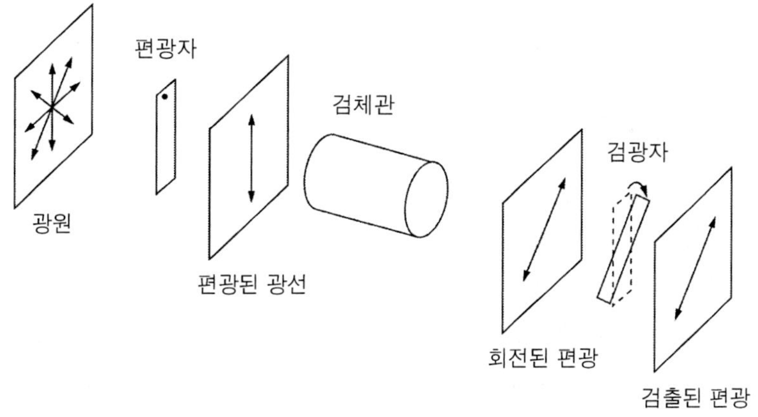

그림 9-3. 선광계의 원리

도만큼 선광하게 된다. 단일 대당체가 시계방향으로 선광하면 이것을 우선성(dextro-rotatory, d) 또는 (+)로 표시하며, 이에 반대인 경우는 좌선성(levorotatory, l) 또는 (-)로 표시한다.

예를 들면 근육에서 추출된 유산은 편광을 오른쪽으로 선회시키므로 (+)유산으로 알려지고 있으며, 전분질의 주정발효에서 얻어진 fusel oil에 포함된 2-methyl-1-butanol은 편광을 왼쪽으로 선회시키므로 (-)-2-methyl-1-butanol이다.

선광의 각도는 다음 식에서 표시한 것과 마찬가지로 [α]라는 기호로 표시한다. 편광의 파장・온도・광학활성 물질의 농도 및 용매의 종류는 선광도에 영향을 미치므로 어떤 물질에 대한 선광도를 표시할 경우는 이러한 조건들을 결과와 함께 표시해 주어야 한다. 선광도 측정에 이용하는 단색광선은 sodium D선이라 부르는 589 nm의 나트륨램프에서 발생하는 광선을 이용하고 있다.

$$[\alpha]^{\text{온도}}_{\text{파장}} = \frac{\text{측정된 회전각}(^\circ)}{\text{시료관의 길이}(\text{dm}) \times \text{농도}(\text{g/ml})} \tag{9-1}$$

9.2 절대적 배치와 상대적 배치

글리세르알데히드는 두 개의 대당체를 갖고 있는데, 이것을 구성하는 원자의 배치는 다음 그림과 같이 두 가지로 표시할 수 있다.

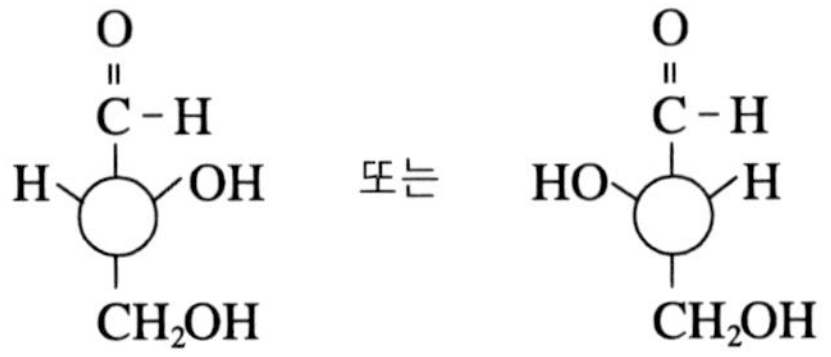

O
‖
C-H
H — ◯ — OH   또는   HO — ◯ — H
CH$_2$OH
(9-2)

그러나 이들 중에서 한쪽은 우선성이고, 나머지는 당연히 좌선성이겠지만 어느 것이 우선성이고 좌선성인지를 단정할 수가 없다. 따라서 화학자들은 이러한 불편을 해결하기 위하여 글리세르알데히드의 우선체(+)를 표준물질로 정하고, 이 물질의 배치를 D라 하고, 원자배치는 식(9-3)과 같이 표시하기로 결정하였다.

D(+) 글리세르알데히드의 상대쪽 대당체는 L(-) 글리세르알데히드가 되는데, 최근에는 D, L의 기호 대신에 각각 R, S의 기호를 사용하고 있다.

D와 L은 분자의 입체구조에 대한 절대배치를 나타내는 기호이고, D는 OH가 오른

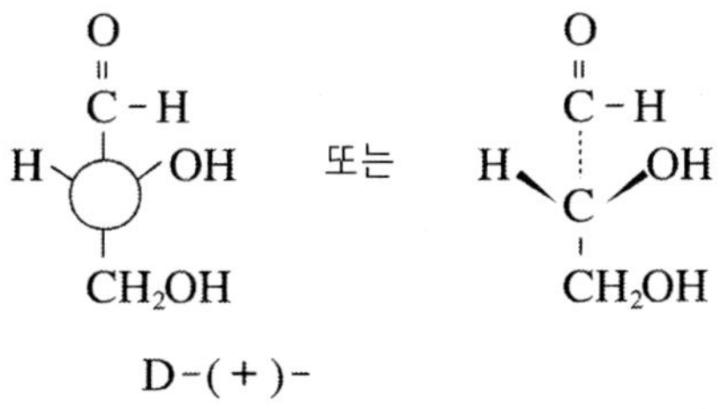

$$\begin{array}{c} O \\ \| \\ C-H \\ H \diagdown \bigcirc \diagup OH \\ | \\ CH_2OH \end{array} \quad \text{또는} \quad \begin{array}{c} O \\ \| \\ C-H \\ H \blacktriangleleft C \blacktriangleright OH \\ | \\ CH_2OH \end{array} \qquad (9\text{-}3)$$

D-(+)-

D-(+)-Glyceraldehyde

쪽에, L은 왼쪽에 있는 것을 의미한다. 이에 대해 (+), (-)는 선광의 방향, 즉 물리적인 특성을 나타내는 기호이다. 과거에는 (+)와 (-) 대신에 d(dextro)와 l(levo)을 사용하였다.

대당체를 형성하는 모든 물질에서 D와 L의 구별은 글리세르알데히드의 원자배열을 기준으로 하여 이해할 수 있다. 한 가지 예로서

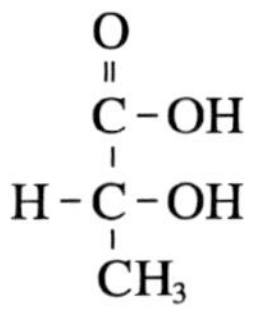

$$\begin{array}{c} O \\ \| \\ C-OH \\ | \\ H-C-OH \\ | \\ CH_3 \end{array} \qquad (9\text{-}4)$$

위와 같은 구조를 갖고 있는 유산은 (+)글리세르알데히드와 다음과 같은 입체화학 반응식이 성립되기 때문에 L(-) 유산이 되어야 한다.

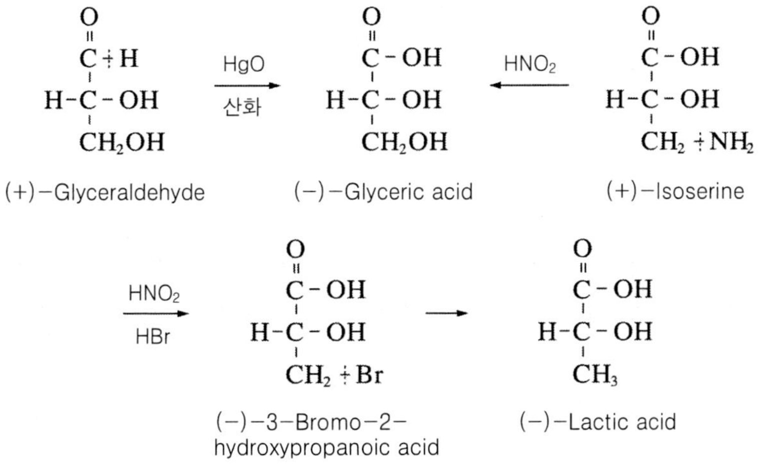

$$\begin{array}{c} O \\ \| \\ C \dagger H \\ | \\ H-C-OH \\ | \\ CH_2OH \end{array} \xrightarrow[\text{산화}]{HgO} \begin{array}{c} O \\ \| \\ C-OH \\ | \\ H-C-OH \\ | \\ CH_2OH \end{array} \xleftarrow{HNO_2} \begin{array}{c} O \\ \| \\ C-OH \\ | \\ H-C-OH \\ | \\ CH_2 \dagger NH_2 \end{array}$$

(+)-Glyceraldehyde (-)-Glyceric acid (+)-Isoserine (9-5)

$$\xrightarrow[HBr]{HNO_2} \begin{array}{c} O \\ \| \\ C-OH \\ | \\ H-C-OH \\ | \\ CH_2 \dagger Br \end{array} \longrightarrow \begin{array}{c} O \\ \| \\ C-OH \\ | \\ H-C-OH \\ | \\ CH_3 \end{array}$$

(-)-3-Bromo-2-hydroxypropanoic acid (-)-Lactic acid

그러나 당류나 히드록시산(hydroxy acid) 등은 선광성과 관계없이 1번 탄소에서 가장 멀리 떨어진 부제탄소와 결합된 OH기의 배위에 따라 우측에 있으면 D계, 좌측

에 있으면 L계로 한다.

9.3 Meso 화합물

일반적으로 n개의 부제탄소를 갖고 있는 화합물질은 2^n개의 입체이성체가 생성될 수 있다. 그러나 분자 내에 대칭의 요소가 있는 경우는 이성체의 수가 감소한다. 즉, 두 개의 부제탄소를 갖고 있는 화합물질은 단 3개의 입체이성체만을 구성하는 경우가 있다.

예를 들어 CH_3-CHOH-CHOH-CH_3(2,3-butandiol)은 다음과 같이 두 가지로 나타낼 수 있으며, 이들은 서로 겹치지 않고 대당체 관계에 있다.

```
     CH3            CH3
     |              |
HO - C - H      H - C - OH
     |              |
 H - C - OH    HO - C - H
     |              |
     CH3            CH3
                                  (9-6)
    (a)            (b)
```

그런데 구조를 다른 방식으로 표시하여 (c)와 (d)처럼 나타내 보면 이들은 서로 겹칠 수 있는 관계가 된다. d를 거꾸로 하면 c와 겹쳐진다. 즉, 이들은 배열방향만 다를 뿐 실제로는 동일한 화합물질이다.

```
     CH3             CH3
     |               |
 H - C - OH     HO - C - H
     |               |
 H - C - OH     HO - C - H
     |               |
     CH3             CH3
                                  (9-7)
    (c)             (d)
```

따라서 이들은 부제탄소를 갖고 있음에도 불구하고 비대칭 관계를 형성하지 않는 화합물질들이다. 이와 같이 비대칭 중심(chiral center)을 갖고 있어도 비대칭(chiral)

```
     COOH     :       COOH             COOH             COOH
     |        :       |                |                |
 H - C - OH   :  HO - C - H        H - C - OH      HO - C - H
     |        :       |         ·······|········ ≡ ·····|··········
HO - C - H    :   H - C - OH       H - C - OH      HO - C - H
     |        :       |                |                |
     COOH     :       COOH             COOH             COOH
                                                                (9-8)
L-(+)-Tartaric acid  D-(-)-Tartaric acid      meso-Tartaric acid
```

표 9-1. 주석산의 물리적 성질

	$[\alpha]_D^{25}$ (20% in H_2O)	Melting point (℃)	Density	Solubility (g/100g H_2O)
D-Enantiomer	-11.98	170	1.760	139
L-Enantiomer	+11.98	170	1.760	139
DL-Racemate	0	206	1.687	20.6
Meso isomer	0	140	1.666	125

이 아닌 분자들을 **메소화합물**(meso compound)라고 한다.

이와 같은 예는 주석산에서도 나타나는데 메소체는 광학활성이 없으며, 다른 물리적인 성질들도 대당체와는 상당히 다르다(표 9-1).

9.4 부분대당체

입체이성체는 대당체(enantiomer)와 부분대당체(diastereo-isomer)로 나누어지며, 전자는 두 이성체가 실제 물체와 거울상의 관계에 있는 것을 의미한다. 그러나 어떤 입체이성체들은 실물과 거울상의 관계에 해당되지 않는 경우가 나타나는데, 이러한 관계를 **부분대당체**라고 한다. *Cis*, *trans*-2-butene은 서로 실물과 거울상의 관계가 아닌 입체이성체로서 부분대당체의 대표적인 사례이다.

$$\begin{array}{cc} H_3C\diagdown\ \diagup H & H_3C\diagdown\ \diagup H \\ C & C \\ \| & \| \\ C & C \\ H_3C\diagup\ \diagdown H & H\diagup\ \diagdown CH_3 \end{array} \qquad (9\text{-}9)$$

cis-2-Butene　　*trans*-2-Butene

또한 두 개의 서로 다른 부제탄소를 가진 α-chloro-β-hydroxysuccinic acid를 예로 들어 설명하기로 한다.

다음 식에서 C^*는 부제탄소를 나타낸 것이고, (a), (d)와 (b), (c)는 대당체이며, 다른 것들은 부분대당체이다. 두 개 이상의 부제탄소를 갖고 있는 분자들도 이와 동일한 방법으로 분석할 수 있다.

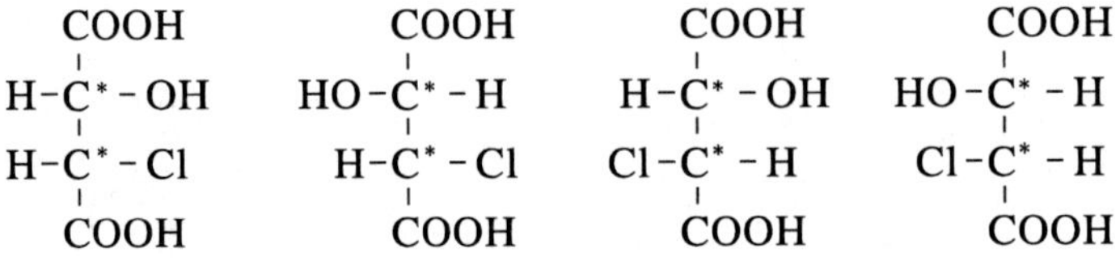

$$\begin{array}{cccc}
\text{COOH} & \text{COOH} & \text{COOH} & \text{COOH} \\
| & | & | & | \\
\text{H-C}^{*}\text{-OH} & \text{HO-C}^{*}\text{-H} & \text{H-C}^{*}\text{-OH} & \text{HO-C}^{*}\text{-H} \\
| & | & | & | \\
\text{H-C}^{*}\text{-Cl} & \text{H-C}^{*}\text{-Cl} & \text{Cl-C}^{*}\text{-H} & \text{Cl-C}^{*}\text{-H} \\
| & | & | & | \\
\text{COOH} & \text{COOH} & \text{COOH} & \text{COOH} \\
\text{(a)} & \text{(b)} & \text{(c)} & \text{(d)}
\end{array} \qquad (9\text{-}10)$$

α –Chloro– β –hydroxysuccinic acid의 이성체

9.5 라세미 혼합물

실험실 조건에서는 다음과 같이 3가지 형태의 유산을 얻을 수 있다. 즉, 근육에서 분리된 것은 우선성(+) 유산이고, 유당(lactose)을 발효시켜 얻은 것은 좌선성(-) 유산이다. 또한 화학적으로 합성할 경우는 광학적 불활성이고, 이 경우는 (+)유산과 (-)유산이 동량씩 혼합되어 있는 것을 알 수 있다. 이러한 대당체의 동량 혼합물질을 **라세미 혼합물**(racemic mixture)라고 하며 기호로는 ±이고, 광학적으로는 불활성이다.

부제탄소 원자를 갖고 있는 화합물질을 실험실에서 합성할 경우는 대부분이 라세미 혼합물을 생성한다. 이러한 이유는 대표적인 사례로서 프로피온산(propionic acid)에서 유산 합성과정을 분석하면 쉽게 이해할 수 있다.

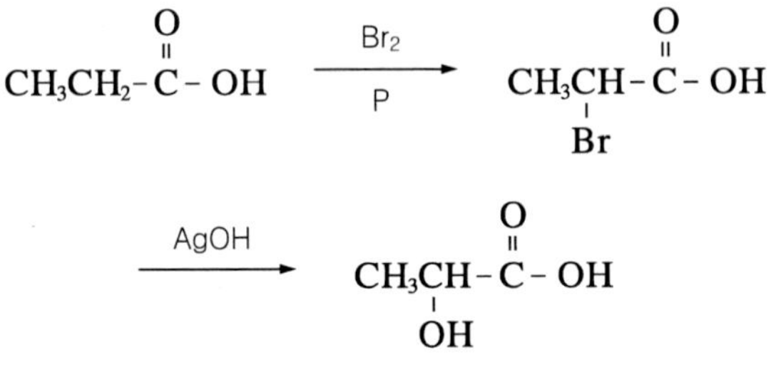

$$\begin{array}{l}
CH_3CH_2\text{-}\overset{\overset{\displaystyle O}{\|}}{C}\text{-}OH \xrightarrow[P]{Br_2} CH_3\underset{\underset{\displaystyle Br}{|}}{C}H\text{-}\overset{\overset{\displaystyle O}{\|}}{C}\text{-}OH \\
\xrightarrow{AgOH} CH_3\underset{\underset{\displaystyle OH}{|}}{C}H\text{-}\overset{\overset{\displaystyle O}{\|}}{C}\text{-}OH
\end{array} \qquad (9\text{-}11)$$

위의 반응과정에서 처음 과정은 Br이 α 수소원자 하나를 치환하여 α 할로겐 치환산이 생성되는 반응이다.

이와 같은 원리로 유산을 화학적으로 합성할 경우에도 라세미 혼합물질이 생성된다. 그러나 생물세포 안에서 진행되는 생화학반응에 의해서 생성되는 분자는 거의 언제나 광학활성을 갖고 있는 물질들이다. 즉, 세포에서 진행되는 반응들은 효소 자신이 광학활성을 갖고 있으므로 효소가 촉매활성을 발휘하여 반응을 진행하는 경우는 라세미 혼합물 중에서 우선성과 좌선성을 스스로 구별하여 선택적으로 반응이 이루어지기 때문이다.

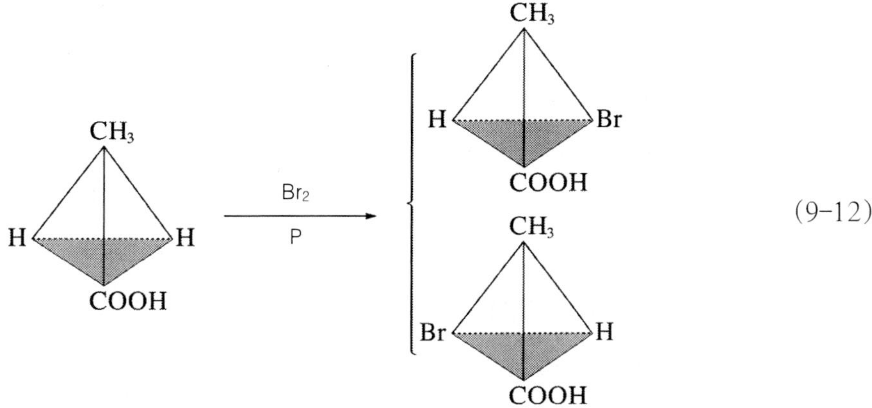

(9-12)

효소반응을 포함한 생물반응의 이러한 특징은 물리화학적으로는 대단히 어렵고 까다로운 광학적 이성체에 대한 반응과 분리에 대하여 상대적으로 효율이 대단히 높아 반합성 생리활성 물질의 분리정제에 적용하고 있다.

9.6 라세미 혼합물의 분리

광학적으로 불활성인 라세미 혼합물질(racemic mixture)을 광학적으로 활성을 갖고 있는 두 개의 대당체로 분할하는 작업은 이들 물질의 물리적 성질이 선광성과 다른 광학활성 물질에 대한 성질 외에는 동일하기 때문에 대단히 어렵다. 일반적으로 화학적 분할방법은 다른 광학활성 물질과 반응성의 차이를 이용하여 수행하고 있다.

1. 파스퇴르의 고전적 방법

1948년에 Louis Pasteur는 현미경 시야에서 주석산의 sodium-ammonium염을 손으로 선별하는 데 성공하였다. 그러나 이와 같은 기계적 방법은 때로 결정이 비대칭 상태로도 형성될 수 있기 때문에 정확한 방법이라 할 수 없다.

2. 부분대당체를 형성하는 방법

가장 일반적이면서 많이 사용하는 방법은 부분대당체로서 대당체의 유도체를 생성시켜 분별결정을 만든 다음 분할하는 방법이다. 광학적으로 순수한 대당체가 부분대당체에서 분리되는 원리는 다음과 같다.

라세미 혼합물질을 광학활성인 염기(+로 표시)와 반응시키면 다음 식과 같이 반응하여 염을 형성한다.

$$\left.\begin{array}{l}(+)\ \text{ACID}\\(-)\ \text{ACID}\end{array}\right. + (+)\ \text{BASE} \longrightarrow \begin{array}{l}(+)\ \text{ACID}\ (+)\ \text{BASE}\\(-)\ \text{ACID}\ (+)\ \text{BASE}\end{array} \quad (9\text{-}13)$$

Racemic mixture Optically active salt Diastereoisomeric salt

(+)와 (-)의 산은 실물과 거울상의 관계에 있으므로 물리적인 방법으로 분리할 수는 없지만, 이 반응에서 생성된 염은 실물과 거울상의 관계가 아닌 부분대당체이다. 결국 이들은 적당한 용매에서 재결정시켜 분리가 가능하다. 다음 반응과 같이 각각의 염을 광학적 활성을 갖고 있는 원래의 산으로 다시 변환시킨다.

$$\begin{array}{l}(+)\ \text{ACID}\ (+)\ \text{BASE} + \text{HCl} \longrightarrow (+)\ \text{ACID}\ (+)\ \text{BASE HCl}\\(-)\ \text{ACID}\ (+)\ \text{BASE} + \text{HCl} \longrightarrow (-)\ \text{ACID}\ (+)\ \text{BASE HCl}\end{array} \quad (9\text{-}14)$$

이와 같은 분할에 사용하는 광학활성 염기는 일반적으로 strychnine이나 brucine같은 몇 가지 천연물질들이 있다. 이들은 위의 반응과정에서 다시 회수가 가능하므로 재사용이 가능하다.

광학활성인 산을 사용하여 같은 방법으로 염기를 분리할 수 있고, 알코올도 광학활성인 산과 부분대당체의 에스테르를 생성할 수 있으므로 분할이 가능하다. 한편 적당한 시약을 선택하면 여러 가지 유기화학 물질에 대해서도 적용이 가능하다.

3. 생물학적 분리

특수한 미생물에 라세미 혼합물질을 공급하면 한 가지 이성체만 소비하고 다른 종류의 이성체는 그대로 잔류한다. 이 경우에 용액은 미생물에 대하여 독성이 없어야 하고, 두 가지 이성체 중에서 한 가지가 소비된다는 단점이 있으나 제한적으로 사용되고 있는 분할방법이다.

효소를 이용한 광학활성 물질의 분할은 미생물을 이용하는 것에 비하여 보다 활용 범위가 넓지만, 역시 반응용액이 효소의 활성을 차단하지 않는 조건이어야 가능하다.

4. 크로마토그라피를 이용한 분리

크로마토그라피 방법을 이용한 분할방법은 LC(liquid chromatography)의 경우에 광학활성 흡착제에 대하여 대당체가 선택적이면서 가역적인 흡착성을 나타내는 성질을 이용하는 방법이다. 대당체 중에서 어느 한쪽은 다른 쪽에 비하여 더 강하게 흡착되므로 상대적으로 흡착이 덜 되는 이성체를 먼저 분리하고, 흡착된 이성체를 적당한 용매로 씻어내는 방법이다.

최근에는 GC(gas chromatography)방법으로 아미노산의 라세미체를 소량씩 분할하는 방법도 적용하고 있다.

연습문제

1. 담즙의 주요 스테로이드인 cholic acid 3.0g을 5.0ml 알코올에 용해시켜 길이 1cm의 시료관에 넣고 광회전도를 측정하였더니 +2.2°이었다. Cholic acid의 $[\alpha]_D^{20}$를 계산하시오.

2. 다음 중 어느 것이 키랄성인가?

   ① 농구공 ② 술잔 ③ 귀
   ④ 눈송이 ⑤ 동전 ⑥ 가위

3. 다음 화합물 중 키랄성인 것은?

   ① 2,4-Dimethylheptane ② 5-Ethyl-3,3-dimethylheptane
   ③ *cis*-1,3-Dimethylcyclohexane

4. 아래에 해당하는 chiral 화합물을 그리시오.

   ① 클로로알칸, $C_5H_{11}Cl$ ② 알코올, $H_6H_{14}O$
   ③ 알켄, C_6H_{12} ④ 알칸, C_8H_{18}

5. 다음 화합물 중 키랄성인 것은? 키랄 중심을 표시하시오.

   ① $CH_3CH_2CH(CH_3)-C(CH_3)_2-CH_2CH_3$ (H₃C, CH₃, CH₃ 치환)
   ② O, CH₃ (3-methylcyclopentanone)
   ③ H₃C, O (4-methylcyclohexanone)
   ④ BrCH₂CHCHCH₂Br (두 CH에 각각 phenyl)
   ⑤ CH₃, H, H₃C, H (1,4-dimethylcyclohexane)

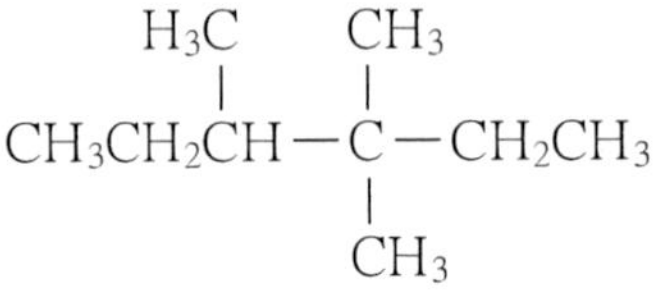

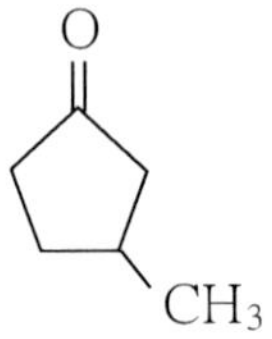

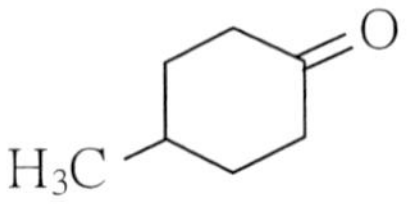

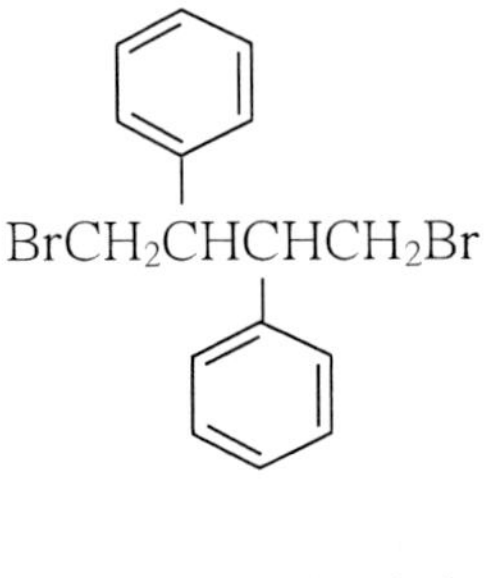

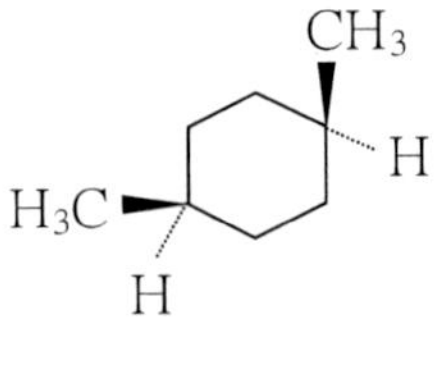

6. 각 조의 치환체에 대해 우선순위를 정하시오.

   ① $-H$, $-OH$, $-OCH_3$, $-CH_3$ ② $-Br$, $-CH_3$, $-CH_2Br$, $-Cl$
   ③ $-CH{=}CH_2$, $-CH(CH_3)_2$, $-C(CH_3)_3$, $-CH_2CH_3$
   ④ $-COOCH_3$, $-COCH_3$, $-CH_2OCH_3$, $-OCH_3$

7. 다음의 lactic acid 거울상 이성질체는 *R*인가 또는 *S*인가? 이것의 거울상을 사면체형으로 나타내시오.

COOH
H—C—OH
CH_3

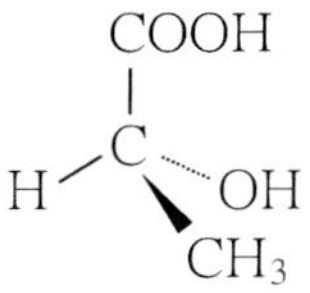

8. 아미노산인 serine의 두 거울상 이성질체를 사면체형으로 나타내시오. 그 중 어느 것이 *S*이며, 어느 것이 *R*인가?

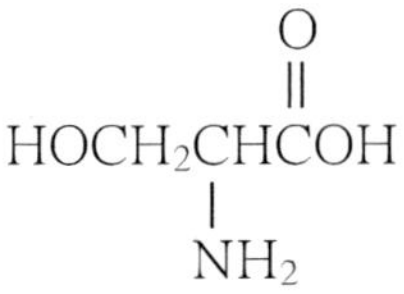

$HOCH_2CH(NH_2)C(=O)OH$

Serine

9. 다음 화합물이 키랄 중심에 대해 *R* 또는 *S* 배위인지 결정하시오.

① 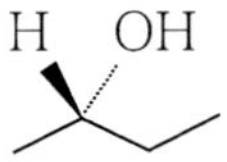 H OH

② 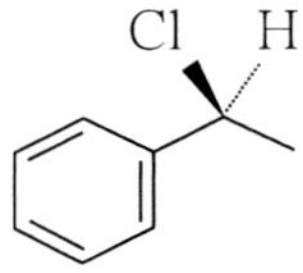 Cl H

③ H OCH_3
$HOCH_2$ COOH

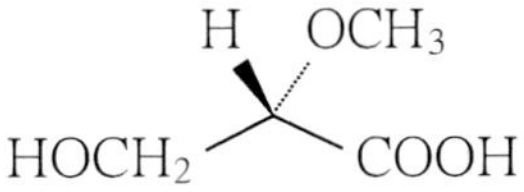

10. 다음의 2-chlorobutane의 Newman 투영은 *R*인가 또는 *S*인가?

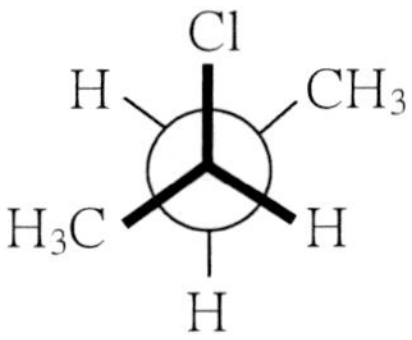

Cl
H CH_3
H_3C H
H

10

치환산과 불포화산

카르복실산(carboxylic acid)의 알킬기가 갖고 있는 수소가 할로겐, –OH, $-NH_2$기 등으로 치환된 형태의 산을 **치환산**(substituted acid)라고 한다.

치환산의 이름은 일반적인 유기산 이름의 어간에 치환기가 붙어 있는 탄소원자의 위치를 표시하는 수자나 $\alpha \cdot \beta \cdot \gamma \cdot \delta$ 등의 기호와 치환기의 명칭을 붙여서 부른다.

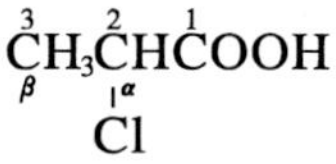

$\overset{3}{C}H_3\overset{2}{C}H(Cl)\overset{1}{C}OOH$ (β, α)	2–Chloropropanoic acid (α–chloropropionic acid)	
$\overset{4}{C}H_3\overset{3}{C}H(OH)\overset{2}{C}H_2\overset{1}{C}OOH$ (γ, β, α)	3–Hydroxylbutanoic acid (β–hydroxybutylic acid)	
$\overset{3}{C}H_3\overset{2}{C}H(NH_2)\overset{1}{C}OOH$ (β, α)	2–Aminopropanoic acid (α–aminopropionic acid)	(10–1)
COOH (1), OH (2) 벤젠고리 (1–6)	2–Hydroxybenzoic acid	

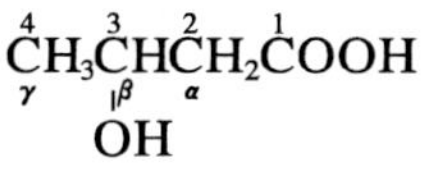

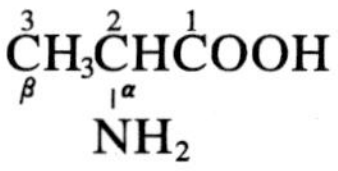

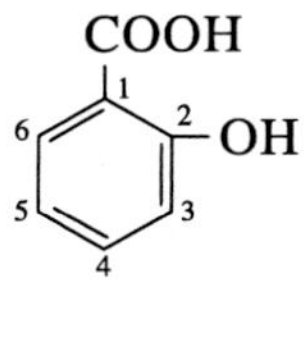

치환산은 부제탄소(asymmetric carbon)를 갖고 있으므로 광학적 이성체(optical isomer)를 갖고 있다.

10.1 할로겐 치환산

1. 할로겐 치환산의 성질

카르복실산(carboxylic acid)의 알킬기에서 할로겐(halogen)이 치환되었을 경우를 할로겐 치환산 또는 할로겐산이라고 한다.

할로겐산은 치환되기 전의 카르복실산보다 일반적으로 산성이 더 강해지는 특징이 있다. 그러나 할로겐이 치환된 위치에 따라 산성의 세기가 달라지며, 일반적으로 산성의 세기는 다음 그림과 같다.

$$\underset{\displaystyle Cl}{\underset{|}{C}}H_2COOH > \underset{\displaystyle Cl}{\underset{|}{C}}H_2CH_2COOH > \underset{\displaystyle Cl}{\underset{|}{C}}H_2CH_2CH_2COOH \qquad (10\text{-}2)$$

그러나 치환된 할로겐이 γ 위치보다 큰 경우는 할로겐의 영향력이 거의 나타나지 않는다.

할로겐은 수소보다도 전자를 자기 쪽으로 잡아당기는 힘이 크기 때문에 끝에 있는 -OH기의 수소는 전자를 잃고 H^+로 이탈되기가 쉽다.

$$H-\overset{\displaystyle H}{\underset{\displaystyle Cl}{C}}-\overset{\displaystyle O}{\overset{\|}{C}}-\ddot{\underset{..}{O}}:H \rightleftharpoons \left[\underset{\displaystyle Cl}{\underset{|}{C}}H_2-\overset{\displaystyle O}{\overset{\|}{C}}-\ddot{\underset{..}{O}}:\right]^- + H^+ \text{ (강산)} \qquad (10\text{-}3)$$

그러나 일반적으로 치환이 없는 알킬기는 전자를 배척하는 성질이 있으므로 약한 산성을 나타낸다.

$$CH_3-\overset{\displaystyle O}{\overset{\|}{C}}-\ddot{\underset{..}{O}}:H \rightleftharpoons \left[CH_3-\overset{\displaystyle O}{\overset{\|}{C}}-\ddot{\underset{..}{O}}:\right]^- + H^+ \text{ (약산)} \qquad (10\text{-}4)$$

2. 할로겐 치환산의 제조방법

가장 중요한 할로겐산은 α 탄소에 할로겐이 결합된 산이다.

1) 산의 치환반응

인(P)과 할로겐으로 산을 처리한다.

$$CH_3CH_2\overset{O}{\overset{\|}{C}}-OH + Cl_2 \xrightarrow{PCl_3} CH_3\underset{Cl}{\underset{|}{C}}H-\overset{O}{\overset{\|}{C}}-OH + HCl\uparrow \qquad (10-5)$$

이론적으로 β 탄소에서도 동일한 치환반응이 이루어져야 하지만 항상 α 탄소에 우선적으로 일어난다. 햇빛 아래에서 직접 염소화시켜도 할로겐산이 될 수 있고, 산무수물을 할로겐화시킨 다음 가수분해를 시켜도 할로겐산을 얻을 수 있다.

$$RCH_2COOH + Cl_2 \xrightarrow{\text{햇빛}} R\underset{Cl}{\underset{|}{C}}HCOOH + HCl$$

$$(RCH_2CO)_2O \xrightarrow[-2HCl]{+2Cl_2} (R\underset{Cl}{\underset{|}{C}}HCO)_2O \xrightarrow{+H_2O} 2\,R\underset{Cl}{\underset{|}{C}}HCOOH \qquad (10-6)$$

2) β위치에 할로겐의 도입

α 할로겐산을 알칼리로 탈할로겐화시키면 불포화산이 생성되며, 이 방법은 2중결합을 도입시키는 기본적인 방법이기도 하다. 이 물질에 할로겐화 수소를 부가시키면 유도효과에 의해서 Markownikoff의 법칙과 반대의 결과가 얻어진다.

$$CH_3-\underset{Br}{\underset{|}{C}}H-\overset{O}{\overset{\|}{C}}-OH + OH \xrightarrow[Alkali]{Alcoholic} CH_2{=}CH-\overset{O}{\overset{\|}{C}}-OH + Br^- + H_2O$$

$$CH_2{=}CH-\overset{O}{\overset{\|}{C}}-OH + H^+Br^- \longrightarrow \underset{Br}{\underset{|}{C}}H_2-CH_2-\overset{O}{\overset{\|}{C}}-OH \qquad (10-7)$$

3. 할로겐 치환산의 화학반응

할로겐산의 화학반응은 카르복실기와 할로겐의 두 곳에서 발생한다. 카르복실기의 반응은 제8장(카르복실산)에서 이미 설명한 것과 같이 산 유도체를 생성하며, 치환된 산의 할로겐은 할로겐화 알킬의 특성을 갖기도 한다(제7장 할로겐 화합물).

치환산의 이와 같은 할로겐은 일반적으로 간단한 치환에 의해서 여러 가지 다른 원자단으로 바뀌어질 수 있다.

이러한 성질은 할로겐이 α 탄소에 있을 때가 가장 활발하며, β 탄소에서는 치환이 쉽게 이루어지지 않는다.

$$
\begin{aligned}
&\mathrm{R\underset{\underset{X}{|}}{C}HCOOH} \xrightarrow{\mathrm{NaOH}} \mathrm{R\underset{\underset{OH}{|}}{C}HCOONa} + \mathrm{HX} \\
&\mathrm{R\underset{\underset{X}{|}}{C}HCOOH} \xrightarrow{\mathrm{NaOC_2H_5}} \mathrm{R\underset{\underset{OC_2H_5}{|}}{C}HCOONa} + \mathrm{HX} \\
&\mathrm{R\underset{\underset{X}{|}}{C}HCOOH} \xrightarrow{\mathrm{KCN}} \mathrm{R\underset{\underset{CN}{|}}{C}HCOOH} + \mathrm{KX} \\
&\mathrm{R\underset{\underset{X}{|}}{C}HCOOH} \xrightarrow{\mathrm{NH_3}} \mathrm{R\underset{\underset{NH_2}{|}}{C}HCOOH} + \mathrm{HX}
\end{aligned}
\tag{10-8}
$$

할로겐 치환산에 2중결합을 도입하는 문제는 바로 앞에서 설명한 할로겐 치환산의 제조방법을 참고하면 된다.

10.2 수산기 치환산(히드록시산)

분자구조에 수산기(-OH)와 카르복실기를 가진 것을 수산기 치환산 또는 히드록시산(hydroxy acid, hydroxyalkanoic acid)이라고 하며, 이것은 두 개의 관능기를 갖고 있는 물질이다.

히드록시산의 종류에는 우리의 생활과 관계있는 것이 많으며, 천연 과일의 신맛과 중요한 관계가 있다.

히드록시산은 분자구조에 수산기를 한 개(monohydroxy acid), 두 개(dihydroxy acid) 등이 있으며, 수산기가 결합된 위치에 따라서 α-히드록시산, β-히드록시산 등으로 구별한다.

1. 수산기 치환산의 제조방법

1) 할로겐 치환산의 가수분해

할로겐 치환산을 묽은 알칼리로 가수분해하여 수산기 치환산으로 전환시킨다.

$$
\begin{array}{c} CH_3\underset{\displaystyle Br}{\underset{|}{C}}H\overset{\displaystyle O}{\overset{\|}{C}}-OH \xrightarrow[Na_2^+CO_3^-]{\text{dil. base}} CH_3\underset{\displaystyle OH}{\underset{|}{C}}H\overset{\displaystyle O}{\overset{\|}{C}}-ONa \\ \xrightarrow[\text{Acidify}]{H^+} CH_3\underset{\displaystyle OH}{\underset{|}{C}}H\overset{\displaystyle O}{\overset{\|}{C}}-OH \end{array} \qquad (10\text{-}9)
$$

α−Hydroxypropionic acid

표 10−1. 천연산 히드록시산

이 름	구조식	녹는점(℃)	분 포
사과산(malic acid)	CH(OH)COOH CH_2COOH	d : 100 l : 100 dl : 130∼131	미숙한 사과, 포도(좌선성 사과산)
주석산(tartaric acid)	CH(OH)COOH CH(OH)COOH	d : 168∼170 l : 168∼170 dl : 205∼206 meso : 140	포도 (d−주석산)
구연산(citric acid)	CH_2COOH C(OH)COOH CH_2COOH	결정수 100 무결정수 153	귤
Glycolic acid	$CH_2(OH)COOH$	80 :	미숙한 포도, 사탕무
유산(lactic acid)	$CH_3CH(OH)COOH$	d, l : 26 dl : 18	유산 발효, 혈액, 근육
3−Hydroxybutyric acid	$CH_3CH(OH)CH_2COOH$	−	당뇨병환자의 오줌

2) 시아노히드린(cyanohydrin)의 가수분해

$$
RCHO \xrightarrow{HCN} \underset{\displaystyle CN}{\underset{|}{RCH}}-OH \xrightarrow{H_2O} \underset{\displaystyle OH}{\underset{|}{RCH}}COOH \qquad (10\text{-}10)
$$

Cyanohydrin

2. 수산기 치환산의 화학반응

카르복실기는 유기산이나 할로겐 치환산과 마찬가지로 화학반응을 할 수 있다. 그러나 수산기 치환산은 두 개의 관능기, 즉 -COOH와 -OH는 각각 알코올과 카르복실산의 반응을 거쳐 에스테르가 생성되는 것과 동일한 반응을 수행한다.

이러한 성질은 수산기의 위치에 따라서 분자간 또는 분자구조에서 탈수반응을 거쳐 다음과 같이 lactide, 불포화산, lactone 등을 생성한다.

① α-히드록시 치환산은 두 개의 분자 사이에서 탈수되면서 lactide를 생성한다.

$$2\,R-CH(OH)-COOH \xrightarrow[-2H_2O]{\text{가열}} \text{Lactide} \quad (10\text{-}11)$$

α-Hydroxy acid Lactide

② β-히드록시 치환산은 분자내의 탈수에 의해서 α 및 β 불포화산을 생성한다.

$$CH_3CH(OH)-CH_2-COOH \xrightarrow[-H_2O]{\text{가열}} CH_3CH=CH-COOH \quad (10\text{-}12)$$

β-Hydroxybutyric acid Crotonic acid

③ γ 이상의 히드록시 치환산은 분자내의 탈수에 의하여 lactone을 생성한다.

$$R-CH(OH)CH_2CH_2C(=O)OH \xrightarrow[-H_2O]{\text{가열}} R-CHCH_2CH_2C=O\ (\text{ring via } O) \quad (10\text{-}13)$$

γ-Hydroxy acid γ-Lactone

④ 수산기는 제1 또는 제2 알코올의 수산기와 성질이 비슷하다. 즉, 이들은 쉽게 산화되면서 carbonyl기가 생성되는데, 이러한 반응을 이용하여 ketonic acid를 제조할 수 있다. 수산기 치환산과 케톤산은 아래와 같은 상호관계가 존재하며, 탄수화물과 단백질의 대사과정에서 중요한 역할을 수행한다.

$$CH_3-CH(OH)-C(=O)-OH \xrightarrow{[O]} CH_3-C(=O)-C(=O)-OH \qquad (10\text{-}14)$$

Lactic acid → Pyruvic acid (α-ketopropionic acid)

⑤ 페놀산(phenolic acid) 중에서 가장 중요한 ortho 이성체인 살리실산(salicylic acid)의 반응을 살펴보면 카르복실산의 반응과 페놀의 반응을 수행한다. 살리실산은 동녹유(oil of wintergreen) 및 아스피린과 같은 의약품 제조에 이용하고 있다.

1) 카르복실기의 에스테르화(산으로서의 반응)

$$C_6H_4(OH)-C(=O)-OH + CH_3OH \underset{}{\overset{[H^+]}{\rightleftharpoons}} C_6H_4(OH)-C(=O)-O-CH_3 + H_2O \qquad (10\text{-}15)$$

Salicylic acid → Methyl salicylate(동녹유)

2) 수산기의 에스테르화(phenol로서의 반응)

$$C_6H_4(OH)-C(=O)-OH + (CH_3-C(=O))_2O \longrightarrow C_6H_4(O-C(=O)-CH_3)-C(=O)-OH + CH_3COOH \qquad (10\text{-}16)$$

Salicylic acid, Acetic anhydride → Acetyl salicylic acid

아세틸 살리실산의 나트륨염이 아스피린(aspirin)이며, 살리실산의 페닐에스테르(phenyl ester)가 salol이다. Salol을 경구투여하면 위에서는 위산의 작용을 받지 않아

$$C_6H_4(O-C(=O)-CH_3)-C(=O)-ONa \qquad C_6H_4(OH)-C(=O)-O-C_6H_5 \qquad (10\text{-}17)$$

Sodium acetyl salicylate (aspirin) Phenyl salicylate (salol)

그대로 통과한 다음 장에 도착하며, 장관에서 알칼리성이 되면 분해되면서 살리실산과 페놀이 생성되므로 위에 해롭거나 위와 관계가 없는 의약품의 표면을 코팅하는 재료로 사용하고 있다.

3. 몇 가지 수산기 치환산

1) 글리콜산(glycolic acid)

가장 간단한 형태의 히드록시산으로서 미숙한 포도나 사탕무에 함유되어 있다. 염화초산(chloroacetic acid)을 알칼리용액에서 가수분해하여 제조한다.

$$\underset{\text{Chloroacetic acid}}{Cl-\overset{H}{\underset{H}{C}}-\overset{O}{\overset{\|}{C}}-OH} + H_2O \xrightarrow{\text{(가수분해)}} \underset{\text{Glycolic acid (hydroxyacetic acid)}}{HOCH_2COOH} \qquad (10\text{-}18)$$

2) 유산(lactic acid)

산패한 우유나 김치에 함유되어 있고, 유당(lactose)을 유산균이 발효시킨 경우에도 생성된다.

$$\underset{\text{Lactose}}{C_{12}H_{22}O_{11}} + H_2O \xrightarrow{\text{유산균}} \underset{\text{Lactic acid}}{4\ CH_3-\overset{H}{\underset{OH}{C}}-COOH} \qquad (10\text{-}19)$$

공업적으로는 포도당을 원료로 유산균발효를 거쳐 선광성이 없는 라세미체 유산을 제조한다.

동물이 운동과정에서 근육에 축적되는 유산은 glycogen이 분해되면서 생성되는 물질로서 우선성이며, sarcolactic acid 또는 paralactic acid라고 한다.

화학적 합성방법은 acetaldehyde에 HCN을 작용시켜 cyanohydrin을 생성한 다음 가수분해하여 제조한다.

$$\underset{\text{Acetaldehyde}}{CH_3CHO} \xrightarrow{HCN} \underset{\text{Cyanohydrin}}{\underset{CN}{CH_3CH}-OH} \xrightarrow{H_2O} \underset{\text{Lactic acid}}{CH_3\underset{OH}{C}HCOOH} \qquad (10\text{-}20)$$

3) 사과산(malic acid)

미숙한 사과나 포도에 유리상태나 칼륨 또는 칼슘염의 상태로 함유되어 있다. 화학적으로는 monobromosuccinic acid를 AgOH와 작용시키거나 fumaric acid를 물과 함께 끓여서 제조한다.

$$\begin{matrix}\text{HOOCCH}\boxed{\text{Br}} \\ | \\ \text{HOOCCH}_2\end{matrix} + \boxed{\text{Ag}}\text{OH} \longrightarrow \begin{matrix}\text{HOOCCHOH} \\ \text{HOOCCH}_2\end{matrix} + \text{AgBr} \qquad (10\text{-}21)$$

Monobromo-succinic acid → Malic acid (hydroxysuccinic acid)

$$\begin{matrix}\text{HCCOOH} \\ \| \\ \text{HOOCCH}\end{matrix} + H_2O \longrightarrow \begin{matrix}\text{HOOCCHOH} \\ | \\ \text{H}_2\text{CCOOH}\end{matrix}$$

Fumaric acid → Malic acid

4) 주석산(tartaric acid)

포도와 여러 가지 과일에 함유되어 있고, 포도주 발효과정에서 생성되는 백색침전은 산성 주석산 칼륨으로서 이 물질을 정제하여 제빵용 팽창제인 baking powder로 이용하고 있다. 팽창제는 단일 성분으로 사용하는 경우보다 혼합하여 이용하는 경우가 많고, 한 가지 예로서 산성 주석산 칼륨과 산성 탄산소다를 동일한 몰비율로 혼합하여 밀가루에 첨가하고, 반죽 속에서 다음과 같은 반응과정을 거쳐 발생하는 탄산가스가 빵을 부풀게 한다.

$$\begin{matrix}\text{COOH} \\ | \\ \text{CHOH} \\ | \\ \text{CHOH} \\ | \\ \text{COOK}\end{matrix} + NaHCO_3 \longrightarrow \begin{matrix}\text{COONa} \\ | \\ \text{CHOH} \\ | \\ \text{CHOH} \\ | \\ \text{COOK}\end{matrix} + CO_2 + H_2O \qquad (10\text{-}22)$$

산성 주석산 칼륨 → 주석산 칼륨소오다

또한 주석(酒石)에 3산화안티몬을 작용시키면 토주석(tartar emetic)이 생성되고, 이 물질은 구토제, 간디스토마 치료제 또는 염색용 매염제로 이용되고 있다.

$$2\begin{matrix}\text{COOK} \\ | \\ \text{CHOH} \\ | \\ \text{CHOH} \\ | \\ \text{COOH}\end{matrix} + Sb_2O_3 \longrightarrow 2\begin{matrix}\text{COOK} \\ | \\ \text{CHO} \\ | \\ \text{CHO} \\ | \\ \text{COO}\end{matrix}\!\!>\!\text{Sb} + 3\,H_2O \qquad (10\text{-}23)$$

주석산은 두 개의 부제탄소를 갖고 있으므로 다음과 같은 네 가지의 광학적 이성체가 존재한다.

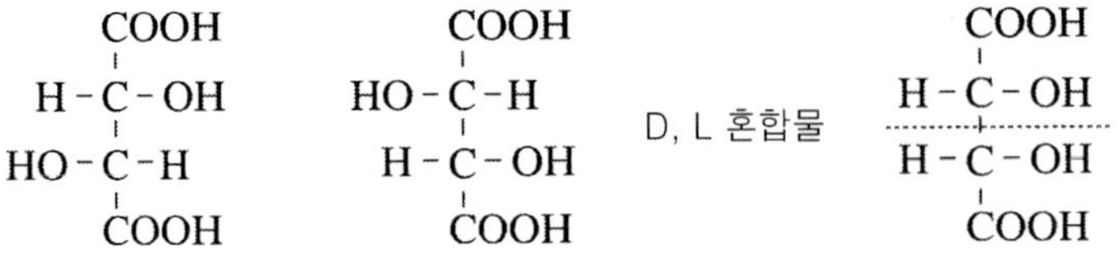

$$\begin{array}{c} \mathrm{COOH} \\ | \\ \mathrm{H-C-OH} \\ | \\ \mathrm{HO-C-H} \\ | \\ \mathrm{COOH} \end{array} \qquad \begin{array}{c} \mathrm{COOH} \\ | \\ \mathrm{HO-C-H} \\ | \\ \mathrm{H-C-OH} \\ | \\ \mathrm{COOH} \end{array} \qquad \text{D, L 혼합물} \qquad \begin{array}{c} \mathrm{COOH} \\ | \\ \mathrm{H-C-OH} \\ \cdots\cdots|\cdots\cdots \\ \mathrm{H-C-OH} \\ | \\ \mathrm{COOH} \end{array} \qquad (10\text{-}24)$$

L(+) 주석산 D(−) 주석산 D, L 주석산 meso− 주석산

5) 구연산

세 개의 카르복실기를 갖고 있는 수산기 치환산으로 레몬・유자・귤 등에 함유되어 있으며, 다양한 음료, 사탕과 과자 등에 첨가하고 있다. 특히 최근에 전분질을 함유한 튀김류에서 발암물질이 생성된다는 보고에 대하여 전분질에 소량의 구연산을 첨가하고 튀기는 경우에 발암물질의 생성을 억제한다는 연구보고에 의해 범용 식품첨가물로서 사용범위가 더욱 확장될 것으로 예상된다. 구연산은 탄수화물 대사과정에서 중요한 중간 생성물질이기도 하다.

공업적으로는 검은곰팡이의 일종인 *Aspergillus niger*를 이용하여 전분질을 발효시켜 제조한다. 구연산 철암모늄(ferric ammonium citrate, $Fe(NH_4)_2H(C_6H_5O_7)_2$)은 청사진용 재료로 이용되었다.

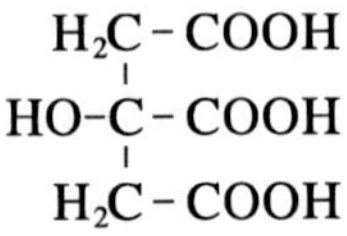

$$\begin{array}{c} \mathrm{H_2C-COOH} \\ | \\ \mathrm{HO-C-COOH} \\ | \\ \mathrm{H_2C-COOH} \end{array} \qquad (10\text{-}25)$$

Citric acid

10.3 케톤산

카르복실기의 알킬기에서 수소가 산소로 치환된 치환산들을 **케톤산**(ketonic acid)이라고 하며, 카르보닐기의 위치에 따라서 α, β, γ 케톤산 등으로 구별한다.

$$\mathrm{R-\overset{\overset{\displaystyle O}{\|}}{C}-COOH} \qquad \mathrm{R-\overset{\overset{\displaystyle O}{\|}}{C}-CH_2COOH} \qquad \mathrm{R-\overset{\overset{\displaystyle O}{\|}}{C}-CH_2CH_2COOH} \qquad (10\text{-}26)$$

α−케톤산 β−케톤산 γ−케톤산

일반적으로 케톤산은 불안정하기 때문에 쉽게 탄산가스를 방출하면서 안정한 형태인 에테르를 생성하는 특징이 있다.

$$\underset{\beta\text{-케톤산}}{RC(=O)CH_2COOH} \longrightarrow \underset{\text{Ether}}{RC(=O)CH_3} + CO_2 \uparrow \qquad (10\text{-}27)$$

1. 제조방법

1) 수산기 치환산(hydroxy acid)의 산화

이미 앞에서 설명한 히드록시산의 반응 항목을 참고한다.

2) 산염화물질과 KCN의 반응

산염화물질에 KCN을 작용시켜 cyanide화합물을 생성하고, 이것을 가수분해하여 제조한다.

$$\underset{\text{산염화물}}{R-C(=O)-Cl} + KCN \longrightarrow \underset{\text{Ketone cyanide}}{R-C(=O)-CN} \xrightarrow{H_2O} \underset{\text{Ketone acid}}{R-C(=O)-COOH} \qquad (10\text{-}28)$$

2. 중요한 케톤산

1) 피루브산(pyruvic acid)

가장 간단한 형태의 α 케톤산으로서 주석산에서 제조할 수 있다.

$$\underset{\text{meso-Tartaric acid}}{COOH-CH(OH)-CH(OH)-COOH} \xrightarrow[-CO_2,\ -H_2O]{KHSO_4} \underset{\alpha\text{-Hydroxy-2-propenoic acid (enol형)}}{COOH-C(OH)=CH_2} \rightleftharpoons \underset{\text{Pyruvic acid (keto형)}}{COOH-C(=O)-CH_3} \qquad (10\text{-}29)$$

한편 pyruvic acid는 주정발효 과정에서도 생성되며, 지방산이나 단백질이 체내에서 산화분해할 경우에도 중간 생성물질(intermediate)로서 생성된다.

2) 아세토초산(acetoacetic acid)

가장 간단한 β 케톤산으로서 사람의 오줌에서 발견된다. Acetoacetic acid의 에틸 에스테르는 가운데에 위치한 메틸렌기(-CH_2)의 수소가 이동하면서 호변이성체(tautomeric isomer)를 생성한다.

$$CH_3-\overset{\overset{\displaystyle O}{\|}}{C}-\underset{\underset{\displaystyle H}{|}}{\overset{\overset{\displaystyle H}{|}}{C}}-COOC_2H_5 \xrightleftharpoons{\text{Tautomerism}} CH_3-\overset{\overset{\displaystyle OH}{|}}{C}=\underset{\underset{\displaystyle H}{|}}{C}-COOC_2H_5 \qquad (10\text{-}30)$$

Ethylacetoacetate(keto form) Ethylacetoacetate(enol form)

10.4 불포화산

불포화지방산(unsaturated fatty acid)처럼 긴 사슬에서 불포화결합(unsaturated bond)을 형성하는 경우가 많으나, 이와 관련된 설명은 지방산 항목에서 다루기로 하고, 여기서는 α 와 β 위치에 2중 결합을 한 개 갖고 있는 짧은 사슬의 간단한 지방산에 대해서만 설명하기로 한다.

$$R-CH=CH-\overset{\overset{\displaystyle O}{\|}}{C}-OH \qquad (10\text{-}31)$$

α, β 불포화산

표 10-2. 간단한 불포화지방산

화학식	관용명	IUPAC 이름
CH_2=CH-COOH	Acrylic acid	2-Propenoic acid
CH_3CH=CH-COOH	Crotonic acid	*trans*-2-Butenoic acid
C_6H_5-CH=CH-COOH	Cinnamic acid	3-Phenyl-2-propenoic acid
HOOC-CH=CH-COOH	Maleic or fumaric acid	Butenedioic acid

1. 불포화산의 제조방법

2중 결합은 보통 올레핀(olefin)을 만드는 여러 가지 일반적인 방법으로 분자구조에 도입시킬 수 있다.

$$CH_3-\underset{\underset{Br}{|}}{CH}-\overset{\overset{O}{\|}}{C}-OH+OH^- \xrightarrow[\text{Alkali}]{\text{Alcoholic}} CH_2=CH-\overset{\overset{O}{\|}}{C}-OH+HBr$$

α-Bromopropionic acid → Acrylic acid

$$C_6H_5-CH=CH-\overset{\overset{O}{\|}}{C}-H \longrightarrow C_6H_5-CH=CH-\overset{\overset{O}{\|}}{C}-OH \qquad (10\text{-}32)$$

Cinnamic aldehyde → Cinnamic acid

$$CH_3-\underset{\underset{OH}{|}}{CH}-CH_2-\overset{\overset{O}{\|}}{C}-OH \xrightarrow{\text{가열}} CH_3-CH=CH-\overset{\overset{O}{\|}}{C}-OH+H_2O$$

β-Hydroxybutyric acid → Crotonic acid (α, β-unsaturated acid)

위의 예에서 아크릴산과 크로톤산은 이미 설명한 것을 다시 인용한 경우이고, 탄소사슬에서 2중 결합이 두 곳에 도입되는 경우는 β와 γ 위치보다는 일반적으로 α와 β 위치에 생성되는 경우가 많다. 이것은 2중 결합이 생성되는 물질에 공액 2중 결합이 형성되기 때문이며, 이 경우에 C=C의 2중 결합과 카르복실기의 C=O 2중 결합이 서로 공액관계에 있다고 볼 수 있다.

또한 α, β 불포화산의 일종인 메타아크릴산 메틸(methyl metacrylate)은 중합을 거쳐 강도가 좋은 투명 플라스틱 소재가 합성되는데, 이들은 **류시트**(lucite) 또는 **플랙시글라스**(flexiglass)라고 한다.

$$CH_3\overset{\overset{O}{\|}}{C}CH_3 \xrightarrow{HCN} CH_3-\underset{\underset{CH_3}{|}}{\overset{\overset{CN}{|}}{C}}-OH \xrightarrow{KHSO_4} CH_2=\underset{\underset{CH_3}{|}}{\overset{\overset{CN}{|}}{C}}$$

$$\xrightarrow{CH_3OH,\ H_2SO_4} CH_2=\underset{\underset{CH_3}{|}}{\overset{\overset{COOCH_3}{|}}{C}} \xrightarrow[\text{Cat.}]{\text{Peroxide}} CH_3\left[\underset{\underset{CH_3}{|}}{\overset{\overset{COOCH_3}{|}}{C}}\right]_n \qquad (10\text{-}33)$$

Methyl methacrylate → Acrylate polymer

2. 말레인산(maleic acid)과 푸말산(fumaric acid)

사과산(malic acid)을 탈수시키면 두 개의 서로 다른 불포화산이 생성되는데, 이들은 물리적・화학적 성질이 각각 서로 다르다. 이들을 각각 *cis*형과 *trans*형으로 구별하며, 평면 위에 나타낸 구조는 다음과 같다.

$$\begin{array}{c} \mathrm{H-C-COOH} \\ \| \\ \mathrm{H-C-COOH} \end{array} \qquad\qquad \begin{array}{c} \mathrm{H-C-COOH} \\ \| \\ \mathrm{HOOC-C-H} \end{array} \tag{10-34}$$

Maleic acid (*cis* isomer) Fumaric acid (*trans* isomer)

한편, 이들의 형태를 화학구조와 관련된 일반적인 방법으로 표현하면 다음과 같다.

$$\begin{array}{c} \mathrm{X} \diagdown \quad \diagup \mathrm{X} \\ \mathrm{C=C} \\ \mathrm{Y} \diagup \quad \diagdown \mathrm{Y} \end{array} \qquad\qquad \begin{array}{c} \mathrm{X} \diagdown \quad \diagup \mathrm{Y} \\ \mathrm{C=C} \\ \mathrm{Y} \diagup \quad \diagdown \mathrm{X} \end{array} \tag{10-35}$$

cis *trans*

결국 이 두 가지 구조의 물질들은 서로 겹쳐지지 않는 형태이기 때문에 동일한 물질이 아니다. 겹쳐지지 않는 이유는 >C=C< 결합이 회전되지 않기 때문이며, 이들의 구조를 보다 쉽게 이해하기 위하여 입체적 모형으로 표현하면 그림 10-1과 같다.

이러한 두 이성체의 관계를 *cis-trans* 이성체나 기하학적 이성체(geometric isomer)라고 한다.

만약에 한 개의 사면체만이 180° 회전이 가능하다면 [I]의 그림을 [II]와 동일한 모양으로 전환시킬 수 있으나, 위의 경우에는 해당되지 않으며, 전혀 다른 예에서 식(10-36)과 같이 나타난다.

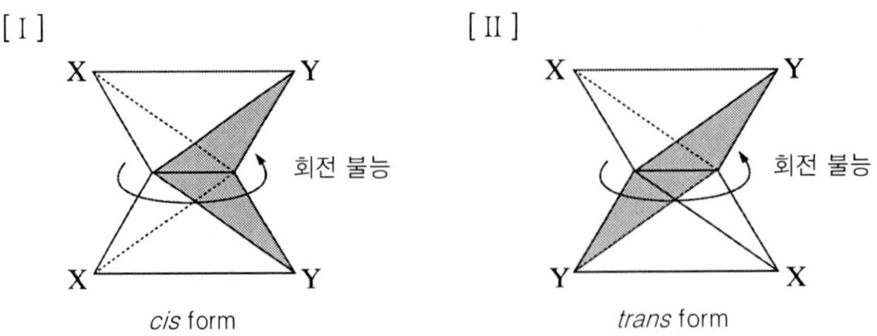

그림 10-1. *cis*형과 *trans*형의 입체모형

$$\begin{matrix} H_2C-COOH \\ HOOC-CH_2 \end{matrix} \qquad \begin{matrix} H_2C-COOH \\ H_2C-COOH \end{matrix} \tag{10-36}$$

Succinic acid

즉, 2중 결합이 없는 호박산(succinic acid)은 평면적인 구조를 두 가지로 표시가 가능하지만, 이것을 입체적인 방법으로 표시하면 $-H_2C-CH_2-$ 결합은 두 개의 정사면체의 꼭지점끼리 연결된 상태로서 한 개의 정사면체를 고정하고, 나머지 정사면체를 임의로 회전이 가능하므로 이성체가 생성되지 않는다.

결국 그림 10-2에서 설명되는 이유로 해서 호박산의 두 가지 평면 구조식은 구별하여 표시할 필요가 없다.

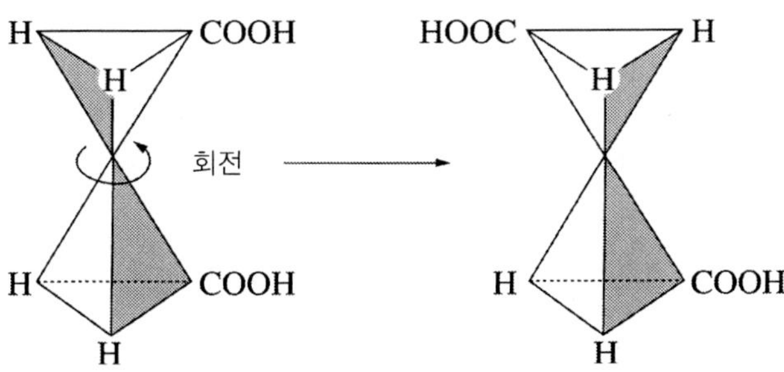

그림 10-2. 호박산 구조의 입체모형

요점 정리

1. Ketone과 aldehyde의 할로겐화

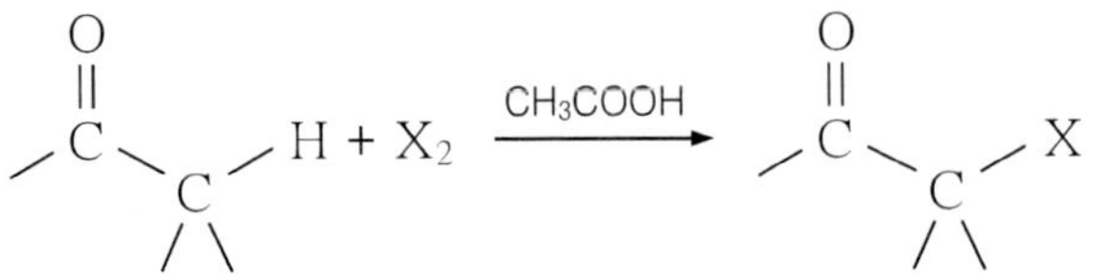

$$-\overset{\overset{\displaystyle O}{\|}}{C}-\underset{\wedge}{C}-H + X_2 \xrightarrow{CH_3COOH} -\overset{\overset{\displaystyle O}{\|}}{C}-\underset{\wedge}{C}-X$$

이때 X=Cl, Br, 또는 I

2. 케톤과 알데히드의 알돌 반응

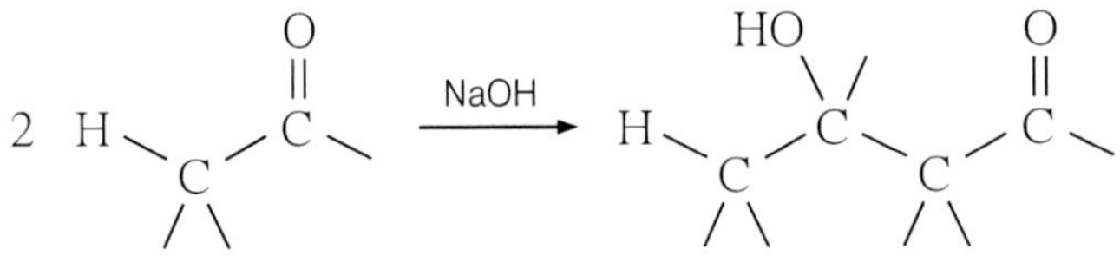

$$2\ H-\underset{\wedge}{C}-\overset{\overset{\displaystyle O}{\|}}{C}- \xrightarrow{NaOH} H-\underset{\wedge}{C}-\overset{HO\ \diagdown\ \diagup}{C}-\underset{\wedge}{C}-\overset{\overset{\displaystyle O}{\|}}{C}-$$

3. 에스테르의 클라이센 축합반응

$$2\ H-\underset{\wedge}{C}-\overset{\overset{\displaystyle O}{\|}}{C}-OR \xrightarrow{NaOCH_2CH_3} H-\underset{\wedge}{C}-\overset{\overset{\displaystyle O}{\|}}{C}-\underset{\wedge}{C}-\overset{\overset{\displaystyle O}{\|}}{C}-OR$$

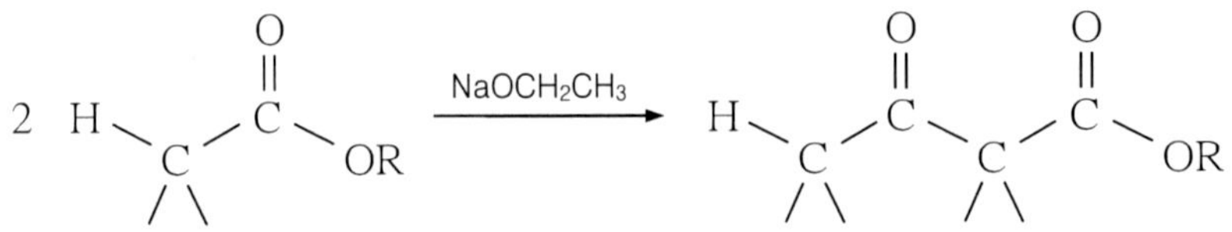

연습문제

1. 다음 분자에서 산성 수소를 지적하시오.

① $HOCH_2C(=O)CH_3$ ② $HOCH_2CH_2C(=O)C(CH_3)_3$

③ 1,3-Cyclopentanedione ④ $CH_3CH=CHCHO$

2. 다음 화합물의 산성도가 증가하는 순서로 나열하시오.

CH_3CH_2COOH, CH_3COCH_3, CH_3CH_2OH, $CH_3COCH_2COCH_3$

3. 다음 이온의 공명형태는?

① $CH_3C(=O)\ddot{C}HC(=O)CH_3$ ② $:\bar{C}H_2C\equiv N$

③ $CH_3CH=CH\ddot{C}HC(=O)CH_3$ ④ $N\equiv C\ddot{C}HCO_2C_2H_5$

4. 다음 화합물 중 어느 것이 알돌 축합을 일으킬까? 각 경우 생성물의 구조는?
   ① 2,2-Dimethylpropanal ② Cyclobutanone
   ③ Benzophenone(diphenyl ketone) ④ Decanal

5. Ethyl acetate와 ethyl benzoate 혼합물을 염기로 처리하면 클라이센 축합 생성물을 두 개 얻는다. 이를 설명하시오.

6. 알돌 축합반응으로 다음 화합물을 어떻게 제조하겠는가?
   ① $C_6H_5C(CH_3)=CHCOC_6H_5$ ② 4-Methyl-3-penten-2-one

7. 1-Butanol은 알돌반응을 포함한 세 단계 반응을 통하여 acetaldehyde에서 상업적으로 합성한다. 어떻게 이 전환을 이루겠는가?

$$CH_3CHO \xrightarrow{\text{3단계}} CH_3CH_2CH_2CH_2OH$$

8. 클라이센 축합반응은 가역반응이다. 즉, β-keto 에스테르는 염기에 의하여 두 부분으로 쪼개어진다. 다음 절단반응의 메카니즘을 제안하시오.

$$C_6H_5-\overset{O}{\overset{\|}{C}}CH_2\overset{O}{\overset{\|}{C}}OCH_2CH_3 \xrightarrow[H_2O]{NaOH} C_6H_5-\overset{O}{\overset{\|}{C}}O^-\ Na^+ + CH_3\overset{O}{\overset{\|}{C}}OCH_2CH_3$$

11

탄수화물

탄수화물(carbohydrate)라는 이름은 이 계열 화합물들의 실험식에서 비롯된 것으로서 대부분이 Cm(H_2O)n, 즉 탄소의 수화물로 표시되기 때문이다. 실제로는 이들의 분자식과 이름은 대부분 관계가 없거나 학술적으로는 무의미한 것이지만, 관습적으로 아직 그대로 이용되고 있다.

탄수화물을 화학적으로 설명하면 폴리히드록시 알데히드(polyhydroxy aldehyde)나 폴리히드록시 케톤(polyhydroxy ketone), 또는 가수분해되면서 polyhydroxy aldehyde이나 polyhydroxy ketone을 생성할 수 있는 물질들을 말한다.

가장 간단한 탄수화물의 단위는 단당류(monosaccharides)로 알려져 있으며, 단당류는 다시 알데히드기를 가진 것(aldose), 케톤기를 가진 것(ketose), 탄소를 다섯 개 가진 것(pentose), 탄소를 여섯 개 가진 것(hexose) 등으로 구별하여 부르기도 한다.

이당류(disaccharides)는 단당류 두 개가 결합되어 있는 당류이고, 단당류 3 개가 결합된 형태는 삼당류라 하며, 이당류와 삼당류를 합쳐 소당류(oligosaccharides)라고 한다.

다당류(polysaccharides)는 다수의 단당류가 결합되어 있는 물질을 말하며, 가수분해되면 이들의 구성단위인 단당류로 분해된다.

11.1 단당류

1. 단당류의 구조

단당류(monosaccharide)는 다가 알코올 분자구조의 -OH기 한 개가 산화되면서 알데히드나 케톤을 생성한 물질을 말한다.

```
      H                       CH2OH
      |                         |
      C = O                     C = O
      |                         |
   H - C - OH              HO - C - H
      |                         |
  HO - C - H               H - C - OH
      |                         |
   H - C - OH              H - C - OH
      |                         |
   H - C - OH                 CH2OH
      |
     CH2OH
```

Glucose(aldohexose)　　Fructose(ketohexose) (11-1)

또한 단당류는 여러 개의 부제탄소를 갖고 있으며, 이들 부제탄소에 결합된 -OH기의 공간 배열방법에 따라서 단당류의 종류가 결정된다.

```
                              CHO
                               |
                        HO - C* - H
       CHO                     |
        |                H - C* - OH
   H - C* - OH                 |
        |               HO - C* - H
      CH2OH                    |
                        HO - C* - H
                               |
                             CH2OH
```

D-Glyceraldehyde　　L-Glucose (11-2)

```
       CHO                 CHO                 CH2OH
        |                   |                    |
  HO - C* - H         H - C* - OH               C=O
        |                   |                    |
  HO - C* - H        HO - C* - H          HO - C* - H
        |                   |                    |
   H - C* - OH        H - C* - OH          H - C* - OH
        |                   |                    |
   H - C* - OH        H - C* - OH          H - C* - OH
        |                   |                    |
      CH2OH               CH2OH                CH2OH
```

D-Mannose　　D-Glucose　　D-Fructose

Aldohexose는 네 개의 부제탄소가 존재하며, 따라서 $2^4 = 16(n = 2^a)$개의 입체적 이성체를 갖고 있고, 16개의 물질들은 자연계에서 발견되거나 합성되고 있다.

또한 카르보닐기에서 가장 멀리 위치한 부제탄소에 결합한 -OH기가 오른쪽에 결합되어 있으면 D계의 당이고, 왼쪽에 있으면 L계의 당이라고 한다.

2. 일반적인 성질

단당류는 일반적으로 물에 잘 녹는 백색의 결정성 고체이고, 구조에 적어도 한 개 이상의 부제탄소가 함유되어 있으므로 앞에서 배운 내용에서 선광계를 이용하여 관찰하면 우선성(d, +) 또는 좌선성(l, -)을 나타내게 된다. 그러나 여기서 표시한 선광성은 당구조의 입체적 배치를 표시하는 D와 L과는 전혀 무관한 개념이다.

여기에서 변선광(mutarotation)이란 물에 녹인 당류의 선광성을 측정하는 경우에 물에 용해시킨 직후와 어느 정도 시간이 경과한 다음의 선광도가 서로 다른 경우가 있다. 이러한 현상을 **변선광**이라 한다.

포도당을 물에 녹인 직후에는 $[\alpha]_D^{20}$ = +112°의 선광도를 나타내지만, 나중에는 $[\alpha]_D^{20}$ = +52.5로 변하고, 이후에는 평형상태에 도달하면서 더 이상의 차이가 나타나지 않게 된다. 이러한 변선광에 대하여 포도당의 경우를 예로 들면, 분자 내 -CHO기와 -OH기 사이에 일종의 hemiacetal을 형성하고, 다음 식과 같이 고리모양의 구조를 갖고 있다.

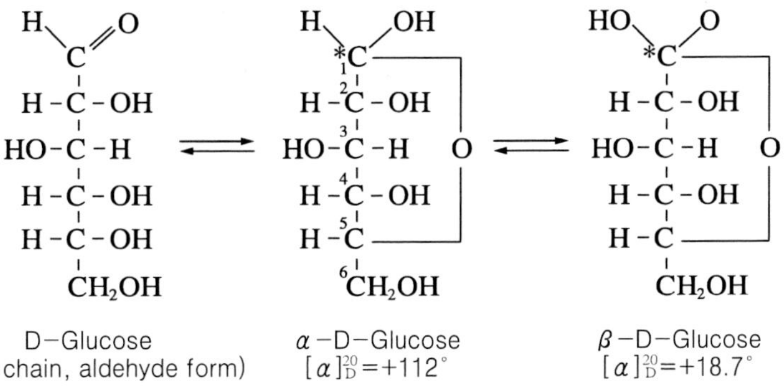

$$\text{D-Glucose} \rightleftharpoons \alpha\text{-D-Glucose} \rightleftharpoons \beta\text{-D-Glucose} \qquad (11\text{-}3)$$

D-Glucose (open chain, aldehyde form) | α-D-Glucose $[\alpha]_D^{20}$=+112° | β-D-Glucose $[\alpha]_D^{20}$=+18.7°

C_1이 부제탄소로 변화되고, 이 탄소의 주위에서 생성되는 새로운 입체적 재배치로 인해서 α-D-glucose와 β-D-glucose의 두 가지가 생성되는데, 이들을 서로 **변태체**(anomer)라고 한다.

또한 α-D-glucose($[\alpha]_D^{20}$ = +112°)의 일부분이 β-D-glucose($[\alpha]_D^{20}$ = +18.7°)로 전환되면서 평형상태에 도달되면 이 용액은 $[\alpha]_D^{20}$ = +52.5°의 선광도를 나타내게 된다. 일반적으로 평형상태에서 α-D-glucose는 전체의 약 1/3 정도이고, β-D-glucose는 약 2/3를 차지하고 있다.

3. 반 응

단당류는 한 분자구조에 여러 가지 관능기(알데히드 · 케톤 · 수산기 등)를 갖고 있으므로 이러한 관능기의 여러 가지 반응을 할 수 있을 것이다. 대표적인 단당류인 포도당을 예로 설명하면 다음과 같다.

1) 환원성

포도당을 비롯한 모든 단당류는 환원성을 가지고 있으므로 일반적인 알데히드 검출시약인 암모니아성 질산은 용액(Tollens' reagent)에서 은을 석출시키고(은경반응, silver mirror reaction), Fehling 용액에서 제1산화구리(Cu_2O)를 침전시킨다. 이와 같이 환원성을 갖고 있는 단당류를 **환원당**이라고 한다.

2) HCN과의 반응

일반적으로 알데히드와 같이 aldose는 HCN과 cyanohydrin을 형성하는데, 이것을 가수분해하여 산으로 전환시켜서 환원시키면 탄소수가 한 개 증가한 aldose가 된다. 이러한 반응을 **Kiliani반응**이라고 한다. 이 반응을 이용하여 고급 aldose를 합성하는 목적으로 이용한다.

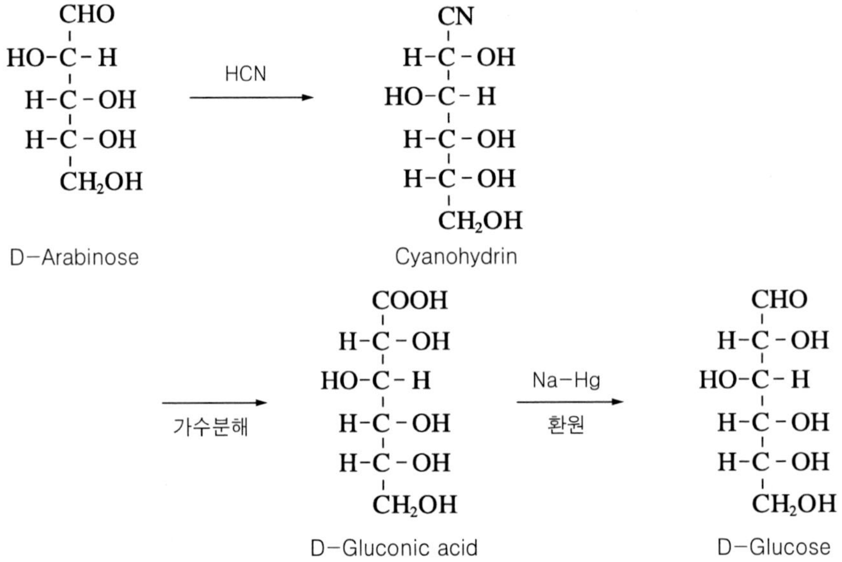

$$\begin{array}{c} CHO \\ HO-C-H \\ H-C-OH \\ H-C-OH \\ CH_2OH \end{array} \xrightarrow{HCN} \begin{array}{c} CN \\ H-C-OH \\ HO-C-H \\ H-C-OH \\ H-C-OH \\ CH_2OH \end{array} \tag{11-4}$$

D-Arabinose → Cyanohydrin

$$\xrightarrow[\text{가수분해}]{} \begin{array}{c} COOH \\ H-C-OH \\ HO-C-H \\ H-C-OH \\ H-C-OH \\ CH_2OH \end{array} \xrightarrow[\text{환원}]{Na-Hg} \begin{array}{c} CHO \\ H-C-OH \\ HO-C-H \\ H-C-OH \\ H-C-OH \\ CH_2OH \end{array}$$

D-Gluconic acid → D-Glucose

3) 오사존(osazon) 생성반응

단당류는 phenylhydrazine과 반응하여 osazone을 생성한다. Osazone은 알코올이나 물에 녹지 않는 결정이고, 이 물질의 색깔이나 융점이나 결정의 형성속도 등은 당류를 구별하는 데 이용하는 매우 중요한 반응이다. Osazone은 당의 어미인 -ose와 hydrazine이 결합한 물질로서 생성과정은 복잡하지만 전체 반응은 다음과 같은 화학반응을 거쳐 생성된다.

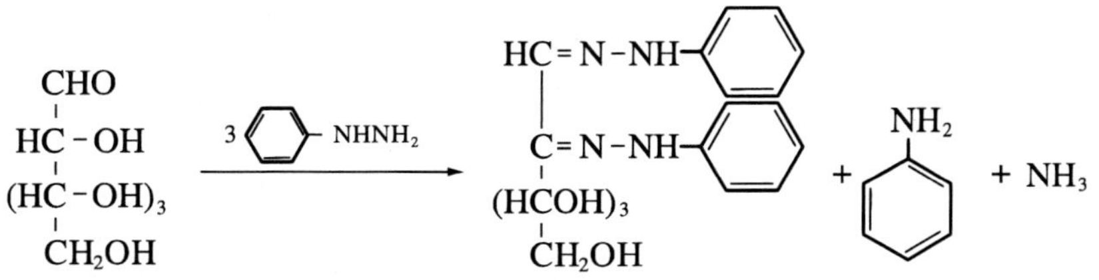

$$\underset{\text{단당류}}{\begin{array}{c}CHO\\ HC-OH\\ (HC-OH)_3\\ CH_2OH\end{array}} \xrightarrow{3\,C_6H_5NHNH_2} \underset{\text{Osazone}}{\begin{array}{c}HC=N-NH-C_6H_5\\ C=N-NH-C_6H_5\\ (HCOH)_3\\ CH_2OH\end{array}} + \underset{\text{Aniline}}{C_6H_5NH_2} + NH_3 \qquad (11\text{-}5)$$

Osazone은 화학적으로 diphenylhydrazone이고, 이 반응은 단당류의 탄소원자 1번과 2번에 위치한 카르보닐기와 수산기만이 관여한다.

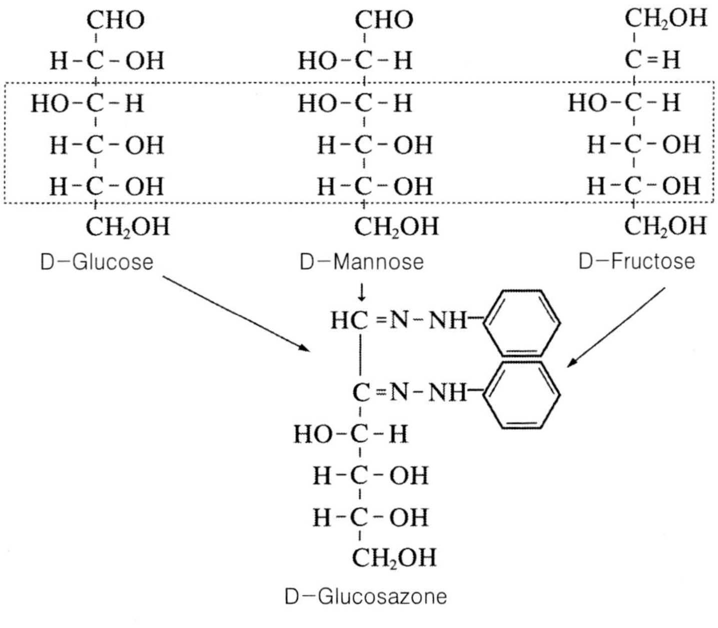

D-Glucose	D-Mannose	D-Fructose
CHO	CHO	CH_2OH
H-C-OH	HO-C-H	C=H
HO-C-H	HO-C-H	HO-C-H
H-C-OH	H-C-OH	H-C-OH
H-C-OH	H-C-OH	H-C-OH
CH_2OH	CH_2OH	CH_2OH

↓ (11-6)

$$\begin{array}{c}HC=N-NH-C_6H_5\\ C=N-NH-C_6H_5\\ HO-C-H\\ H-C-OH\\ H-C-OH\\ CH_2OH\end{array}$$

D-Glucosazone

따라서 탄소원자 3, 4 및 5의 배치가 동일한 당들은 탄소원자 1번과 2번에 있는 원자나 원자단의 배치와 무관하게 osazone을 생성하게 된다. 한편 탄소원자 1번과 2번은 osazon구조에서 광학적 불활성을 나타낸다. 이러한 방법으로 D-glucose, D-mannose 및 D-fructose 등의 탄소원자 3, 4 및 5번의 배치가 동일한 것을 알 수 있으며, 이들은 결국 phenylhydrazine으로 처리하면 동일한 osazone을 생성한다. 따라서 이와 같은 당류의 반응결과에서 당류의 차이점은 제1번과 2번의 탄소원자의 입체구조, 즉 입체화학적으로만 차이가 발생하는 것을 알 수 있다.

한편, 당류는 결정생성이 어렵고, syrup상태를 형성하려는 성질이 있으며, 불순물질이 섞인 경우는 이러한 성질이 더욱 두드러지게 나타난다. 그러나 osazone은 이에 비하여 밝은 노란색 결정성 화합물질이므로 단당류를 분석하는 데 중요한 수단이다.

4) Acetal 생성과 배당체

염화수소를 함유한 알코올로 포도당을 처리하면 hemiacetal이 생성되는데, 이것을 화학적으로는 methylglucoside라고 하며, 배당체의 일종이다. 이 배당체는 알칼리에서는 안정하지만 산에 의해서 가수분해가 이루어지며, Fehling 반응을 하지 않는다.

Methylglucoside의 1번 탄소는 부제탄소이므로 α와 β의 이성체가 생성된다.

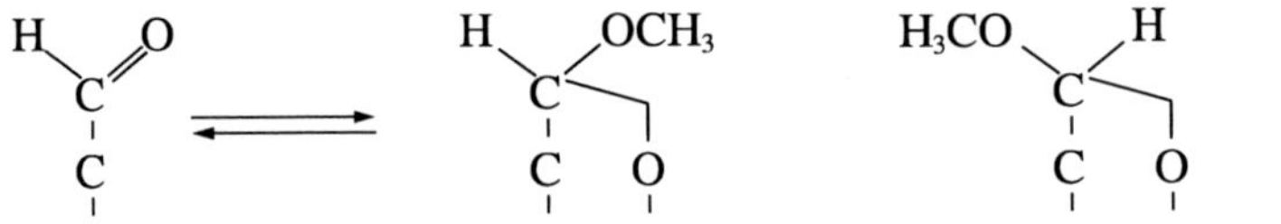

D-Glucose ⇌ α-D-Methylglucoside $[\alpha]_D^{20}=+159°$, β-D-Methylglucoside $[\alpha]_D^{20}=-34°$ (11-7)

5) 애피머화(epimerization)

D-Glucose, D-mannose, D-arabinose 및 D-ribose 등은 C2의 입체위치만이 서로 다른 관계에 있으며, 이러한 상호관계를 epimer라고 한다. 결국 epimer들도 동일한 osazone을 생성한다.

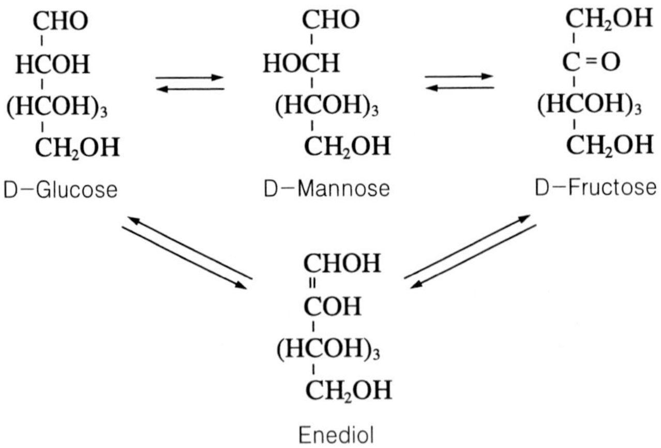

$$\underset{\text{D-Glucose}}{\begin{matrix}CHO\\HCOH\\(HCOH)_3\\CH_2OH\end{matrix}} \rightleftharpoons \underset{\text{D-Mannose}}{\begin{matrix}CHO\\HOCH\\(HCOH)_3\\CH_2OH\end{matrix}} \rightleftharpoons \underset{\text{D-Fructose}}{\begin{matrix}CH_2OH\\C=O\\(HCOH)_3\\CH_2OH\end{matrix}} \quad (11\text{-}8)$$

$$\text{D-Glucose} \rightleftharpoons \underset{\text{Enediol}}{\begin{matrix}CHOH\\ \| \\COH\\(HCOH)_3\\CH_2OH\end{matrix}} \rightleftharpoons \text{D-Fructose}$$

단당류를 묽은 알칼리와 함께 가열하면 epimerization이 발생하는데, 이 과정에서 대부분 ketose도 함께 생성되며 평형상태를 이룬다. 위의 반응식에서 나타낸 것처럼 평형관계는 enediol이 관여하는 것으로 추정하고 있다.

4. 당류의 환상구조

일반적으로 알데히드는 한 분자의 알코올과 작용하여 hemiacetal을 형성하는 성질이 있다.

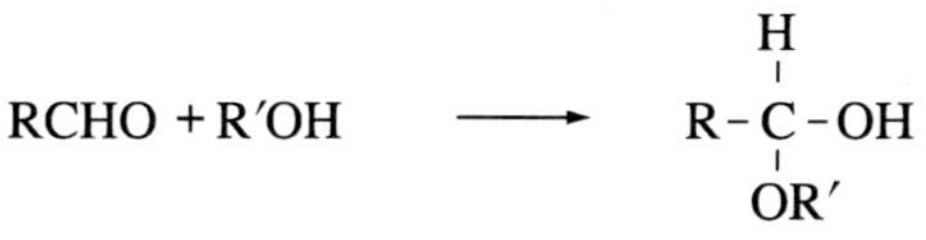

$$RCHO + R'OH \longrightarrow R-\overset{\displaystyle H}{\underset{\displaystyle OR'}{C}}-OH \qquad (11\text{-}9)$$

Hemiacetal

포도당도 C_1의 알데히드와 C_4, C_5에 결합한 수산기 사이에서 분자내 hemiacetal(inter-molecular hemiacetal)을 형성하면서 환상구조(ring structure)를 생성한다.

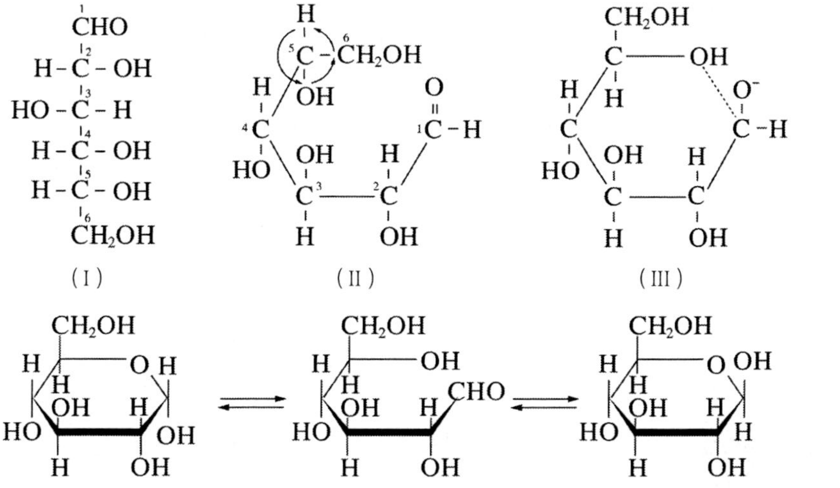

(I) (II) (III) (11-10)

α-D-Glucopyranose [α]$_D$=113°(IV)

D-Glucose aldehyde form

β-D-Glucopyranose [α]$_D$=+19°(IV′)

즉, (I)은 D-glucose의 평면사슬형 구조식(linear chain structure)이고, 이것을 입체적 배치방식으로 나타내면 (II) 또는 (III)방식으로 나타난다. 따라서 알데히드기를 형성하는 산소의 (I)효과에 의해서 C_5의 -OH기 수소가 양자(proton)로서 알데히드기의 산소와 결합하면서 알코올기(-OH)를 형성하고, 이어서 알데히드기의 탄소와 C_5의 -OH기 산소가 결합하여 분자내 hemiacetal의 일종인 lactol을 형성한다. 즉, (IV)나 (IV′) 같은 D-glucose 환상구조를 형성하게 된다.

이와 같은 당류의 환상구조는 위의 그림에서 6원환(6 membered ring)구조와 5원환 구조가 있다. 6원환 구조는 기본골격(mother structure)이 pyrane이므로 **pyranose**라고 하며, 5원환은 furane이므로 **furanose**라고 한다.

당류의 환상구조를 나타내는 표현방식은 일반적으로 평면방식과 Haworth 방식을 사용하고 있으나, 실제로는 cyclohexane과 같이 의자모양의 공간배열을 형성하고 있다. Haworth 방식에 따르면 각각의 탄소에 결합한 수소와 수산기는 평면에 대하여 위아래에 수직으로 표시하며, 입체관계는 원근법을 적용하여 앞쪽은 굵은 선으로 표시한다. α-D-glucose의 평면방식(I, II, III)과 Haworth 방식(IV, V, VI)을 표시하면 다음 그림과 같다.

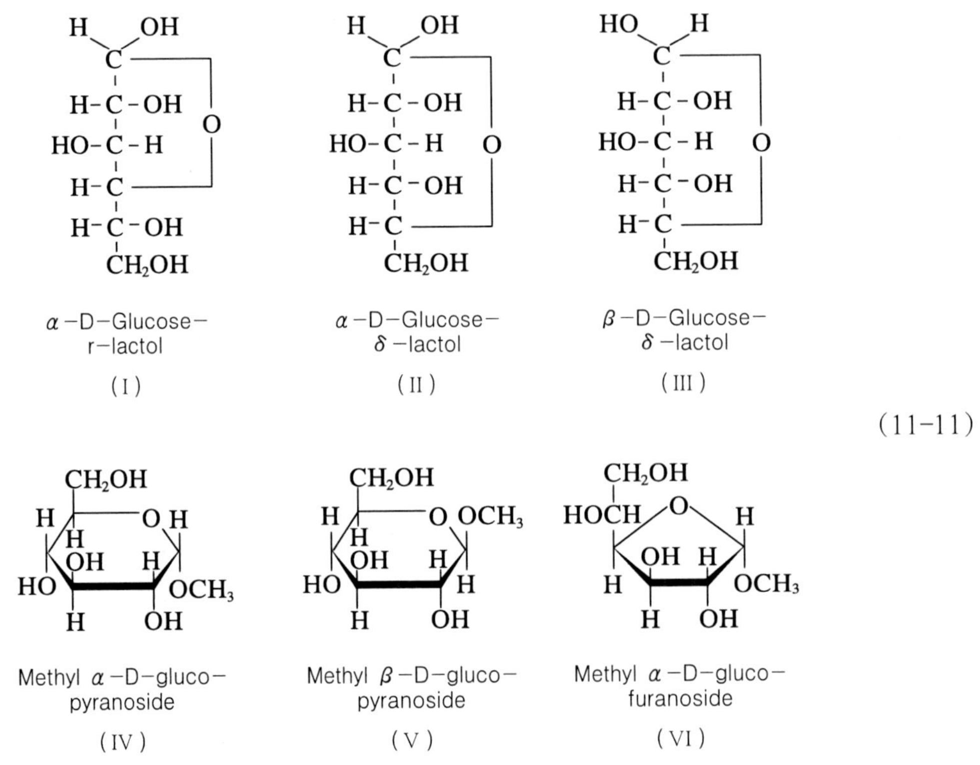

11.2 주요 단당류

1. 포도당(glucose, dextrose)

포도당은 자연계에 가장 널리 분포되어 있는 aldohexose로서 전분, 섬유질, 배당체에서도 결합상태로 함유되어 있다. 이러한 결합상태의 포도당은 산이나 효소로 가수분해시키면 포도당을 생성한다.

일반적으로 포도당은 α-D-glucose(m.p. 146℃)이지만, 이것을 98℃ 이상의 물에서 결정화시키면 β-D-glucose(m.p. 148～150℃)가 생성된다. 공업적으로는 일반적으로 전분을 효소로 가수분해시켜 제조하고 있다.

2. 과당(fructose, levulose)

Ketose이며 꿀, 꽃, 과일에 널리 분포하고 있다. 이당류인 설탕과 다당류인 inulin의 구성성분이고, 당류 중에서 감미가 가장 강하고 맛의 풍미가 강하다.

일반적으로 과당은 pyranose 형태이지만, oligosaccharide나 polysaccharide를 형성하는 경우는 furanose 형태를 형성하고 있다.

공업적으로 대량 생산이 가능해지면서 설탕과 포도당을 대신하여 범용 감미제로 이용하고 있다. 공업적인 제조방법은 포도당을 원료로 미생물의 이성화효소(isomerase)를 이용하여 제조하고 있다.

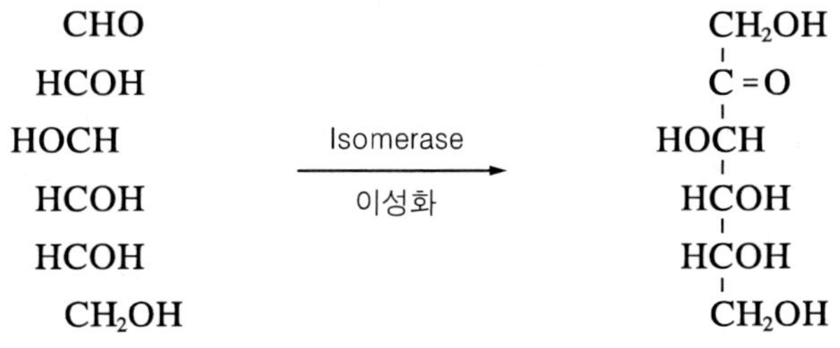

CHO
HCOH
HOCH
HCOH
HCOH
CH_2OH
D-Glucose

Isomerase
이성화

CH_2OH
C=O
HOCH
HCOH
HCOH
CH_2OH
D-Fructose

(11-12)

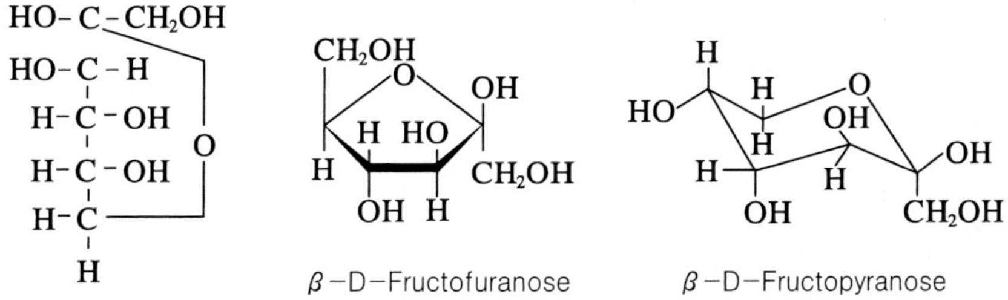

HO-C-CH_2OH
HO-C-H
H-C-OH
H-C-OH
H-C
H
O
β-D-Fructopyranose

CH_2OH O OH
H HO
H CH_2OH
OH H
β-D-Fructofuranose

H
HO H O
OH
H OH
H H
OH CH_2OH
β-D-Fructopyranose

(11-13)

3. 만노오스(mannose)

일반적으로 해조류에 함유된 당류로서 다당류 형태인 mannan을 가수분해하여 제조한다. 단맛이 있고, 효모가 이용(효모 발효성)할 수 있다.

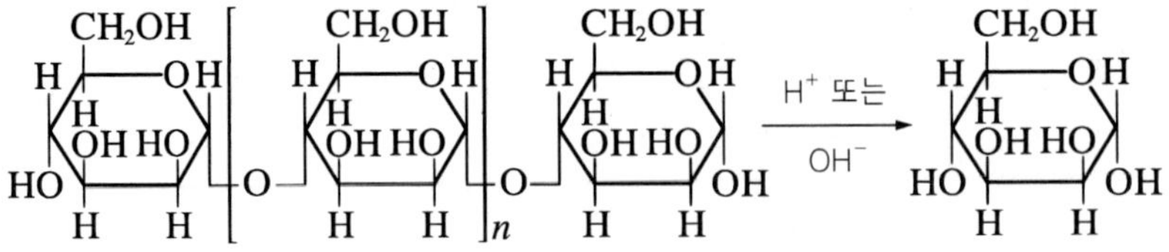

$$\text{Mannan} \xrightarrow[\text{OH}^-]{\text{H}^+ \text{ 또는}} \text{Mannose} \qquad (11\text{-}14)$$

Mannan Mannose

4. 갈락토오스(galactose)

고체배지와 젤리를 제조할 때 첨가하는 한천(agar)에 함유되어 있는 다당류인 galactan을 가수분해시켜 제조하며, 유당을 포함한 대부분의 식물성 다당류에 함유되어 있는 백색 결정으로 α 형은 $[\alpha]_D^{20}$ = +144°, β 형은 $[\alpha]_D^{20}$ = +52°이다.

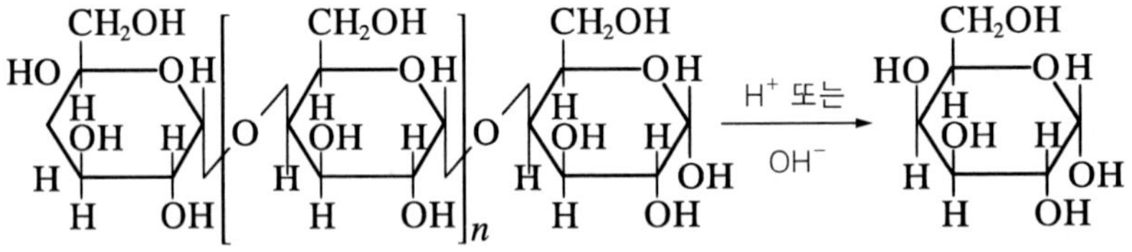

$$\text{Galactan} \xrightarrow[\text{OH}^-]{\text{H}^+ \text{ 또는}} \text{Galactose} \qquad (11\text{-}15)$$

Galactan Galactose

5. 소르보오스(sorbose)

소르보오스는 비타민 C(ascorbic acid)와 밀접한 관계가 있는 물질이고, 공업적으로는 합성비타민 C의 제조원료로 이용하고 있다.

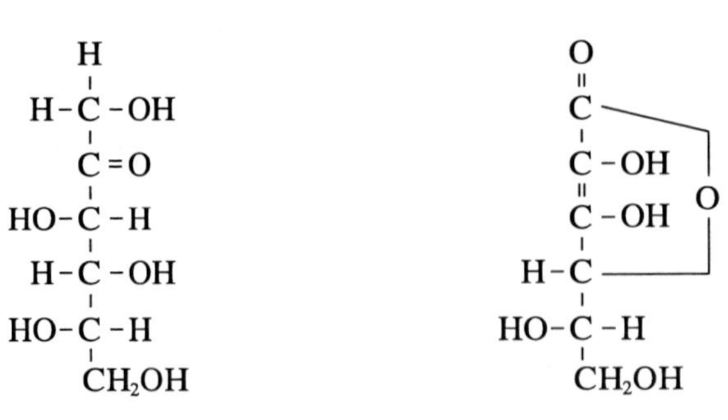

(11-16)

L-Sorbose L-Ascorbic acid

6. 오탄당(pentose)

일반적으로 자연계에서는 다당류인 pentosan의 형태로 존재하고 있으며, arabinose, ribose, xylose 등이 중요한 오탄당이다. Arabinose는 araban의 형태로 식물의 고무질에 함유되어 있고, 리보오스는 핵산의 성분이며, 크실로오스는 크실란(xylan)의 형태로 목재의 구성성분이다.

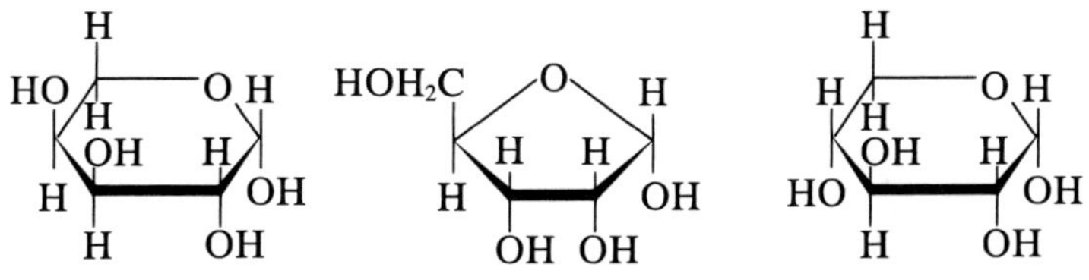

(11-17)

α-L-Arabinose α-D-Ribose α-D-Xylose

11.3 이당류

이당류(disaccharide)는 2분자의 헥소스(hexose)가 탈수결합한 것으로 분자식이 $C_{12}H_{22}O_{11}$이고, 설탕 · 맥아당 · 유당 등이 있다.

1. 이당류의 성질

1) 용해성(solubility)

설탕과 맥아당은 물에 잘 녹지만, 유당은 잘 녹지 않는다.

2) 환원성(reductancy)

설탕은 구성당인 포도당의 알데히드기와 과당의 케톤기가 두 당의 결합에 관여하고 있으므로 Fehling 시약을 환원시킬 수 없으므로 **비환원당**(non-reducing sugar)라고 한다. 그러나 맥아당(maltose)은 구성당인 두 개의 포도당 중에서 한 개의 알데히드기가 결합에 관여하지 않아 Fehling 시약을 환원시키므로 **환원당**(reducing sugar)라고 하며, 유당도 환원당에 속한다.

일반적으로 이당류의 결합은 α 결합이고, 산과 알칼리에 의해서 쉽게 가수분해가 이루어지면서 단당류로 분리된다. 설탕을 가수분해하면 구성당인 포도당과 과당의 혼합물이 생성되며, 이 혼합물을 **전화당**(invert sugar)라고 한다. 전화당은 과당의 단맛이 설탕보다 강하기 때문에 설탕보다 단맛이 더 강하다.

2. 이당류의 종류

1) 설탕(자당, sucrose, saccharose)

사탕무와 사탕수수 등에 다량 함유되어 있으므로 이들을 원료로 공업적인 생산이 이루어지고 있다. 환원성과 변광성이 없으며, 선광도는 우선성이지만 가수분해하면 좌선성이 되기 때문에 설탕의 가수분해를 **전화**(invertation)이라고 한다.

Sucrose (11-18)

2) 맥아당(maltose, m.p. 160～165℃)

백색 결정성 물질로서 전분을 가수분해하여 제조한다. 엿기름(malt)은 maltase라는 맥아당 가수분해효소를 함유하고 있어 맥아당을 분해하여 2분자의 포도당을 생성한다. 환원성이 있고, 변선광성을 나타낸다.

Maltose (11-19)

3) 유당(lactose)

동물의 젖에 함유되어 있고, 식물계에는 발견되지 않는 동물성 당류이다. 사람의 모유에는 6～7%, 소의 젖인 우유에는 4～6%가 함유되어 있다. 백색결정으로 환원성과 변광성을 나타내며, 가수분해하면 구성당인 D-galactose와 D-glucose를 생성한다.

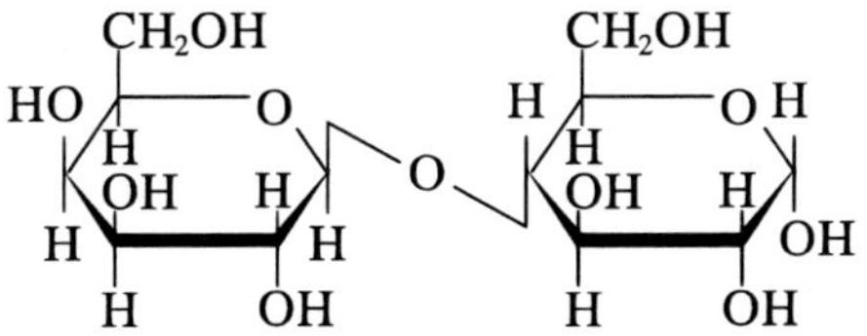

D−Galactose unit D−Glucose unit

Lactose

(11-20)

4) 셀로비오스(cellobiose)

섬유소(cellulose)를 가수분해하면 구성당인 두 분자의 포도당을 생성하지만 맥아당과는 포도당의 결합방식이 다르다. 셀로비오스는 glucose-β-glucoside 구조를 형성하고 있으나, 맥아당은 glucose-α-glucoside 구조를 이루고 있다.

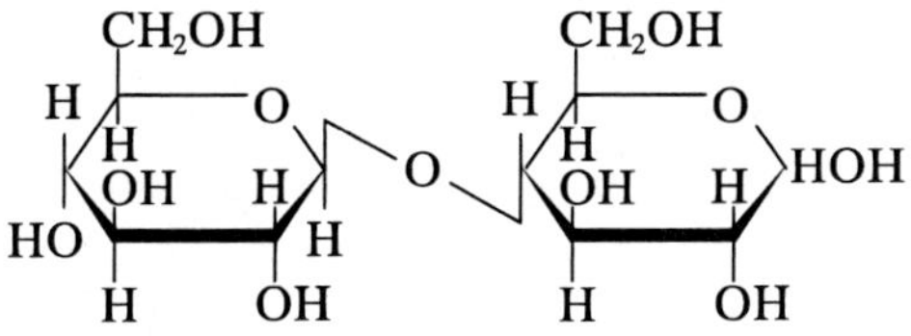

D−Glucose unit D−Glucose unit

Cellobiose

(11-21)

11.4 삼당류

삼당류(trisaccharide)의 대표적인 예는 라피노오스(raffinose, $C_{18}H_{32}O_{16}$)로서, 가수

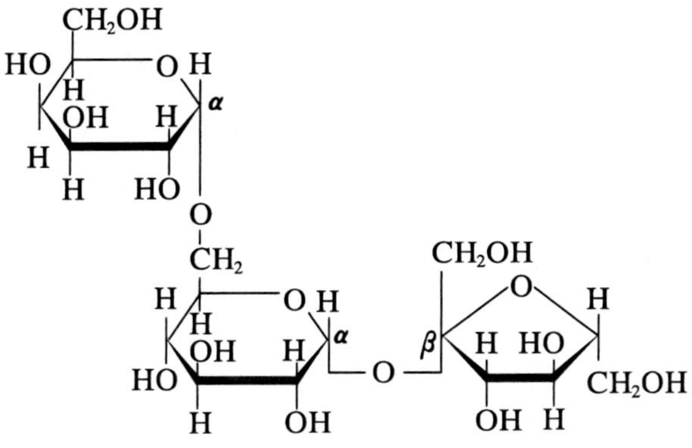

Raffinose

(11-22)

분해되면 구성당인 포도당・과당・갈락토오스를 한 분자씩 생성한다. 사탕수수와 목화씨에 함유되어 있다.

11.5 다당류

여러 개의 단당류가 단위 단당류(sugar unit)에서 한 분자씩의 물이 빠져 나오면서(탈수) 에테르결합으로 결합된 고분자상태의 화합물질을 **다당류**(polysaccharide)라고 한다. 중요한 예로서 전분과 섬유소이고, 이 외에도 glycogen・inulin・고무질(gum)・pectin 등이 있다.

1. 전 분

전분(starch)은 식물의 탄소동화작용으로 생성되는 저장성 탄수화물이고, 감자・고구마・옥수수・쌀 등에 다량 함유되어 있다. 전분은 묽은 염산, 수산이나 황산으로 가수분해하면 포도당이 생성되지만, diastase나 amylase 같은 당화효소(saccharase)로 가수분해시키면 효소의 종류에 따라 맥아당이나 포도당이 생성된다.

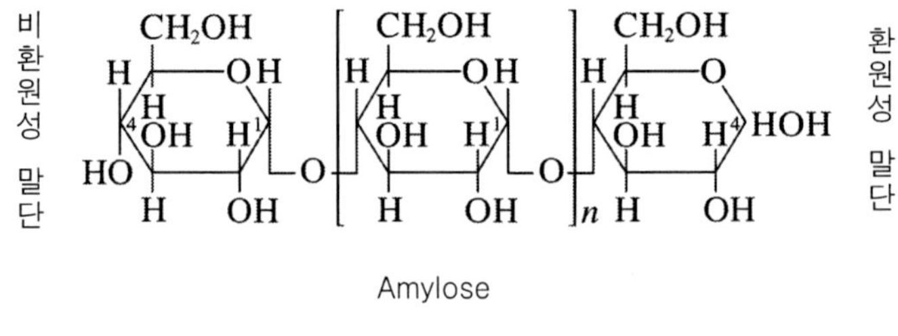

Amylose

(11-23)

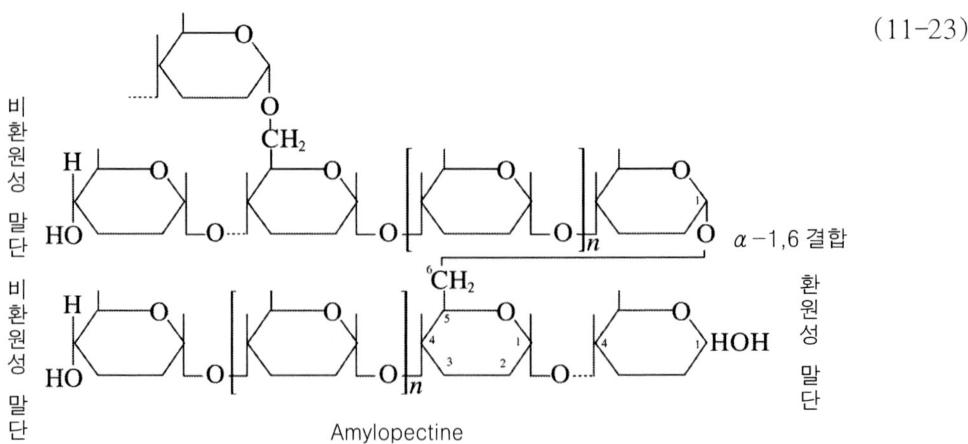

Amylopectine

전분은 다음의 식(11-24) 그림과 같이 수많은 α-D-glucose가 탄소원자 1번과 4

번(C_1 & C_4)에서 α-glycoside 형태의 결합(α-1, 4 bond)으로 긴 사슬을 형성하고, 또한 이러한 긴 사슬의 여러 곳에 여러 개의 포도당이 결합한 측쇄(side chain)를 갖고 있으며, 이들 측쇄들은 α-1,6 결합을 형성하고 있다.

포도당이 α-1,4 결합의 반복으로 선상결합(linear bond) 상태의 고분자인 전분을 **amylose**라고 하며, side chain을 갖고 있는 전분을 **amylopectin**이라 한다. 다음에 설명할 섬유소의 구조는 amylose와 비슷하지만, 차이점은 구성당의 결합방식으로서 amylose의 α-1, 4결합에 대해서 섬유소는 β-1, 4결합을 형성하고 있다.

전분은 찬물에는 녹지 않지만, 뜨거운 물에서는 녹아 colloid를 형성하게 된다. 이러한 colloid 용액을 적당한 방법으로 처리하면 amylose와 amylopectin 두 가지로 분리된다. 대부분의 전분은 amylose와 amylopectin의 함유비율이 1 : 4～5이지만, 보리나 쌀의 전분은 대부분이 amylopectin으로 이루어져 있다.

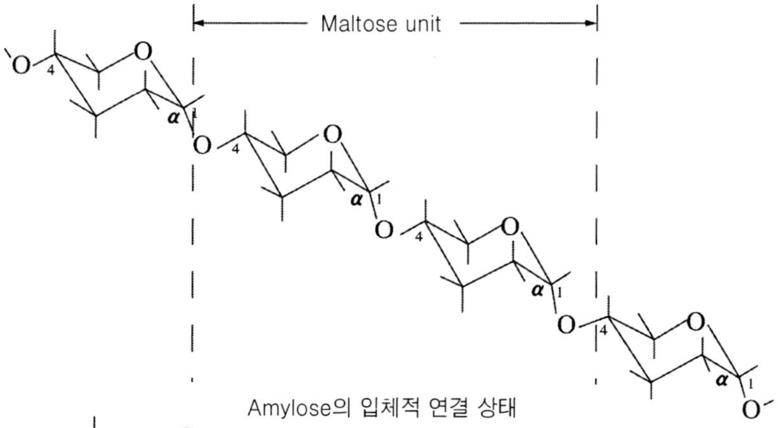

Maltose unit

Amylose의 입체적 연결 상태

(11-24)

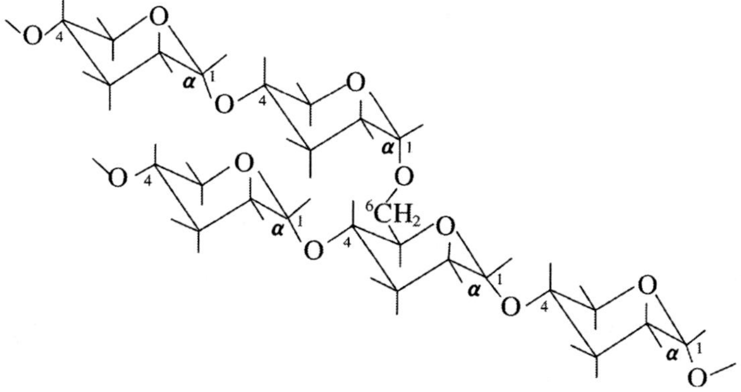

Amylopectin의 입체적 연결 상태

Amylose는 뜨거운 물에는 약간 녹으며, 요오드(iodine)에 의해서 청색을 띠는 전분-요오드반응을 나타낸다. Amylopectin은 물에 잘 녹고, 요오드에 의해서 적자색을 나타낸다. 완전히 가수분해되면 두 가지 물질 모두 포도당을 생성한다. Amylose는 분자량 약 17,000~22,500 정도이고, amylopectin은 1백만~4백만 정도이다.

전분을 170~240℃로 가열하면 가열온도와 시간에 따라서 글루코오스 결합의 길이가 다른 여러 가지 분자량의 덱스트린[dextrine, 호정(糊精)]을 생성한다. 덱스트린은 물에 녹으면 강한 점성을 나타내므로 풀을 만들거나 식품가공에서 점성을 형성하는 용도 이외에 액체컬럼크로마토그라피(liquid column chromatography)의 충진제(matrix)로 이용하고 있다.

전분은 요오드반응을 실시하면 청색을 나타내지만, 덱스트린은 청자색-적자색을 나타낸다. 한편 전분을 분해하면 분해정도에 따라 각각 구성당인 덱스트린, 말토오스를 거쳐 최종적으로는 포도당을 생성하게 된다.

$$\text{Starch} \xrightarrow{+H_2O} \text{Dextrine} \xrightarrow{+H_2O} \text{Maltose} \xrightarrow{+H_2O} \text{Glucose} \quad (11\text{-}25)$$

2. 글리코겐

일명 동물성 전분이라고도 하는 글리코겐(glycogen)은 주로 포유동물의 간장과 근육에 함유되어 있고, 조개류에서도 발견되는 저장전분이다. 일반적인 식물성 전분에 비하여 분자량은 적지만 외형상의 차이점은 거의 나타나지 않고, 가수분해되면 맥아당을 거쳐 최종적으로 포도당을 생성한다. 요오드반응은 양성이고, 적색-자색을 나타내고, amylose와 amylopectin으로 구성되어 있다.

3. 섬유소

섬유소(cellulose)는 식물성 섬유의 구성당인 고분자 탄수화물로서 $(C_6H_{10}O_5)n$이 일반식이고, 목재·짚·면·옥수수대 등에 다량 함유되어 있다. 섬유소는 물, 묽은 산, 알칼리나 유기용매에는 녹지 않지만, 수산화제2구리($Cu(OH)_2$)를 진한 암모니아수(ammonia water)에 녹인 Schweizer 시약을 가하면 colloid 상태로 용해된다. 그러나 이러한 colloid 용액을 산성으로 전화시키면 섬유소가 다시 석출되는 성질을 이용하여 구리-암모니아 레이온을 제조한다.

목재는 약 60%를 차지하는 섬유소가 lignin과 함께 lignocellulose를 형성하고 있는데, 가성소다(NaOH)나 아황산소다(Na_2SO_4)용액에서 목재를 끓이면 lignin이 암갈색 용액상태로 섬유소와 분리되며, 이 때 분리된 섬유소는 제지용 원료인 펄프(pulp)로 이용되고 있다. 이 과정에서 부산물로 발생하는 리그닌은 접착제·전착제·바닐린향료의 원료로 사용한다.

한편, 천연 솜에는 약 90% 이상의 섬유소가 함유되어 있으며, 지방과 왁스성분을 제거한 탈지면은 솜을 주정이나 에테르로 처리(침지)한 다음, 1% NaOH 용액에 침지하여 끓여 물로 세척 건조하여 제조한다.

섬유소를 황산으로 가수분해시키면 포도당을 생성한다. 결국 섬유소도 전분과 마찬가지로 포도당 결합체이다. 그러나 섬유소를 주의하여 가수분해하면 포도당의 β형 glucoside인 cellobiose가 생성되므로 섬유질은 다음 그림과 같이 수많은 포도당 단위가 C_1과 C_4 사이에 β결합을 형성하고 있는 긴 사슬 화합물이며, 여기서 생성되는 포도당의 형태는 β-D-glucose이다.

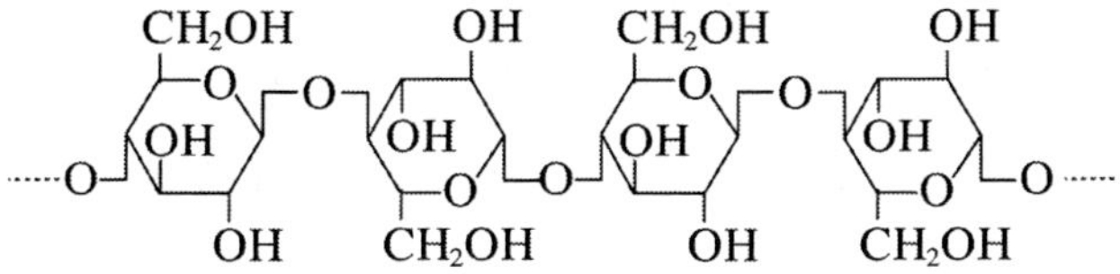

(11-26)

Cellulose의 구조(분자량 30만~50만)

사람과 많은 동물의 소화기관은 β-glucoside 결합을 가수분해시키는 소화효소가 결핍되어 있으므로 섬유질을 소화시킬 수가 없다. 그러나 일부 미생물들은 이러한 효소를 생산하는 능력(섬유소 분해균)이 있으므로 이들을 이용하여 볏짚 같은 섬유소를 사료화나 식량자원화 시키는 연구도 추진되고 있다.

4. 섬유소의 유도체

섬유소의 분자구조에 포함된 수산기(-OH)는 산과 반응하여 쉽게 에스테르를 형성하며, 알코올과 반응하면 에테르를 형성한다. 특히 질산, 식초산 및 크산틴산의 에스테르나 메틸, 에틸 및 benzyl 에스테르는 공업적으로 대단히 중요한 화합물들이다.

1) 니트로셀룰로오스(nitrocellulose)

다른 알코올과 마찬가지로 섬유소도 에스테르를 생성할 수 있으므로 섬유질에 질산과 황산의 혼합산을 반응시키면 섬유소의 질산 에스테르인 니트로셀룰로오스가 생성된다. 이 과정에서 니트로화(nitration) 정도에 따라 다음과 같이 세 가지 특성의 화합물로 분류한다.

13% 이상의 질소를 함유한 화합물들은 폭발성이 강하여 무연화학의 원료로 이용

$$(C_6H_{10}O_5)_n \text{ Cellulose} \begin{cases} (C_6H_9O_4NO_3)_n & \text{Cellulose mononitrate(N : 6.76\%)} \\ [C_6H_8O_3(NO_3)_2]_n & \text{Cellulose dinitrate(N : 11.11\%)} \\ [C_6H_7O_2(NO_3)_3]_n & \text{Cellulose trinitrate(N : 14.16\%)} \end{cases} \qquad (11\text{-}27)$$

하며, 11～12%인 경우는 celluloid의 원료로서 사진용 필름제조 등 공업적인 용도가 다양하다.

2) 식초산 섬유(cellulose acetate)

섬유소의 에스테르 중에서 가장 중요한 화합물이며, 섬유질에 무수식초산을 반응시켜 제조한다. 식초산 섬유는 물에 녹지 않으며, acetone이나 tetrachloroethane에 녹여서 필름으로 가공하며, atetate rayon계열의 화학섬유를 제조한다.

또한 식초산 섬유는 니트로계열의 섬유에 비하여 인화성이 적으므로 니트로섬유 대용으로 이용되기도 한다. 예를 들어 열에 강한 안전사진용 필름제조 등에 이용한다.

3) 크산트화 섬유(cellulose xanthate)

알코올을 이황화탄소(carbon disulfate, CS_2)와 가성소다(NaOH)의 수용액으로 처리하면 크산트화물(xanthate)라는 화합물질이 생성된다.

섬유소도 동일한 반응을 거쳐 크산트화 섬유를 생성할 수 있으며, 이들을 비스코스 레이온(viscose rayon)이라고 하며, 상품화된 레이온의 대부분은 이와 같은 비스코스 방법으로 제조한 것이다. 비스코스법은 순수한 섬유소를 가성소다(NaOH)용액과 반응시켜 sodium cellulose를 생성시키고, 이 물질을 다시 이황화탄소(CS_2)와 반응시켜 크산트화 섬유를 제조하는 과정이다.

$$\underset{\text{Cellulose}}{R\text{-}OH} + NaOH \longrightarrow \underset{\text{Sodium cellulose}}{RONa} \qquad (11\text{-}28)$$

$$RONa + CS_2 \longrightarrow \underset{\text{Cellulose xanthate}}{R\text{-}O\text{-}\overset{\overset{\displaystyle S}{\|}}{C}\text{-}S\text{-}Na}$$

크산트화 섬유의 수용액을 비스코스(viscose)라고 하며, 이것을 섬유상으로 가공한 것이 레이온(rayon)이고, 필름으로 가공한 것이 셀로판(cellophane)이다.

레이온이나 셀로판은 변성 섬유소(modified cellulose)라고도 하며, 이런 이유는 섬유소가 알칼리로 처리되는 과정에서 사슬이 끊어지면서 원래의 섬유소 길이에 비해 상대적으로 짧아지기 때문이다.

5. 헤미셀룰로오스

완두나 콩의 껍질 또는 식물의 어린 싹에서 발견되는 일종의 섬유소이고, 일반적인 섬유소에 비하여 쉽게 가수분해가 진행된다.

헤미셀룰로오스(hemicellulose)를 가수분해하면 오탄당이나 육탄당 또는 이들의 혼합물질이 생성되는데, 오탄당으로 구성된 경우는 pentosan, 육탄당으로 이루어진 경우는 hexosan이라고 한다.

Pentosan 중에서 귀리(호맥, 胡麥) 껍질과 땅콩껍질 등에서 얻을 수 있는 크실란(xylan)은 가수분해하면 오탄당인 크실로오스(xylose)가 생성된다. 크실로오스는 황산으로 탈수하면 furfural이 생성된다. 이들은 활성이 강한 이종환상 화합물질(heterocyclic compound)의 일종이며, 플라스틱과 나일론 섬유제조의 원료로 이용하고 있다.

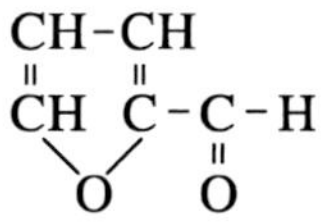

```
CH-CH
||   ||
CH  C-C-H
 \ /   ||
  O    O
```
(11-29)

Furfural(2-furancarboxyaldehyde)

6. 펙 틴

펙틴(pectin)은 다당류와 산의 산화반응으로 생성된 펙틴산(pectic acid)이 섞여 있는 혼합물질로서 대부분의 식물, 특히 과일에 다량 함유되어 있다. 가수분해하면 arabinose, galactose 등의 당류와 galacturonic acid와 식초산 등이 생성된다.

펙틴은 pH 3.2에서 다량의 설탕과 가열하면 젤리(jelly)를 형성하므로 다양한 식품 가공에 이용한다.

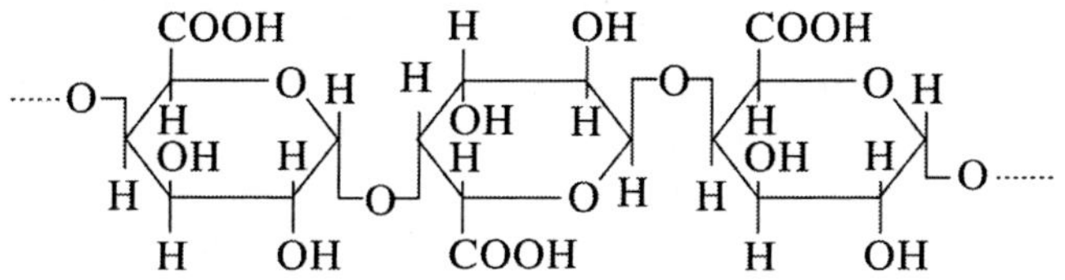

```
        COOH            H      OH       COOH
......O-|-------O H  H  |------|-O-|--------O H
       H         \      OH    H    H         \
       OH   H     |    H        |  OH    H    |-O......
     H  |---|-----O---|--------O H  H |---|---|
        H   OH        COOH              H   OH
```
(11-30)

Pectin 중의 galacturonic acid의 결합상태

7. 이눌린

이눌린(inulin)은 다알리아와 감자 등에 다량 함유된 다당류이고, 가수분해되면 D-과당(D-fructose)을 생성한다.

이눌린은 환원성이 없으며, 요오드반응도 나타내지 않는다. 약 30분자 정도의 D-fructose가 연결되어 있고, 가지가 없는 외줄기 사슬로 이루어져 있다.

8. 알긴산

알긴산(alginic acid)의 Na, Mg 및 Ca염은 다시마와 미역 같은 해조류에 다량 함유되어 있다. β-D-mannuronic acid가 β-1,4결합으로 형성된 다당류로서 식품공업에서는 점성을 발휘하기 위한 점조제나 피복의 방수 도료용으로 이용하고 있다.

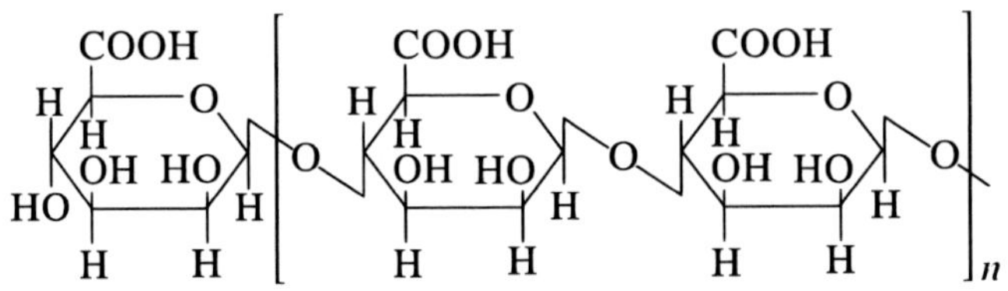

(11-31)

β-D-Mannuronic acid Alginic acid

9. 키 틴

키틴(chitin)은 새우・가재・게 등의 껍질(피각)이나 딱정벌레를 비롯한 곤충껍질의 구성성분이며, 곰팡이와 버섯에도 함유되어 있다. 다당류 중에서는 드물게 질소를 함유하고 있으므로 효소로 가수분해하면 N-acetyl-2-amino-2-deoxyglucose, N-acetyl-2-glucose amine이 생성되므로 구조에 있어서는 섬유소와 비슷하고, 포도당의 C2 위치에 결합한 -OH기 대신에 acetylamino기가 결합된 것과 같다.

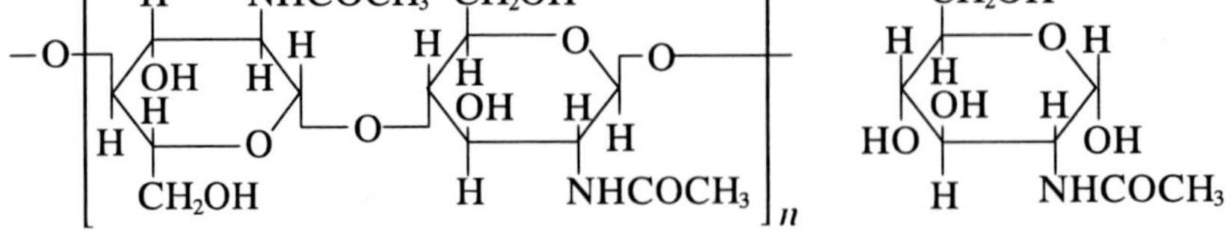

(11-32)

Chitin

N-Acetyl-2-amino-2-deoxyglucose

연습문제

1. 포도당(glucose)을 aldohexose라고 하는 것과 같은 방법으로 다음의 화합물을 분류하시오.

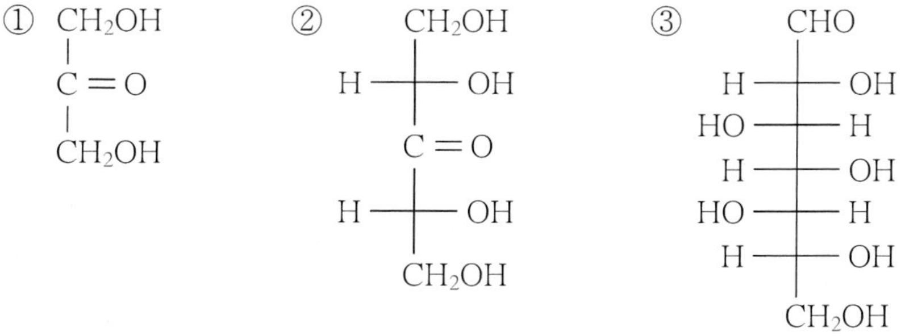

①
```
CH2OH
  |
C = O
  |
CH2OH
```

②
```
      CH2OH
 H ────┼──── OH
      C = O
 H ────┼──── OH
      CH2OH
```

③
```
        CHO
  H ────┼──── OH
 HO ────┼──── H
  H ────┼──── OH
 HO ────┼──── H
  H ────┼──── OH
        CH2OH
```

2. Ketotetrose와 ketopentose를 열린 사슬구조로 나타내시오.

3. Ascorbic acid(비타민 C)는 D나 L 중 원자배치(configuration)를 갖고 있는가?

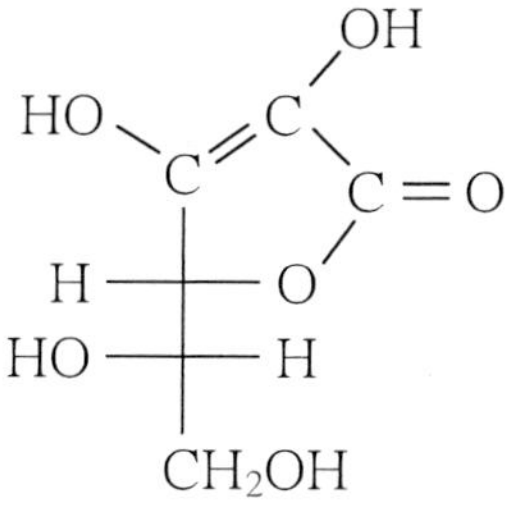

```
                OH
               /
   HO       C
     \    //  \
      C          C = O
      |         /
 H ───┼─────  O
HO ───┼───── H
      |
    CH2OH
```

Ascorbic acid

4. 다음은 glucose의 고리모양 구조이다. 이것은 furanose 형태인가 아니면 pyranose 형태인가? α 아노머인가, 아니면 β 아노머인가? 또한 D당인가, L당인가?

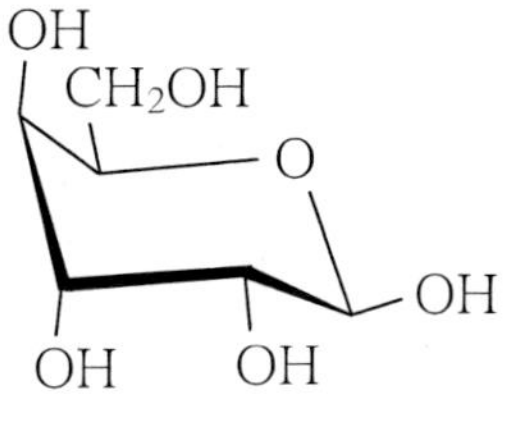

```
OH
| CH2OH
|  \______ O
|          \
 \__________\ OH
 |       |
 OH      OH
```

Glucose

5. β-D-Talopyranose와 다음 시약의 반응에서 어떤 반응생성물질들을 얻겠는가? 구조를 나타내시오.

① $NaBH_4$
② 묽고 따뜻한 HNO_3
③ $AgNO_3$, NH_4, H_2O
④ CH_3CH_2OH, H^+
⑤ CH_3l, Ag_2O
⑥ $(CH_3CO)_2O$, pyridine

6. 다음 화합물을 Fischer 투영방식으로 나타내시오.

① (R)-2-Methylbutanoic acid
② (S)-3-Methyl-2-pentanone

7. 다음의 Fischer 투영에서 정사면체 투영모양으로 나타내 보시오.

① 위: Br, 왼쪽: H, 오른쪽: OCH_3, 아래: CH_3

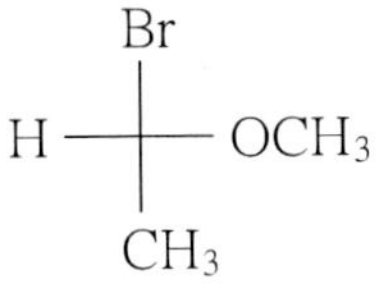

② 위: CH_3, 왼쪽: H, 오른쪽: NH_2, 아래: CH_2CH_3

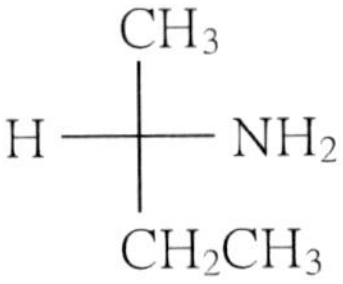

12

유지와 왁스

유지는 3대 영양소의 한 가지로서 우리가 섭취하는 식품에서 중요한 유지자원은 우유·크림·버터·돼지기름·식물성 지방 등이다. 한편 유지와 밀접한 관계를 갖고 있는 물질로서 여러 가지 왁스[밀납(蜜蠟), 경납(鯨蠟)]와 비누가 있다.

한편, 원유에 포함된 석유계를 포함한 광유(mineral oil)는 유지와 근본적으로 차이가 있고, 이미 지방족 탄화수소 항목에서 설명하였다.

12.1 유 지

유지의 화학구조는 글리세롤(glycerol)과 카르복실산(carboxylic acid)이 에스테르 결합한 물질이고, 이 물질에서 카르복실산을 특히 지방산(fatty acid)라고 한다.

유지는 지질(lipid)에 포함되는데 지질은 식물이나 동물의 세포에 존재하며, 물에는 녹지 않고 에테르나 클로로포름 같은 저극성 유기용매에 녹는 물질이 모두 포함된다. 예를 들면 steroid나 terpene이 포함되어 있다.

그러나 일반적으로 지질이라고 하면 유지 또는 유지와 밀접한 관계가 있는 화합물을 말한다.

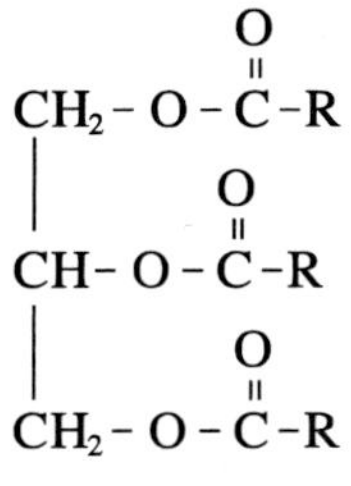

$$\begin{array}{l} CH_2-O-\overset{\displaystyle O}{\overset{\|}{C}}-R \\ | \\ CH-O-\overset{\displaystyle O}{\overset{\|}{C}}-R \\ | \\ CH_2-O-\overset{\displaystyle O}{\overset{\|}{C}}-R \end{array} \qquad (12\text{-}1)$$

Glyceride(triacyl glyceride)

표 12-1. 유지에 함유된 일반적인 지방산

이 름	분자식	융점(℃)
Lauric acid	$CH_3(CH_2)_{10}COOH$	44
Myristic acid	$CH_3(CH_2)_{12}COOH$	58
Palmitic acid	$CH_3(CH_2)_{14}COOH$	63
Stearic acid	$CH_3(CH_2)_{16}COOH$	70
Oleic acid	$CH_3(CH_2)_7CH{=}CH(CH_2)_7COOH$	13
Linoleic acid	$CH_3(CH_2)_4CH{=}CHCH_2CH{=}CH(CH_2)_7COOH$	-5
Linolenic acid	$CH_3CH_2(CH{=}CHCH_2)_3(CH_2)_6COOH$	-11

유(기름, oil)와 지(지방, 굳기름, fat)의 구별은 상온에서 액체인 것을 유(油)라 하고, 고체인 것을 지(脂)라 한다. 그러나 기후, 계절 및 물리적 변화에 따라 달라지기 때문에 명확한 구별은 아니다.

한편, 유(油)와 지(脂)의 융점 차이는 분자구조에서 지방산의 R기 성질에 따라서 결정된다. R이 포화된 경우는 glycerol ester가 일반적으로 고체이고, R기에 불포화결합이 있으면 융점이 낮아지는 경향이 있다. 상온에서 액체인 기름에는 R기에 불포화결합이 많으며, 고체인 굳기름에는 불포화결합이 없거나 적은 경우에 속한다.

천연유지에서 가장 일반적인 포화 및 불포화지방산은 표 12-1과 같다.

1. 글리세리드

자연계에 존재하는 글리세리드(glyceride)는 mono, di, tri의 세 가지가 있으며, 대부분은 triglyceride이다. 또한 에스테르화되어 있는 산의 종류에 따라서 단순 글리세리드(simple glyceride)와 혼합 글리세리드(mixed glyceride)로 구별한다.

$$\begin{array}{ccc} CH_2-OH & CH_2-OH & CH_2-O-\overset{O}{\overset{\|}{C}}-R \\ | & | & | \\ CH-OH & CH-O-\overset{O}{\overset{\|}{C}}-R & CH-O-\overset{O}{\overset{\|}{C}}-R' \\ | & | & | \\ CH_2-O-\overset{O}{\overset{\|}{C}}-R & CH_2-O-\overset{O}{\overset{\|}{C}}-R' & CH_2-O-\overset{O}{\overset{\|}{C}}-R'' \\ \text{Monoglyceride} & \text{Diglyceride} & \text{Triglyceride} \end{array} \qquad (12\text{-}2)$$

단순 글리세리드는 글리세롤 구조에 존재하는 세 개의 수산기가 모두 같은 산으로 에스테르화된 것을 말하며, 예로서 palmitin과 stearin 등을 들 수 있다.

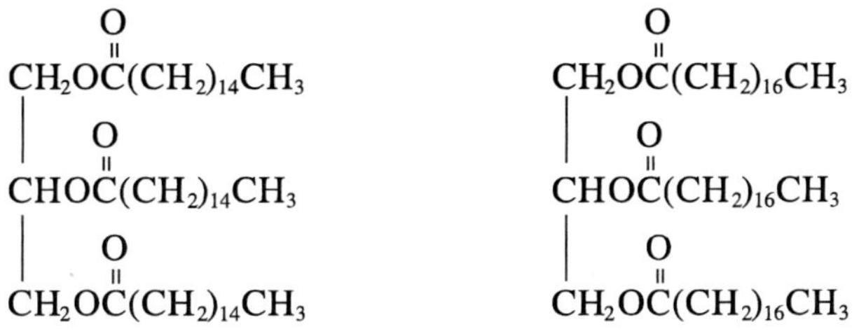

$$\begin{array}{ll} CH_2OC(=O)(CH_2)_{14}CH_3 & CH_2OC(=O)(CH_2)_{16}CH_3 \\ | & | \\ CHOC(=O)(CH_2)_{14}CH_3 & CHOC(=O)(CH_2)_{16}CH_3 \\ | & | \\ CH_2OC(=O)(CH_2)_{14}CH_3 & CH_2OC(=O)(CH_2)_{16}CH_3 \end{array} \qquad (12\text{-}3)$$

Palmitin
(glyceryl tripalmitate)

Stearin
(glyceryl tristearate)

혼합 글리세리드는 2종의 산이나 3종류의 산에 의해서 에스테르화가 이루어진 것으로 다음과 같은 일반식으로 나타낸다.

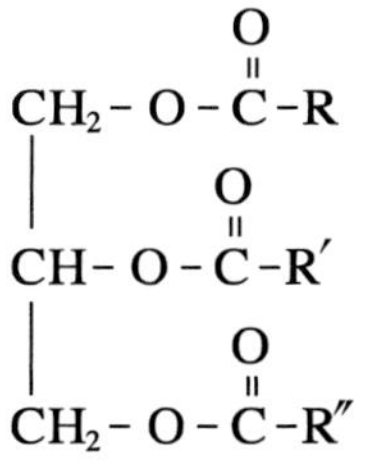

$$\begin{array}{l} CH_2-O-\overset{O}{\overset{\|}{C}}-R \\ | \\ CH-O-\overset{O}{\overset{\|}{C}}-R' \\ | \\ CH_2-O-\overset{O}{\overset{\|}{C}}-R'' \end{array} \qquad (12\text{-}4)$$

혼합 글리세리드의 일반식

단순 글리세리드나 혼합 글리세리드는 두 가지 모두 천연유지에 함유되어 있고, 일반적으로 천연유지는 여러 가지 글리세리드의 혼합물 상태를 형성하고 있다.

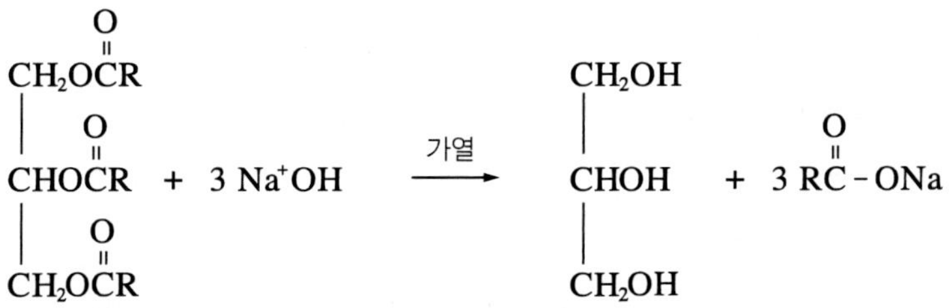

$$\begin{array}{l} CH_2O\overset{O}{\overset{\|}{C}}R \\ | \\ CHO\overset{O}{\overset{\|}{C}}R \\ | \\ CH_2O\overset{O}{\overset{\|}{C}}R \end{array} + 3\,Na^{+}OH \xrightarrow{\text{가열}} \begin{array}{l} CH_2OH \\ | \\ CHOH \\ | \\ CH_2OH \end{array} + 3\,R\overset{O}{\overset{\|}{C}}-ONa \qquad (12\text{-}5)$$

Glyceride　　Glycerol　　Soap

유지의 성분은 가수분해되면서 생성되는 구성지방산의 종류와 비율을 이용하여 구별한다. 대부분의 천연유지는 비교적 단순한 조성을 갖고 있으나 버터는 최소한 14가지의 지방산으로 구성되어 있고, 분자량이 비교적 작은 지방산들을 다량 함유하고 있다.

2. 유지의 반응

유지의 화학반응은 크게 가수분해, 수소첨가와 가수소분해의 세 가지로 나누어진다.

1) 유지의 가수분해

유지를 알칼리 수용액과 함께 끓이면 지방이 가수분해되면서 글리세린과 지방산의 염이 생성된다. 이러한 반응은 비누의 제조에 이용하고 있다.

$$\begin{array}{l} CH_2OC(=O)(CH_2)_7CH=CH(CH_2)_7CH_3 \\ | \\ CHOC(=O)(CH_2)_7CH=CH(CH_2)_7CH_3 \\ | \\ CH_2OC(=O)(CH_2)_7CH=CH(CH_2)_7CH_3 \end{array} \xrightarrow[\text{Ni 촉매}]{3H_2} \begin{array}{l} CH_2OC(=O)(CH_2)_{16}CH_3 \\ | \\ CHOC(=O)(CH_2)_{16}CH_3 \\ | \\ CH_2OC(=O)(CH_2)_{16}CH_3 \end{array} \qquad (12\text{-}6)$$

Olein Stearin

2) 유지의 수소첨가

유지의 분자구조의 불포화결합 장소에 수소를 첨가시켜 포화상태의 글리세리드를 생성하는 과정이다.

올레인(olein)의 불포화결합에 수소를 첨가하여 스테아린으로 전환시킬 수 있다. 식물성 기름에 대한 수소첨가(hydrogenation)는 공업적인 규모로 이루어지고 있으며, 수소첨가에 의해 액체상태에서 고체화되는 경우가 많다. 이것은 기름의 불포화도를 감소시켜 융점이 상승되면서 상온에서 고체상태인 지방으로 전환되는 현상이다. 이러한 과정을 유지의 **경화**(hardening)이라고 한다.

인조버터 또는 합성버터인 마가린은 식물유나 동물유를 부분적으로 수소첨가한 다음 천연버터와 비슷한 경도를 갖게 한 다음 적당한 비율로 혼합한 식품이다.

3) 유지의 가수소분해

유지에 수소첨가를 하는 과정에서 포화된 지방형성이 과다한 상태로 반응을 진행시키면 에스테르결합에 가수소분해가 진행되면서 다음 그림과 같은 긴 사슬 형태의 포화 알코올이 생성된다. 이러한 과정으로 생성된 포화 알코올은 합성세제의 원료로 사용된다.

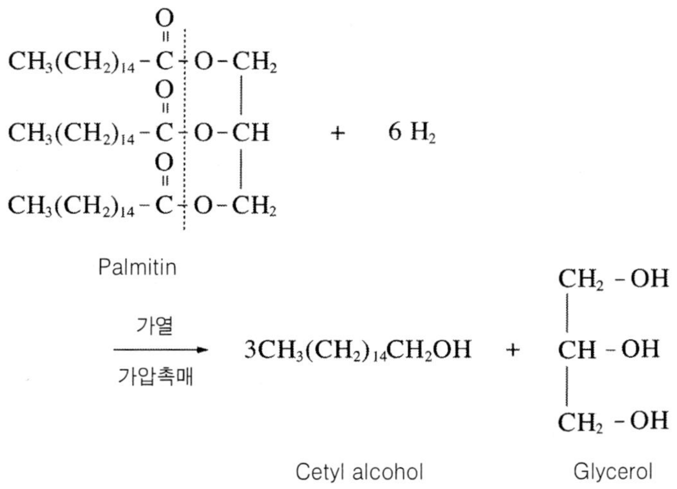

$$\begin{array}{l} CH_3(CH_2)_{14}-\overset{O}{\overset{\|}{C}}-O-CH_2 \\ CH_3(CH_2)_{14}-\overset{O}{\overset{\|}{C}}-O-CH \qquad + \quad 6\,H_2 \\ CH_3(CH_2)_{14}-\overset{O}{\overset{\|}{C}}-O-CH_2 \end{array} \tag{12-7}$$

Palmitin

$$\xrightarrow[\text{가압촉매}]{\text{가열}} 3CH_3(CH_2)_{14}CH_2OH \quad + \quad \begin{array}{l} CH_2-OH \\ | \\ CH-OH \\ | \\ CH_2-OH \end{array}$$

Cetyl alcohol　　Glycerol

가수소분해를 진행시키면서 크롬산 아연(zinc chromate)과 같은 촉매를 사용하면 분자구조의 불포화결합에 수소첨가가 이루어지지 않은 상태에서 수소분해가 이루어진다. 이러한 반응과정에서 불포화상태의 긴 사슬을 이루고 있는 알코올이 생성되며, olein에서 oleyl alcohol을 생성시킬 수 있다.

$$CH_3(CH_2)_7CH = CH(CH_2)_7CH_2OH$$

4) 유지의 산패

유지를 공기중에 방치하면 점점 산화되면서 중량이 증가하고 산패취(쉰 냄새)를 발생한다.

유지의 산패는 처음에는 서서히 진행되지만 일정한 단계가 지나면 급격하게 이루어지는데, 이것은 이미 산화된 유지분자가 자기촉매작용을 나타내면서 산화과정을 촉진시키기 때문이다. 불포화지방산의 자동산화과정(auto-oxidation)은 일종의 유리기 반응(free radical reaction)으로서 반응과정은 다음과 같다.

$$RH \longrightarrow R\cdot + H\cdot \quad \text{반응시작 단계(유리기 생성)}$$
$$R\cdot + O_2 \longrightarrow ROO\cdot \quad \text{반응연쇄} \qquad (12\text{-}8)$$
$$ROO\cdot + RH \longrightarrow ROOH + R\cdot \quad \text{새로운 유리기 생성}$$

위와 같은 과정을 거쳐 최종적으로는 카르보닐화합물, 알데히드 화합물, 케톤류가 다량 생성되고, 악취가 발생하는데 이러한 형태의 산화를 **유지의 자동산화**라고 한다.

12.2 비 누

오래 전부터 비누는 주로 세탁재료로 이용되어 왔으며, 제조 방법은 유지에 가성소다(NaOH)를 넣고 끓이면 유지가 가수분해되면서 글리세롤과 비누의 혼합물질이 생성된다. 이 혼합물에 소금을 첨가하면 염석이 이루어지면서 비누가 분리되면서 윗부분에 부유되므로 회수하고, 필요에 따라 이것을 다시 용해시켜 염석을 몇 번 반복하기도 한다.

1. 비누작용

비누가 때를 제거하여 깨끗해지는 과정은 대단히 복잡하며, 여러 가지 이론이 보고되어 있다.

$$\underbrace{CH_3-(CH_2)_{15}-CH_2-\overset{\overset{\displaystyle O}{\|}}{C}}_{\text{비극성}}-\underbrace{O^-Na^+}_{\text{극성}} \qquad (12\text{-}9)$$

Sodium stearate(보통 비누)

비누의 가장 중요한 성질은 분자의 한쪽 끝은 고도로 극성을 갖고 있는 이온성을 나타내며, 다른 부분은 탄화수소처럼 비극성을 나타내는 성질이다.

분자의 극성인 끝부분은 수용성이지만(친수성), 분자의 비극성 부분은 유용성(친유성)이다. 만약에 지방산의 작은 입자를 물 위에 가하면 한 분자의 두께로 얇은 막을 형성하면서 분산된다. 이러한 얇은 막을 형성한 분자는 극성부분은 물에 잠기게 되고, 나머지 분자는 수직방향으로 나열된다. 비누분자는 물에서 순수한 용액의 성질보다는 colloid 용액상태를 형성하고 있다.

비눗물은 그림 12-1과 같이 여러 비누 분자들이 뭉쳐 있는 마이셀(micelle)을 형성

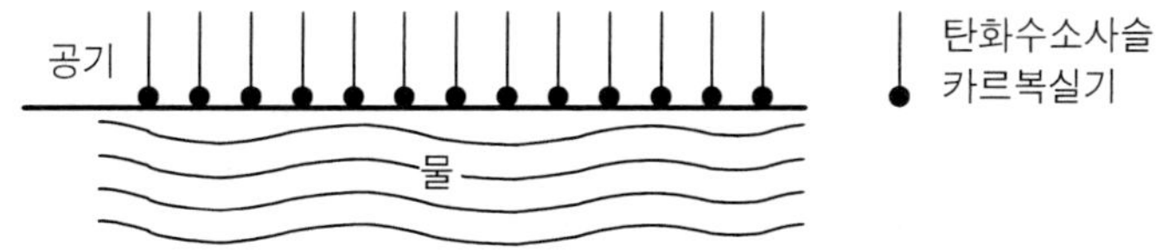

그림 12-1. 수면에 형성된 비누박막의 상태

하고 있으며, 이 때 탄소의 길이가 일정한 분자(C_{12}-C_{18})들만 마이셀을 형성할 수 있다.

비눗물에 소량의 기름을 넣고 용액을 섞어 주면 비누의 마이셀은 기름의 작은 입자를 마이셀 구조의 중심에 끌어들여 탄화수소 부분은 기름에 녹고, 친수성의 다른 끝부분은 물에 녹으면서 마이셀을 안정화시킨다.

비누는 물보다 표면장력이 낮으므로 낮은 표면장력과 유탁화(乳濁化)시키는 힘이 동시에 작용하면서 오염물질, 특히 기름기를 쉽게 제거할 수 있다.

2. 비누의 화학반응

약산성 나트륨이나 칼륨염상태인 비누는 강산과 반응하면 유리지방산을 형성한다.

$$C_{17}H_{35}\overset{\displaystyle O}{\overset{\|}{C}}-O^-Na^+ + H^+Cl \longrightarrow C_{17}H_{35}\overset{\displaystyle O}{\overset{\|}{C}}-OH + Na^+Cl^- \qquad (12\text{-}10)$$

Sodium stearate(비누) Stearic acid

따라서 비누는 산성용액에서는 물에 녹지 않으며 지방산의 침전이나 층을 생성하므로 사용할 수가 없다. 이러한 분리층이 생성되는 현상은 일반적으로 비누를 센물

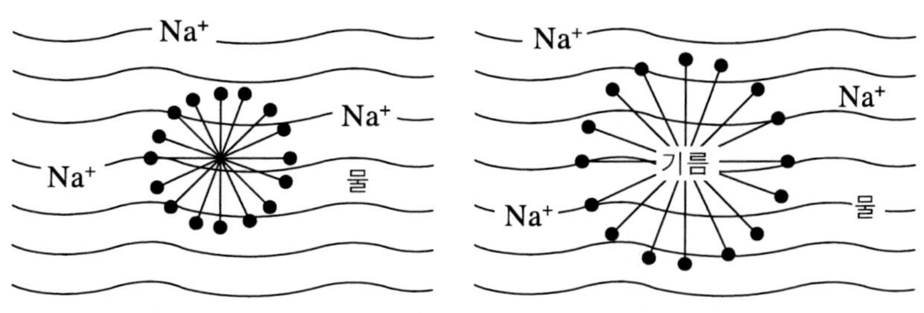

그림 12-2. 비누 micelle과 기름 입자의 유탁화 상태

(경수, 硬水)에서 사용하는 경우도 나타난다. 이러한 이유는 센물의 칼슘, 마그네슘, 철이온 등이 지방산과 염을 형성하여 불용성 물질을 생성하기 때문이다. 이 상태에서는 비누의 효력이 감소된다.

$$2C_{17}H_{35}\overset{\overset{\displaystyle O}{\|}}{C}-O-Na^{+} + Ca^{2+} \longrightarrow (C_{17}H_{35}COO)_2^{-}Ca^{2+}\downarrow + 2Na^{+} \qquad (12\text{-}11)$$

12.3 건성유

어떤 유지는 얇은 층으로 만들어 공기중에 방치하면 강하고 굳은 막을 형성하는 경우가 있으며, 이런 경우를 **건조**라고 한다. 이러한 상태의 건조는 젖은 빨래를 건조하는 것과는 의미가 다르다.

즉, 유지의 건조는 증발에 의한 건조가 아니고 공기중의 산소와 기름이 아주 복잡한 반응과정을 거쳐 건조한 막을 형성하는 경우이다. 이 과정은 산화와 중합이 모두 관여하며, 고도로 불포화된 기름에서 건조현상이 쉽게 발생한다.

오동나무 기름이나 콩기름은 건조가 쉽지만, 특히 아마인기름(linseed oil)은 건조가 빠르다. 아마인유는 리놀렌유(linolenic acid)의 글리세리드로 이루어져 있다. 이 과정에서 아마인유에 잘 녹는 코발트, 마그네슘, 납의 염화물을 넣고 끓이면 건조가 더욱 빨라진다. 유성도료(페인트, oil paint)는 아마인유에 아주 고운 가루로 만든 안료를 혼합한 것이다.

피마자기름은 약 85%의 리시놀산(ricinoleic acid)의 글리세리드이고, 리시놀산의 건조특성은 아마인유의 건조성질과 유사하다.

$$CH_3(CH_2)_4CH_2\underset{\displaystyle OH}{\underset{|}{C}}HCH_2CH=CH(CH_2)_7C\overset{\displaystyle \nearrow O}{\underset{\displaystyle \searrow OH}{}} \qquad (12\text{-}12)$$

Ricinoleic acid

12.4 유지의 분석

유지의 여러 가지 성질은 지방산의 탄소사슬 길이와 사슬의 불포화도에 의해서 결정된다. 유지를 분석하는 방법은 여러 가지가 있지만, 가장 중요한 것으로서 검화가(saponification number)와 요오드가(iodine number)를 들 수 있다.

1. 검화가

유지는 정량적으로 검화된다. 1g의 유지를 검화하는데 소비되는 수산화칼륨(KOH)의 mg수를 검화가(saponification number)라고 하며, 이 값으로 지방산의 탄소사슬 길이를 알 수 있다. 예를 들어 검화가가 클수록 유지가 짧은 사슬, 즉 분자량이 작은 글리세리드로 이루어진 것으로 평가한다.

2. 요오드가

유지의 요오드가(iodine number)는 유지의 불포화 정도를 나타내는 값으로서 유지 100g에 결합가능한 요오드의 g수로서 나타낸다. 염화제2수은($HgCl_2$)의 알코올용액에 녹인 요오드는 유지분자내 지방산의 2중 결합에 부가된다. 결국 불포화도가 클수록 또는 지방에 2중 결합이 많을수록 요오드가가 커진다.

몇 가지 유지의 검화가와 요오드가를 정리하면 표 12-2와 같다. 특히 아마인유의 요오드가와 버터의 검화가에 주목할 필요가 있다.

3. 기타 유지시험 방법

1) 산가(acid value)

1g의 유지를 중화하는 데 필요한 KOH의 mg수로서 유리지방산의 함량을 알 수 있다.

표 12-2. 몇 가지 유지의 검화가와 요오드가

유 지	검화가	요오드가
버터지방	210～23-	26～38
소기름	196～200	35～40
돼지기름	195～200	63～79
올리브유	185～196	80～85
면실유	194～196	103～111
아마인유	190～195	175～202

2) 에스테르가(ester value)

검화가에서 산가를 뺀 값으로 글리세리드의 양을 의미한다.

3) 아세틸가(acetyl value)

1g의 유지를 아세틸화하는 데 소비된 식초산을 중화하는 데 소비된 KOH의 mg수이다. 이 값은 유지에 함유된 OH기의 수에 따라 다르며, mono-, di-glyceride나 지방산의 R부분에 OH가 포함된 경우 OH기의 수를 분석하는 방법이고, 다음과 같다.

$$\begin{aligned} &R-OH + (CH_3CO)_2O \longrightarrow CH_3COOR + CH_3COOH \\ &CH_3COOH + KOH \longrightarrow CH_3COOK + H_2O \end{aligned} \qquad (12\text{-}13)$$

4) 라이헤르트-마이슬가(Reichert-Meissl number)

5g의 유지를 산성으로 만든 다음 증류하여 얻은 증류액을 중화시키는 데 소비된 0.1N KOH의 mℓ수로 표시한다. 이것은 버터를 포함하여 C_{10} 이하의 휘발성 휘발산의 양을 알 수 있으며, 변패된 경우는 값이 커진다.

12.5 왁 스

왁스(wax, 납)는 유지와 달리 글리세롤의 에스테르가 아니라 짝수 탄소사슬의 1가 알코올과 긴 탄소사슬 지방산의 에스테르이다.

$$R-\overset{\overset{\displaystyle O}{\|}}{C}-OR' \qquad (12\text{-}14)$$

Wax(R과 R′는 C16~36으로 됨)

위의 식에서 R이나 R′은 탄소수가 16-36으로 이루어진 것이다. 왁스는 알칼리와 같이 끓여도 수용성 생성물질이 생성되지 않는 점이 유지와 다르다. 즉, 왁스도 검화는 가능하지만 글리세롤과 달리 물에 녹지 않는 긴 사슬의 알코올이 생성된다. 왁스는 일반적으로 에스테르와 같이 소량의 포화 탄화수소, 유리지방산, 알코올과 sterol을 갖고 있다.

밀납의 주성분은 myricyl palmitate($C_{15}H_{31}CO_2C_{30}H_{61}$)이다. 카나우바납은 myricyl cerotate($C_{25}H_{51}CO_2C_{30}H_{61}$)이며, 향고래 머리에서 추출하는 고래왁스는 주로 cetyl palmitate($C_{15}H_{31}CO_2C_{16}H_{33}$)를 함유하고 있다.

왁스는 유지보다 일반적으로 쉽게 부서지고, 더 단단하지만 덜 매끄럽다. 왁스는 윤기를 내거나 화장품, 고약, 기타 의약품과 음반제조에 이용하고 있다.

13

질소화합물

질소는 잘 알려진 바와 같이 상온에서는 불활성이지만 고온에서는 여러 가지 원소와 결합하여 질소화합물을 생성한다. 유기질소 화합물은 대부분이 탄소・수소・질소와 산소로 이루어져 있는데, nitrile이나 amine 화합물처럼 질소가 탄소와 직접 결합하는 경우와 nitrate 화합물처럼 산소와 같이 다른 원소를 중간에 두고 탄소와 간접 결합하는 경우로 나누어진다. 질소를 포함한 중요한 작용기는 표 13-1과 같다.

표 13-1. 중요한 질소함유 원자단

원자단	이 름	원자단	이 름
$-NH_2$	Amine : 알킬기에 직접 결합한 경우 Amide : 카르복실기의 $-OH$ 대신 $-NH_2$가 치환된 경우	$-N=O$ $-O-N=O$ $-NO_2$	Nitroso Nitrile Nitro
$=NH$ $RCH=NH$, aldimine	Imine(imino) : 카르복실기의 $=O$에 치환된 경우	$-O-N(=O)-O$	Nitrate
$R_2C=NH$, ketimine, RCONHCOR, imides	Imide : 카르복실기의 C에 결합하지 않은 경우	$-C\equiv N$ $-N\equiv C$ $-NH\equiv NH_2$ $=N-NH_2$ $-N=N-$	Nitrile(cyano) Isonitrile Hydrazine Hydrazone Azo
$=NOH$	Oxime		

13.1 니트릴

R기에 $-C\equiv N$이 결합한 것을 니트릴(nitrile) 또는 cyan 화합물이라고 한다. 니트릴(alkyl cyanide)은 시안화 수소(HCN)의 알킬유도체로서 일반적으로 유독성을 나타내며, C_2~C_{14}의 니트릴 화합물들은 상온에서 액체이다.

관용적으로는 alkyl 다음에 cyanide를 붙여서 부르지만, IUPAC 방법으로는 alkane 이름 다음에 nitrile을 붙여서 부른다. 또한 어떠한 화합물의 치환기로서 $-CN$이 결합된 경우는 화합물의 첫머리에 cyano를 붙여서 부르기도 한다.

$$\underset{\text{Propanenitrile}}{CH_3CH_2-CN} \qquad \underset{\text{Cyanoacetic acid}}{\underset{\displaystyle CN}{\overset{|}{CH_2COOH}}} \tag{13-1}$$

1. 화학반응

1) 가수분해

산이나 염기 조건에서 가수분해하면 카르복실산(carboxylic acid)이 생성된다.

$$\begin{array}{l} \underset{\text{Nitrile}}{RCN} + 2H_2O \xrightarrow{\text{HCl}} \underset{\text{Carboxylic acid}}{RCOOH} + NH_4Cl \\ RCN + H_2O \xrightarrow{\text{MaOH}} RCOOHNa + NH_3 \end{array} \tag{13-2}$$

2) 환원반응

Nitrile을 환원시키면 1급 아민(amine)이 생성된다.

$$\begin{array}{l} R-CN + \underset{\text{Reducing agent}}{4C_2H_5OH + 4Na} \longrightarrow \underset{\text{Amine}}{RCH_2NH_2} + 4C_2H_5ONa \\ R-CN + 2H_2 \xrightarrow[200℃]{\text{Ni}} RCH_2NH_2 \end{array} \tag{13-3}$$

공업적으로 중요한 니트릴은 propenenitrile이며, 합성고무의 원료로 이용되고 있다.

$$CH_2=CH_2 + HOCl \longrightarrow \underset{OH\ \ \ Cl}{CH_2-CH_2} \xrightarrow{KCN} \underset{OH\ \ \ CN}{CH_2-CH_2}$$
$$\xrightarrow{KHSO_4} \underset{\text{Propenenitrile (acrylonitrile)}}{CH_2=CHCN} + H_2O \qquad (13\text{-}4)$$

3) Grignard 반응

Grignard 시약으로 케톤을 생성할 수 있다.

$$RC\equiv N + R'-MgX \longrightarrow \begin{matrix}R\\R'\end{matrix}\!\!>C=NMgX \xrightarrow{\text{가수분해}} \begin{matrix}R\\R'\end{matrix}\!\!>C=O \qquad (13\text{-}5)$$

니트릴 화합물은 위에서 소개한 반응을 이용하여 여러 가지 화합물들을 합성할 수 있으므로 다양한 합성원료로 이용하고 있다.

2. 이소니트릴

이소니트릴(isonitrile)은 니트릴화합물들의 이성체로서 $R-N \rightleftarrows C:$ 의 구조로 나타내며, 악취와 독성을 갖고 있는 화합물질이다.

1급 아민의 정성반응으로 이소니트릴 생성반응이 적용되고 있으며, 또한 이들 화합물질들은 쉽게 가수분해되어 개미산(formic acid)과 1급 아민을 생성하며, 이것을 환원시키면 2급 아민이 생성된다.

$$\underset{\text{Isonitrile}}{RNC} + 2H_2O + HCl \longrightarrow RNH_3^+Cl^- + \underset{\text{Formic acid}}{HCOOH}$$
$$RNC \xrightarrow{[4H]} \underset{\text{Secondary amine}}{R-\overset{H}{\overset{|}{N}}-CH_3} \qquad (13\text{-}6)$$

13.2 아민류

암모니아(ammonia, NH_3)의 수소를 알킬기로 치환시킨 것을 지방족 아민(aliphatic

amine)이라 하고, phenyl기로 치환된 경우를 방향족 아민(aromatic amine)이라 한다.

또한 수소가 치환된 숫자에 따라서 1급(primary amine), 2급(secondary amine) 및 3급 아민(tertiary amine) 등으로 구별한다.

Ammonia (NH_3)

Methylamine (primary amine) (CH_3-NH_2)

Dimethylamine (secondary amine) ($(CH_3)_2NH$)

Trimethylamine (tertiary amine) ($(CH_3)_3N$)

Tetramethylammonium chloride ($[CH_3-N(CH_3)_2-CH_3]^+Cl^-$) (13-7)

Phenylamine (aniline) ($C_6H_5-NH_2$)

Diphenylamine ($C_6H_5-NH-C_6H_5$)

Triphenylamine ($(C_6H_5)_3N$)

표 13-2. 대표적인 amine의 몇 가지 성질

이 름	분자식	녹는점 (℃)	이온화상수 (K_b)
Ammonia	NH_3	-33.4	2.0×10^{-5}
Methylamine	CH_3NH_2	-6.5	5.0×10^{-4}
Dimethylamine	$(CH_3)_2NH$	7.4	5.4×10^{-4}
Trimethylamine	$(CH_3)_3N$	3.5	5.9×10^{-5}
Ethylamine	$CH_3CH_2NH_2$	16.6	5.6×10^{-4}
n-Propylamine	$CH_3CH_2CH_2NH_2$	48.7	4.7×10^{-4}
n-Butylamine	$CH_3CH_2CH_2CH_2NH_2$	77.8	4.0×10^{-4}
Aniline	$C_6H_5NH_2$	184	5.4×10^{-10}
Methylaniline	$C_6H_5NHCH_3$	195.7	2.5×10^{-10}
Dimethylaniline	$C_6H_5N(CH_3)_2$	193.5	2.4×10^{-10}
Ethylenediamine	$H_2NCH_2CH_2NH_2$	116.5	8.5×10^{-5}
Hexamethylenediamine	$H_2NCH_2CH_2CH_2CH_2CH_2NH_2$	204.5	8.5×10^{-4}
Pyridine	C_5H_5N	115.5	2.3×10^{-9}

1. 일반적 성질

저급 아민은 암모니아와 비슷한 냄새와 성질을 나타내고, 물에 녹으면 알칼리성을 나타낸다. 또한 냄새는 자극성이 적지만 생선냄새와 비슷한 것이 특징이다.

수용액에서 염기도(alkalinity)는 일반적으로 지방족 아민에 비하여 방향족 아민이 약하다.

2. 아민 염기성의 세기

Amine 화합물이 수용액에서 알칼리성을 나타내는 이유는 암모니아와 마찬가지로 물분자의 수소이온과 배위결합을 형성하기 때문이다.

$$R-\underset{H}{\overset{H}{N}}: + H^+ : OH \xrightleftharpoons{K_b} \left[R-\underset{H}{\overset{H}{N}}:H \right]^+ + :OH^- \tag{13-8}$$

$$K_b = \frac{[RNH_3]\ [OH]}{[RNH_2]}$$

K_b : 이온화정수

일반적으로 염기성의 세기를 비교하는 경우는 $-\log K_b = pK_b$의 크기로 나타내며, pK_b가 작을수록 염기성이 강해진다. 수산화나트륨(NaOH)의 pK_b는 약 0이고, 가장 약한 알칼리의 pK_b는 14에 접근한다.

일반적으로 지방족 아민의 염기성은 암모니아보다 강하고, 1급 아민보다 2급 아민이 더욱 강하게 나타나는데, 이러한 이유는 알킬기의 유도효과(I effect)에 의해서 질소원자 주위에 전자밀도가 높아지면서 수소이온(H^+)을 더 잘 잡아당기기 때문이다.

3급 아민은 위의 설명에 근거하면 세 개의 알킬기가 유도효과를 발휘하여 염기성

표 13-3. 몇 가지 아민화합물의 pK_b

Amine	pK_b	Amine	pK_b
NH_3*	4.75	$C_2H_5NH_2$	3.27
CH_3NH_2	3.27	$(C_2H_5)_2NH$	2.89
$(CH_3)_2NH$	3.22	$(C_2H_5)_3N$	3.36
$(CH_3)_3N$	4.20	⬡-NH_2	9.30

* 아민화합물이 아니며, 참고로 제시함.

이 가장 강할 것으로 추정되지만, 실제로는 알킬기의 입체적 장해로 인해서 암모늄 이온형성이 저해되기 때문에 가장 약한 염기성을 나타낸다.

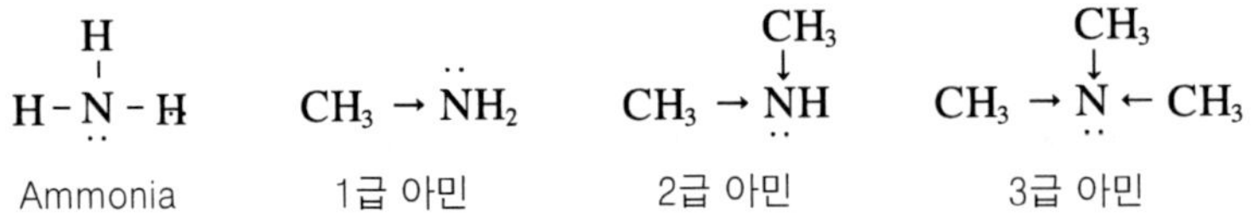

$$\underset{\text{Ammonia}}{H-\ddot{N}(H)-H} \qquad \underset{\text{1급 아민}}{CH_3 \rightarrow \ddot{N}H_2} \qquad \underset{\text{2급 아민}}{CH_3 \rightarrow \ddot{N}H(\leftarrow CH_3)} \qquad \underset{\text{3급 아민}}{CH_3 \rightarrow \ddot{N}(\leftarrow CH_3) \leftarrow CH_3} \quad (13\text{-}9)$$

방향족 아민은 aniline의 경우와 마찬가지로 공명현상을 일으켜 질소가 갖고 있는 비공유 전자쌍(non-covalent electron pair)이 벤젠 쪽으로 치우치면서 양성자(proton) 수용능력이 작아지므로 지방족 아민보다 염기성이 약하다.

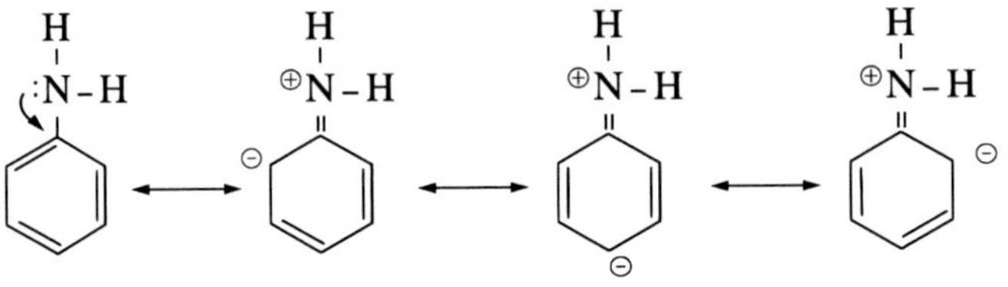

(13-10)

Aniline의 공명

3. 제조방법

1) Haloalkane과 암모니아의 반응

Hofman(1849)이 개발한 방법이며, 이 방법을 적용하면 1급, 2급, 3급 및 4급 암모늄염을 동시에 생성시킬 수 있다.

$$\begin{aligned} RX + NH_3 &\longrightarrow RNH_3X \ \text{(alkyl ammonium halide)} \\ RNH_3X + NH_3 &\longrightarrow RNH_2 + NH_4X \\ RX + RNH_2 &\longrightarrow R_2NH_2X \\ R_2NH_2X + NH_3 &\longrightarrow R_2NH + NH_4X \end{aligned} \quad (13\text{-}11)$$

동시에 생성되는 이들 혼합물을 알칼리성으로 만들어 증류하면 각각을 분리할 수 있다.

2) 니트릴의 환원

$$RCN \xrightarrow[\text{Pt or Ni}]{4[H]} RCH_2-NH_2 \qquad (13\text{-}12)$$

3) Acid amide와 브롬-알칼리반응

$$\underset{\text{Acid amide}}{RCH_2\overset{\overset{\large O}{\|}}{C}-NH_2} + Br_2 + 4\,NaOH \longrightarrow \underset{\text{Amine}}{RCH_2NH_2} + 2\,NaBr + Na_2CO_3 + 2\,H_2O \qquad (13\text{-}13)$$

4) 니트로 화합물의 환원

$$RNO_2 + 6\,H \xrightarrow{\text{Fe, HCl}} RNH_2 + 2\,H_2O$$

$$O_2N-C_6H_3(NO_2)-Cl + NH_3 \longrightarrow O_2N-C_6H_3(NO_2)-NH_2 + HCl \qquad (13\text{-}14)$$

3,4-Dinitrochlorobenzene → 3,4-Dinitroaminobenzene

5) -OH 화합물과 암모니아의 반응

$$C_{10}H_7-OH + NH_3 \xrightarrow[\substack{100\sim150℃,\ \text{압력} \\ \text{Buchere의 반응}}]{(NH_4)_2SO_3} C_{10}H_7-NH_2 + H_2O \qquad (13\text{-}15)$$

β-Naphthol → β-Naphthylamine

4. 화학반응

1) 아질산과 반응

Amine 화합물들은 1급, 2급, 3급인가에 따라 각각 나타나는 반응성이 다르므로 각급의 아민화합물을 분석하는 경우에 적용한다.

(1) 1급 아민과 반응

질소가스를 발생하면서 알코올을 생성한다.

$$R-NH_2 + HONO \longrightarrow ROH + N_2\uparrow + H_2O \qquad (13\text{-}16)$$

방향족 화합물인 경우는 무기산(inorganic acid)을 첨가한 조건에서 반응을 진행시키면 diazonium salt를 생성한다.

$$C_6H_5-NH_2 + HONO + HCl \xrightarrow{-2H_2O} [C_6H_5-N_2]^+Cl^- \qquad (13\text{-}17)$$

Aniline　　　Benzenediazonium chloride

이러한 반응을 **디아조화 반응**(diazotization)이라 하며, 생성된 디아조늄염은 여러 가지 화합물의 합성원료로 이용한다.

(2) 2급 아민과 반응

물에 잘 녹지 않는 황동색 물질인 니트로소 아민(nitrosoamine)을 생성한다. 니트로소 아민은 단백질함유 식품을 굽거나 특히 훈제할 경우에 식품에 착색을 생성하는 물질로서 잘 알려져 있고, 과거에는 일반적인 식품가공을 거쳐 훈제효과를 내기 위해 식품에 첨가한 경우가 있었으나 발암물질로 알려지면서 식품첨가물로는 사용이 금지되었다.

$$RR'N\text{-}H + HO\text{-}NO \longrightarrow RR'N\text{-}NO + H_2O$$

Nitrosoamine

$$C_6H_5\text{-}NH(CH_3) + HO\text{-}NO \longrightarrow C_6H_5\text{-}N(CH_3)\text{-}NO + H_2O \qquad (13\text{-}18)$$

N-Methylaniline　　　N-Nitroso-N-methylaniline

(3) 3급 아민과 반응

Trialkyl ammonium nitrite를 생성한다.

$$R'-\underset{R''}{\overset{R}{N}}: + HONO \longrightarrow \left[R'-\underset{R''}{\overset{R}{N}}:H \right]^{+} [NO_2] \quad (13\text{-}19)$$

Trialkyl ammonium nitrite

그러나 방향족 3급 아민의 경우는 핵치환이 발생하면서 *p*-nitroso의 결정성 화합물이 생성된다.

$$C_6H_5-N(CH_3)_2 + HONO \longrightarrow O=N-C_6H_4-N(CH_3)_2 + H_2O \quad (13\text{-}20)$$

N,N-Dimethylaniline　　*p*-Nitroso-N,N-dimethylaniline

2) Benzenesulfonyl chloride와 반응

1급과 2급 아민은 반응하지만, 3급 아민은 반응하지 않는다.

$$R-NH_2 + C_6H_5-SO_2Cl \longrightarrow C_6H_5-SO_2NHR + HCl$$

1급 아민 benzenesulfonyl chloride　　N-Alkylphenylsulfonamide　　(13-21)

$$R_2NH + C_6H_5-SO_2Cl \longrightarrow C_6H_5-SO_2NR_2 + HCl$$

2급 아민　　N,N-Dialkylphenylsulfonamide

위의 두 가지 반응생성물질을 수산화나트륨 수용액에 작용시키면 N-alkylphenylsulfonamide는 녹지만, N, N-dialkylphenylsulfonamide는 녹지 않는다. 따라서 이러한 반응은 각급 아민을 계통적으로 분리 분석하는 목적으로 이용하며, 반응을 고안한 학자의 이름을 따라서 **Hinsberg 반응**이라고 한다.

3) 금속과 반응

1급, 2급 및 3급 아민의 유리쌍이 전자를 제공하면서 금속이온과 결합하여 착염(complex)을 생성한다. 예를 들어 염화은($AgCl_2$)과 methyl amine이 반응하면 $[AgNH_2CH_3]^+Cl^-$가 생성된다. 또한 $CuCl_2$는 methyl amine과 반응하여 진한 청색의 수용성 착염을 생성하며, 구조는 다음과 같다.

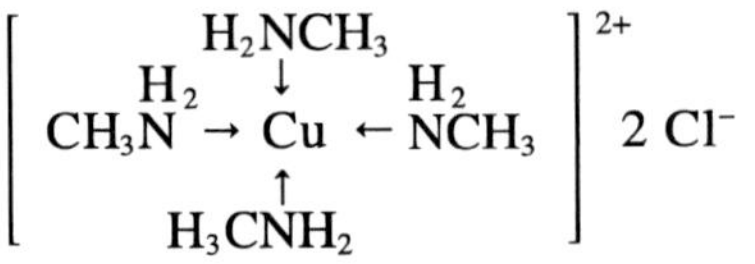

$$\left[\begin{array}{ccccc} & & H_2NCH_3 & & \\ & & \downarrow & & \\ CH_3\overset{H_2}{N} & \rightarrow & Cu & \leftarrow & \overset{H_2}{N}CH_3 \\ & & \uparrow & & \\ & & H_3CNH_2 & & \end{array}\right]^{2+} 2\,Cl^- \tag{13-22}$$

이와 같이 색깔이 있는 화합물질을 생성하기 때문에 chelate 적정법이라는 무기이온의 미량 정량에 이용하고 있다.

4) 4급 암모늄염

4급 암모늄염(tetra-ammonium salt)의 일부는 계면활성제로서 중요하며, cetyltrimethyl ammonium chloride와 lauryltrimethyl ammonium chloride 등은 세척작용과 살균작용을 나타내므로 세척제(detergent) 또는 살균제로서 이용하고 있다. 이들의 세척작용은 비누와 달리 양이온 부분에서 발생하므로 역성비누(invert soap) 또는 양성세제(cationic detergent)라고 한다.

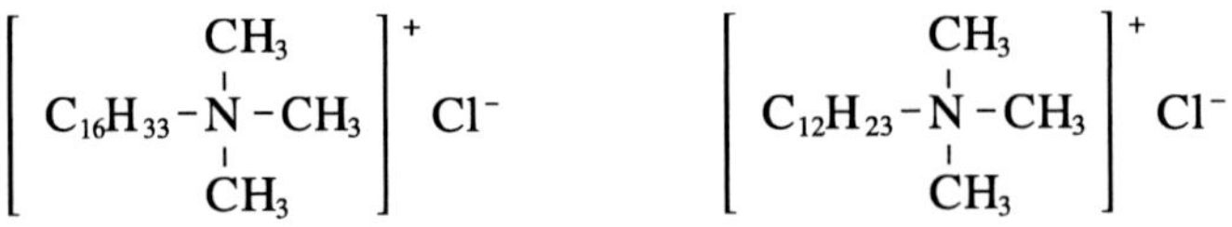

$$\left[\begin{array}{c} CH_3 \\ | \\ C_{16}H_{33}-N-CH_3 \\ | \\ CH_3 \end{array}\right]^{+} Cl^- \qquad \left[\begin{array}{c} CH_3 \\ | \\ C_{12}H_{23}-N-CH_3 \\ | \\ CH_3 \end{array}\right]^{+} Cl^- \tag{13-23}$$

Cetyltrimethyl ammonium chloride　　　Lauryltrimethyl ammonium chloride

또한 4급 암모늄염 중에는 choline이나 acetylcholine을 비롯하여 생리활성을 나타내는 다양한 물질들이 알려져 있다.

Choline은 혈압 강하작용이 있으므로 혈압 강하제로서 이용되며, acetylcholine은 신경계에서 자극의 전달과정에 관여하는 중요한 물질이다.

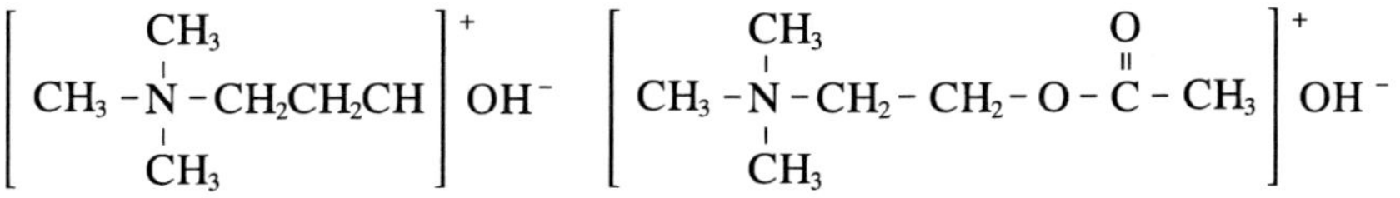

$$\left[CH_3 - \overset{\overset{CH_3}{|}}{\underset{\underset{CH_3}{|}}{N}} - CH_2CH_2CH \right]^+ OH^- \quad \left[CH_3 - \overset{\overset{CH_3}{|}}{\underset{\underset{CH_3}{|}}{N}} - CH_2 - CH_2 - O - \overset{\overset{O}{\|}}{C} - CH_3 \right]^+ OH^- \qquad (13\text{-}24)$$

Choline Acetylcholine

5. 중요한 아민화합물

1) 아닐린(aniline, 비등점 184℃)

아닐린은 ⬡-NH_2 구조를 갖고 있으며, 특이한 냄새의 무색 액체(비중 1.0268)로서 오래 동안 방치하면 공기와 광선에 의하여 자동산화(auto-oxidation)되면서 갈색으로 변화된다.

아닐린에 표백분 용액을 가하면 산화되면서 홍자색(red-violet)으로 변화되는데, 이러한 성질을 이용하여 아닐린의 검사에 이용한다.

2) 디페닐아민(diphenylamine, 녹는 점 54℃, 302℃)

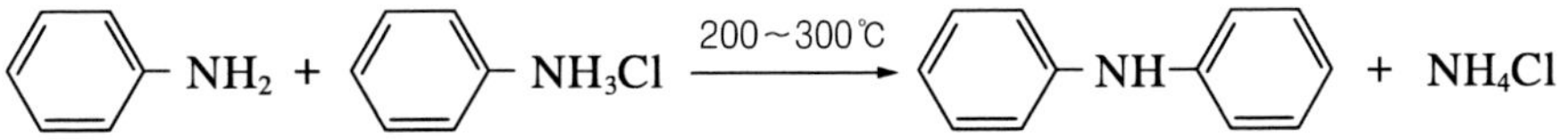

$$C_6H_5-NH_2 + C_6H_5-NH_3Cl \xrightarrow{200\sim300℃} C_6H_5-NH-C_6H_5 + NH_4Cl \qquad (13\text{-}25)$$

Aniline Aniline의 염산염 Diphenylamine

디페닐아민의 염기성은 아닐린보다 약하며, 황산용액에 녹인 용액은 미량의 질산에 의해서 짙은 청색이 되므로 질산의 검출에 이용한다. 또한 황(S)과 함께 용융시키면 살충제인 페노디아진(phenothiazine)이 생성된다.

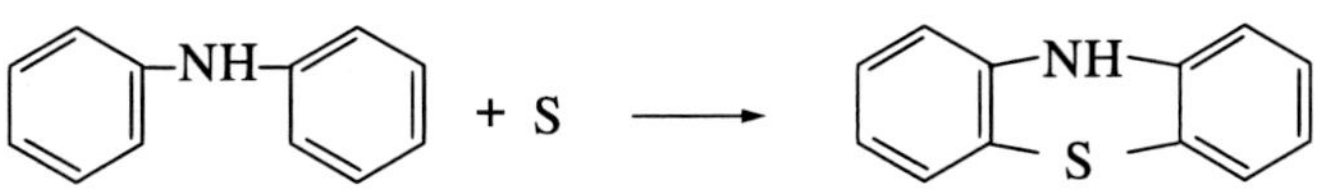

$$C_6H_5-NH-C_6H_5 + S \longrightarrow \text{Phenothiazine} \qquad (13\text{-}26)$$

Diphenylamine Phenothiazine

3) 에타놀아민(ethanolamine)

산화에틸렌(ethylene oxide)에 암모니아를 반응시켜서 합성한다.

$$\underset{\text{Ethylene oxide}}{\underset{\diagdown_{O}\diagup}{CH_2 - CH_2}} + NH_3 \longrightarrow \underset{\text{Ethanolamine}}{HOCH_2CH_2NH_2} \qquad (13\text{-}27)$$

에타놀아민과 고급 지방산이 반응하여 생성되는 염들은 일종의 비누로서, 유화제로서, 화장품·농업용 살균 살충제 등의 유화제로서 다량이 사용되고 있다.

4) 프트레신(putrescine, 1,4-diaminobutane) 및 카다베린(cadaverine, 1,5-diaminopentane)

육류를 비롯하여 기타 단백질의 부패과정에서 생성되는 프토마인(ptomine)의 성분이고, 불쾌한 냄새를 나타내지만 유독성은 없다.

$$\underset{\text{Putrescine}}{H_2N - (CH_2)_4 - NH_2} \qquad \underset{\text{Cadaverine}}{H_2N - (CH_2)_5 - NH_2} \qquad (13\text{-}28)$$

5) 헥사메틸렌디 아민(hexamethylenediamine)

나일론의 제조원료이고, 다음과 같은 과정을 거쳐 합성한다.

$$\underset{\text{1,3-Butadiene}}{CH_2 = CH - CH = CH_2} \xrightarrow{Cl_2} \underset{\text{1,4-Dichloro-2-butene}}{\underset{Cl \qquad\qquad Cl}{CH_2 - CH = CH - CH_2}} \xrightarrow{2\,NaCN}$$

$$\underset{\text{1,4-Dichloro-2-butene}}{\underset{CN \qquad\qquad CN}{CH_2 - CH = CH - CH_2}} \xrightarrow{H_2,\ Ni} \underset{\text{1,4-Dicyanobutane}}{CN(CH_2)_4CN} \xrightarrow{4H_2} \underset{\text{Hexamethylene diamine}}{H_2N(CH_2)_6NH_2} \qquad (13\text{-}29)$$

13.3 Nitro 및 nitroso 화합물

각각 니트로기($-NO_2$)와 니트로소기($-NO$)를 포함하는 화합물질들을 말하며, 일반식은 $R-NO_2$와 $R-NO$로 나타낸다.

니트로기와 니트로소기의 결합방식은 다음과 같은 특징이 있다.

- $R\text{-}NO_2$

  $R\text{-}NO_2$가 직접 C에 결합된 상태로서 가장 기본적인 결합방식이다.

- $RO\text{-}NO_2$, $RO\text{-}NO$

  질산이나 아질산기가 산소와 결합한 방식이며, 각각 질산 에스테르와 아질산 에스테르라고 한다.

- $R_2N\text{-}NO$

  -NO기가 질소와 결합하는 방식이며, nitrosoamine이라 한다.

1. 제조방법

1) 할로알칸과 아질산염의 반응

$$\begin{aligned} RX + NaNO_2 &\longrightarrow RNO_2 + NaX \\ CH_3l + AgNO_2 &\longrightarrow RNO_2 + H_2O \end{aligned} \tag{13-30}$$

2) 알칸과 질산의 반응

$$RH + HONO_2 \longrightarrow RNO_2 + H_2O \tag{13-31}$$

3) 방향족 탄화수소의 니트로화

방향족 탄화수소를 니트로화시키려면 진한 질산과 황산의 혼합용액을 직접 작용시키면 된다. 니트로기를 두 개 이상 치환시키려는 경우는 반응조건을 더욱 강하게 하기 위해 더 진한 황산과 발연질산을 사용한다.

그러나 phenol을 니트로화시키는 경우는 묽은 질산을 사용해도 반응이 이루어진다.

2. 화학반응

지방족 니트로 화합물은 다음과 같이 공명현상에 의해서 질소원자가 친전자 성질을 나타내게 된다. 즉, 질소원자의 바로 앞에 위치한 탄소에 결합한 수소가 이탈하게 되면서 화합물이 산성을 나타낸다.

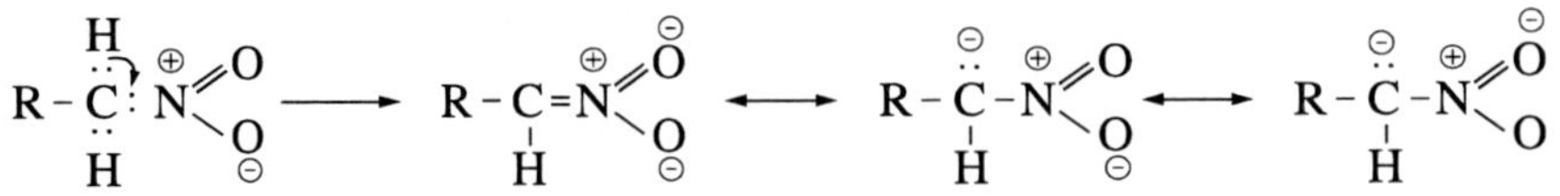

$$R-\overset{H}{\underset{H}{C}}-\overset{\oplus}{N}\begin{smallmatrix}=O\\ -O^{\ominus}\end{smallmatrix} \longrightarrow R-\underset{H}{C}=\overset{\oplus}{N}\begin{smallmatrix}-O^{\ominus}\\ -O^{\ominus}\end{smallmatrix} \longleftrightarrow R-\underset{H}{\overset{\ominus}{C}}-\overset{\oplus}{N}\begin{smallmatrix}=O\\ -O^{\ominus}\end{smallmatrix} \longleftrightarrow R-\underset{H}{\overset{\ominus}{C}}-\overset{\oplus}{N}\begin{smallmatrix}-O^{\ominus}\\ =O\end{smallmatrix} \qquad (13\text{-}32)$$

따라서 1급 니트로 화합물과 2급 니트로 화합물은 해리가 가능한 수소를 포함하고 있으므로 염을 생성할 수 있지만, 3급 니트로 화합물은 해리 가능한 수소가 없어 염의 생성이 불가능하다.

니트로 화합물은 -NO기가 1급 및 2급 탄소에 결합된 경우는 바로 전위(inversion)되면서 tautomer 관계이며, 보다 안정한 구조의 oxime으로 전환된다.

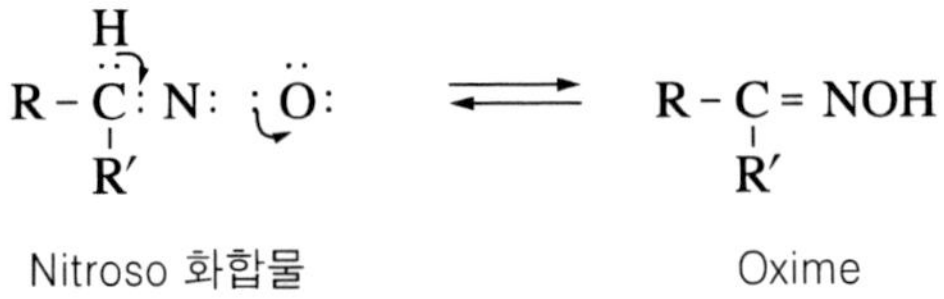

$$R-\overset{H}{\underset{R'}{C}}-N=O \rightleftharpoons R-\underset{R'}{C}=NOH \qquad (13\text{-}33)$$

Nitroso 화합물 Oxime

방향족 니트로 화합물들도 지방족 니트로 화합물과 유사한 공명현상을 나타낸다.

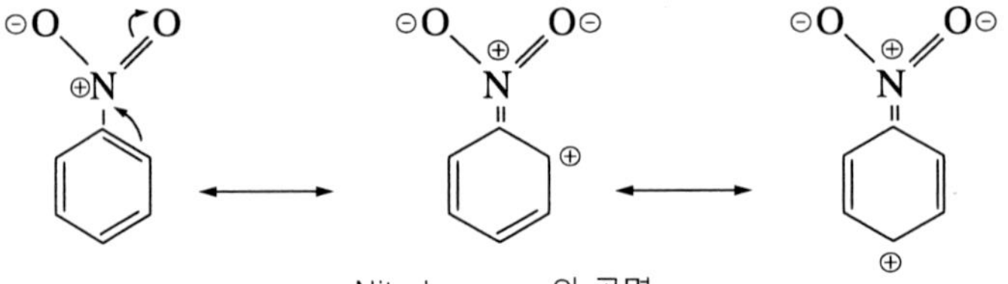

(13-34)

Nitrobenzene의 공명

즉, 니트로 벤젠은 ortho 또는 para 위치에 전자결핍 상태가 형성되므로 지방족 니트로 화합물과 반응이 가능한 친전자시약(electrophilic reagent)은 니트로 벤젠의 경우에 상대적으로 전자밀도가 높은 meta 위치에 도입되게 된다.

방향족 니트로 화합물은 일반적으로 엷은 황색을 나타내는 고체이고, 물에는 약간만이 녹는다. 또한 분자구조에 포함된 니트로기의 수와 용액의 pH에 따라서 색이 다르게 나타난다.

1) 환원반응

지방족과 방향족 니트로 화합물은 모두 완전 환원되면서 1급 아민을 생성한다.

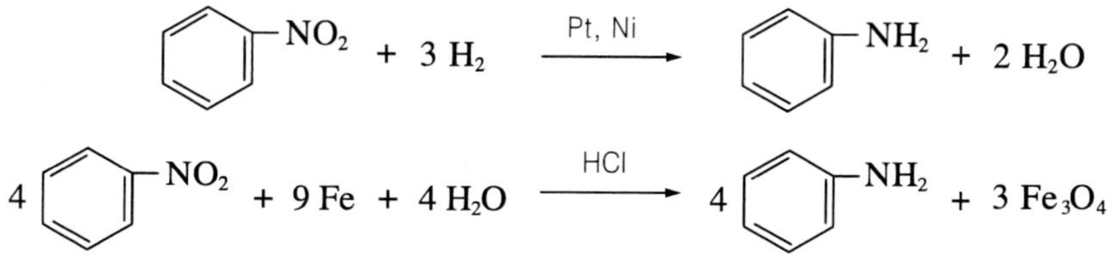

$$C_6H_5NO_2 + 3\,H_2 \xrightarrow{\text{Pt, Ni}} C_6H_5NH_2 + 2\,H_2O$$

$$4\,C_6H_5NO_2 + 9\,Fe + 4\,H_2O \xrightarrow{\text{HCl}} 4\,C_6H_5NH_2 + 3\,Fe_3O_4 \qquad (13\text{-}35)$$

니트로 벤젠을 부분적으로 환원시키면 여러 가지 환원 중간체가 생성되는데, 이 중에는 중요한 염료의 중간체(intermediate)가 많이 포함되어 있다.

니트로 벤젠의 중간 환원과정을 요약하면 다음과 같다.

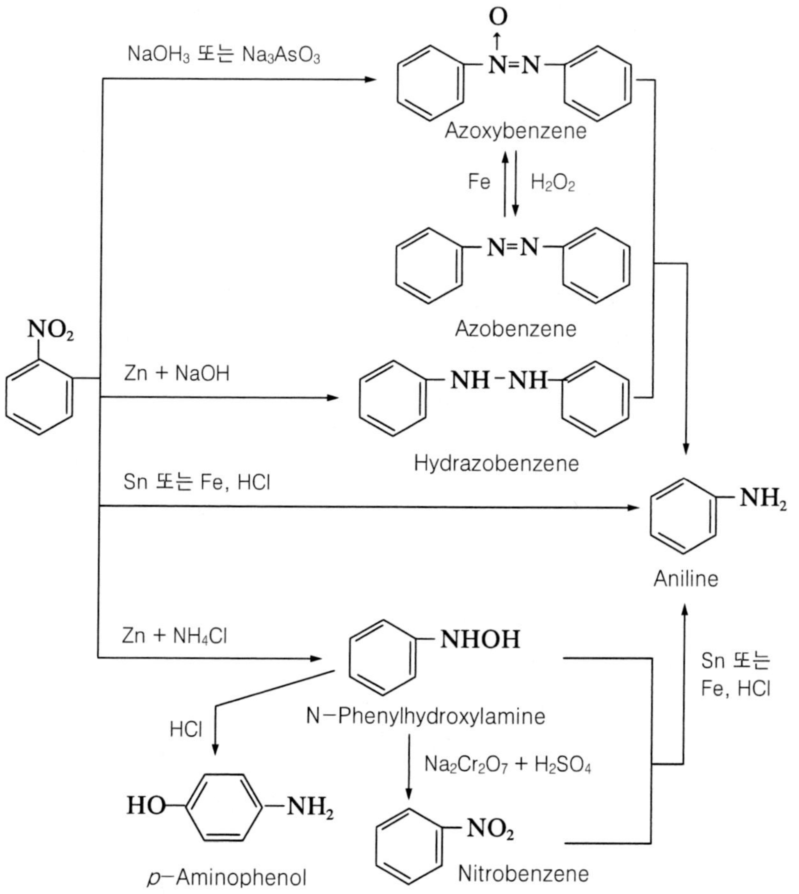

NaOH₃ 또는 Na₃AsO₃ → Azoxybenzene

Azoxybenzene ⇄ Azobenzene (Fe / H_2O_2)

Zn + NaOH → Hydrazobenzene

Sn 또는 Fe, HCl → Aniline

Zn + NH_4Cl → N-Phenylhydroxylamine

N-Phenylhydroxylamine —HCl→ p-Aminophenol

N-Phenylhydroxylamine —$Na_2Cr_2O_7 + H_2SO_4$→ Nitrobenzene

N-Phenylhydroxylamine, Nitrobenzene —Sn 또는 Fe, HCl→ Aniline

Azoxybenzene, Azobenzene, Hydrazobenzene → Aniline

(13-36)

2) 니트로기의 고리치환

일반적으로 니트로기는 치환반응이 발생하지 않지만, 두 개 이상의 니트로기가 있는 경우는 한 개가 활성화(activation)되면서 고리 치환반응(ring substitution)이 발생한다.

$$o\text{-}C_6H_4(NO_2)_2 \xrightarrow{KOH,\ H_2O} o\text{-}NO_2C_6H_4OH + KNO_2 + H_2O$$
$$o\text{-}C_6H_4(NO_2)_2 \xrightarrow{KOH,\ C_2H_5OH} o\text{-}NO_2C_6H_4OC_2H_5 + KNO_2 + H_2O \qquad (13\text{-}37)$$
$$o\text{-}C_6H_4(NO_2)_2 \xrightarrow{2NH_3} o\text{-}NO_2C_6H_4NH_2 + N_2 + 2\,H_2O$$

3. 중요한 니트로화합물

1) 니트로벤젠(nitrobenzene, 비등점 210.9℃)

특이한 냄새를 갖고 있는 엷은 황색의 액체이며, 아닐린의 용매 또는 특수한 용매로서 이용되고, 유독성이 있어 사용에 주의가 필요하다. 한편, 톨루엔에 니트로기를 계속 치환시키면 TNT가 생성되고, 폭발력이 크기 때문에 화약의 원료로 이용한다.

$$\text{Toluene} \xrightarrow{HNO_3 + H_2SO_4} o\text{-Nitrotoluene} + p\text{-Nitrotoluene} \xrightarrow{HNO_3 + H_2SO_4} \text{2,4-Dinitrotoluene} \xrightarrow{HNO_3 + H_2SO_4} \text{2,4,6-Trinitrotoluene(T.N.T.)} \qquad (13\text{-}38)$$

2) 피크릭산(picric acid, 녹는점 122℃)

화약의 원료로 이용하며, 클로로벤젠(chlorobenzene)에서 제조한다.

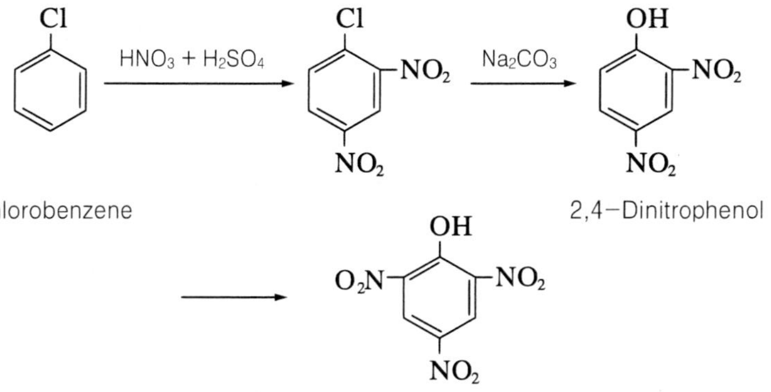

Cl HNO₃ + H₂SO₄ → Cl, NO₂, NO₂ → Na₂CO₃ → OH, NO₂, NO₂

Chlorobenzene 2,4-Dinitrophenol (13-39)

→ OH, O_2N, NO_2, NO_2

Picric acid

3) 클로로피크린(chloropicrin, 비등점 112℃)

클로랄(chloral, trichloroacetaldehyde)에 질산을 반응시키거나, picric acid에 표백분이나 염소가스(Cl_2↑)를 반응시켜 제조하며, 심한 자극성 냄새를 발생한다.

최루가스로 이용하며, 훈증제(fumigator) 또는 토양 소독제로 사용한다.

$$CCl_3CHO + HNO_3 \longrightarrow CCl_3NO_2 + HCOOH \quad (13\text{-}40)$$

Chloral Chloropicrin

4) 합성사향(synthetic musks)

다음과 몇 가지 니트로 화합물은 사향과 비슷한 향기가 있어 인조사향으로서 화장품의 원료로 이용되고 있다.

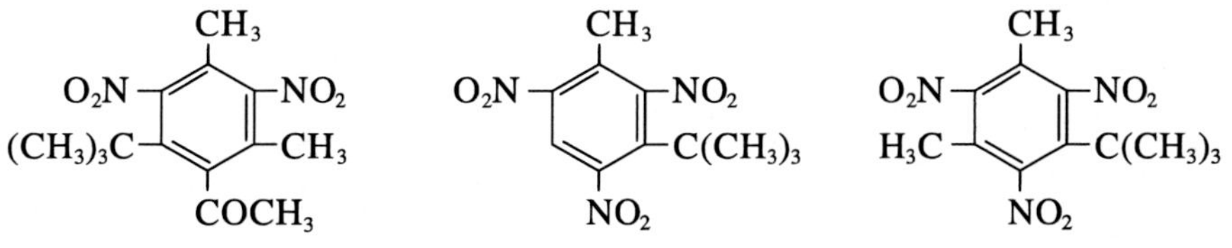

(13-41)

Musk xylene (m.p. 137℃)

Musk ambrette (m.p. 96~97℃)

Musk tibetine (m.p. 110℃)

13.4 아조화합물

아조(azo)화합물이란 일반식이 R-N=N-R′인 화합물질을 말하며, 방향족 니트로

화합물을 환원시켜 합성하거나, 또는 amine과 니트로 화합물을 반응시켜도 생성된다.

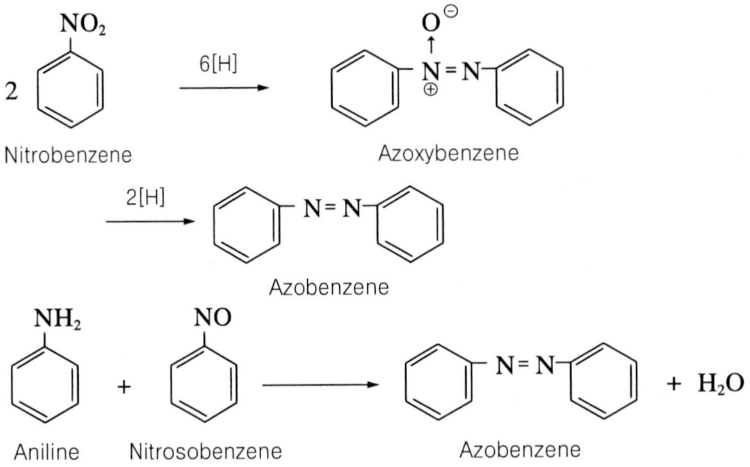

Nitrobenzene

6[H]

Azoxybenzene

2[H]

Azobenzene

(13-42)

Aniline + Nitrosobenzene → Azobenzene + H_2O

수산기(-OH)나 아미노기(-NH_2)를 포함하는 벤젠의 유도체는 coupling 방식으로 합성된다.

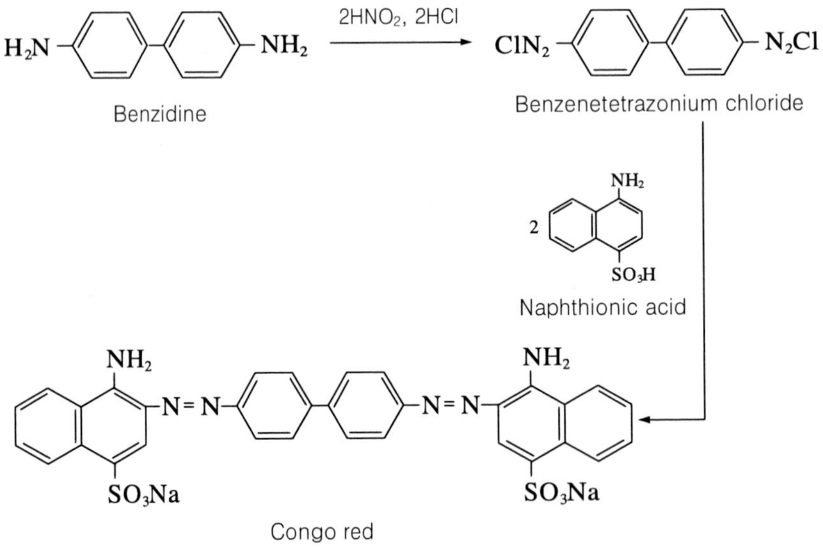

Benzidine

$2HNO_2$, 2HCl

Benzenetetrazonium chloride

Naphthionic acid

(13-43)

Congo red

13.5 염료화학

유기화합 물질이 색깔을 나타내려면 화학구조에 발색단(chromophor)과 조색단(auxochrome)이 있어야 한다. 발색단은 색깔을 나타나게 하는 원자단이고, 조색단은

색을 안정시키고 착색된 화합물을 염색물에 고착시키는 원자단을 말한다.

1. 중요한 발색단과 조색단

1) 중요한 발색단

$$>C=C<H \quad =C=O \quad >C=N- \quad -N=N-$$
$$-N=N-O- \quad -NO_2 \quad >C=S \quad -N=O \qquad (13\text{-}44)$$
$$=C\langle^{C=C}_{C=C}\rangle C= \qquad -C=C-C=C-$$

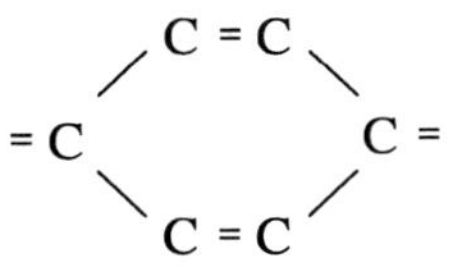

2) 중요한 조색단

$$-N(CH_3)_2 \quad -OH \quad -NH_2 \quad -OCH_3 \quad -NHCH_3$$
$$-NHOH \quad -NHNH_3 \quad \text{Halogens} \qquad (13\text{-}45)$$

2. 중요한 염료

1) Aniline 염료

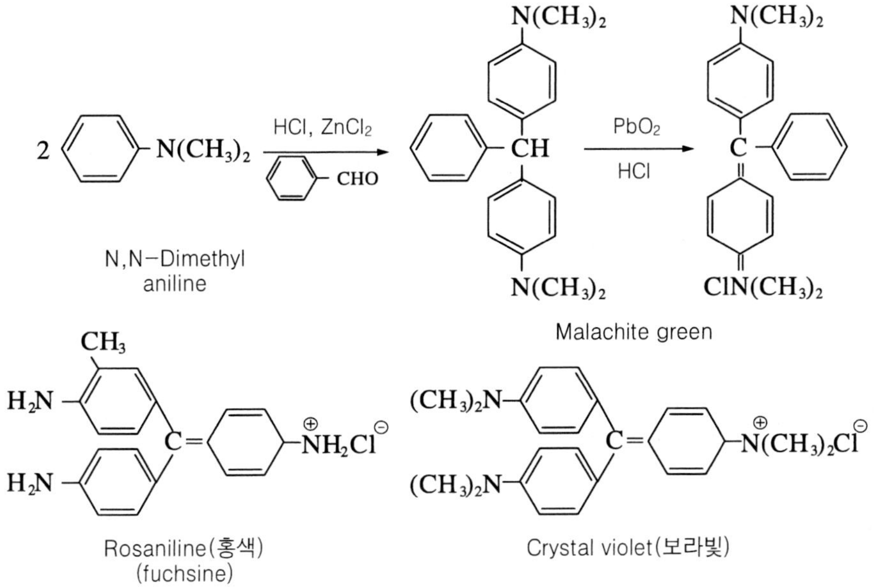

$$2\ C_6H_5N(CH_3)_2 \xrightarrow[C_6H_5CHO]{HCl,\ ZnCl_2} C_6H_5CH[C_6H_4N(CH_3)_2]_2 \xrightarrow[HCl]{PbO_2} \text{Malachite green} \qquad (13\text{-}46)$$

N,N-Dimethyl aniline

ClN(CH₃)₂

Malachite green

Rosaniline(홍색)
(fuchsine)

Crystal violet(보라빛)

2) Phthalein 염료

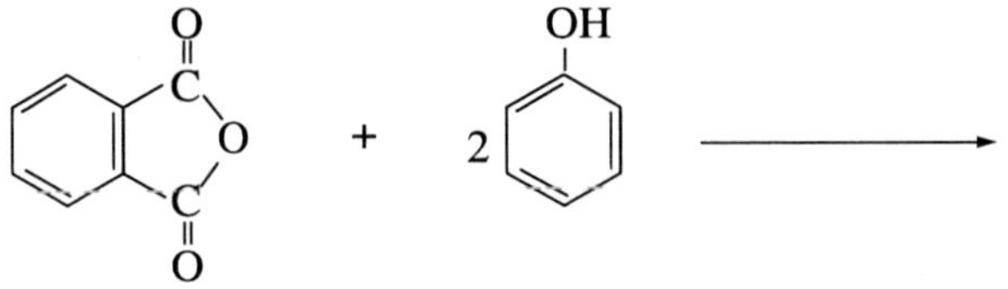

무수 phthalic acid　　Phenol

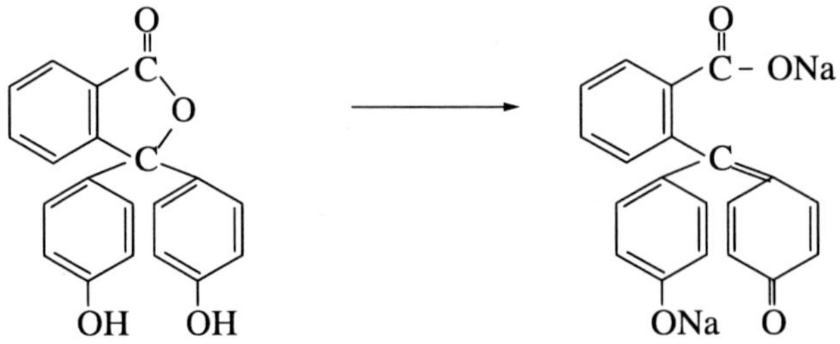

Phenolphthalein(무색)　　Phenolphthalein(홍색)의 Na염　　(13-47)

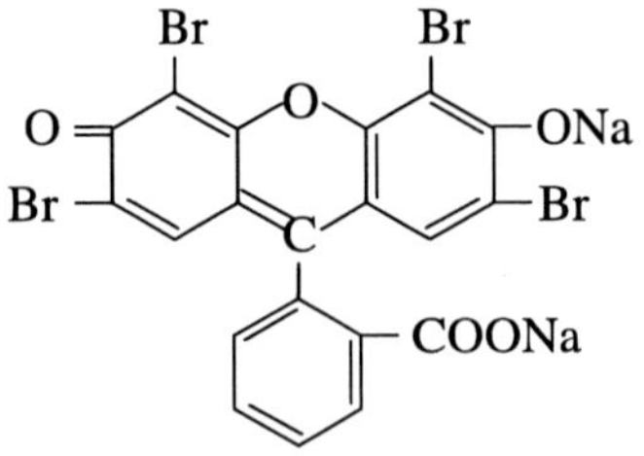

Eosin-A 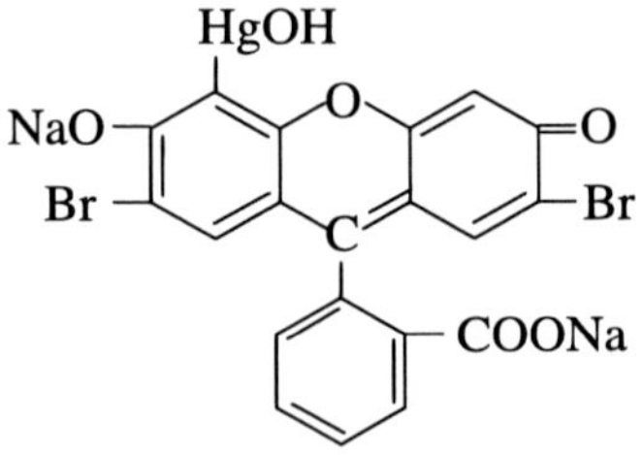　　Mercurochrome

프탈산의 유도체이고, 페놀프탈레인을 제외한 모든 물질은 분자구조에 크산텐고리를 갖고 있으므로 이들을 **크산텐 염료**(xanthene dye)라고도 한다.

3) Azo 염료

가장 중요한 염료 화합물의 일종으로 주요 물질은 다음과 같다.

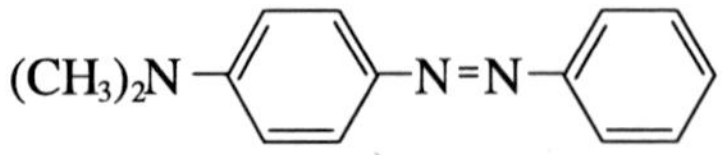

p-Phenyl azo-N, N-dimethyl aniline
(butter yellow)

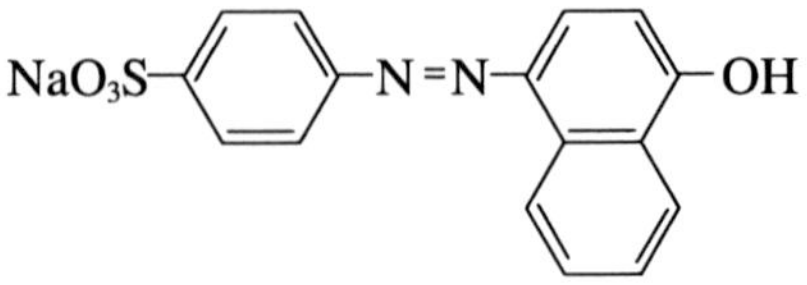

Orange I

(13-48)

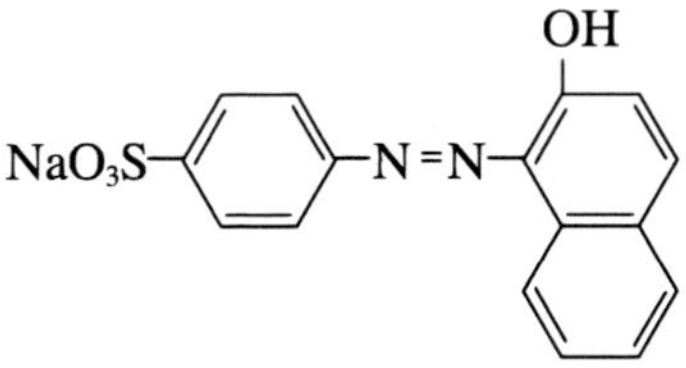
OH
NaO3S
N=N

Orange II

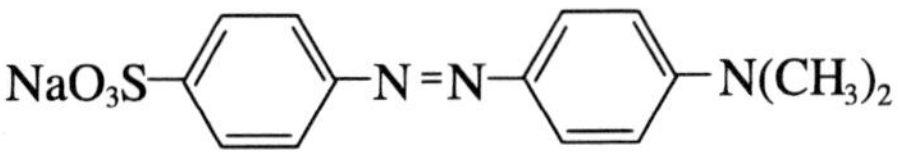
NaO3S
N=N
N(CH3)2

Methyl orange(산적정 할 때의 지시약)

4) Indigo 염료

동양에서는 쪽이라고도 하며, 전통적으로 오랫동안 사용한 식물성 천연물감이나, 현재는 다음과 같이 합성하여 이용하고 있다.

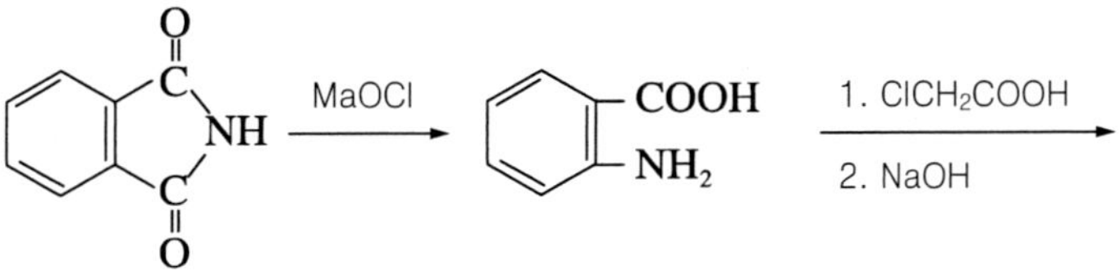
MaOCl
COOH
NH2
1. ClCH2COOH
2. NaOH

Phthalimide Anthranilic acid

(13-49)

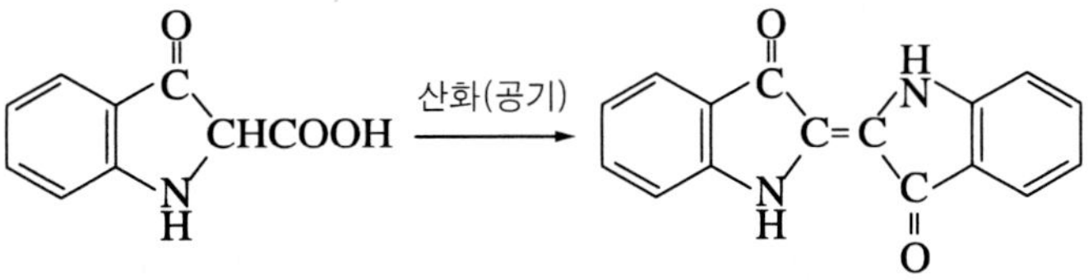
CHCOOH
산화(공기)
C=C

Indoxylic acid Indigo

5) Anthraquinone 염료

매염염료(mordant dye)로 알려져 있는 알리자린(alizarin)은 이 계통에서 가장 대표적인 물질이고, 면 계통의 섬유에 보라빛 색깔을 들게 한다.

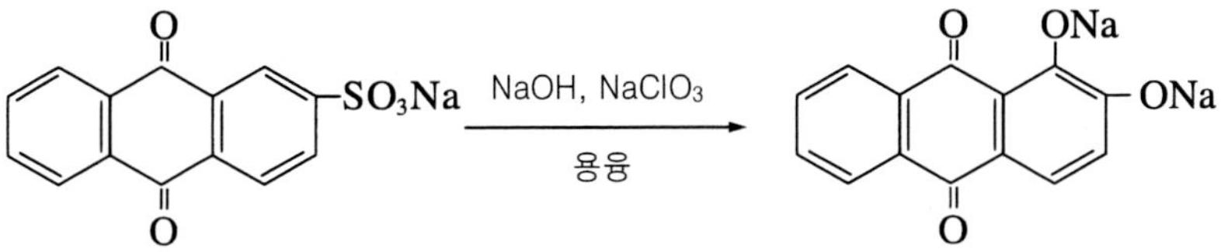
SO3Na
NaOH, NaClO3
용융
ONa
ONa

(13-50)

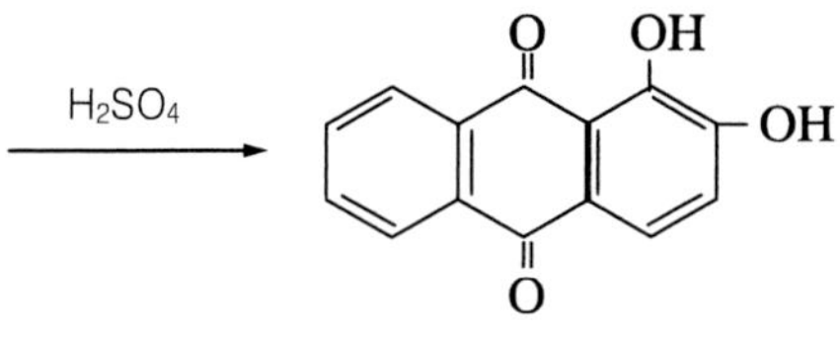
H2SO4
OH
OH

Alizarin

3. 염색방법

1) 직접염료(direct dye)

섬유에 직접 염색되는 염료이다.

2) 건염염료(vat dye)

Indigo와 같이 염료를 무색의 상태로 직물에 흡착시킨 다음, 공기중에서 건조하면서 이루어지는 산화과정에서 착색이 이루어지는 염료이다.

3) 매염염료(mordant dyeing)

Alizarin과 같이 마그네슘, 칼슘 및 바륨과 같은 금속염과 결합시켜 옷감에 불용성 유색화합물로 침착시키는 염료이다. Alizarin은 칼슘계 매염제(calcium mordant)와 자색(violet)을, 바륨 매염제와 청색(blue), 알루미늄 매염제와 붉은 장미색을 나타낸다.

4) 현색염색(ingrain dyeing)

옷감조직에서 화학반응을 일으키면서 염료가 생성되고, 이것이 염색되는 염료이다. 예를 들어 옷감을 먼저 phenol이나 amine의 알칼리용액에 침지한 다음, diazonium염 용액에 담그면 옷감에서 coupling 반응이 진행되면서 azo 염료를 침착시킨다.

요점 정리

1. 아민의 합성

(a) S_N-2 반응에 의한 알킬아민 합성

$$NH_3 + RX \longrightarrow RNH_2$$
$$RNH_2 + RX \longrightarrow R_2NH$$
$$R_2NH + RX \longrightarrow R_3N$$
$$R_3N + RX \longrightarrow R_4N^+H^-$$

(b) 니트로아렌에서 환원에 의한 아릴아민 합성

$$C_6H_5NO_2 \xrightarrow{Fe,\ H_3O^+} C_6H_5NH_2$$

2. 아민의 반응

(a) Arenediazonium염의 생성과 반응

$$C_6H_5NH_2 \xrightarrow[H_2SO_4]{HNO_2} C_6H_5\overset{+}{N}{\equiv}N\ HSO_4^-$$

HCl, CuCl → C_6H_5Cl

HBr, CuBr → C_6H_5Br

NaI → C_6H_5I

KCN, CuCN → C_6H_5CN

H_3O^+ → C_6H_5OH

H_3PO_2 → C_6H_6 (H)

(b) 디아조늄 짝지음 반응

$$C_6H_5\overset{+}{N}{\equiv}N\ HSO_4^- + C_6H_5OH \longrightarrow C_6H_5{-}N{=}N{-}C_6H_4{-}OH$$

(또는 $-NR_2$)

연습문제

1. 다음 물질의 아민 질소원자를 1차 또는 2차나 3차로 분류하시오. 아미드는 제외함을 잊지 마시오.

① Lysergic acid diethylamide

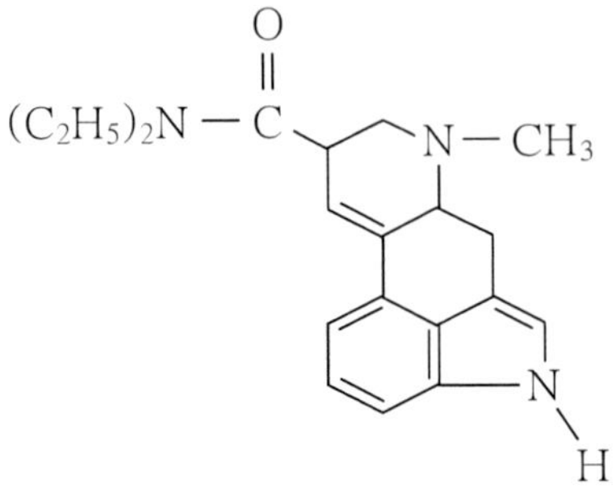

② Caffeine

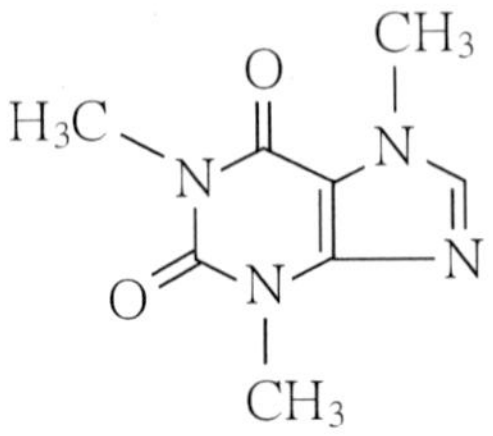

2. 다음 IUPAC 명명에 해당하는 구조를 나타내시오.

① *N*,*N*-Dimethylaniline
② *N*-Methylcyclohexylamine
③ (Cyclohexylmethyl)amine
④ (2-Methylcyclohexyl)amine
⑤ 3-(*N*,*N*-Dimethylamino)propanoic acid

3. 다음 화합물을 IUPAC 규약에 따라 명명하시오.

① ② $CH_2CH_2NH_2$ ③ $NHCH_2CH_3$

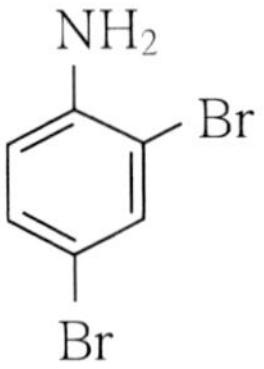

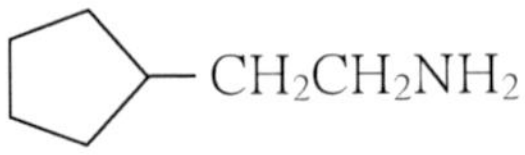

④ 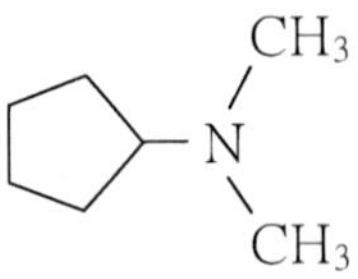 ⑤ $N-CH_2CH_2CH_3$ ⑥ $H_2NCH_2CH_2CH_2CN$

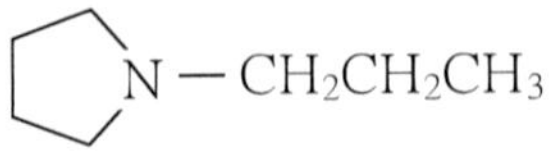

4. 다음 반응의 생성물을 보이시오.

① $CH_3CH_2CH_2NH_2 + CH_3Br \rightarrow ?$
② Cyclohexylamine + HBr → ?
③ $CH_3CH_2CONH_2 + LiAlH_4 \rightarrow ?$
④ Benzonitrile + $LiAlH_4$ → ?

5. 암모니아와 적절한 할로겐화 알킬에서 다음 아민을 합성하시오.

① Hexylamine ② Benzylamine
③ Tetramethylammonium iodide ④ *N*-Methylcyclohexylamine

6. *p*-Bromobenzenediazonium bisulfate와 다음 시약과의 반응식을 써 보시오.

① H_3O^+ ② HBr, CuBr
③ H_3PO_2 ④ KCN, CuCN

7. 다음 출발물질에서 pentylamine을 제조하는 방법을 제안하시오.

① Pentanamide ② Pentanenitrile
③ Pentanoic acid

8. 아민은 염기성이지만 아미는 중성임을 앞에서 배웠다. 아미드(imide)는 N-H기가 카르보닐기 두 개를 끼고 있는 화합물인데 산성이다. 이 산성도를 설명하기 위하여 이미드에서 생성될 음이온의 공명구조를 그려 보시오.

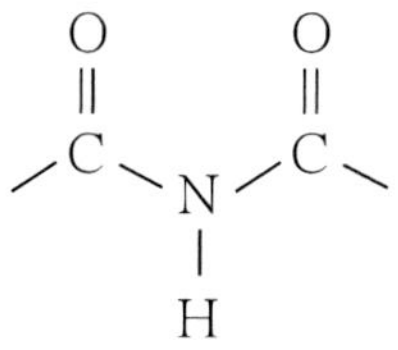

Imide

14

아미노산과 단백질

14.1 아미노산

단백질을 염산과 함께 가열하면 여러 가지 아미노산(amino acid)의 혼합물질이 얻어진다. 이러한 아미노산의 혼합물에서 각각의 아미노산을 분리하는 방법은 Emil Fischer에 의해서 개발되었고, 현재는 최소한 25종이 분리되었다. 결국 단백질은 이러한 아미노산으로 구성되어 있다.

아미노산은 화학적으로 정확하게 표현한다면 아미노알칸산(amino alkanoic acid)이며, 분자구조에 아미노기($-NH_2$)와 카르복실기($-COOH$)를 갖고 있다. 카르복실기에 대해서 α 위치에 아미노기가 결합된 것을 α-아미노산, β 위치인 경우는 β-아미노산, γ 위치의 경우는 γ-아미노산이라고 한다. 한편, 단백질을 가수분해하여 생성되는 아미노산은 대부분이 α-아미노산들이다.

$$\underset{\substack{\alpha\text{-Amino acid} \\ \text{(2-amino alkanoic acid)}}}{\underset{\displaystyle NH_2}{R-\underset{|}{C}H-COOH}} \qquad \underset{\substack{\beta\text{-Amino acid} \\ \text{(3-amino alkanoic acid)}}}{\underset{\displaystyle NH_2}{R-\underset{|}{C}H-CH_2-COOH}} \qquad \underset{\substack{\gamma\text{-Amino acid} \\ \text{(4-amino alkanoic acid)}}}{\underset{\displaystyle NH_2}{R-\underset{|}{C}H-CH_2-CH_2-COOH}} \qquad (14\text{-}1)$$

1. 제조방법

동물실험에서 영양소의 효과를 연구할 경우에 순수한 아미노산이 필요하게 된다. 아미노산은 실험실에서 합성하는 것에 비하여 경우에 따라 단백질에서 분리하는 것이 훨씬 효율적인 경우가 있다.

합성아미노산의 경우는 대부분이 라세미체(racemic body)가 생성되어 생리활성이 없거나 낮기 때문에 광학분할이 필수적이기 때문이다. 그러나 구조해석을 위해서 합성하거나 식품의 영양강화를 위해 특정 아미노산의 선택적인 합성 또는 특정한 아미노산의 생합성 능력이 없는 대사질환의 치료목적으로 합성하는 경우가 있다.

1) 할로알칸산(haloalkanoic acid)과 암모니아의 반응

$$\underset{\displaystyle |\atop \displaystyle Cl}{RCHCOOH} + NH_3 \longrightarrow \underset{\displaystyle |\atop \displaystyle NH_2}{RCHCOOH} + HCl \qquad (14\text{-}2)$$

2) Strecker 합성방법

알데히드(aldehyde)에서 cyanohydrin을 합성한 다음, 이것에 암모니아를 반응시켜 합성하는 방법으로서 Strecker가 개발하였다.

$$RCHO + HCN \longrightarrow RCH\begin{matrix}\diagup OH \\ \diagdown CN\end{matrix} \xrightarrow[-H_2O]{NH_3} R-CH\begin{matrix}\diagup NH_2 \\ \diagdown CN\end{matrix}$$

$$\xrightarrow{\text{가수분해}} RCH\begin{matrix}\diagup NH_2 \\ \diagdown COOH\end{matrix} \qquad (14\text{-}3)$$

3) 단백질의 가수분해

적당한 산이나 효소로 단백질을 가수분해하면 단백질을 구성하는 아미노산들이 분해 생성된다. 공업적으로는 글루탐산(glutamic acid)을 이 방법으로 제조하여 조미료로 사용하였으나, 현재는 발효법으로 생산하고 있다.

4) 발효(생합성)

아미노산을 다량 생산하는 능력이 있는 미생물을 배양하여 배지에 아미노산을 생성한 다음 균체와 배지분리 및 이온교환수지 처리 등 물리화학적 방법으로 생성된 아미노산을 흡착 분리한다. 특히 *Bacillus*속을 비롯하여 몇 가지 세균에서 균주 개량을 통하여 아미노산의 생산능력이 우수한 균주에서 lysine을 비롯한 몇 가지 아미노산이 공업적으로 생산되고 있다.

표 14-1. 중요한 아미노산

① 중성 amino acid(amino기와 carboxyl기의 수가 같음)

명 칭	구조식	소 재
Glycine	CH_2-COOH (—NH_2)	
Alanine	$CH_3-CH(NH_2)-COOH$	α-Aminopropionic acid이며, 대부분의 단백질에 들어 있음
Serine	$CH_2(OH)-CH(NH_2)-COOH$	β-Hydroxypropionic acid이며, 견사단백질 sericin 중에 들어 있음
Threonine	$CH_3-CH(OH)-CH(NH_2)-COOH$	쌀의 단백질 중에는 적게 들어 있으나, 동물 단백질 · 혈청 fibrin에 많음
Valine	$(CH_3)_2CH-CH(NH_2)-COOH$	콩과의 발아종자에 많음
Leucine	$(CH_3)_2CH-CH_2-CH(NH_2)-COOH$	효모를 비롯한 대부분의 단백질에 들어 있음
Isoleucine	$(CH_3CH_2)(CH_3)CH-CH(NH_2)-COOH$	유아를 비롯한 대부분의 단백질에 들어 있음
Phenylalanine	$C_6H_5-CH_2-CH(NH_2)-COOH$	유아 · casein · fibrin
Tyrosine	$HO-C_6H_4-CH_2-CH(NH_2)-COOH$	유아, 특히 보리의 어린뿌리 중에 많음
Thyroxine	$HO-C_6H_2I_2-O-C_6H_2I_2-CH_2-CH(NH_2)-COOH$	갑상선 중에 들어 있으며, 갑상선 hormone임

(계속)

명 칭	구조식	소 재
Cystine	$S-CH_2-CH(NH_2)-COOH$ $S-CH_2-CH(NH_2)-COOH$ (두 S가 결합)	일반 단백질이며, 생체 내에서 cysteine과 상화변화 화합물로 들어 있음
Methionine	$CH_3S-CH_2-CH_2-CH(NH_2)-COOH$	생체 내에 널리 분포되어 있음
Proline	CH_2-CH_2 $CH_2-CH-COOH$ NH (고리)	Gelatin에 많음
Hydroxy proline	$HO-CH-CH_2$ $CH_2\ CH-COOH$ NH (고리)	Cheese · gelatin에 많음

② 염기성 amino acid(amino기의 수가 carboxyl기의 수보다 많음)

명 칭	구조식	소 재
Lysine	$CH_2(NH_2)-CH_2CH_2CH_2-CH(NH_2)-COOH$	유아 · 미숙종자 중에 있음
Arginine	$HN=C(NH_2)-NH(CH_2)_3CH(NH_2)-COOH$	유아 · 달걀 중에 많이 들어 있음. Arginase에 의하여 분해되어 요소와 ornithine으로 됨
Ornithine	$H_2N(CH_2)_3CH(NH_2)-COOH$	생체 내에서 흔히 발견됨
Histidine	$HC=C(-N=CH-NH-)-CH_2-CH(NH_2)-COOH$ (imidazole 고리)	Hemoglobin · 어란 중에 많이 있음. 탈탄산이 되면 histamine이 되며, allergy 현상과 밀접한 관계가 있음. 뱀의 근육 중에서 발견된 ophidine은 methyl histidine임

지금까지 분리된 아미노산을 중성, 염기성 및 산성으로 나누어 특징을 표 14-1에 정리하였다.

2. 아미노산의 입체구조

Glycine 이외의 α 아미노산의 α 탄소는 부제탄소이므로 천연단백질에서 분리되는 α 아미노산은 모두 광학적 활성체로서 우선성이거나 좌선성을 나타내고 있다.

그러나 아미노산의 선광성은 용액의 pH를 비롯한 여러 가지 조건에 의해서 영향을 받으므로 선광성의 부호와 관계없이 부제탄소와 결합하는 원자나 원자단의 입체배치에 따라서 입체구조가 결정된다.

그러나 천연 아미노산의 입체구조는 모두 L-glyceraldehyde와 동일한 입체구조를 갖고 있는 것이 밝혀지면서 천연 아미노산의 입체구조는 L계에 속하는 것을 확인하였다. 하지만 단백질 이외의 원료에서 분리한 아미노산 중에는 D계에 속하는 경우도 있다.

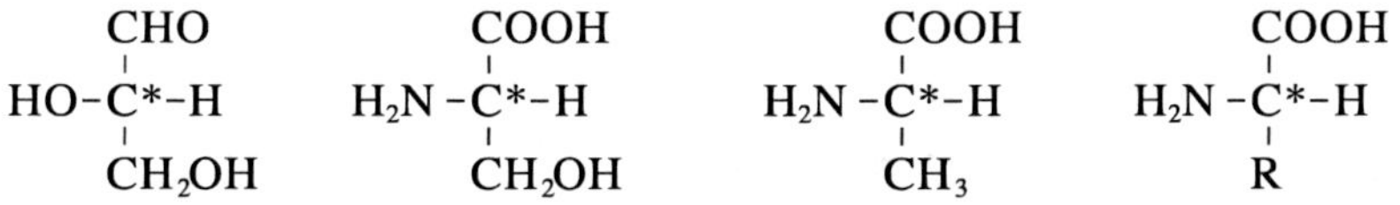

$$\underset{\text{L-Glyceraldehyde}}{\begin{array}{c} CHO \\ | \\ HO-C^{*}-H \\ | \\ CH_2OH \end{array}} \quad \underset{\text{L-Serine}}{\begin{array}{c} COOH \\ | \\ H_2N-C^{*}-H \\ | \\ CH_2OH \end{array}} \quad \underset{\text{L-Alanine}}{\begin{array}{c} COOH \\ | \\ H_2N-C^{*}-H \\ | \\ CH_3 \end{array}} \quad \underset{\text{L-Amino acid}}{\begin{array}{c} COOH \\ | \\ H_2N-C^{*}-H \\ | \\ R \end{array}} \qquad (14\text{-}4)$$

3. 아미노산의 성질

아미노산은 일반적으로 무색의 결정체이고, 휘발성이 없으며 융점이 비교적 높고, 일반적인 유기화합 물질과 다르게 유기용매에는 잘 녹지 않고, 물에는 비교적 잘 녹는 특징이 있다.

1) 양극성 이온(zwitterion)

아미노산의 구조 중에서 카르복실기의 수소는 양자상태로 이탈되기 쉽고, 아미노기의 질소는 반대로 양자를 잘 받아들이는 성질이 있다. 결국 이러한 특성에 의해서 아미노산은 다음과 같은 이유로 극성을 나타내는 경우가 많다.

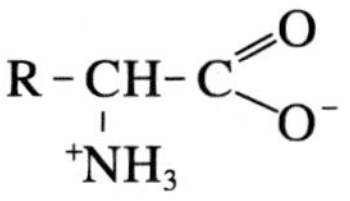

$$R-\underset{\underset{{}^{+}NH_3}{|}}{CH}-C\begin{array}{l} {=}O \\ {-}O^{-} \end{array} \qquad (14\text{-}5)$$

일반적으로 아미노산은 위와 같은 방식의 이온결합으로 분자 내에서 염을 형성하기 때문에 융점이 높아지며, 물에 잘 녹는 성질을 나타낸다. 즉, 이러한 이유로 한 분자구조에 양성기와 음성기를 동시에 갖고 있는 물질을 **양극성 이온물질**이라 한다.

2) 등전점(isoelectric point)

아미노산은 카르복실기와 아미노기 두 가지를 함께 갖고 있으므로 산성이면서도 염기성을 나타낸다. 따라서 아미노산은 강산 및 강염기와 반응하면 염을 형성하므로 이러한 성질을 나타내는 화합물을 **양성화합물**(amphoteric compound)이라고 한다.

한편, 다음 식에서 그림으로 설명한 것과 마찬가지로 아미노산은 산성과 알칼리성 용액에서 각각 특징적인 반응을 나타낸다. 즉, 산성용액에서는 양으로 대전되며, 알칼리성 용액에서는 음으로 대전된다. 그러나 용액의 pH를 산성에서 알칼리성으로 또는 반대로 변화시키면 용액에 포함된 아미노산의 대전특성이 변화되면서 어떤 pH에 도달되었을 때 아미노산의 대전성이 정전기적으로 중성을 나타내게 되고, 이 때의 pH를 **등전점**이라라고 한다.

$$R-CH(^{+}NH_3)-C(=O)-O^- \underset{OH^-}{\overset{H^+}{\rightleftharpoons}} R-CH(^{+}NH_3)-C(=O)-OH \quad \text{(산성 용액 중에서의 아미노산)}$$

$$R-CH(^{+}NH_3)-C(=O)-O^- \underset{H^+}{\overset{OH^-}{\rightleftharpoons}} R-CH(NH_2)-C(=O)-O^- \quad \text{(알칼리성 용액 중에서의 아미노산)} \qquad (14\text{-}6)$$

등전점은 각각의 아미노산에 따라 다르며, 반드시 용액의 중성점인 pH 7.0과 일치하지 않으며, 산성 아미노산은 산성용액에서, 알칼리성 아미노산은 알칼리성 용액에서 등전점을 갖게 된다. 이 외의 아미노산들은 일반적으로 중성 부근에서 약간 산성 쪽으로 가까운 범위에 등전점을 갖고 있다.

아미노산의 등전점은 다음 공식을 이용하여 계산할 수 있다.

$$H^+ = \sqrt{\frac{K_a}{H_b} K_w}$$

$$\text{또는}\quad {}_pH = \frac{1}{2}\left({}_pHK_a - {}_pHK_b - \log K_w\right) \qquad (14\text{-}7)$$

$$\text{단,}\quad K_w = 10^{-14}$$

표 14-2. 몇 가지 아미노산의 등전점

관능기의 수	이 름	등전점
아미노기 1 카르복실기 1	Glycine Alanine Proline	6.0 6.0 6.3
아미노기 1 카르복실기 2	Aspartic acid Glutamic acid	2.8 3.2
아미노기 2 카르복실기 1	Arginine Lysine Histidine	10.8 9.7 7.6

Glycine(NH_2CH_2COOH)의 등전점을 예로 계산해 보면 glycine $-NH_2$의 pK_b = 4.2이고, $-COOH$의 pKa = 2.4이므로

$$pH = \frac{1}{2}(2.4 - 4.2 + 14) = 6.1 \qquad (14\text{-}8)$$

아미노산 한 분자에서 아미노기의 수와 카르복실기의 수에 따른 등전점의 관계는 표 14-2와 같다.

일반적으로 아미노산들은 각각의 등전점에서 가장 난용성이므로 용액에서 아미노산을 석출하려고 할 때 이러한 성질을 이용하여 분리정제에 이용하고 있다.

4. 화학반응

아미노산은 카르복실기(산성기)와 아미노기(알칼리성기)를 동시에 가지고 있으므로 산 및 염기와 반응하여 염을 형성하는 것 이외에 여러 가지 반응을 나타낸다.

1) 아질산과 반응

아미노기는 아질산과 작용하여 질소가스($N_2\uparrow$)를 발생하며, 이 반응에서 발생하는 질소가스의 양을 측정하면 아미노산의 총량을 알 수 있다.

$$\underset{\displaystyle NH_2}{CH_2}-\overset{\displaystyle O}{\overset{\|}{C}}-OH + HONO \longrightarrow \underset{\displaystyle OH}{CH_2}-\overset{\displaystyle O}{\overset{\|}{C}}-OH + N_2\uparrow + H\ O \qquad (14\text{-}9)$$

2) 산 할로겐화 물질과 반응

아미노산(amino acid)은 산 할로겐 화합물이나 산무수물과 반응하여 amide를 생성하며, benzoyl chloride와 glycine이 반응하면 말의 오줌에서 나타나는 마뇨산(馬尿酸, hippuric acid)을 생성한다. 인간도 이와 동일한 반응으로 안식향산의 염을 섭취하면 hippuric acid를 생성한다.

$$C_6H_5-\overset{O}{\overset{\|}{C}}-Cl + \underset{NH_2}{\underset{|}{CH_2}}-COOH \longrightarrow C_6H_5-\overset{O}{\overset{\|}{C}}-NH-CH_2-COOH \quad (14\text{-}10)$$

Benzoyl chloride　　Glycine　　Hippuric acid(benzoyl glycine)

3) 알코올과 반응

아미노산의 카르복실기는 알코올과 반응하여 에스테르를 생성하고, 암모니아나 아민과 반응하면 amide를 생성한다.

$$R-\underset{NH_2}{\underset{|}{CH}}-\overset{O}{\overset{\|}{C}}-OH + HOCH_2CH_3 \xrightarrow{HCl} R-\underset{NH_2}{\underset{|}{CH}}-\overset{O}{\overset{\|}{C}}-OCH_2CH_3 \quad (14\text{-}11)$$

아미노산　　Ethanol　　아미노산의 에스테르

4) 암모니아 및 아민과 반응

$$R-\underset{NH_2}{\underset{|}{CH}}-\overset{O}{\overset{\|}{C}}-OH + NH_3 \xrightarrow{\text{가열}} R-\underset{NH_2}{\underset{|}{CH}}-\overset{O}{\overset{\|}{C}}-NH_2 \quad (14\text{-}12)$$

Amino acid　　Amino acid amide

5) 염의 생성

$$R\underset{NH_2}{\underset{|}{CH}}-COOH + NaOH \longrightarrow R-\underset{NH_2}{\underset{|}{CH}}-COONa \quad (14\text{-}13)$$

Amino acid　　아미노산의 소오다염

5. 필수 아미노산

몇 가지 아미노산은 동물의 대사활동과 생명유지 현상에 반드시 필요한 영양소로 작용한다. 즉, 어린 동물이 정상적인 성장을 위해서, 또는 건강을 유지하기 위해서 필수적으로 섭취해야 할 아미노산의 종류는 표 14-3과 같다.

동물은 필수 아미노산을 제외한 다른 아미노산들도 필요로 하지만, 이들은 체내에서 정상적으로 이루어지는 대사과정에서 자체적으로 합성이 가능하다. 그러나 필수 아미노산들은 반드시 외부에서 섭취해야 하며, 모든 단백질들이 필수 아미노산을 골고루 함유하고 있지 않으므로 다양한 단백질을 섭취해야 한다. 인체의 단백질 아미노산 대사에서 필수 아미노산이 섭취될 때 한 가지라도 필요량보다 적은 경우는 전체 필수 아미노산의 섭취량이 생리대사 과정에서 '0'으로 나타나게 된다.

표 14-3. 필수 아미노산

Phenylalanine	Tryptophan	Threonine	Valine	Leucine
Isoleucine	Methionine	Arginine	Lysine	Histidine

6. 아미노산과 맛

식품재료에 포함된 아미노산들은 각각의 식품이 나타내는 맛과 밀접한 관계가 있다. 대표적인 성분이 glutamic acid로서 우수한 감칠맛을 나타낸다. 이 물질은 약 90여 년 전에 일본에서 공업화하였고, 현재는 여러 나라에서 대량 생산되고 있다. 그러나 glutamic acid의 조미료 형태인 sodium glutamate는 다량을 섭취하는 경우에 나른함과 졸음을 유발할 수 있다. 상대적으로 조미료의 섭취량이 적은 서양인들의 경우에 중국음식을 먹고 나타나는 이러한 현상을 CRS(Chinese Restaurant Syndrome)이라 하며, Na glutamate의 과다섭취로 나타나며, 논란의 여지는 아직 남아 있으나 약간의 중독성을 갖고 있다.

한편 리보핵산(RNA)을 분해하여 얻어지는 이노신산(inosinic acid)도 좋은 맛을 나타내고, 역시 일본에서 공업화하였다. 아미노산의 맛이 식물성 맛에 가깝다면 이노신산의 맛은 동물성 맛에 가까운 특성을 나타낸다.

Glutamic acid와 inosinic acid를 혼합하여 사용하면 맛의 상승효과가 우수하므로 10 : 1의 비율로 혼합하여 혼합조미료로서 사용하기도 한다.

14.2 단백질

단백질은 생물세포 원형질의 주요 구성성분으로서 생명현상과 깊은 관계가 있으며, 인간이 필요로 하는 탄수화물・지방과 함께 3대 영양소의 하나이다.

단백질은 탄소・수소・산소 이외에 질소와 황 등의 원소를 함유하고 있는 아주 복잡한 구조의 거대분자로서 분자량은 약 2만에서 2천만 정도에 달한다. 단백질을 가수분해하면 아미노산이 생성되며, 단백질의 종류에 따라 아미노산의 종류가 다르게 나타난다. 예로서 달걀은 많은 종류의 아미노산을 갖고 있으나, 비단(silk)은 몇 가지 아미노산만을 갖고 있다. 비단의 구성단백질인 fibroin 등은 전체 아미노산에서 glycine이 약 50%를 차지하고 있다.

1. 일반적 성질

단백질의 수용액은 콜로이드(colloid)상태를 나타내며, pH에 따라 전리상태가 다르게 나타난다. 또한 아미노산과 마찬가지로 단백질도 등전점을 갖고 있으며, 몇 가지 예를 표 14-4에 정리하였다.

선광성은 pH에 따라 다르게 나타나며, 일반적으로 pH 5～11에서는 좌선성을 나타낸다. 단백질은 열, 산 또는 중금속에 의해서 변성되어 응고(coagulation)한다.

표 14-4. 몇 가지 단백질의 등전점

단백질	등전점(pH)	단백질	등전점(pH)
Ovalbumin	4.8～4.9	Histone	8.5
Silk fibroin	2.0～2.4	Pepsin	2.75～3.0
Serum albumin	4.9	Protamin	12.0～12.4
Serum globulin	5.4～5.5		

2. 단백질의 구조

단백질의 구조와 관련하여 가장 일반적으로 적용하고 있는 해석방법은 각각의 아미노산들이 결합하여 펩티드(peptide)와 폴리펩티드(polypeptide)를 거쳐 단백질을 형성하는 결합방식인 펩티드 또는 펩티드결합(peptide bond)에 근거하여 설명하고 있다. 이러한 이론은 Emil Fischer가 제안한 것으로 단백질은 여러 개의 아미노산에 포함된 아미노기가 다른 아미노산의 카르복실기 사이에서 물분자(H_2O)가 빠져 나가면서 amide결합을 이루면서 고분자 화합물질을 형성한다는 점이다.

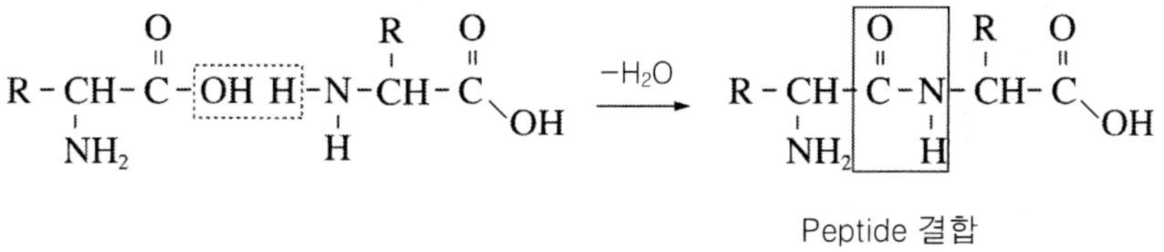

$$\mathrm{R-\underset{\underset{NH_2}{|}}{CH}-\overset{\overset{O}{\|}}{C}-\boxed{OH\ H}-\underset{\underset{H}{|}}{N}-\overset{\overset{R}{|}}{CH}-\overset{\overset{O}{\|}}{C}-OH \xrightarrow{-H_2O} R-\underset{\underset{NH_2}{|}}{CH}-\boxed{\overset{\overset{O}{\|}}{C}-\underset{\underset{H}{|}}{N}}-\overset{\overset{R}{|}}{CH}-\overset{\overset{O}{\|}}{C}-OH} \quad (14\text{-}14)$$

Peptide 결합

펩티드 이론을 뒷받침하는 몇 가지 사실은 다음과 같다.

① 단백질 자체는 비교적 적은 수의 유리상태 아미노기와 카르복실기를 갖고 있으나, 가수분해하면 이러한 기들이 다량 생성된다.

② Dipeptide나 tripeptide를 가수분해하면 두 개 또는 세 개의 아미노산이 생성된다.

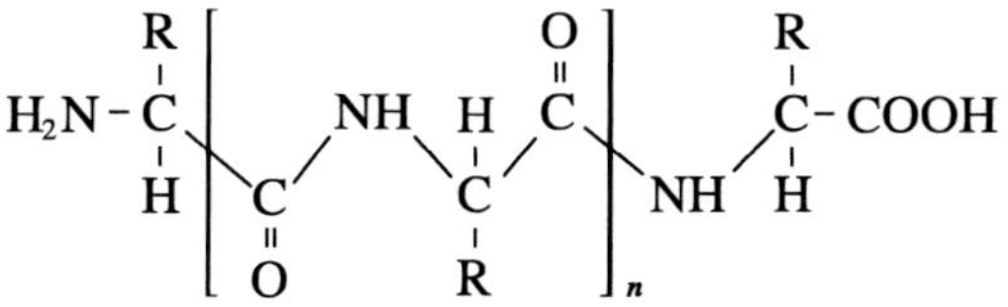

$$\mathrm{H_2N-\underset{\underset{H}{|}}{\overset{\overset{R}{|}}{C}}-\left[\underset{\underset{O}{\|}}{C}-NH-\underset{\underset{R}{|}}{\overset{\overset{H}{|}}{C}}-\overset{\overset{O}{\|}}{C}\right]_n-NH-\underset{\underset{H}{|}}{\overset{\overset{R}{|}}{C}}-COOH} \quad (14\text{-}15)$$

③ 단백질의 부분가수분해를 통해서 dipeptide나 polypeptide를 분리할 수 있고, polypeptide를 합성할 수도 있다.

3. 분 류

단백질의 분류방법은 단백질의 특성에 근거하여 여러 가지 방법이 적용되고 있으나, 가장 단순하게는 미국 생리학회에서 채택한 방법으로서 단순단백질과 복합단백질의 두 가지로 분류하는 방법을 소개한다.

1) 단순단백질

단순단백질(simple protein)이란 완전가수분해를 거쳐 아미노산만이 생성되는 단백질을 말하며, 주요한 것은 표 14-5와 같다.

단순단백질은 구상 단순단백질(globular protein)과 섬유상 단순단백질(fibrous pro-

표 14-5. 몇 가지 단순단백질

단백질	특 성
Albumin	동식물의 세포나 체액에 존재하며, 젖에 포함된 lactoalbumin, serum albumin, ovalbumin 등이 알려져 있다.
Globulin	수불용성, 묽은 염용액에 녹고, 혈청과 대마씨앗에 존재한다.
Glutelin	소맥(보리)에 다량 함유되어 있다.
Keratin	털과 뿔을 구성하는 성분이고, 약 14%의 cystine을 포함하고 있다.
Fibroin	비단의 구성성분이다.

표 14-6. 몇 가지 복합단백질

단백질	특 성
당단백질(glycoprotein)	단백질과 탄수화물이 결합한 상태로서 점액질을 생성하는 조직에 존재한다. 침에는 mucin과 mucoid의 상태로 존재한다.
인단백질(phosphoprotein)	단순단백질과 인을 포함하는 prosthetic group의 결합체로 이루어져 있다. 달걀의 vitellin, 젖의 casein 등이다.
색소단백질(chromoprotein)	Hemoglobin, 엽록소, hemocyanin 등
핵단백질(nucleoprotein)	단순단백질과 핵산의 결합물질로서 세포의 염색체 등에 존재한다.
효소단백질(enzyme protein)	가수분해 관련 및 산화환원 관련 효소로 구별되며, 전자는 단순단백질이나 후자는 복합단백질에 속한다.

tein)로 구별되며, 전자는 우유나 고기 등에 함유되어 있고, 물에 녹으면 콜로이드상태를 형성한다. 온도·염 농도·pH 등에 민감하게 반응한다.

후자에 속하는 경우는 털·손톱·발톱 등에 포함된 조직의 구성단백질이다. 이들은 물에 녹지 않으며, 안정하고 화학물질이나 열 등에 대해 비교적 안정한 성질을 갖고 있다.

2) 복합단백질

복합단백질(conjugated protein)이란 단순단백질을 제외한 모든 단백질을 말하고, 당분·지질·색소·핵산 등 특수한 결합분자를 갖고 있다. 중요한 예는 다음과 같다.

핵산에는 리보핵산(RNA, ribonucleic acid)과 디옥시리보핵산(DNA, deoxyribonucleic acid)이 있다. RNA는 주로 대사계와 관련이 있으므로 **대사핵산**이라 하고, DNA는 세포분열과 관련이 깊으므로 **유전핵산**이라 한다.

산화환원과 관련하여 가장 잘 알려져 있는 것은 ADP(adenosine diphosphate)와 ATP(adenosine triphosphate)가 있고, 이들은 근육운동 및 생체 에너지대사와 매우 밀접한 관계가 있다.

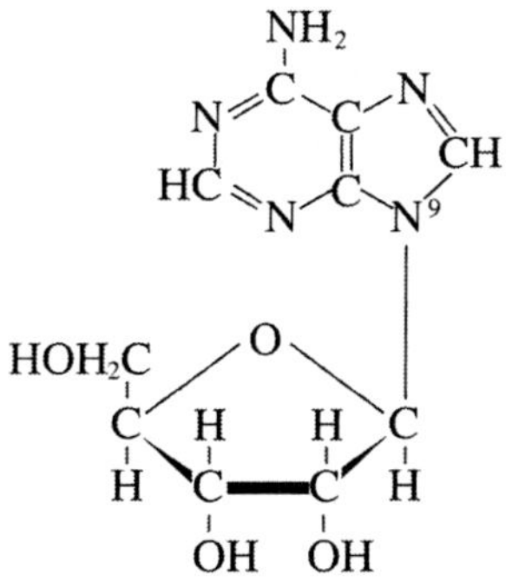

ATP ADP AMP (14-16)

Adenosine
(9-β-D-ribofuranosyl adenine)

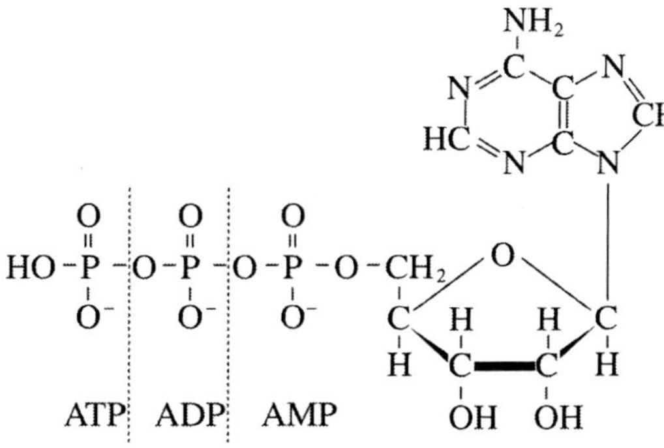

Adenosine-5′-triphosphate(ATP)

4. 단백질의 생화학적 성질

1) 산성 및 알칼리성

단백질도 아미노산과 마찬가지로 양성을 나타내며, 등전점을 갖고 있다는 것은 이미 설명하였다. 한편 단백질의 산도(acidity)나 염기도(alkalinity)는 단백질을 구성하고 있는 아미노산의 종류에 따라서 결정되므로 염기성 아미노산을 다량 함유한 단백질은 염기성 용액을 형성하며, 반대의 경우는 산성용액을 형성한다.

예를 들어 zein은 glutamic acid를 다량 함유하고 있으므로 염기와 염을 형성할 수 있으나, 산과는 반응하지 않는다.

2) 단백질의 변성

단백질은 가열, 강산, 자외선, 알코올이나 몇 가지 화학물질과 반응하면 변성되어 단백질의 고차구조(3차 구조 이상)의 변화가 발생하면서 생리활성을 발휘할 수 없게 된다. 대부분의 단백질 변성(denaturation of protein)은 비가역적인 반응결과를 나타내지만, 특수한 경우에는 가역적으로 작용하므로 단백질의 분리정제에 이용하기도 한다. 비가역적 변성의 가장 대표적인 예는 달걀흰자가 열에 의해서 굳어지는 현상을 들 수 있고, 가역적인 경우는 용액에 포함된 효소단백질을 ammonium sulfate 등으로 처리하여 염석(salting-out)시켜 선택적으로 분리하는 과정을 들 수 있다.

단백질이 변성되면 물에 대한 용해성이 없어지면서 불용성 고형물로 변화되고, 결정성(crystalinity)도 없어지게 되므로 효소의 경우는 효소활성을 나타낼 수 없게 된다.

단백질의 변성에 의해서 발생하는 여러 가지 반응과 특성에 대한 정확한 해석은 아직까지도 불확실한 부분이 많이 남아 있다. 일반적으로는 단백질의 생리활성이 나타나는 구조적 특성으로 3차 구조를 기준으로 평가하기 때문에 단백질의 3차 구조에 비가역적인 변화를 일으키기 때문이라고 추정하고 있다. 그러나 이 외에도 단백질의 구조와 관련된 여러 가지 결합들도 역시 상당부분 변성과 관련이 있을 것으로 해석하고 있다.

3) 바이러스(virus) 단백질

현대적인 생화학과 미생물학의 발전과 함께 오랜 동안 경외시해 왔던 바이러스를 결정화시켜 분리할 수 있는 여러 가지 기술들이 개발되었다. 따라서 바이러스의 구성성분에 대한 분석도 이루어져 대부분이 핵단백질로 이루어져 있다는 것이 알려졌다. 바이러스는 다양한 식물과 동물의 병원체로 작용하며, 최근에 세계적인 괴질로 맹위를 떨치는 급성 호흡기증후군(SARS)의 원인균도 코로나 바이러스라는 사실이 알려지면서 AIDS와 함께 인간의 생명을 위협하는 가장 강력한 미생물로 인식되고 있다.

바이러스는 평균 분자량이 약 4천만 정도로서 일반적인 단백질에 비해 월등하게 크다. 이것은 바이러스의 껍질이 단백질이고, 내부에 핵물질(DNA 또는 RNA)을 포함하고 있기 때문이다. 바이러스는 전염성이 대단히 강하며, 적당한 환경(특히 숙주)에서는 대단히 빠른 속도로 성장 복제되어 공기와 신체접촉 등의 방법으로 전염된다. 지금까지 알려진 바이러스 중에서 대표적인 형태는 다음 그림과 같다.

생태학적으로는 생물과 무생물의 중간성질을 나타내는 바이러스가 생태계 환경변화에 따라 끊임없이 변화되면서 종을 유지하려는 과정으로도 해석하고 있으나, 상당부분은 정상적인 미생물들이 환경변화에 의해서 자연돌연변이에 의해서 새로운 환경에 적응하며 생존하는 것과 마찬가지로 인간의 과다한 환경압박이 일정수준에 도달될 때마다 새로운 바이러스와 관련된 질병이 만연하면서 역으로 인간의 생존을 위협하고 있다. 결국 가벼운 감기증상과 같이 특별한 치료 없이도 증상이 없어지고, 일종의 면역력을 획득하는 것처럼 모든 바이러스가 인간의 생명을 위협하지는 않는다는 점에서 바이러스는 생물과 무생물의 연결고리로서 생태계변화의 무서운 결과를 경고하는 의미로 해석하기도 한다.

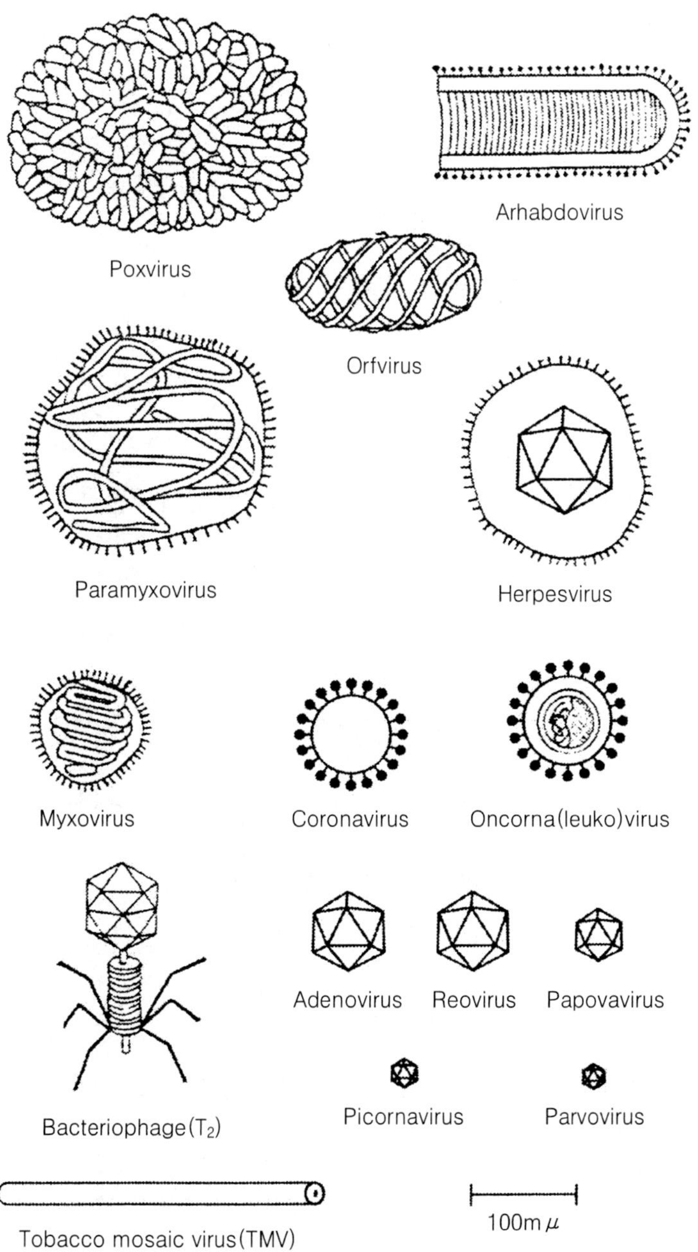
Poxvirus
Arhabdovirus
Orfvirus
Paramyxovirus
Herpesvirus
Myxovirus
Coronavirus
Oncorna(leuko)virus
Bacteriophage(T2)
Adenovirus
Reovirus
Papovavirus
Picornavirus
Parvovirus
Tobacco mosaic virus(TMV)
100mμ

연습문제

1. α-아미노산에서 α는 무엇을 의미하는가?

2. 다음 약어는 어떤 아미노산을 의미하는가?

   ① Ser　② Thr　③ Pro　④ Phe　⑤ Glu

3. 단백질에서 삼차구조를 결정하는 인자로서 cysteine이 중요한 이유는?

4. Endorphine 화합물은 뇌에서 통증을 조절하는 천연물질이다. 어느 endorphine의 활성부위는 아미노산 서열이 Tyr-Gly-Gly-Phe-Met인 enkephalin이라고 하는 pentapeptide로 알려져 있다. 이 물질의 구조를 나타내시오.

5. 단백질에는 S 아미노산만이 나타나지만, 자연계에는 R 아미노산도 종종 발견된다. 예를 들어 (R)-serine은 지렁이에서, (R)-alanine은 곤충의 유충에서 나타난다. (R)-serine과 (R)-alanine의 Fischer 투영을 나타내시오.

6. 유일한 이차 아미노산인 (S)-proline의 Fischer 투영을 나타내시오.

7. 다음의 아미노산들을 zwitterion 형태로 나타내시오.

   ① Serine　② Tyrosine　③ Threonine

8. pH 3.0과 9.7에서 lysine과 aspartic acid의 주요 형태를 나타내시오.

9. Valine과 다음 시약간의 반응생성물은 무엇인가?

   ① CH_3CH_2OH, H^+
   ② NaOH, H_2O
   ③ Di-tert-butyl dicarbonate

10. Phe-Ala-Val을 합성하는 단계를 설명하시오.

15

유기황화합물

15.1 지방족 유기황화합물

황은 원소 주기율표에서 산소와 같은 족에 위치하는 원소로서 2가 화합물로 작용하는 경우는 산소화합물의 성질과 비슷하다. 중요한 유기황화합물은 크게 thio 화합물과 황화합물 두 가지로 나누어진다.

- 주요 thio 화합물

R-SH (R-OH) Thioalcohol 또는 thiol	R-S-R (R-O-R) Thioether	R-CHS (R-CHO) Thioaldehyde
$R-\overset{\overset{S}{\|\|}}{C}-R$ Thioketone	R-S-S-R Disulfide	R-N=C=S Alkyl isothiocyanate
$R-\overset{\overset{S}{\|\|}}{C}-SH$ Dithio acid	$H_2N-\overset{\overset{S}{\|\|}}{C}-NH_2$ Thiourea	$R-O-\overset{\overset{S}{\|\|}}{C}-S-Na$ Dithiocarbonate (xanthate)
$R-\overset{\overset{S}{\|\|}}{C}-OH$ Thiono acid	$R-\overset{\overset{O}{\|\|}}{C}-SH$ Thio acid	$RNH-\overset{\overset{S}{\|\|}}{C}-S-H$ Alkyl dithiocarbamic acid

(15-1)

Thiono acid와 Thio acid: 호변이성체

• 주요 황화합물

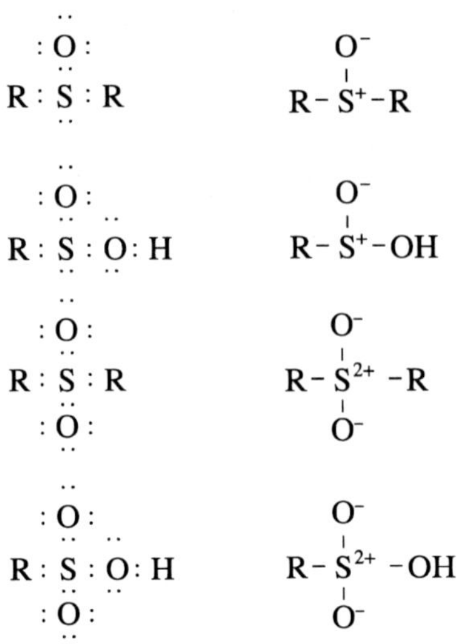

Lewis 구조	구조식	화학식	명칭
R : S(:O:) : R	$R-S^{+}(O^{-})-R$	RSOR	Sulfoxide
R : S(:O:) : O : H	$R-S^{+}(O^{-})-OH$	RSO_2H	Sulfinic acid
R : S(:O:)(:O:) : R	$R-S^{2+}(O^{-})_2-R$	RSO_2R	Sulfone
R : S(:O:)(:O:) : O : H	$R-S^{2+}(O^{-})_2-OH$	RSO_3H	Sulfonic acid

(15-2)

1. 티오알코올(thioalcohol)

일반적인 알코올에서 산소원자 대신에 황원자가 도입된 R-SH를 말하며, thiol 또는 mercaptan이라고도 한다. IUPAC 명명법은 알코올의 명명법인 -ol 대신에 -thiol을 붙이면 되고, 관용적으로는 알킬기(R-, alkyl) 다음에 mercaptan을 붙여서 부른다.

	IUPAC name	Usual name
CH_2SH	Methanethiol	Methyl mercaptan
C_2H_5SH	Ethanethiol	Ethyl mercaptan

(15-3)

한편, 황을 포함하는 몇 가지 작용기는 다음과 같다.

$-SH$ Mercapto, $RS-$ Alkylthio, CH_3S- Methylthio, (15-4)

일반적으로 thiol은 휘발성 액체로서 불쾌한 냄새를 갖고 있고, 끓는점은 탄소수가 같은 일반적인 알코올보다 낮은 것이 특징이다.

Thiol은 생체세포 환경에서 여러 분야에 작용하며, 비교적 쉽게 산화가 이루어진다. 즉, 산화에 의해서 두 개의 -SH 작용기가 두 개의 황결합체(-S-S-, disulfide bridge)

로 전환되고, 이 때 생성되는 결합체의 양쪽으로 서로 다른 peptide 사슬 또는 직쇄형 사슬을 갖게 된다. 그리고 알코올과 마찬가지로 유도체를 생성하며, 대표적인 것으로 thioester, thioether, thioacetal 등이 있다.

1) 제조방법

할로겐화 알킬 또는 황화수소 알칼리를 반응시키거나, 알코올에 5황화인을 반응시켜서 제조한다.

$$\underset{\text{Alkylchloride}}{RCl} + \underset{\text{Alkali}}{KSH} \longrightarrow \underset{\text{Thiol}}{RSH} + KCl \tag{15-5}$$

$$\underset{\text{Alcohol}}{5\,ROH} + \underset{\text{Thiophosphate}}{P_2S_5} \longrightarrow \underset{\text{Thiol}}{5\,RSH} + P_2O_5$$

2) 화학반응

(1) -SH 작용기의 수소치환

여러 가지 금속에 의해서 치환이 되면서 mercaptide를 생성한다.

$$C_2H_5SH \xrightarrow{HgCl_2} C_2H_5SHgCl \xrightarrow{C_2H_5SH} \underset{\text{Mercury mercaptide}}{(C_2H_5S)_2Hg} \tag{15-6}$$

(2) Thioalcohol의 산화

$$2\,C_2H_5SH + H_2O_2 \longrightarrow \underset{\text{Ethyl disulfide}}{C_2H_5\text{-}S\text{-}S\text{-}C_2H_5} + 2\,H_2O \tag{15-7}$$

$$5\,C_2H_5SH + 6\,KMnO_4 + 9\,H_2SO_4 \longrightarrow \underset{\text{Ethylsulfonic acid}}{5\,C_2H_5\text{-}\overset{\overset{O}{\uparrow}}{\underset{\underset{O}{\downarrow}}{S}}\text{-}OH} + 6\,MnSO_4 + 3\,K_2SO_4 + 9\,H_2O$$

(3) Thiol이 산으로서 알칼리와 반응

$$\underset{\text{Ethanethiol}}{CH_3CH_2 - SH} + \underset{\text{Strong base}}{NaOH} \rightleftharpoons \underset{\text{Salt}}{CH_3CH_2 - SNa} + H_2O \tag{15-8}$$

2. 티오에테르(thioether)

티오에테르(alkyl sulfide)는 무색의 액체로서 일반식은 R-S-R로 표시한다. 일반적인 제조방법은 티오알코올의 염에 할로알칸을 작용시켜 만든다.

$$C_2H_5SNa + C_2H_5I \longrightarrow C_2H_5SC_2H_5 + NaI \qquad (15\text{-}9)$$

Ethyl sufide(b. p. 91℃)
(ethyl thioether)

또는 할로알칸에 황화알칼리를 작용시켜도 만들 수 있다.

$$2\,C_2H_5Br + K_2S \longrightarrow C_2H_5SC_2H_5 + 2\,KBr \qquad (15\text{-}10)$$

β, β′디클로로디에틸황(β, β′-dichlorodiethyl sulfide, $(ClCH_2CH_2)_2S$, m.p. 85～86℃, b.p. 215～217℃)은 머스타드가스(mustard gas) 또는 이페리트(yperite)라고도 하며, 1차 대전때는 독가스로 사용한 유독성 물질이다.

3. 설폰산(sulfonic acid)

설폰산은 mercaptan을 산화시켜서 제조하며, 이것의 에스테르는 아황산염을 알킬화시키면 생성된다.

$$K_2SO_3 + 2\,CH_3I \longrightarrow CH_3SO_2OCH_3 + 2KI \qquad (15\text{-}11)$$

일반적으로 강한 산성의 결정체로서 물에 잘 녹고, 산과 알칼리에 안전하다. 설폰산은 다음과 같은 반응에 의해서 산염화물, amide 또는 에스테르를 형성한다.

$$C_2H_5-\overset{\overset{\displaystyle O}{\uparrow}}{\underset{\underset{\displaystyle O}{\downarrow}}{S}}-OH + PCl_5 \longrightarrow C_2H_5-\overset{\overset{\displaystyle O}{\uparrow}}{\underset{\underset{\displaystyle O}{\downarrow}}{S}}-Cl + POCl_3 + HCl$$

Ethylsulfonyl chloride

$$C_2H_5-\overset{\overset{\displaystyle O}{\uparrow}}{\underset{\underset{\displaystyle O}{\downarrow}}{S}}-Cl + 2\,NH_3 \longrightarrow C_2H_5-\overset{\overset{\displaystyle O}{\uparrow}}{\underset{\underset{\displaystyle O}{\downarrow}}{S}}-NH_2 + NH_4Cl \qquad (15\text{-}12)$$

Ethylsulfonamide

$$C_2H_5-\overset{O}{\overset{\uparrow}{\underset{\underset{O}{\downarrow}}{S}}}-Cl + HOC_2H_5 \longrightarrow C_2H_5-\overset{O}{\overset{\uparrow}{\underset{\underset{O}{\downarrow}}{S}}}-OC_2H_5 + HCl$$

Ethylsulfonate

4. 설폰 화합물(sulfonate)

Thioether를 산화시키면 sulfoxide를 거쳐 sulfone으로 전환된다.

$$C_2H_5 : \ddot{\underset{\cdot\cdot}{S}} : C_2H_5 \xrightarrow{[:\ddot{O}:]} C_2H_5 : \overset{:\ddot{O}:}{\underset{\cdot\cdot}{\ddot{S}}} : C_2H_5 \xrightarrow{[:\ddot{O}:]} C_2H_5 : \overset{:\ddot{O}:}{\underset{:\ddot{O}:}{\ddot{S}}} : C_2H_5 \qquad (15\text{-}13)$$

Ethylsulfoxide　Ethylsulfone

또한 sulfone의 종류에는 sulfonal과 같은 최면제도 있다.

$$CH_3-\overset{O}{\overset{\|}{C}}-CH_3 + 2\,HSC_2H_5 \longrightarrow (CH_3)_2C(S-C_2H_5)_2 + H_2O$$

Acetone　Ethylthiol　Acetone dimercaptol

$$(CH_3)_2C(S-C_2H_5)_2 \xrightarrow{KMnO_4} (CH_3)_2C(SO_2-C_2H_5)_2 \qquad (15\text{-}14)$$

Sulfonal

5. 디치오카본산 화합물(dithiocarbonate)

이황화탄산화합물(dithiocarbonate)은 크산트화합물(xanthate)이라고도 하며, 진한 알코올성 KOH에 이황화탄소를 작용시키면 potassium ethyldithiocarbonate(potassium ethylxanthate)가 생성된다.

$$C_2H_5OK + CS_2 \longrightarrow C_2H_5O - \overset{\overset{\displaystyle S}{\|}}{C} - S - K \qquad (15\text{-}15)$$

Potassium ethyldithiocarbonate

인조섬유인 레이온(rayon)과 셀로판(cellophane)은 디티오카보네이트의 일종이고, 살균제와 살충제의 제조원료로 이용하고 있다.

6. 알킬 이소티오시안 화합물(alkyl isothiocyanate)

R-N=C=S가 일반식이고, 일반적으로는 겨자기름으로 알려져 있다. 이러한 이유는 겨자기름의 주성분이 allyl isothiocyanate(CH_2=CH-CH_2-NCS)이기 때문이다.

겨자기름에서 생성되는 배당체(glucoside)의 일종인 시니그린(sinigrin)을 가수분해 시키면 아릴이소티오시안 화합물과 포도당 및 산성황산칼륨을 생성한다.

$$C_{10}H_{16}O_9NS_2K + H_2O \longrightarrow C_6H_{12}O_6 + CH_2 = CH - CH_2 - N = C = S + KHSO_4$$

Singigrin　　Glucose　　Allyl isothiocyanate

(15-16)

15.2 방향족 설폰산

방향족 고리에 설폰산 작용기(-SO_3H)가 결합된 화합물질을 방향족 설폰산(aromatic sulfonic acid)이라고 하며, 명명법은 방향족 탄화수소 이름의 어미에 설폰산(sulfonic acid)을 붙여서 부른다.

1. 설폰화 반응(sulfonation)

Benzene $\xrightarrow[25℃]{\text{conc, } H_2SO_4}$ Benzene sulfonic acid (SO_3H) $\xrightarrow[200\sim245℃]{\text{conc, } H_2SO_4}$ *m*-Benzene disulfonic acid (SO_3H, SO_3H)　(15-17)

황산 대신에 염화설폰산(chlorosulfonic acid)을 이용하여 설폰화를 시키는 경우도 있다.

$$C_6H_6 + ClSO_3H \longrightarrow C_6H_5SO_3H + HCl \qquad (15\text{-}18)$$

2. 설폰산의 반응

1) 염화 설폰산의 제조

$$C_6H_5SO_2OH + PCl_5 \longrightarrow C_6H_5SO_2Cl + POCl_3 + HCl \qquad (15\text{-}19)$$

Benzenesulfonyl chloride

2) Phenol의 생성

$$H_3C\text{-}C_6H_4\text{-}SO_3Na \xrightarrow{KOH+NaOH} H_3C\text{-}C_6H_4\text{-}ONa + Na_2SO_3$$

$$H_3C\text{-}C_6H_4\text{-}ONa \xrightarrow{H^+} H_3C\text{-}C_6H_4\text{-}OH \qquad (15\text{-}20)$$

p-Cresol

같은 방법으로 NaCN과 반응시키면 니트릴(nitrile)을 생성한다.

$$C_6H_5SO_3H + NaCN \longrightarrow C_6H_5CN + NaHSO_3 \qquad (15\text{-}21)$$

Cyano benzene

15.3 식품의 향과 황화합물

식품에서 향(flavor)이라 하면 단순하게 향기만을 말하는 것이 아니라 맛도 포함한 종합적인 감각으로서 전체 식품관련 연구분야에서 가장 연구가 부족한 분야이다.

천연 화합물질은 맛이 단순한 것이 거의 없고, 여러 가지 유기화합물의 혼합물로 이루어져 있다. 표 15-1과 표 15-2에 대표적인 예를 정리하였다.

표 15-1. 식품의 향미와 유사한 향기를 갖고 있는 화합물질

식 품	구조식
마늘 Mustard oil	$(CH_2{=}CH{-}CH_2)_2S$ $CH_2{=}CHCH_2{-}NCS$
R-SH	
1. 강판에 간 무 냄새, 무 삶는 냄새 2. 무 삶는 냄새 3. 양파 삶는 냄새 4. 커피 냄새 5. 커피류의 향 6. 맥주의 향 7. 과실 냄새	CH_3SH C_2H_5SH C_3H_7SH $-CH_2SH$ $-CH_2SH$ $C_2H_5OCOCH_2SH$ $(CH_3)_2CHCH_2CH_2OCOCH_2SH$
$RCH{<}^{SR}_{SR}$	$RCH{-}(SR)_3$
8. 채소절인 향, 간장	$CH_3CH{<}^{SCH_3(C_2H_5)}_{SCH_3(C_2H_5)}$
9. 간장류의 향	$CH_3CH{=}CHCH{<}^{SCH_3}_{SCH_3}$
10. 소스류의 향	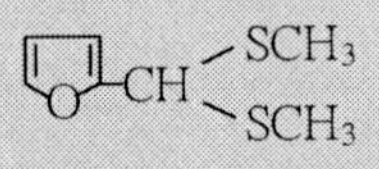 $-CH{<}^{SCH_3}_{SCH_3}$
11. 커피 향(4)보다 강함(essence)	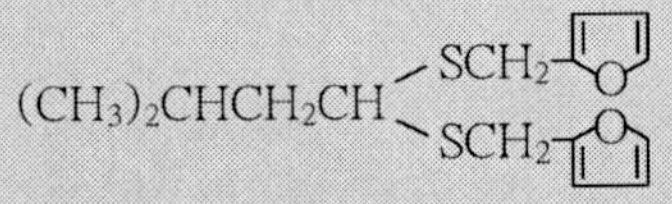 $(CH_3)_2CHCH_2CH{<}^{SCH_2-}_{SCH_2-}$
CH_3SR	
12. 간장의 중요 성분 13. 산재(山齋) 같은 신향(辛香) 14. 사라의 일종인 아오리(essence) 15. 송이버섯의 향기 16. 새우, 게 같은 향 17. 치즈 같은 향 18. 된장국 같은 향	$CH_3SCH_2CH_2CH_2OH$ $CH_3SCH_2CH_2CH_2Cl$ CH_3SCH_3 $CH_3SCH_2(CH_2)_6CH_3$ $CH_3SCH_2CH_2CH_2NH_2$ $CH_3SCH_2COOC_2H_5$ $CH_3SCH_2CH_2COOC_2H_5$

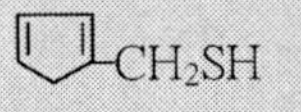

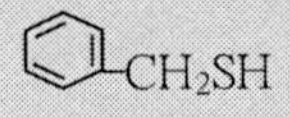

표 15-2. 딸기와 양파의 향미성분

딸 기	양 파
Methanol	$CH_3\text{-}S\text{-}n\text{-}C_3H_7$
Ethanol	$CH_3\text{-}S\text{-}S\text{-}CH_3$
기타 alcohol	$CH_3\text{-}S\text{-}S\text{-}n\text{-}C_3H_7$
저분자 alcohol	$n\text{-}C_3H_7\text{-}S\text{-}S\text{-}n\text{-}C_3H_7$
Acetone, 기타 ketones	$CH_3\text{-}S\text{-}S\text{-}S\text{-}CH_3$
제1, 제2 amine	$CH_3\text{-}S\text{-}S\text{-}S\text{-}n\text{-}C_3H_7$
저분자의 산	$n\text{-}C_3H_7\text{-}S\text{-}S\text{-}S\text{-}n\text{-}C_3H_7$
Mercaptan, H_2S	$CH_3\text{-}S(=O)\text{-}S\text{-}CH_3$
	$n\text{-}C_3H_7\text{-}S(=O)\text{-}S\text{-}n\text{-}C_3H_7$
	$CH_3\text{-}S(=O)\text{-}S\text{-}n\text{-}C_3H_7$

표 15-3. 중요한 sulfa제

R	명 칭
$-C(=O)-CH_3$	Sulfaacetamide
$-C(=NH)-NH_2$	Sulfaguanidine
N, N	Sulfadiazine
N, N, CH_3	Sulfamerazine
N, N, CH_3, CH_3	Sulfamethazine
N, N	Sulfapyrazine
N, S	Sulfathiazole

각각의 향미성분을 정확한 비율로 분석하는 것은 대단히 어렵지만, 이들이 일정한 어떤 특정한 비율로 분포되었을 때 가장 향미가 좋을 것으로 추정하고 있다.

16

이종 환상화합물

16.1 이종 환상화합물

환상화합물(cyclic compound) 중에서 고리(ring)를 구성하는 원자가 모두 탄소로 형성된 것을 탄소 환상화합물(carbocyclic 또는 homocyclic compound)이라고 하며, 지방족 환상화합물과 방향족 화합물에서 설명하였다.

그러나 고리를 구성하는 원자의 일부가 탄소가 아닌 다른 원자(주로 산소・질소・황 등)로 이루어진 화합물을 **이종 환상화합물**(heterocyclic compound)이라고 하고, 탄소원자 이외에 고리에 결합한 산소・질소・황 등의 원자를 **이종원자**(hetero atom)라고 한다.

한편 ethylene oxide, succinimide, lactone 등과 같이 비교적 쉽게 고리가 깨지는 화합물들은 일반적으로 이종 환상화합물로 취급하지 않는다. 이종 환상화합물들은 비타민(vitamin), 헤모글로빈(hemoglobin), 엽록소(chlorophyll), 알칼로이드(alkaloid), 핵산(nucleic acid) 등 생리대사(physiological metabolism)와 관계가 있는 화합물의 일부로 존재한다. 중요한 이종 환상화합물은 식(16-1)의 그림과 같으며, 숫자는 치환기의 위치를 나타낸다.

16.2 5원환 화합물

5원환 화합물(5-membered ring compound)은 이종원자가 한 개인 것으로, 대표적인 화합물은 퓨란(furan), 티오펜(thiopene), 피롤(pyrrole) 등이다. 이들 화합물은 평면구조이고, 방향성(aromaticity)을 나타낸다.

각각의 이종원자에서 나타나는 유리전자쌍(free electron pair)은 불포화결합의 π

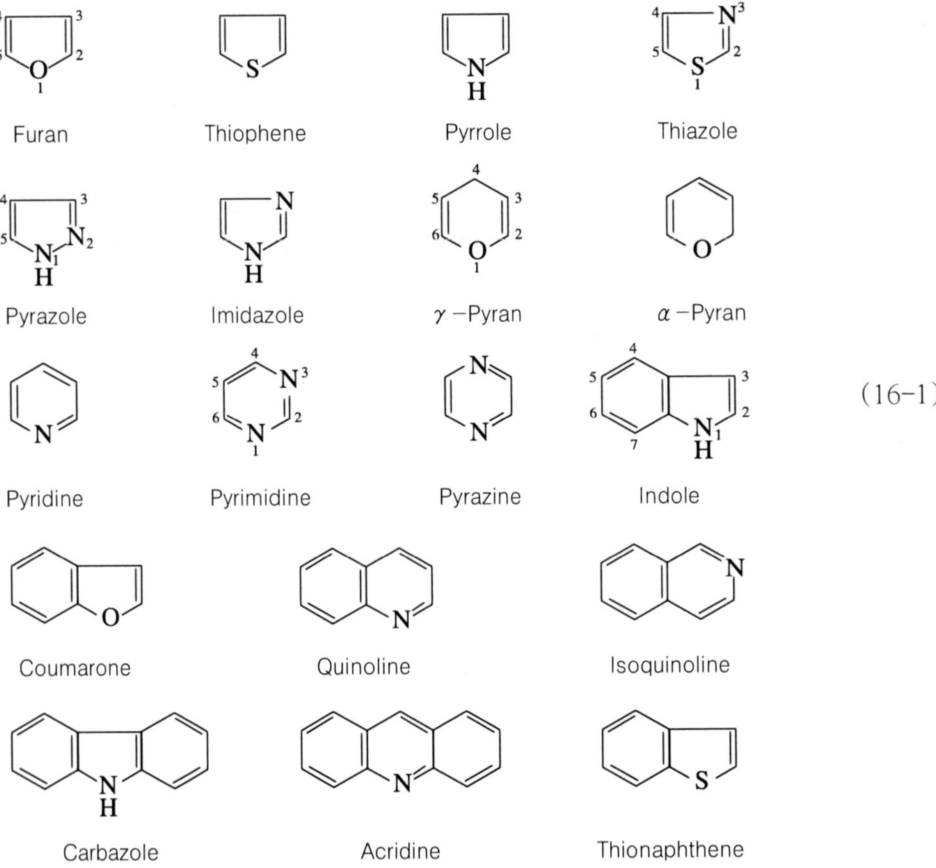

(16-1)

전자와 혼합하여 벤젠과 마찬가지로 환상구조(ring structure) 평면의 위아래에 전자구름(electron cloud)을 형성한다.

Furan Pyrrole Thiophene (16-2)

한편, 퓨란을 예로 들면 다음의 두 가지 표현방법 중에서 I의 구조가 적합하다.

(I) (II) (16-3)

1. 화학적 성질

Furan의 구조식에서 두 개의 2중결합이 있음에도 불구하고 일반적인 지방족과 같은 불포화성을 나타내지 않고 벤젠과 같은 방향족성을 나타내는 이유는 다음 그림과 같이 이종원자의 유리쌍에 의해서 공명혼성체(resonance hybrid)를 형성하기 때문으로 추정하고 있다.

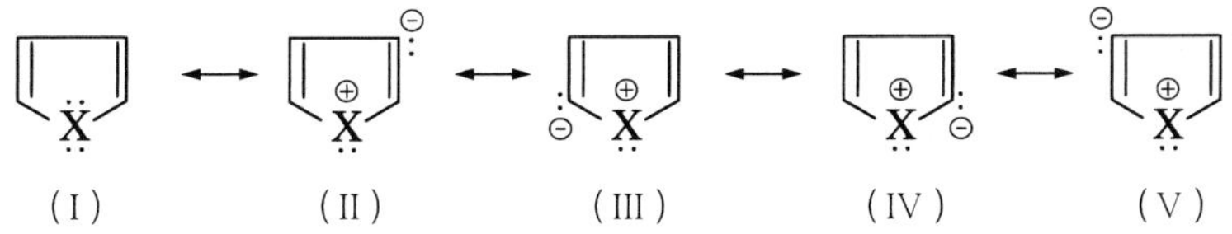

(I) ⟷ (II) ⟷ (III) ⟷ (IV) ⟷ (V) (16-4)

방향족 성질과 유사한 정도를 비교해 보면 furan < pyrrole < thiopene의 순서이고, 이러한 이유는 이들 이종원자의 전기음성도가 O > N > S인 점 때문이다.

Pyrrole의 경우는 알칼리에 안정하지만, 산에는 불안정하고 중합반응이나 기타 반응을 일으키기가 쉽다. 이것은 이종원자의 유리쌍이 수소이온과 결합하여 일종의 염을 형성하기 때문이다.

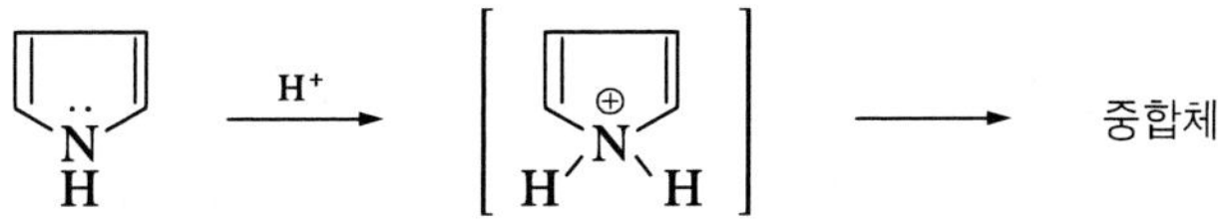

$\xrightarrow{H^+}$ 중합체 (16-5)

5원환 화합물은 6원환 화합물이나 벤젠에 비해서 쉽게 치환반응이 발생하며, 이러한 반응성은 furan > pyrrole > thiopene의 순서이다. 친핵적 치환반응은 α 위치나 β 위치에서 다 같이 발생하지만, 일반적으로 α 위치에서 보다 쉽게 발생한다.

2. 주요 5원환 화합물

1) 퍼퓨랄(furfural)

무색의 액체(b.p. 161～164℃)로서 수증기 증류가 가능하며, 공기와 접촉하면 산화되면서 변색이 발생한다.

Furfural은 쌀겨와 밀기울 등에서 얻어진다. 벼와 밀기울은 묽은 염산이나 황산으로 가수분해하면 pentose가 생성되고, pentose가 탈수반응을 일으키면 furfural이 생성된다.

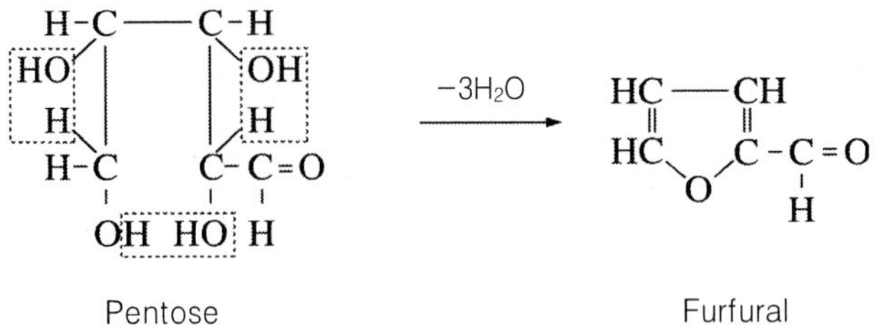

$$\text{Pentose} \xrightarrow{-3H_2O} \text{Furfural} \quad (16\text{-}6)$$

Pentose

Furfural

(16-6)

Furfural은 용매로도 사용되지만 중요한 용도는 phenol furfural 수지의 제조원료이고, nylon의 원료인 adipic acid와 hexamethylene diamine의 제조원료로 이용되고 있다.

2) 피롤(pyrrole) 유도체

Pyrrole 유도체는 nicotine과 cocaine 등 알칼로이드, 엽록소(chlorophyll)와 헤민(hemin) 분자구조의 일부를 구성하고 있다. Hemin은 붉은 색소로서 단백질과 결합하여 적혈구의 hemoglobin을 구성한다.

엽록소는 청록색 계열의 a body와 황록색의 b body(두 번째 pyrrole ring의 $-CH_3$가 $-CHO$로 치환된 것)가 있으며, 식물체 안에서는 단백질과 결합하고 있다. 채소를 물에서 삶으면 처음에는 선명한 녹색을 띠고 있지만, 오랫동안 가열하면 녹갈색으로 변색되는 현상이 나타난다. 이것은 가열중에 채소에서 용출되는 산으로 인해서 엽록소 구조의 마그네슘이 수소로 치환되면서 pheophytin이 생성되기 때문이다. 따라서 용액의 액성을 중조 등을 가해 약알칼리로 바꾸어 가열하면 녹색을 유지할 수 있다.

또한 용기의 뚜껑을 열은 상태로 가열하면 휘발산(volatile acid)이 어느 정도 제거되므로 녹색을 약간 더 오랫동안 유지할 수 있다.

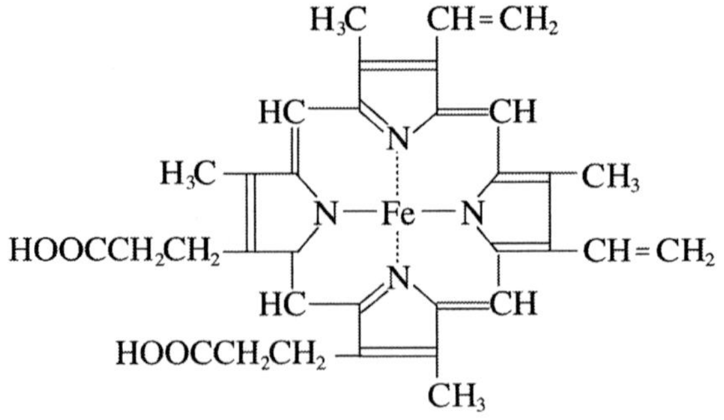

Hemoglobin에 들어 있는 hemin (16-7)

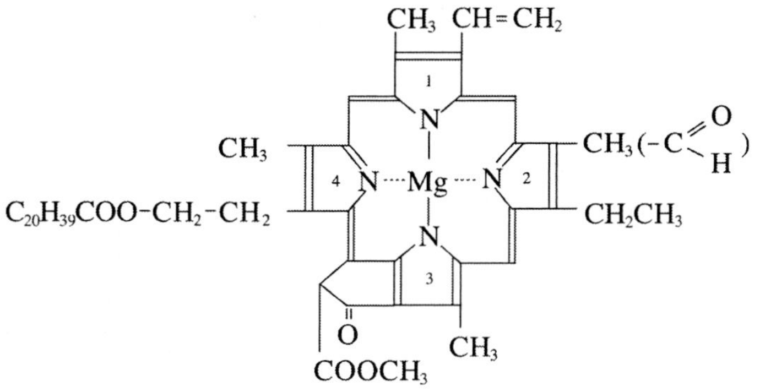

Chlorophyll a

3) 인돌(indole)

벤젠고리에 pyrrole이 축합된 구조로서 아미노산의 일종인 tryptophan분자구조의 일부를 형성하고 있다. 3-Methylindole은 skatole이라 하고, 인분의 악취 성분이지만 향료를 혼합하는 과정에 소량을 첨가하여 방향성을 향상시키기도 한다. 인돌-3-초산(indole-3-acetic acid, IAA)은 식물의 성장호르몬의 일종이다.

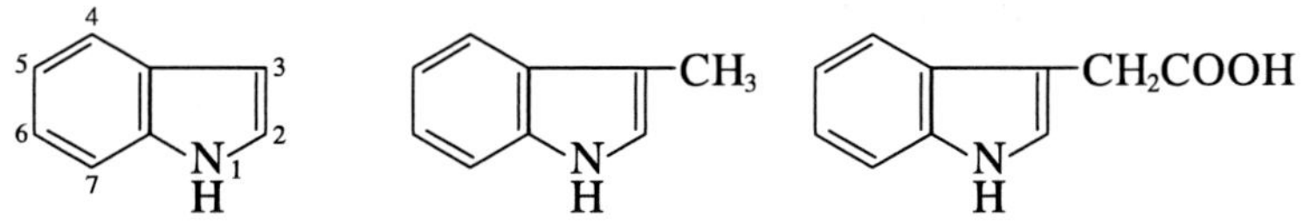

Indole Skatole Indole-3-acetic acid (16-8)

인돌의 구조는 indigo의 분자구조에도 존재하며, 식물성 청색 염료로서 면섬유의 염색에 이용하고 있다. 환원되면 무색의 indigo white가 된다.

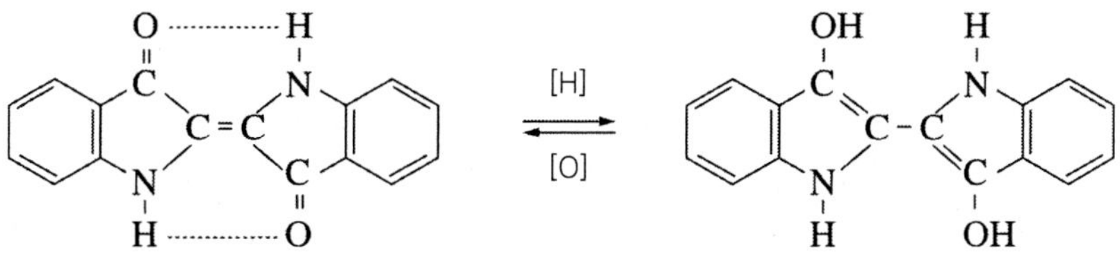

Indigo Indigo white (16-9)

16.3 이종원자가 2개 이상인 5원환 화합물

두 개 이상의 이종원자(hetero atom) 중에서 적어도 한 개가 질소로 이루어져 있는 5원환 화합물을 아졸(azole)류라고 하며, 이들의 명칭은 어미에 '-azole'을 붙여서 부른다.

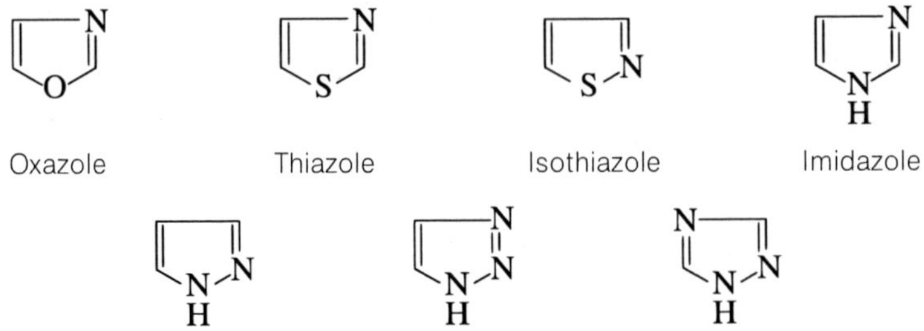

Oxazole Thiazole Isothiazole Imidazole (16-10)

Pyrazole 1,2,3-Triazole 1,2,4-Triazole

1. 티아졸(thiazole) 유도체

이들은 극히 안정하며, thiazole ring은 열이나 질산과 반응하지 않지만 산과 반응하여 안정한 염을 형성한다. 티아졸(thiazole)의 수용액은 중성이며, 환원제와 반응하지 않는다.

티아졸 핵은 비타민 B_1과 페니실린의 구조에서 발견된다.

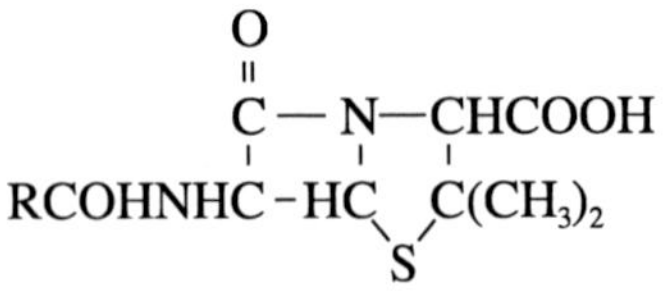

(16-11)

Natural penicillin

2-Mercaptobenzothiazole은 고무제조 과정에서 중요한 가황고무용 촉진제로서 이용되고 있고, 다음과 같은 반응을 거쳐 제조한다.

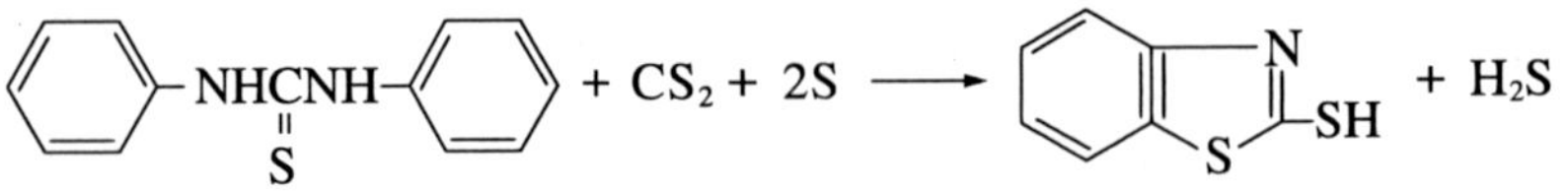

$$\text{NHC(=S)NH} + CS_2 + 2S \longrightarrow \text{(2-Mercaptobenzothiazole)} + H_2S \qquad (16\text{-}12)$$

Thiocarbanillide 2-Mercaptobenzothiazole

2. 이미다졸(imidazole) 유도체

이미다졸(imidazole)은 글리옥살린(glyoxaline)이라고도 하며, 이미다졸 및 이들의 유도체는 비교적 강한 염기성을 나타내며, 산과 반응하여 안정한 염을 형성한다.

이미다졸은 자체로서는 산업적인 중요성이 적지만, 이미다졸 핵은 천연 아미노산을 구성하고 있으며, purine 유도체 구조의 일부분을 형성한다.

Histamine은 혈압 강하제로 이용되는 물질이며, 아미노산의 일종인 histidine이 탈탄산되면서 생성된다.

HN — CH
HC C- CH_2- CH-COOH
N NH$_2$

$-CO_2$
산 또는 세균효소

HN — CH
HC C- CH_2- CH_2- NH_2 (16-13)
N

Histidine Histamine

3. 피라졸(pyrazole) 유도체

피라졸(pyrazole)은 이미다졸의 이성체로서 자연계에서는 아직 유도체가 발견되지 않았다. 피라졸의 유도체는 일반적으로 안정하고, 약한 염기성이므로 산과 반응하여 염을 형성한다.

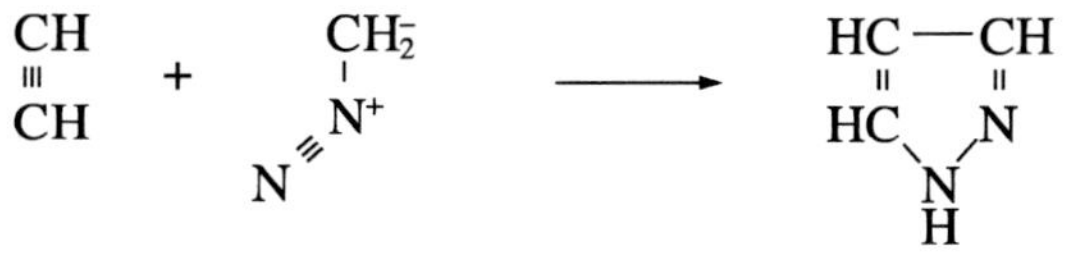

CH≡CH + CH_2-N^+≡N ⟶ HC—CH / HC N / N-H (16-14)

Acetylene Diazomethane Pyrazole

Antipyrine은 해열진정제로 이용되며, 다음과 같은 과정으로 제조한다.

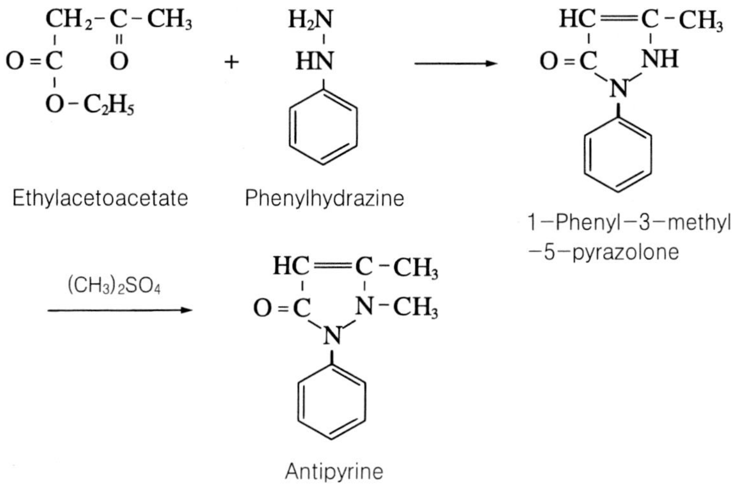

CH_2-C-CH_3 / O=C O / O-C_2H_5 + H_2N-HN-(phenyl) ⟶ HC=C-CH_3 / O=C NH / N-(phenyl)

Ethylacetoacetate Phenylhydrazine 1-Phenyl-3-methyl-5-pyrazolone (16-15)

$(CH_3)_2SO_4$ ⟶ HC=C-CH_3 / O=C N-CH_3 / N-(phenyl)

Antipyrine

16.4 이종원자가 한 개인 6원환 화합물

대표적인 화합물의 예는 다음과 같다.

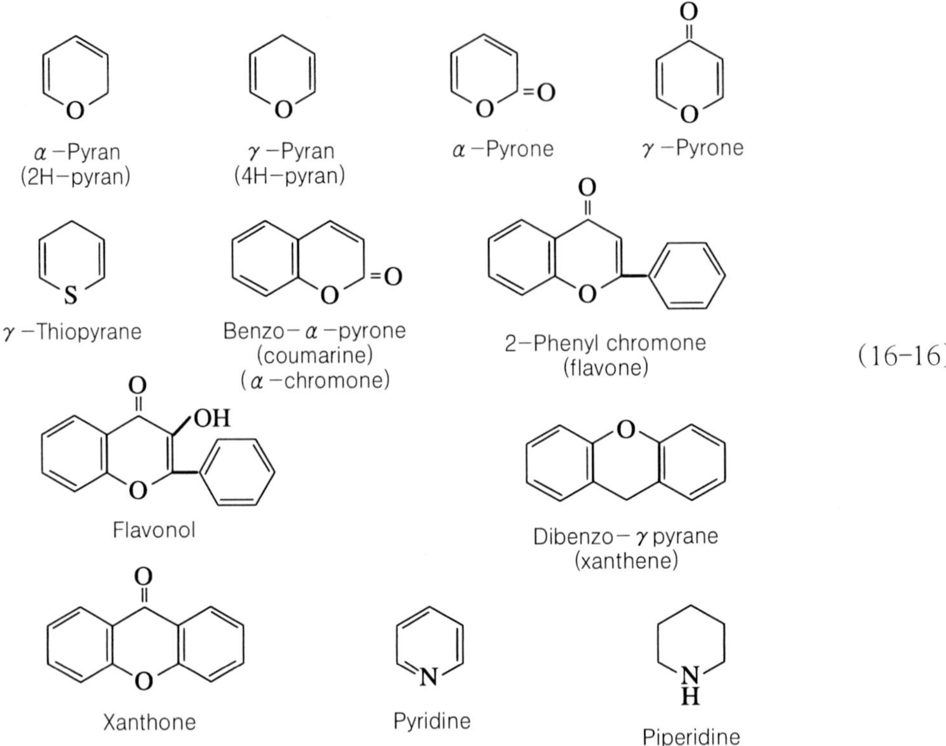

(16-16)

1. Pyran 및 pyrone 유도체

Pyran은 α 및 β 형태가 알려져 있고, 두 가지 모두 단일물질로는 존재하지 않지만, 이들 물질의 축합환(condensed ring) 형태의 화합물은 자연계에 널리 분포되어 있다.

Pyrone환을 포함하는 화합물은 대개 염기성을 나타내며, 산과 반응하여 안정한 염을 형성한다. 이 때 형성되는 염을 **pyrylium salt**라고 한다.

Kojic acid는 황색곰팡이(*Aspergillus oryzae*)를 배양하여 생산하고 있으며, 구조는 γ-pyrone의 유도체이다.

O, HO, CH_2OH, O

Kojic acid

(16-17)

비타민 E로 알려져 있는 토코페롤(α-tocopherol)은 벤조피란(benzopyran)의 유도체로서 밀의 배아유를 비롯하여 대부분의 종자에서 가공하는 종자유에 포함되어 있다.

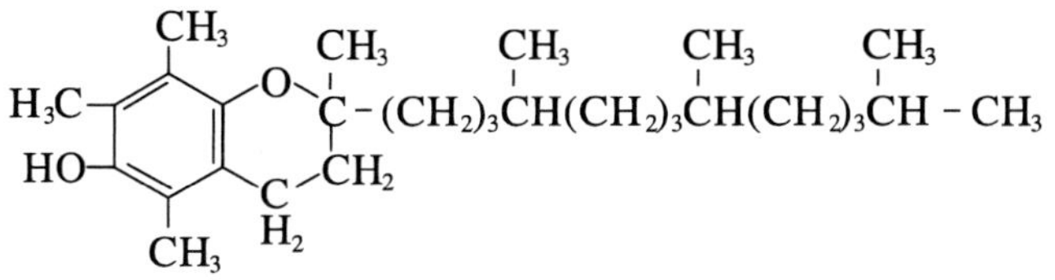

(16-18)

α-Tocopherol

식물의 꽃이나 과일 등의 적색과 청색 색소는 안토시안(anthocyan)류에 속하는 배당체로서 이것을 가수분해하면 포도당과 안토시아니딘(anthocyanidin)으로 분해된다.

Anthocyan류는 flavone과 유사한 구조를 가지고 있으며, anthocyanidin의 일종인 염화시아니딘(cyanidin chloride)은 quercetin을 염산(HCl)과 마그네슘(Mg)으로 환원시켜 제조한다.

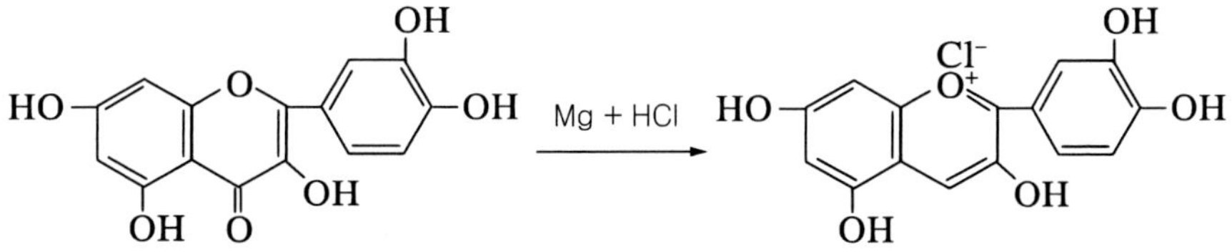

(16-19)

Quercetin Cyanidin chloride

2. 피리딘(pyridine) 및 유도체

피리딘(pyridine)은 α, β, γ picoline, lutidine(dimethylpyridine), collidine(trimethylpyridine) 등의 동족체와 더불어 콜타르(coal tar) 중에 함유되어 있다.

Pyridine 환을 함유하는 화합물은 약한 염기성을 나타낸다.

1) 피리딘(pyridine)

질소의 유리쌍은 고리의 π 전자와 서로 섞이지 않으므로 이 전자는 양성자인 proton과 결합하여 염을 형성하는 성질을 가지며, 다음과 같이 공명하므로 벤젠보다 치환반응이 어렵다.

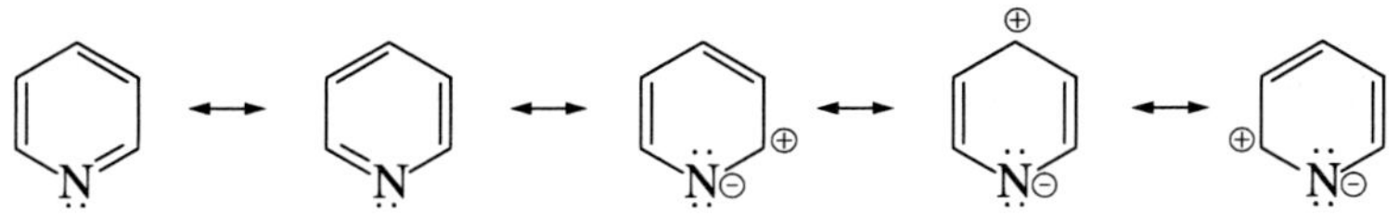

(16-20)

피리딘(pyridine)은 악취를 발생하는 무색의 액체(b.p. 115℃)이고, 물이나 유기용매 모두와 혼합이 가능한 용매이다. 피리딘과 피리딘의 메틸 유도체는 약염기성을 이용하여 화학반응과 chromatography용 전개용매로 이용한다.

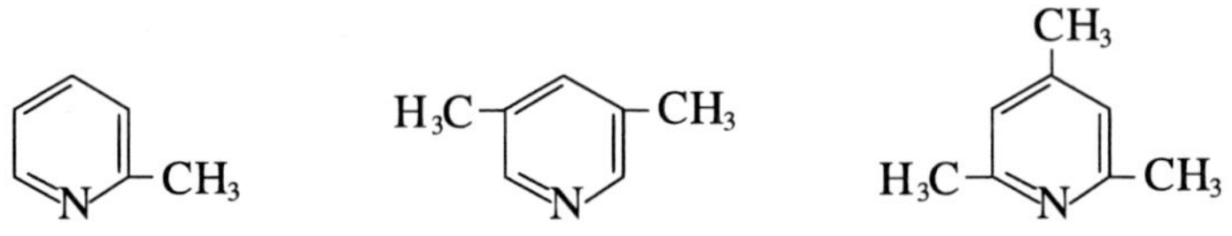

α-Picoline 3,5-Lutidine 2,4,6-Collidine (16-21)

2) 니코틴아미드(nicotinamide)

니코틴아미드(nicotinamide)는 비타민 B군의 하나이고, 탄수화물대사에 필요한 조효소(coenzyme)에 존재하며, 산화환원 과정에 관여한다.

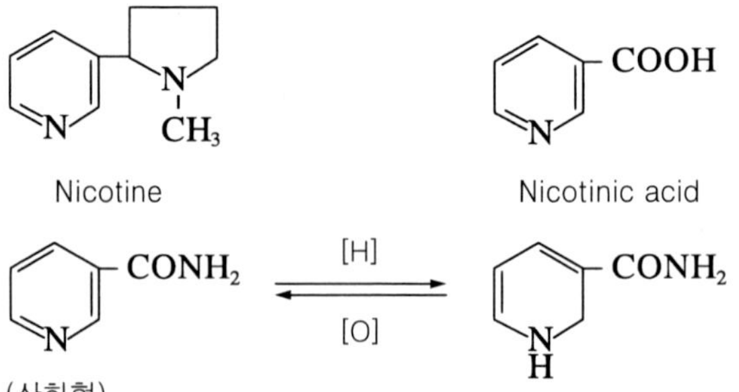

Nicotine Nicotinic acid (16-22)

[H] [O]

(산화형) (환원형)

Nicotinamide

3) Vitamin B_6

Pyridoxine 및 이들의 유도체인 pyridoxal과 pyridoxamine이다. 이들은 모두 생체내에서 탈탄산반응에 관여하는 조효소의 일부이다.

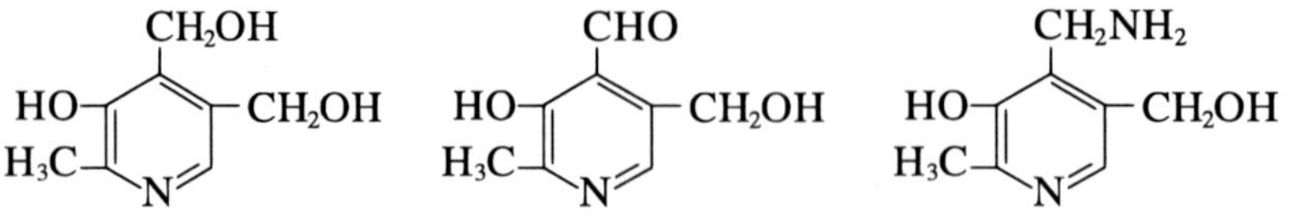

Pyridoxine Pyridoxal Pyridoxamine (16-23)

4) 퀴놀린(quinoline)

피리딘(pyridine)과 벤젠이 축합한 분자구조를 갖고 있다. 질소 위치가 다른 iso-quinoline과 함께 콜타르에서 제조한다. 악취를 발생하며, 염기성이고 산과 반응하여 염을 생성한다.

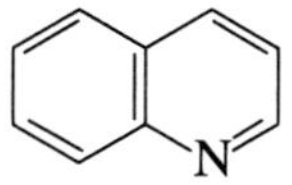

Quinoline
b.p. 238℃

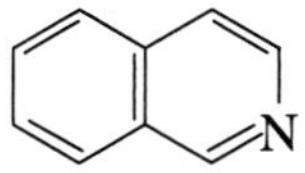

Isoquinoline
b.p. 240℃

(16-24)

16.5 이종원자가 두 개인 6원환 화합물

대표적인 화합물의 예는 다음과 같다.

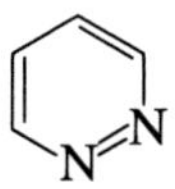

1,2-Diazine
(pyridazine)

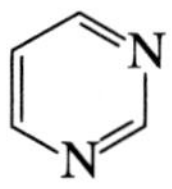

1,3-Diazine
(pyrimidine)

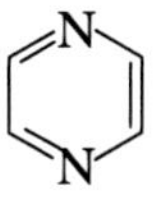

1,4-Diazine
(pyrazine)

(16-25)

피리미딘환(pyrimidine ring)은 비타민 B_1과 B_{13} 분자구조의 일부를 형성하고, purine은 비타민 · 핵산 · 카페인(caffeine) · 뇨산(uric acid)의 분자를 구성하고 있다.

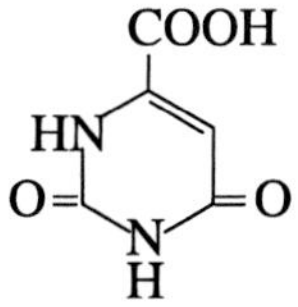

Orotic acid
(vitamin B_{13})

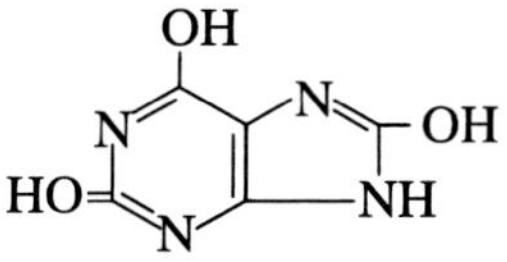

Uric acid

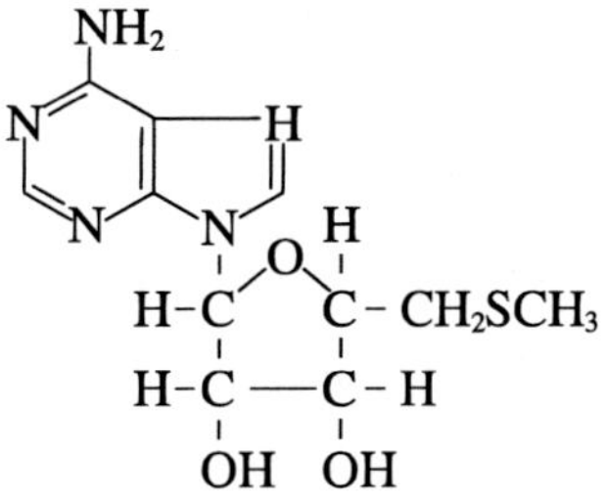

5′-Thiomethyladenosine
(vitamin L2)

(16-26)

DNA는 대표적인 이종 환상화합물로서 4가지 염기, 즉 adenine · guanine · cytosine 및 thymine이 함유되어 있으며, RNA는 adenine · guanine · cytosine 및 uracil이 포함되어 있다.

(16-27)

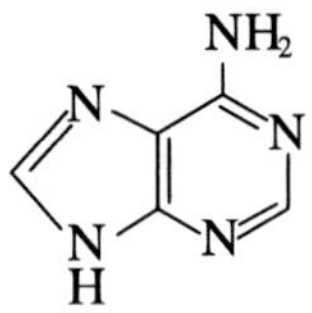

Adenine 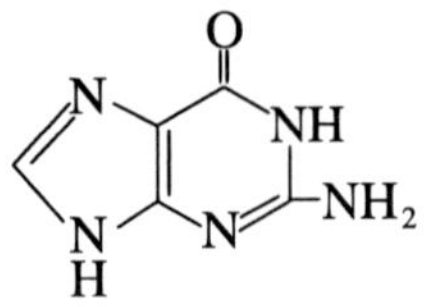 Guanine 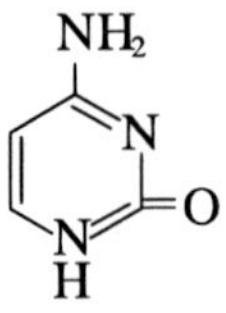 Cytosine 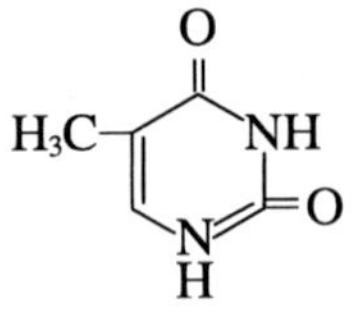 Thymine 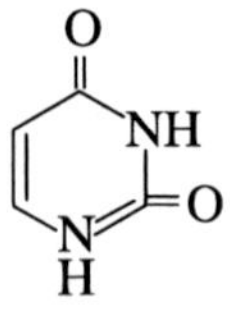 Uracil

16.6 이원환을 포함한 비타민과 기타 화합물

1. 비타민 B_2와 비타민 M

비타민 B_2는 황색 결정으로서 동물의 성장인자(growth factor)이며, 녹색채소와 곡류의 배아·우유·각종 알과 간장 등에 함유되어 있고, 대부분은 비타민 B_1과 공존하는 특징이 있다.

비타민 M은 항빈혈성인자로서 시금치를 비롯한 기타 식물의 잎에 함유되어 있으므로 **엽산**이라고도 한다. 이들은 특히 열에 약하므로 신선한 상태 그대로 식용하는 경우에만 생리활성을 나타내는 경우가 많다.

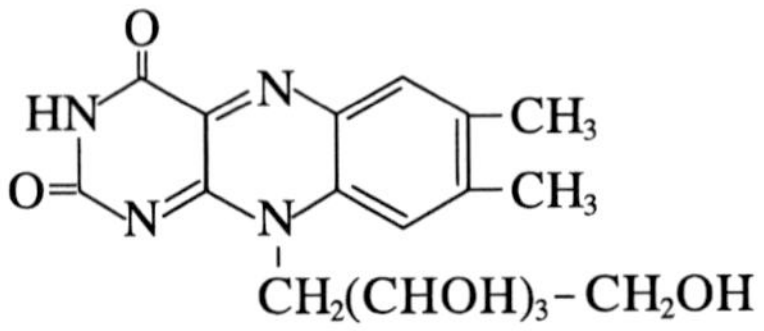

$CH_2(CHOH)_3-CH_2OH$

비타민 B_2(riboflavin) m.p. 287℃(분해)

(16-28)

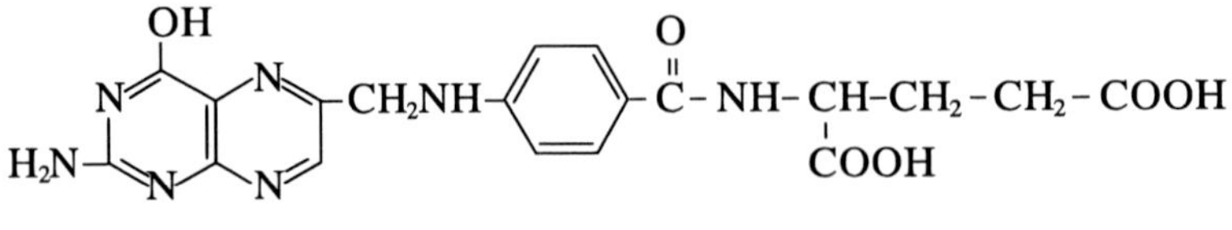

$-CH_2NH-$ $-C-NH-CH-CH_2-CH_2-COOH$ COOH

비타민 M(folic acid ; pteroylglutamic acid) m.p. 250℃(분해)

2. 비타민 H(biotin)

비타민 H는 **비오틴**(biotin)이라고도 하는 침상결정 물질로서 요소(urea), thiophene, 길초산(valeric acid)이 결합된 화합물이다.

이들은 항지루성 피부염의 활성을 나타내므로 여러 종류의 피부염에 생리활성이 있으며, 어떤 미생물들은 세포성장에 비오틴을 요구하는 종류도 있다. 간장・콩・콩팥・채소류에 많이 포함되어 있다.

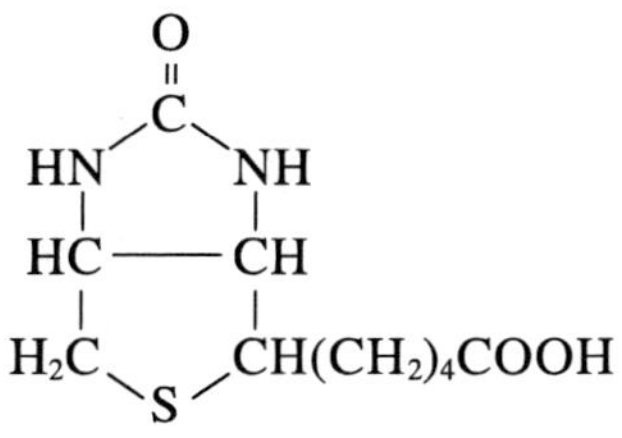

```
          O
          ‖
          C
        ╱   ╲
     HN       NH
      |        |
     HC ────── CH
      |        |
    H2C        CH(CH2)4COOH
        ╲    ╱
          S
```

(16-29)

Biotin

3. 비타민 B_1

티아민(thiamine) 또는 아뉴린(aneurin)이라고도 하며, 곡류의 배아에 다량 함유되어 있는 수용성 비타민이다. 결핍되면 다발성 신경염, 각기병, 소화기장애 등이 발생한다.

화학적으로는 methylene기를 사이에 두고 pyrimidine 핵과 thiazole 핵의 유도체가 결합한 형태를 이루고 있다.

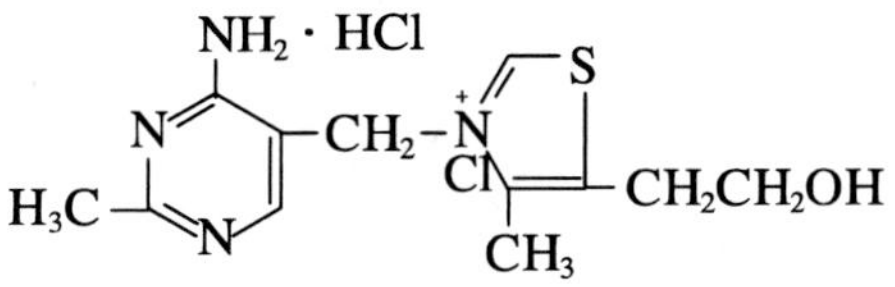

$NH_2 \cdot HCl$, H_3C, CH_2, N^+, Cl^-, S, CH_2CH_2OH, CH_3

(16-30)

Thiamine hydrochloride(비타민 B_1)

4. 비타민 C(ascorbic acid)

레몬과 감귤 등의 과즙이나 녹차에 함유되어 있으며, 현재는 포도당을 원료로 공업적인 합성공정에서 생산하고 있다.

비타민 C의 구조는 hexose와 비슷하고 lactone구조를 형성하고 있다. 화학적 특성은 강한 환원성이 나타난다는 점이고, 결핍 시에는 괴혈병이 발생하며, 질병에 대한 저항력이 낮아진다.

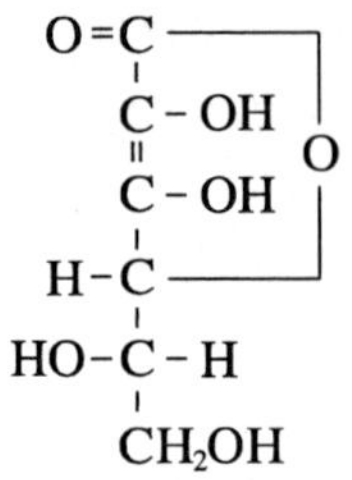

(16-31)

L-ascorbic acid
(비타민 C)

5. 비타민 B_{12}

수용성 비타민의 일종이고, 붉은 색을 갖고 있으며, 간에 존재하며 악성 빈혈에 활성을 나타낸다. 화학적 구조는 1955년에 밝혀졌으며, 구조 중에 코발트를 4.5% 함유하고 있는 가장 복잡한 구조의 비타민이다.

방선균의 일종인 *Streptomyces griceus*의 배양액이나 동물의 간에서 추출하여 제조한다.

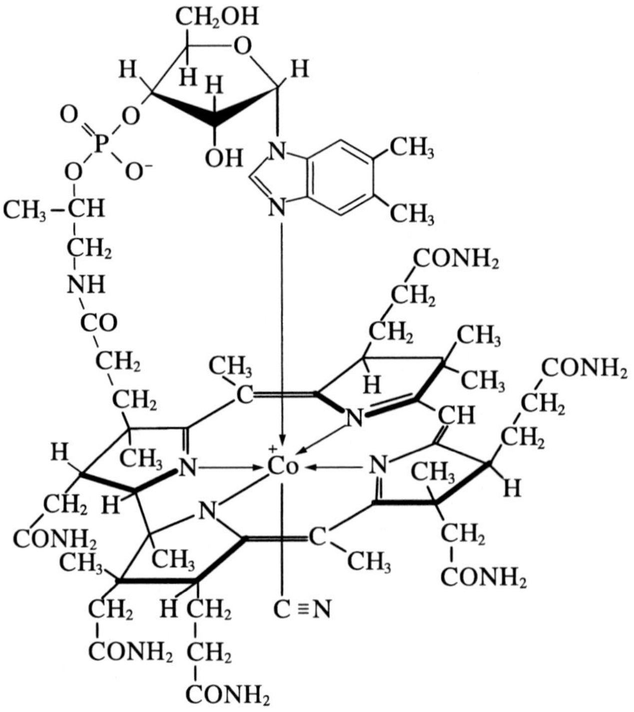

(16-32)

비타민 B_{12}

6. 카이네틴(kinetin)

카이네틴은 식물의 세포분열을 촉진시키는 물질로서 잎의 생장을 촉진시키고, 또한 식물 눈의 형성작용을 나타낸다. DNA의 가수분해물에도 포함되어 있다.

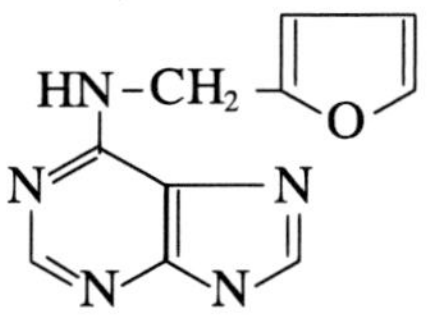

(16-33)

Kinetin

17

천연물질

자연계에 존재하는 화학물질을 말하는 천연물질의 화학적인 성질을 이해하는 작업이 유기화학의 원래 목적이다. 이러한 천연물질은 구조가 대단히 복잡하고, 관능기 또는 작용기에 따라 쉽게 분류하기가 어렵다. 결국 이들은 전체적인 구조, 기원이나 용도를 중심으로 분류하는 것이 일반적이다.

17.1 정유와 터펜

방향성을 갖고 있는 휘발성 물질은 적당한 증류법을 이용하면 대부분의 식물에서 얻을 수 있으며, 이러한 정유(essential oil)의 대다수는 조미료, 향료 및 의약품으로 이용되고 있으므로 중요한 상품성을 갖고 있다. 어떤 정유는 공업적으로 합성하는 방법이 개발되어 천연물에서 분리하는 것에 비하여 월등하게 적은 비용으로 합성(합성정유)되는 경우도 있다.

정유 중에서 동녹유 · 편도유 · 정향유 · 바닐라유 · 육두구유 등은 방향족 화합물에 속하지만, 이들을 제외한 대부분의 정유는 주로 에스테르나 알데히드에 속하는 지방족 유기화학물질이다.

천연물질에서 분리하는 정유의 주성분을 일반적으로 **터펜**(terpene)류라 하고, 향료 · 용제 · 구충제 등으로 널리 이용되고 있다.

터펜류는 구조적으로 이소프렌(isoprene, $CH_2{=}\overset{\overset{\displaystyle CH_3}{|}}{C}{-}CH{=}CH_2$) 분자가 2개, 3개 또는 4개가 중합된 경우와 동일한 탄소를 갖고 있는 복잡한 구조의 유기화합물질이다. 가장 간단한 것은 이소프렌 2분자가 결합한 $C_{10}H_{18}$로서 터펜(terpene) 또는 monoterpene이라 하고, 이소프렌 3분자가 결합한 $C_{15}H_{24}$는 sesquiterpene, 4분자가 결합한

$C_{20}H_{32}$를 diterpene, 6분자가 결합한 $C_{30}H_{48}$을 triterpene이라 한다.

한편, 터펜은 탄소골격에 따라 개환식(열린 고리형, open chain type) 터펜, 단일고리 터펜(monoterpene) 및 2중 고리 터펜(bicyclic terpene) 등으로 분류한다. 아래 식에서 점선으로 나타낸 것은 이소프렌 단위(isoprene unit)를 표시한 것이다.

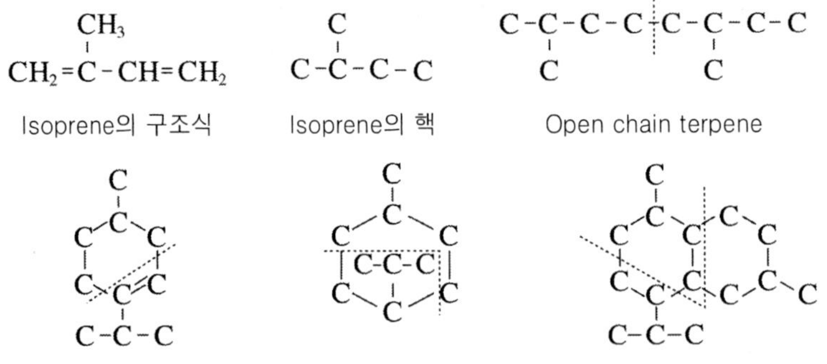

$CH_2=C(CH_3)-CH=CH_2$ Isoprene의 구조식

C-C(-C)-C-C Isoprene의 핵

Open chain terpene

Monocyclic terpene (cymene)

Bicyclic terpene (camphene계 화합물)

Sesquiterpene

(17-1)

1. 개환형 터펜류(open chain type terpene)

열린 고리형식(open chain) 터펜류에서 일반적으로 나타나는 화합물은 알코올과 알데히드류에 속하는 특징이 있다.

1) 제라니올(geraniol)

Geranium, 장미, lavender, citronella 등의 정유에 포함되어 있는 불포화 알코올이다.

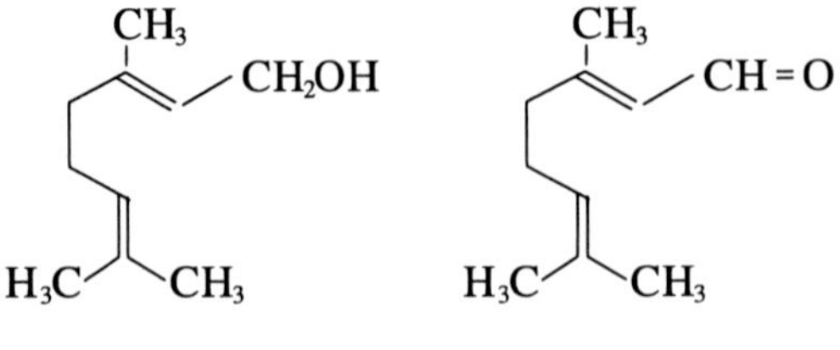

Geraniol (rose) — CH_3, CH_2OH, H_3C, CH_3

Geraniol (lemon grass) — CH_3, $CH=O$, H_3C, CH_3

(17-2)

2) 시트랄(citral)

오렌지, 만다린(mandarine), 귤, 탱자 등에 포함된 중요 성분으로 상쾌감이 있는 독특한 냄새를 갖고 있고, geraniol을 산화시켜도 생성된다.

시트랄은 묽은 황산과 K_2SO_4를 작용시키면 탈수되면서 방향족 화합물인 cymene으로 전환된다.

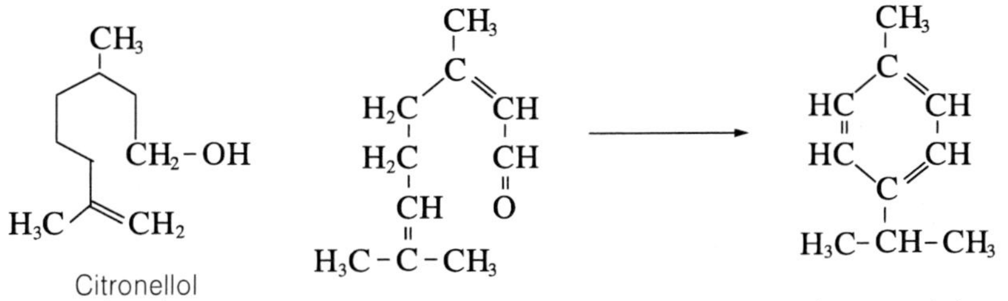

(17-3)

Citronellol (rose)　　Citral　　Cymene(b.p. 174℃/755mmHg)

2. 단환식 터펜(single ring type terpene)

방향족 화합물인 cymene과 비슷한 구조를 갖고 있는 cycloparaffin이며, 중요한 화합물은 다음과 같다.

1) 리모넨(limonene, $C_{10}H_{16}$)

가장 일반적인 정유의 한 가지 성분으로서 d-limonene은 오렌지 껍질에 많이 포함되어 있고, l-limonene은 솔잎에 있다. 리모넨의 라세미체(racemi body)를 dipentene이라 한다.

2) 멘톨(menthol, $C_{10}H_{19}OH$)

박하뇌 또는 박하라고도 하며, 박하유에 들어 있다. 멘톨은 방부제로도 이용하며, 시원한 느낌(상쾌감 · 청량감)을 나타내므로 면도용 화장품, 제과 및 담배용 첨가물 등으로 다양한 용도를 갖고 있다.

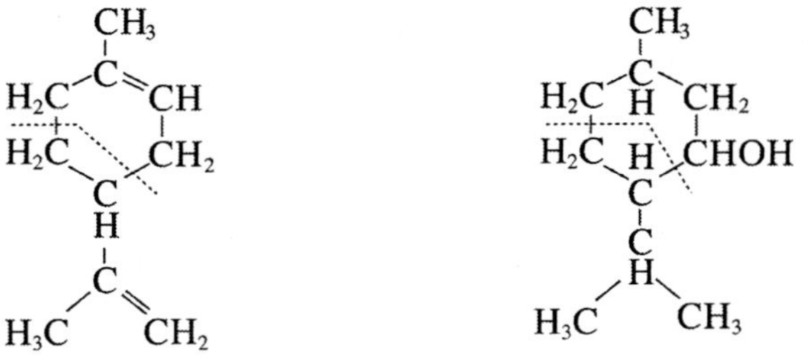

(17-4)

Limonene(b.p. 178℃)
$[\alpha]_D^{20}=\pm175$

l-Menthol(b.p. 215~216℃)
$[\alpha]_D^{20}=-49.7°$

3. 2중고리 터펜류(bicyclic terpenes)

1) α- 피넨(α- pinene, $C_{10}H_{16}$)

중요한 터펜류의 하나이고, 대부분의 정유에 포함되어 있는 성분이다. 소나무에서 분비되는 송진이나 오래 된 나무의 몸통(수간부)을 수증기로 증류하는 과정에서 생성되는 oleoresin(crude terpentine)은 pinene을 제조하기 위한 훌륭한 재료이다.

2) 장뇌(camphor)

일본과 대만에서 자생하는 장뇌나무(*Cinnamomum camphora*)를 수증기 증류하여 제조하며, 승화법을 이용하여 정제한다. 천연 장뇌(camphor)는 우선성($[\alpha]_D^{20}$ = +44.2°)이지만, 용뇌(borneol)를 산화시켜 제조한 캄파는 좌선성을 나타낸다.

캄파는 celluloid와 무연화약을 제조하기 위한 가소제(plasticizer) 또는 강심제를 포함한 의약품의 원료로 사용되며, 물질의 분자량을 분석하기 위한 용매로도 이용하고 있다.

캄파는 공업적 합성방법이 개발되면서 천연물보다 월등하게 싼 가격으로 제조하게 되었고, 제조공정은 다음과 같다.

α-Pinene (b.p. 155~156℃) —HCl→ Bornyl chloride —1. CH_3COONa, 2. 가수분해→ (17-5)

Borneol (m.p. 202~203℃) —산화→ Cmphor (m.p. 178~179℃)

4. 세스퀴터펜류(sesquiterpene)

세스퀴(sesqui)란 1.5라는 의미로서 터펜(terpene)의 분자식을 골격으로 이루어진 터펜화합물을 의미한다.

1) 파르네솔(farnesol, $C_{15}H_{25}OH$)

나리꽃을 비롯한 여러 가지 꽃의 정유에 함유되어 있는 세스퀴터펜 알코올 화합물로서 중요한 향료의 원료이다. 또한 생강의 정유에 포함된 zingiberene과 구충제로 알려진 산토닌(santonin)은 고리형 세스퀴터펜(cyclic sesquiterpene) 화합물질이다.

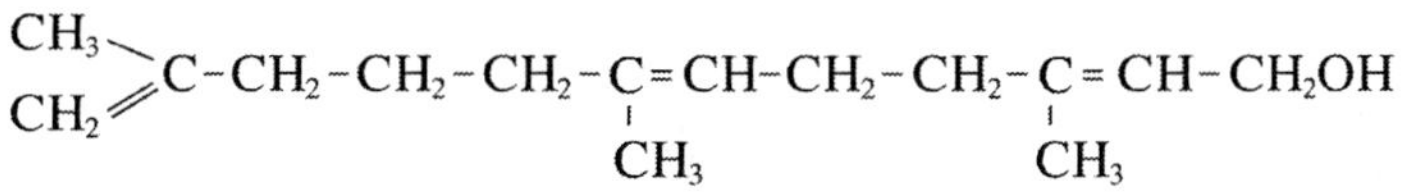

$$(CH_3)(CH_2{=})C-CH_2-CH_2-CH_2-\underset{CH_3}{\underset{|}{C}}=CH-CH_2-CH_2-\underset{CH_3}{\underset{|}{C}}=CH-CH_2OH$$

α-Farnesol

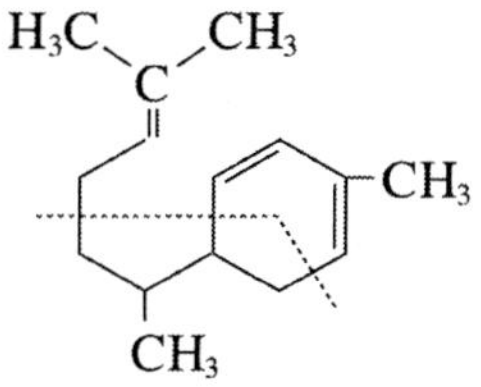

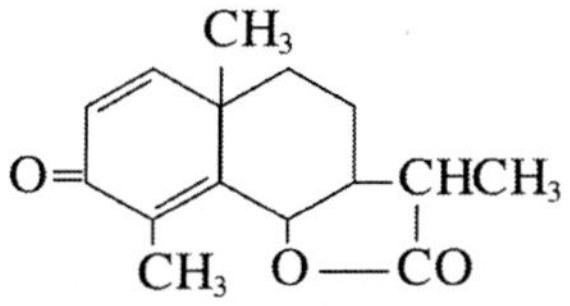

(17-6)

Zingiberene

Santonin

2) 피톨(phytol, $C_{20}H_{39}OH$)

엽록소를 가수분해하면 생성된다.

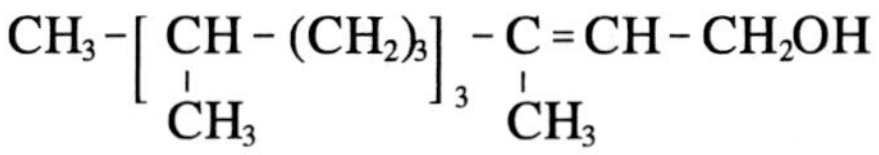

$$CH_3-\left[\underset{CH_3}{\underset{|}{CH}}-(CH_2)_3\right]_3-\underset{CH_3}{\underset{|}{C}}=CH-CH_2OH \qquad (17\text{-}7)$$

Phytol

3) 아비에트산(abietic acid, $C_{20}H_{30}O_2$)

Oleoresin에서 터펜틴(terpentine)유를 제거한 나머지 고형물(rosin)의 주성분인데, 알칼리와 함께 반응시켜 송지(松脂)비누를 제조하며, 바니스(vanish), linoleum의 제조원료 및 제지과정에서 종이의 규격을 맞추는 작업인 sizing agent로서 많이 이용되고 있다.

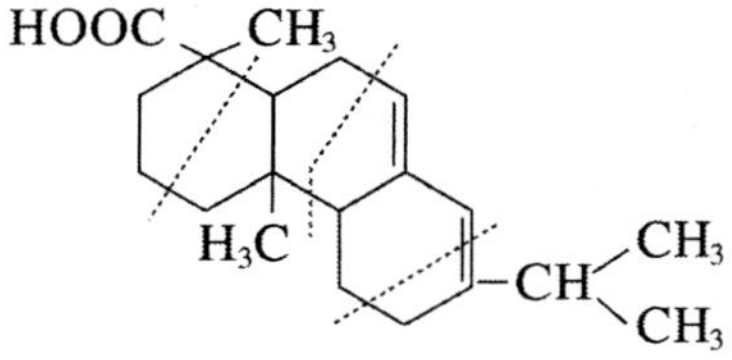

(17-8)

Abietic acid(3환 diterpene류)

17.2 카로테노이드

동식물계에 널리 분포되어 있는 청색 내지 적색 색소물질로서 탄소와 수소 또는 탄소, 수소 및 산소로 이루어진 화합물을 **카로테노이드**(carotenoid)라고 한다. 카로테노이드는 분자구조에 여러 개의 공액 2중 결합을 갖고 있기 때문에 폴리엔 색소(polyene pigment)라고도 하는데, 유용성(oil soluble)이므로 리포크롬 색소(lipochrome pigment)라고도 한다.

대부분의 카로테노이드는 터펜류와 마찬가지로 여러 개의 이소프렌 구조를 갖고 있고, 이소프렌 단위가 약 여덟 개, 즉 탄소수가 40인 것이 많다.

1. 카로텐(carotene, $C_{40}H_{58}$)

카로텐은 당근과 감귤의 껍질과 토마토에 많이 들어 있는 진한 적색의 결정물질로서 크로마토그라피법으로 분리하면 α, β 및 γ 카로텐을 비롯하여 모두 여섯 종류가 알려져 있다.

카로텐은 인체에 들어가 비타민 A로 변화되며, 특히 β 카로텐은 비타민 A로서 생체 이용성이 가장 높은 물질이다.

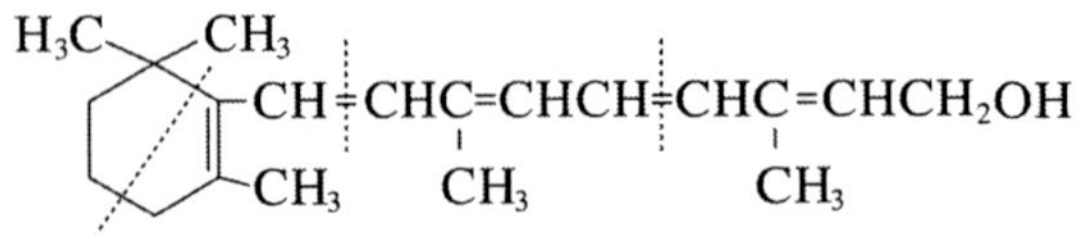

H_3C CH_3 —CH=CHC=CHCH=CHC=CHCH$_2$OH, CH_3 CH_3 CH_3

Vitamin A_1(단환상 diterpene류) (17-9)

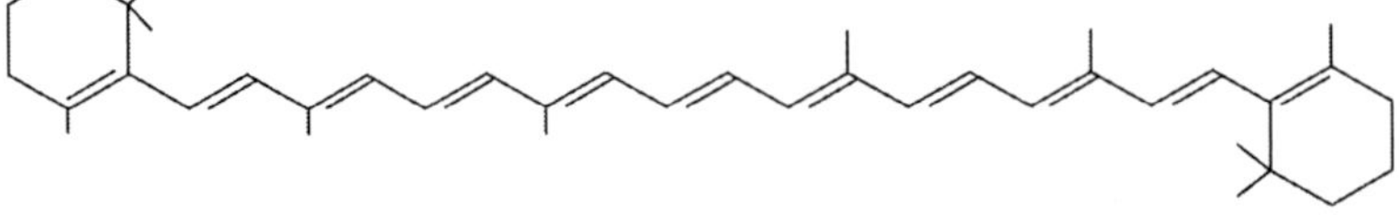

β-Carotene(단환상 tetraterpene류)

2. 리코펜(lycopene, $C_{40}H_{56}$, m.p. 175℃)

리코펜은 토마토나 수박의 과육에 포함되어 있는 적갈색 색소이고, 카로틴과는 이성체 관계가 있는 사슬모양의 터펜이며, 인체에서 비타민 A로 변화되지 않는다.

이 외에 산소를 포함하는 카로텐계 색소 화합물인 루테인(lutein, $C_{40}H_{56}O_2$), zeaxanthin($C_{40}H_{56}O_2$), cryptoxanthin($C_{40}H_{50}O$) 등 여러 가지 물질들이 있다.

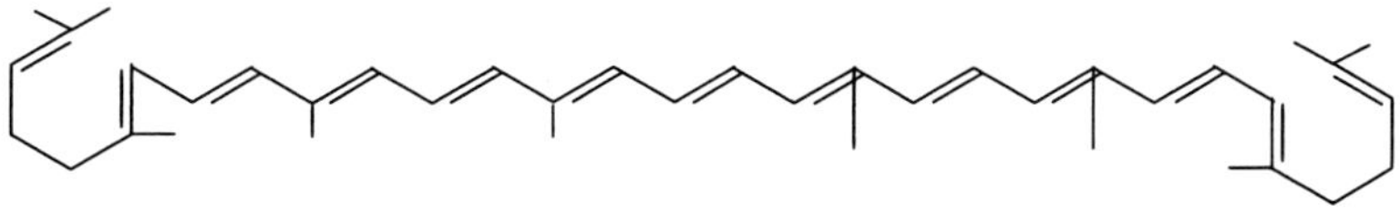

(17-10)

Licopene의 골격

17.3 스테로이드

오래 전부터 동식물의 지방에는 비검화물질이 함유되어 있으며, 이 부분은 탄화수소와 여러 개의 환상알코올로 이루어져 있는 것이 알려져 있다. 이러한 다환상 알코올계 화합물질들을 **스테롤**(sterol)이라고 한다. 스테롤은 출처에 따라 다음과 같은 세 가지로 분류한다. 식물에서 발견되는 phytosterol, 동물에서 나타나는 zoosterol, 효모나 곰팡이 같은 미생물에서 발견되는 mycosterol 등이다.

모든 스테롤은 구조에 phenanthrene 고리에 cyclopentane이 결합한 cyclopentanoperhydrophenanthrene 골격을 갖고 있다.

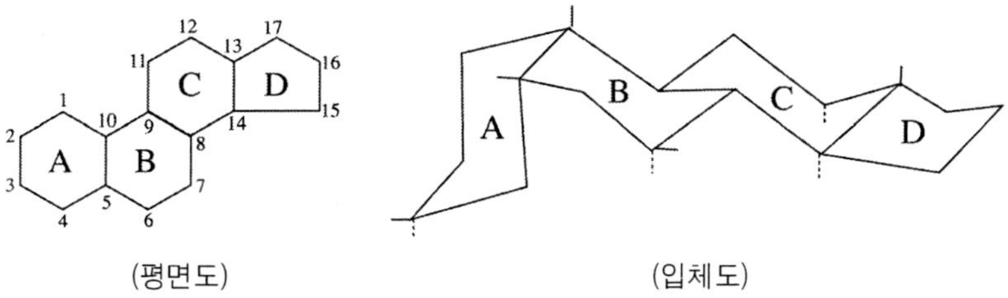

(17-11)

(평면도) (입체도)

스테로이드의 기본구조

이러한 골격을 갖고 있는 화합물질들을 **스테로이드**(steroid)라고 하며, 담즙의 성분, 비타민 D 관련물질, 성호르몬, cardiac 배당체 등 생리적으로 중요한 물질들이 많이 알려져 있다.

1. 동물성 스테롤(zoosterol)

동물성 스테롤 중에서 대표적인 예는 콜레스테롤(cholesterol)을 들 수 있다. 콜레스테롤은 동물의 혈액, 뇌, 척추와 담석(gallstone) 중에 다량 함유되어 있으며, 8개의 부제탄소를 갖고 있다.

콜레스테롤은 체내에서 합성되며, 동위원소를 이용한 실험에서 확인된 결과에 따르면 초산이온에서 출발하여 몇 분 이내에 합성된다.

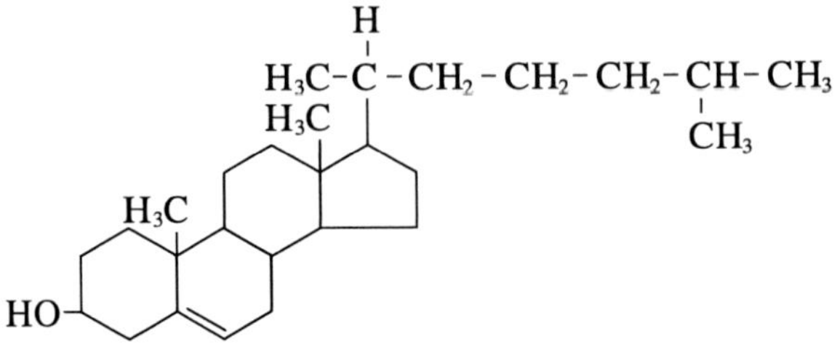

(17-12)

Cholesterol(m.p. 148~151℃)

2. 식물성 스테롤(phytosterol)

식물성 스테롤류에는 스티그마스테롤(stigmasterol, $C_{29}H_{48}O$, 콩기름에 함유된 비검화물), β-시토스테롤($C_{29}H_{50}O$, 밀의 배아유에 함유), ergosterol 등이 있다.

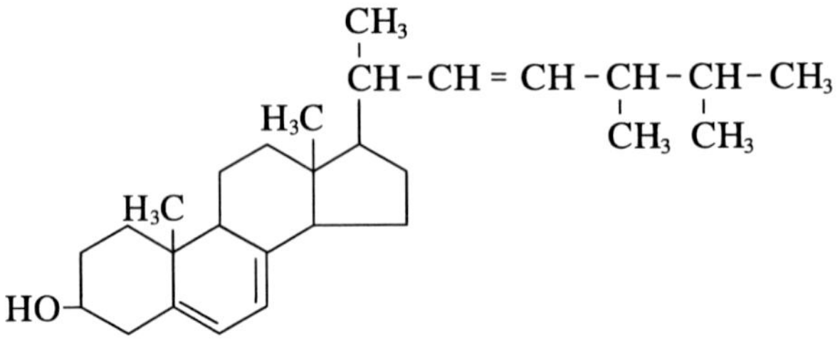

Ergosterol

(17-13)

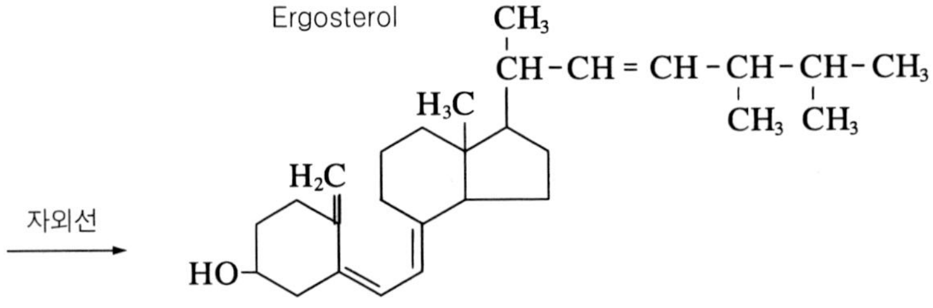

자외선

Calciferol(vitamin D_2)

에르고스테롤은 맥각에서 처음 발견되었으나, 효모에서도 분리되었다. 이 물질은 콜레스테롤에 비하여 methyl기 한 개와 2중 결합 두 개가 더 많고, 자외선과 반응하여 체내에서 비타민 D_2(calciferol)로 전환된다.

3. 담즙산(bile acid)

동물의 담즙에 포함되어 있고, 염의 형태로 존재한다. 담즙산염은 강력한 유화작용을 발휘하므로 장내에서 지방의 소화와 흡수를 도와준다.

담즙산은 사람과 소의 경우에 모두 4종이 알려져 있고, 가장 잘 알려진 것은 cholic acid이다.

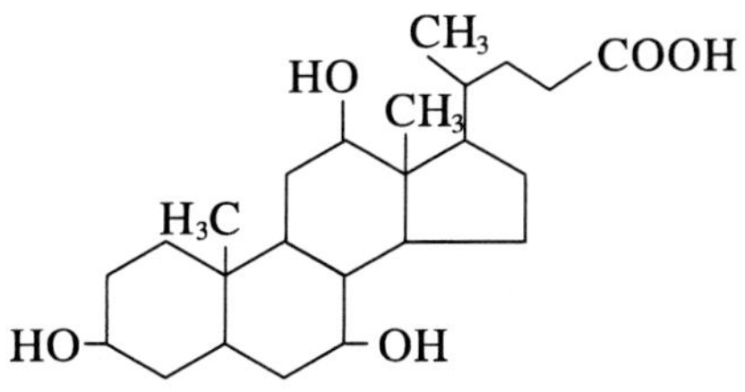

(17-14)

Cholic acid

4. 호르몬(hormone)

1) 남성호르몬

안드로스테론(androsterone)과 테스토스테론(testosterone)이 알려져 있고, 전자는 남성의 오줌에서 추출하며, 후자는 고환에서 추출한다.

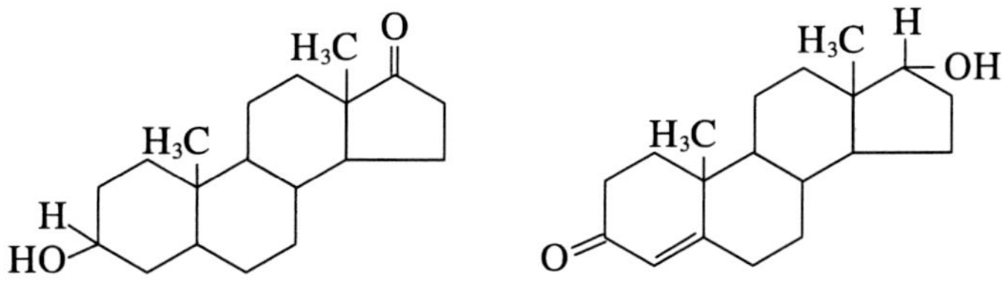

(17-15)

Androsterone　　Testosterone

2) 여성호르몬

여포호르몬인 에스트론(estrone)과 황체호르몬인 프로게스테론(progesterone)의 두 가지가 알려져 있다. 여포호르몬은 발정과 배란주기 조절과 관련이 있고, 황체호르몬은 임신상태를 유지시켜 주는 작용이 있다.

그러나 스테로이드의 구조가 아니면서도 성호르몬의 작용을 발휘하는 물질로서 스틸베스테롤(stilbesterol)이 알려져 있다. 이 물질은 여포호르몬과 동일하게 배란주기를 조절하는 작용이 있다.

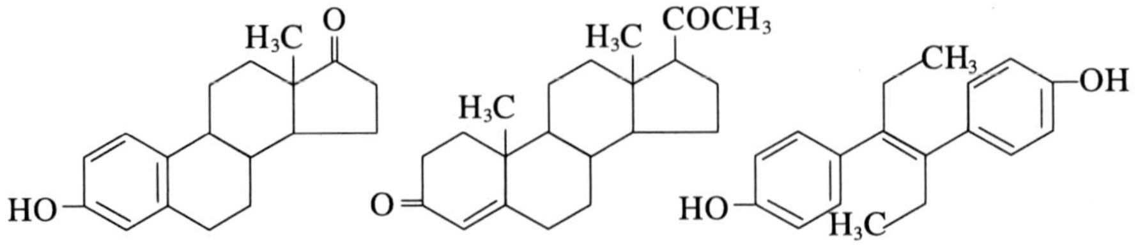

(17-16)

Estrone Progesterone Stilbesterol

3) 부신피질호르몬

부신피질(adrenal cortex)의 추출물을 분석한 결과 성호르몬의 구조와 밀접한 연관성이 있는 호르몬이 약 30여 종 분리되었다. 대표적인 물질로서 코티손(cortisone)이 알려져 있고, 특히 류마티스성 관절염과 류마티스 열에 효과를 나타낸다. 코티손과 유사물질들은 공업적으로 합성하고 있다.

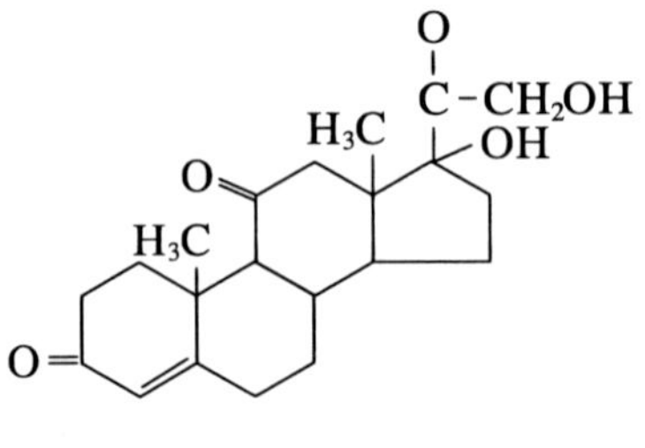

(17-17)

Cortisone

17.4 알칼로이드

일반적으로 식물체에서 분리하며, 현저한 생리작용을 나타내는 질소원자를 포함한 염기성 물질들을 알칼로이드(alkaloid, 식물성 염기)라고 하며, 독성이 있다.

알칼로이드는 오래 전부터 의약품으로 이용하고 있는 물질이 많으며, 구조적으로는 헤테로고리화합물(이종 환상화합물, heterocyclic compound)에 속하는 경우가 많다. 광학적으로 활성을 나타낸다.

1. 니코틴산(nicotinic acid, b.p. 246℃/730.5㎜Hg)

니코틴은 가장 간단한 알칼로이드로서 담배에 다량 함유(1～2%)되어 있다. 무색의 액체이지만, 공기와 접촉하여 암갈색으로 변한다.

인체에 대한 작용을 보면 중추신경과 말초신경을 흥분시키고, 장관과 혈관을 수축시켜 혈압을 상승시키고, 과량을 섭취하면 설사를 일으킨다.

과거에는 진드기를 구제하기 위한 농업용 살충제로도 이용하였다.

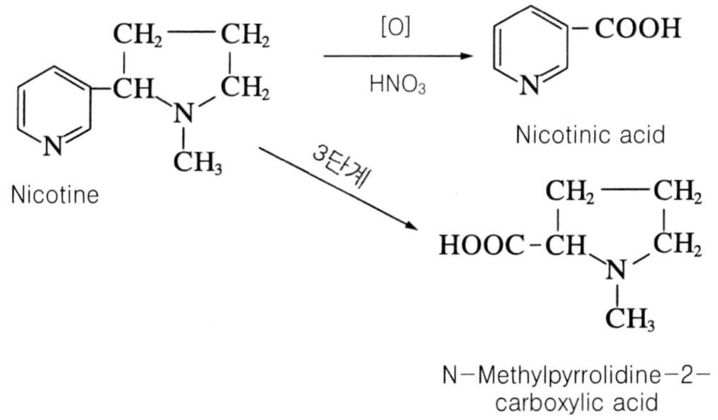

$[O]$ / HNO_3

Nicotine

Nicotinic acid

3단계

N-Methylpyrrolidine-2-carboxylic acid

(17-18)

2. 아트로핀(atropine, m.p. 118℃)

아트로핀은 가시독말풀(*Datura alba*) 등에 함유되어 있는 알칼로이드 성분으로 묽은 용액은 동공을 확장시키는 작용이 있으므로 안과진료에 이용하며, 화학가스나 경직, 마비 등의 증상을 완화시키기 위한 근육이완제로도 이용되고 있다.

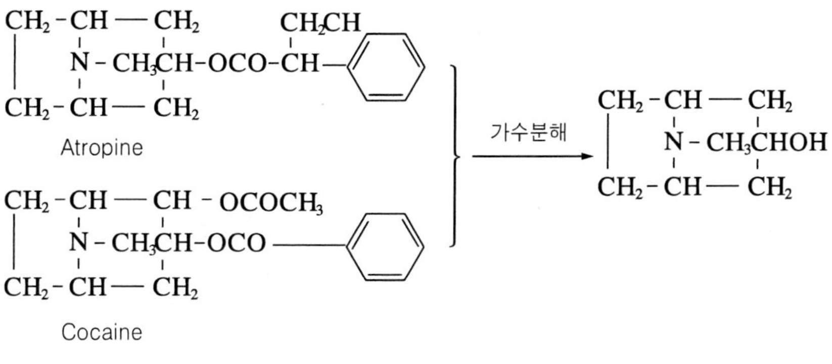

Atropine

Cocaine

가수분해

(17-19)

아트로핀을 가수분해하면 트로핀(tropine)이 생성되며, 이 물질은 코카인(cocaine, 녹는점 98℃)에서도 생성되기 때문에 아트로핀과 코카인을 **트로핀알칼로이드**(tropine alkaloid)라고도 한다.

코카인은 코카나무(*Erythroxylum coca*)의 잎에서 추출하며, 말초신경을 마비시키는 작용이 있으므로 국부마취제로 사용한다. 강력한 마취작용으로 말기 암환자용 진통제로도 이용하고 있지만, 독성과 강력한 습관성이 단점이다.

3. 퀴닌(quinine)

Cinchona속 식물의 껍질에서 출출하며, 오래 전부터 말라리아치료제로 널리 이용해 왔다.

Cinchona속 식물에서는 퀴닌 외에도 약 25종의 알칼로이드가 발견되며, 이들 구조는 대부분이 비슷하기 때문에 이들을 **cinchona alkaloid**라고 한다.

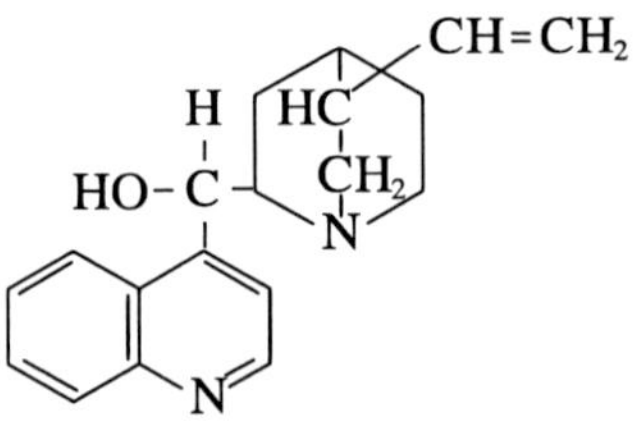

CH=CH₂, H, HC, HO-C, CH₂, N, N (17-20)

Cinchonine

4. 몰핀(morphine, m.p. 254℃)

아편(opium)에 함유되어 있는 알칼로이드로서 몰핀 이외에도 papaverine, codein, thebaine 등을 비롯하여 약 25종 이상의 알칼로이드가 알려져 있다.

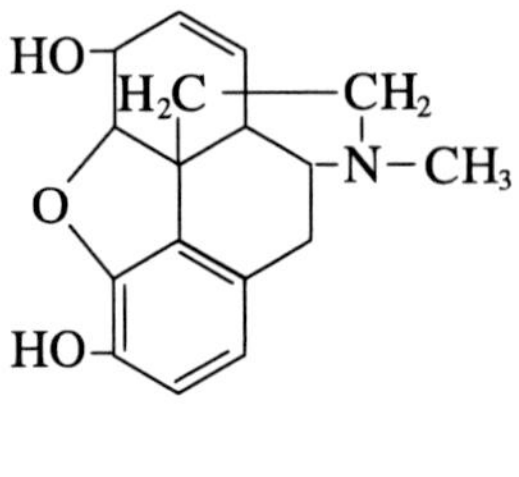

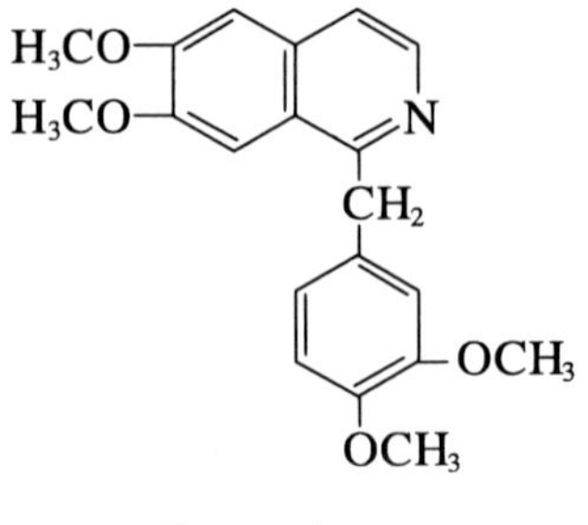

HO, H_2C, CH_2, $N-CH_3$, O, HO; H_3CO, H_3CO, N, CH_2, OCH_3, OCH_3 (17-21)

Morphine Papaverine

몰핀은 진통 및 최면작용이 있으나 습관성이 있고, 코데인은 진해 및 진통작용이 있다. 몰핀도 코카인과 마찬가지로 말기 암환자용 진통제로 이용하고 있다.

5. 기타 알칼로이드

후추(pepper)의 알칼로이드 성분인 피페린(piperine, m.p. 128～129℃), 고추의 캡사이신(capsicin, m.p. 64～65℃), 황마의 알칼로이드로서 진해작용이 있는 에페드린(ephedrine), 커피나 차에 포함되어 있으며 심장과 중추신경을 흥분시키는 카페인(caffeine), 혈압강하제와 진정제로 이용하는 recerpine, 소아마비의 후기 치료제로 이용하는 securine 등 수많은 알칼로이드가 다양한 생리활성을 발휘하고 있다.

$O-CH_2$, $NCOCH=CHCH=CH-$, O

Piperine

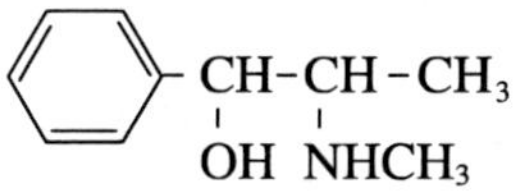

$CH-CH-CH_3$, OH, $NHCH_3$

Ephedrine

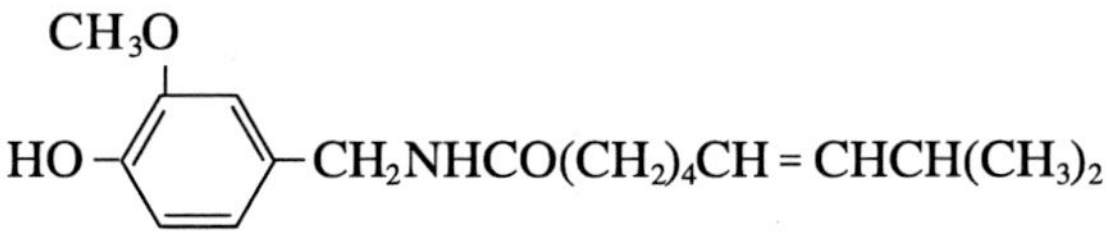

CH_3O, $HO-$, $-CH_2NHCO(CH_2)_4CH=CHCH(CH_3)_2$ (17-22)

Capsaicin

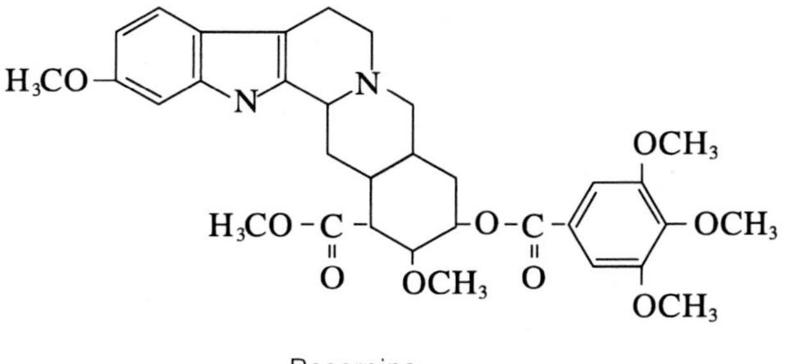

H_3CO-, N, N, OCH_3, H_3CO-C-, O, OCH_3, $-O-C-$, O, $-OCH_3$, OCH_3

Reserpine

17.5 항생물질

어떤 미생물은 다른 미생물의 성장을 방해하거나, 또는 죽이는 능력을 갖고 있으며 이러한 능력을 발휘하는 물질을 **항생물질**(antibiotics)이라고 한다.

항생물질은 2차 대전 중에 개발된 페니실린을 비롯하여 수많은 천연 및 반합성 항생물질이 인간과 동물 및 식물의 질병치료에 이용하고 있고, 앞으로도 내성균에 대한 연구를 포함하여 보다 안전하고, 부작용이 없으며, 효과적인 새로운 항생물질의 개발이 끊임없이 이루어지고 있다.

1. 페니실린(penicillin)

푸른곰팡이인 *Penicillium notatum*에서 분리하였다. 현재는 생산능력이 더욱 우수한 *Penicillium chrysogenum*을 이용하여 생산하고 있다.

페니실린은 특히 연쇄상구균과 폐렴쌍구균 등을 포함한 그람양성균에 대해서 특히 효과가 높다. 페니실린의 일반식은 다음 그림과 같고, R기의 종류에 따라 여러 종류가 알려져 있다.

1957년에 John Sheehan은 처음으로 합성방법을 이용하여 페니실린을 제조하였다. 현재는 암피실린을 포함하여 천연 페니실린보다 부작용이 적고, 효과의 선택성이 우수한 반합성 페니실린이 생산되고 있다.

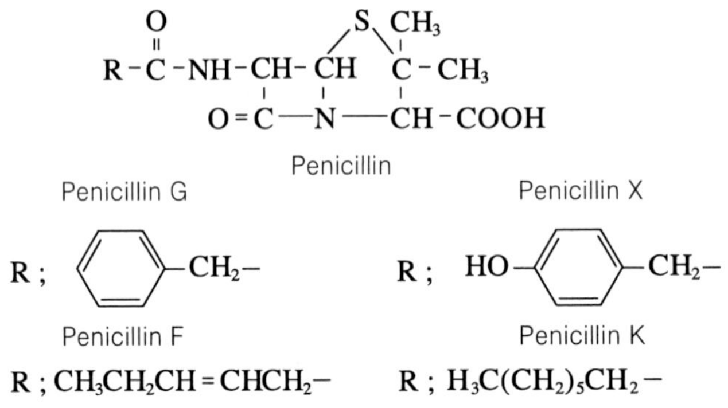

$$R-\overset{\overset{\displaystyle O}{\|}}{C}-NH-CH-CH\overset{S}{\diagup\diagdown}C(CH_3)_2 \quad (\text{ring: } O{=}C-N-CH-COOH)$$

Penicillin

(17-23)

Penicillin G

R ; $C_6H_5-CH_2-$

Penicillin X

R ; $HO-C_6H_4-CH_2-$

Penicillin F

R ; $CH_3CH_2CH=CHCH_2-$

Penicillin K

R ; $H_3C(CH_2)_5CH_2-$

2. 스트렙토마이신(streptomycin)

*Streptomyces griceus*에서 제조하는 항생물질로서 그람음성균에 대한 효과가 우수하다.

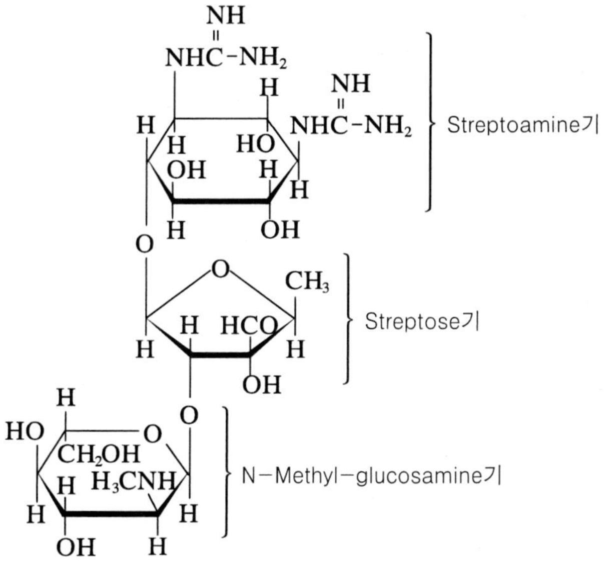

Streptoamine기

Streptose기

(17-24)

N-Methyl-glucosamine기

Streptomycin

3. 클로로마이세틴(chloromycetin)

클로람페니콜(chloramphenicol)이라고도 하고, *Streptomyces*속이 생산하는 항생물질이다. 발진티프스와 일부 바이러스에 대해 유효성이 있으며, 구조가 비교적 간단하여 합성방법으로 제조되고 있다.

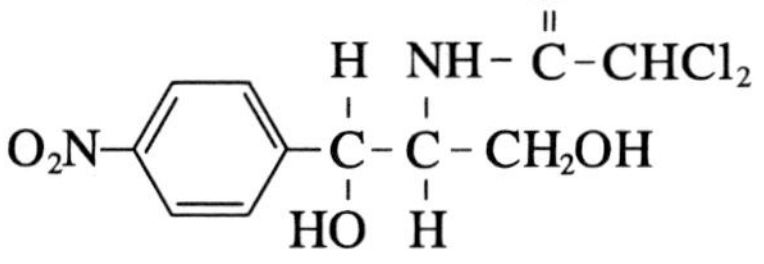

(17-25)

Chloromycetin

4. 테라마이신과 오레오마이신(terramycin & aureomycin)

두 가지 항생물질 모두 부분적으로 수소화된 나프타센핵(naphthacene nucleus)을 갖고 있으며, 전자는 *Streptomyces rimosus*에서, 후자는 *Streptomyces aureofaciens*에서 제조한다.

테라마이신의 OH기를 수소원자로 치환시키면 또 다른 항생물질인 테트라사이클린(tetracyclin)으로 전환된다. 이들은 모두 광범위한 항생효과를 발휘한다.

농업용 항생물질로는 actidion(m.p. 115～116℃), antimycin A(m.p. 140～142℃), blasticidin 등이 널리 이용되고 있다.

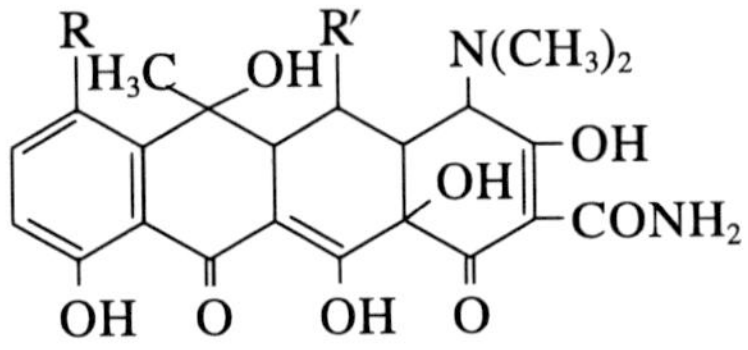

Tetracyclin R ; H, R′ ; H
Terramycin R ; H, R′ ; OH
Aureomycin R ; Cl, R′ ; H

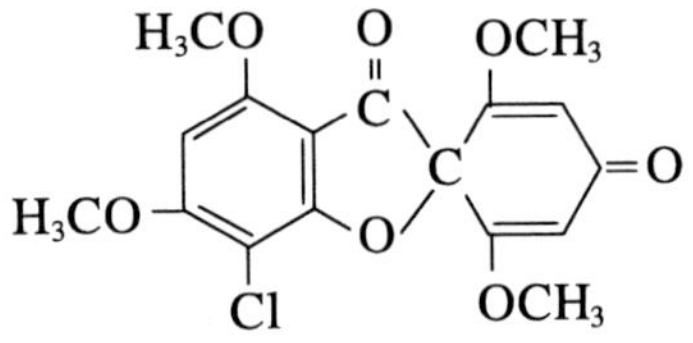

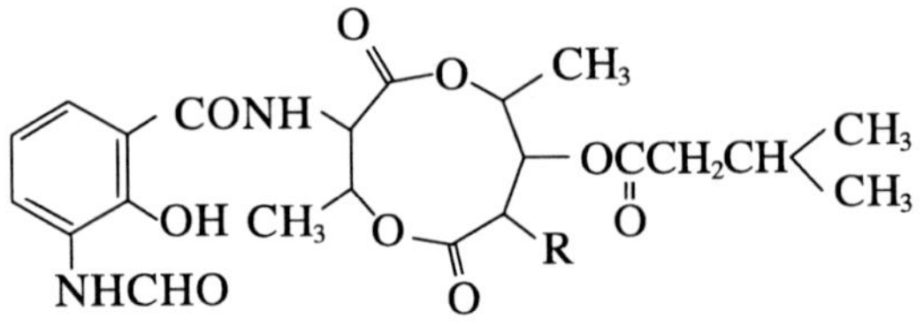

A_1 R ; $n-C_6H_{13}$, A_3 R ; $n-C_4H_9$

Actidion A

Antimycin

(17-26)

17.6 식물호르몬

1. 옥신(auxin)

식물생리학에서 영양물질 이외의 유기물질로서 극히 소량으로도 식물의 생리작용을 촉진 또는 억제시키는 작용을 나타내는 물질들을 **식물호르몬**(plant hormone)이라고 하며, 특히 식물체가 직접 생성하는 물질을 **성장호르몬**(growth hormone)이라고 한다.

대표적인 물질로서 auxin A, auxin B, heteroauxin 등이 있다.

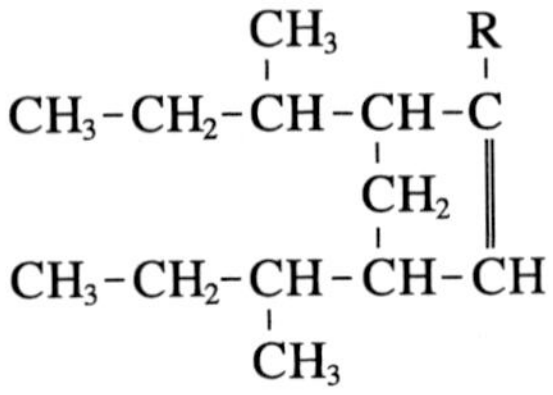

Auxin A
R ; $-CHOH(CHOH)_2COOH$
Auxin B
R ; $-CHOHCH_2CONHCOOH$

Auxin

(17-27)

2. 지베렐린(gibberellin)

벼의 키다리병균(*Gibberella fujikuroi*)을 이용하여 제조하는 물질이고, 극히 미량으로도 식물을 상하방향으로 성장시키는 작용(성장촉진)이 있어 농업분야에서 가장 널리 이용하고 있다.

그러나 과량이 투여되면 염색체 이상을 초래하면서 씨 없는 수박이나 포도를 생성하므로 특수한 용도로 이용하고 있다. A_1, A_2, A_3, B, C 등이 알려져 있다.

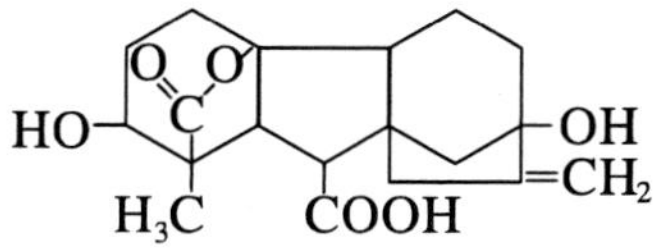

HO, OH, $=CH_2$, H_3C, COOH (17-28)

Gibberellin A_3(분해점 233~235℃)

18

유기금속 화합물

유기화합물을 구성하는 탄소에 금속이 직접 결합되어 있는 것을 **유기금속 화합물**이라고 한다. 한편 C_2H_5ONa를 비롯한 알코올레이트(alcoholate)나 CH_3COONa같은 유기산의 염처럼 금속원자가 직접 탄소원자에 결합하지 않은 것은 유기금속 화합물이라고 하지 않다.

18.1 일반적 성질

유기금속 화합물의 물리 및 화학적 성질은 탄소와 금속 사이의 결합이 나타내는 이온성의 세기에 따라 여러 가지로 차이를 나타낸다. 한 가지 예로서, 아세틸소다(sodium acetylide($CH\equiv C^-Na^+$)는 실질적으로 이온성을 나타내는 데 비하여 4에틸납(tetra-ethyl lead, $(C_2H_5)_4Pb$)은 근본적으로 공유성(covalent character)을 나타낸다.

일반적으로 탄소와 금속이 쌍극(dipole)을 형성하는 경우에 금속이 전기적으로 양성을 많이 나타낼수록 탄소는 상대적으로 더욱 음성을 나타내게 되므로 탄소-금속결합(carbo-metal linkage)은 더욱 이온성을 나타내게 된다. 그리고 이러한 이온성이 증가할수록 유기금속 화합물의 반응성이 증가하게 된다.

예를 들어 유기 Na, 유기 K 등은 반응성이 가장 큰 유기금속에 속하며 공기중에서 자연발화가 쉽고, 물이나 탄산가스와도 격렬하게 반응한다. 또한 이들은 일종의 염과 같은 상태이므로 비휘발성이고, 비극성 용매에는 잘 녹지 않는다.

몇 가지 대표적인 유기금속 화합물의 물리 및 화학적 성질을 표 18-1과 표 18-2에 정리하였다.

표 18-1. 대표적인 유기금속 화합물의 물리적 성질과 반응성

화합물	m.p. (℃)	b.p. (℃)	알칸에 대한 용해도	반 응 도						
				HCl	H_2O	O_2	$(CH_3)_2C=O$	CO_2	$(C_2H_5)_2O$	>C=C<
CH_3Na	d.	–	–	+	+	+a	+	+	+	±b
CH_3Li	d.	–	±	+	+	+a	+	+	±	±b
$(CH_3)_2Mg$	?	±c	–	+	+	+a	+	+	–	–
$(CH_3)_2Zn$	-40	46	+	+	+	+a	+	–	–	–
$(CH_3)_2Hg$	<0	96	+	+	–	–	–	–	–	–

* a : 공기중에서 자연적으로 발화
b : 활성의 탄소-탄소의 2중 결합과 반응을 일으킬 수 있음.
c : 온도 상승으로 약간 휘발성

표 18-2. 유기수은 화합물의 물리적 성질

이 름	구조식	m.p. (℃)	수용성 γ /㎖(15℃)
Ethylmercuric chloride	C_2H_5HgCl	192.5	
Diethylmercuric phosphate	$(C_2H_5)HgPO_4$	176	202,000
Phenylmercuric acetate	$C_6H_5-HgOCOCH_3$	151	18,000
Phenylmercuric chloride	C_6H_5-HgCl	252	10
Phenylmercuric iodide	C_6H_5-HgI	266	4
Phenylmercuric-p-toluenesulfonanilide	$C_6H_5-Hg-N(C_6H_5)-SO_2-C_6H_4-CH_3$	213	2

18.2 몇 가지 유기금속 화합물

1. 아연화합물

지방족 아연 화합물(aliphatic organozinc compound)에서 중요한 것은 dialkyl zinc와 요오드화 알킬아연(alkylzinc iodide)으로서, 이들은 모두 화학합성에서 중요한 물질들이다.

요오드화 알킬(alkyl iodide)에 아연을 작용시키면 요오드화 알킬아연(RZnI)이 생성되고, 이것을 증류하면 디알킬아연과 요오드화아연(zinc iodide)이 생성된다.

$$RI + Zn \longrightarrow RZnI$$
$$\underset{\text{Alkylzinc iodide}}{2RZnI} \xrightarrow{\text{Distillation}} \underset{\text{Dialkylzinc zinc iodide}}{R_2Zn + ZnI_2} \quad (18\text{-}1)$$

디메틸아연(dimethylzinc)과 디에틸아연(diethylzinc)도 위와 동일한 방법으로 제조할 수 있고, 이들은 모두 무색이고, 자극적 냄새를 갖고 있는 액체이다. 이들은 또한 반응성이 강하고 공기중에서 발화되기 때문에 질소나 이산화탄소의 기류 속에서 취급해야 한다.

또한 이들은 규소·주석·납·수은 등의 염화물질과 반응하여 각각 R_4Ni, R_4Sn, R_4Pb 및 R_2Hg를 생성하므로 여러 가지 유기화합물을 합성하는 과정에 이용한다.

$$(C_2H_5)_2Zn + HgCl_2 \longrightarrow (C_2H_5)_2Hg + ZnCl_2 \quad (18\text{-}2)$$

디알킬아연과 요오드화 알킬아연은 carbonyl 화합물을 비롯하여 여러 가지 화합물과 Grignard 시약과 유사한 반응을 나타내기 때문에 Grignard 시약 대신에 사용하지만, Grignard 시약보다 제조방법이 복잡하다. 그러나 할로겐화아실(acylhalide)에서 케톤을 제조하는 과정에서는 대단히 편리한 시약이다.

$$\underset{\text{Acylchloride alkylzinc}}{RCOCl + ZnR'I} \longrightarrow \underset{\text{Ketone}}{RCOR'} + \underset{\text{Chlorozinc iodide}}{ZnICl} \quad (18\text{-}3)$$

2. 마그네슘화합물

1) 그리그나드 시약(Grignard reagent)

그리그나드 시약은 중요한 유기마그네슘 화합물질로서 haloalkane의 에테르용액에 금속 마그네슘을 작용시켜서 만든 RMgX의 에테르용액이다.

$$R:\ddot{\underset{..}{X}}: + \cdot Mg\cdot \xrightarrow{\text{Ether}} R:Mg:\ddot{\underset{..}{X}}: \quad (18\text{-}4)$$

위의 과정에서 생성된 알킬마그네슘 할라이드(alkylmagnesium halide)는 에테르 중에서 다음과 같은 배위결합을 이루고 있는 것으로 추정하며, 각각을 분리할 수도 있으나, 일반적으로는 에테르용액 그대로 사용한다.

$$(H_5C_2)_2O \rightarrow \underset{R}{\overset{R}{Mg}} \qquad (H_5C_2)_2O \rightarrow \underset{R}{\overset{R}{Mg}} \leftarrow O(C_2H_5)_2 \quad (18\text{-}5)$$

Alkylmagnesium halide의 반응성은 대체로 $C^{\delta-} \leftarrow Mg^{\delta+}$결합의 이온성 때문이라고 추정하고 있다. 마그네슘의 외각궤도에는 4개의 전자가 존재한다.

2) 그리그나드시약 반응

그리그나드시약은 물·알코올·암모니아 등과 작용하여 탄화수소를 생성한다.

$$H_5C_2^{\ominus}-Mg^{\oplus}Br + H^{\oplus}-OH^{\ominus} \longrightarrow C_2H_6 + Mg\langle^{OH}_{Br}$$

$$H_5C_2MgBr + HOC_2H_5 \longrightarrow C_2H_6 + Mg\langle^{OC_2H_5}_{Br} \quad (18\text{-}6)$$

이와 같이 그리그나드시약을 가하여 탄화수소를 생성하는 화합물 중의 수소원자를 **활성수소**(active hydrogen)이라 하며, 이 때 발생하는 탄화수소의 부피를 측정하면 활성수소의 숫자를 알 수 있다. 이 방법을 제레비티노프(Zerewitinoff)의 **활성수소 정량법**이라고 한다.

그리그나드시약은 공기에서도 비교적 안정하지만, 공기중의 산소와 반응하여 서서히 산화되면서 알코올을 생성한다.

$$2\,C_2H_5MgBr + O_2 \longrightarrow 2\,C_2H_5OMgBr$$

$$C_2H_5OMgBr + H_2O \longrightarrow C_2H_5OH + Mg\langle^{OH}_{Br} \quad (18\text{-}7)$$

또한 탄산가스와 반응하면 카르복실산(carboxylic acid)을 생성한다.

$$H_5C_2^{\ominus} - MgBr^{\oplus} + C^{\oplus}\begin{smallmatrix} \diagup O^{\ominus} \\ \diagdown\!\!\diagdown O \end{smallmatrix} \quad H_5C_2 - C\begin{smallmatrix} \diagup OMgBr \\ \diagdown\!\!\diagdown O \end{smallmatrix}$$

$$\xrightarrow{H_2O} C_2H_5COOH + Mg\begin{smallmatrix} \diagup Br \\ \diagdown OH \end{smallmatrix} \qquad (18\text{-}8)$$

Ethanoic acid
(carboxylic acid)

그러므로 그리그나드시약은 공기와 수분의 접촉을 차단하여 저장해야 한다.

3. 유기수은화합물

유기수은화합물(organomercury compound)은 일반적으로 독성이 강한 물질이 많으며, 의약품이나 농업용으로 이용되고 있다. 특히 phenylmercury acetate(PMA)는 벼의 도열병을 비롯하여 식물의 병원균을 방제하기 위한 목적으로 널리 이용되었으나, 맹독성과 생태계 파괴를 이유로 생산과 사용이 금지되어 있다.

유기수은 화합물질들은 다음과 같은 방법으로 합성하고 있다.

1) 그리그나드시약과 염화수은의 반응

그리그나드시약에 염화 제2수은($HgCl_2$)을 반응시키면 alkyl이나 aryl계의 수은화합물질을 생성할 수 있다.

$$\begin{aligned} RMgX + HgCl_2 &\longrightarrow RHgCl + MgXCl \\ RMgX + RHgCl &\longrightarrow R_2Hg + MgXCl \end{aligned} \qquad (18\text{-}9)$$

2) 디아조늄염과 수은의 반응

$$C_6H_5\text{-}NNCl + Hg \longrightarrow C_6H_5\text{-}HgCl + N_2 \qquad (18\text{-}10)$$

Phenyldiazonium chloride

Phenylmercury chloride (m.p. 252℃)

3) 벤젠과 초산 제2수은의 반응

Phenylmercury acetate는 벤젠에 초산 제2수은을 작용시켜 제조한다.

$$C_6H_6 + (CH_3COO)_2Hg \longrightarrow C_6H_5\text{-}HgOCCH_3(=O) + CH_3COOH \quad (18\text{-}11)$$

초산제2수은 Phenylmercury acetate (m.p. 151℃)

4. 유기납화합물

테트라에틸납(tetra-ethyl lead, b.p. 202℃)은 공업용으로 중요한 유기금속 화합물질이며, 가솔린에 0.025~0.075% 정도로 첨가하여 내연기관의 이상폭발 현상인 노킹(knocking)을 방지하는 목적으로 이용해 왔으나, 배기가스로 배출되는 납의 환경오염문제로 현재는 납이 첨가되지 않은 무연휘발유를 사용하고 있다. 다음과 같은 반응 과정을 거쳐 제조한다.

$$4\,C_2H_5Cl + 4\,PbNa \longrightarrow (C_2H_5)_4Pb + 4\,NaCl + 3Pb \quad (18\text{-}12)$$

Chloroethyl Pb-Na alloy Tetraethyl lead

한편, $(CH_3)_4Pb$는 $(C_2H_5)_4Pb$보다도 더욱 효과적인 antiknocking 특성을 나타내기 때문에 고성능 내연기관용으로 이용해 왔다.

5. 유기알루미늄화합물

유기알루미늄화합물들은 그리그나드시약보다도 더 쉽게 alkene과 반응하여 부가반응이 이루어진다. 즉, triethylaluminium에 에틸렌을 계속하여 반응시키면 탄소수가 2개씩 증가된 알킬알루미늄 화합물질을 생성할 수 있다.

$$CH_3CH_2Al(C_2H_5)_2 \xrightarrow{CH_2=CH_2} CH_3(CH_2)_3Al(C_2H_5)_2 \xrightarrow{CH_2=CH_2} CH_3(CH_2)_5Al(C_2H_5)_2 \ldots\ldots \quad (18\text{-}13)$$

트리에틸알루미늄은 에틸렌을 이용하여 공업적으로 1-알켄을 합성하는 목적으로 이용하고 있고, 반응과정은 다음과 같다.

$$nCH_2 = CH_2 \xrightarrow{(C_2H_5)_3Al} CH_3CH_2(CH_2CH_2)_{n-2}CH = CH_2 \quad (18\text{-}14)$$

19

고분자물질

고분자물질(polymers, macromolecule)이란 용어는 저분자물질(low-molecular compound)의 반대개념으로서, 일반적으로는 분자량이 수십 만 이상의 물질을 의미하는 용어이다. 저분자물질은 쉽게 말하여 물・소금・황산 등을 들 수 있고, 이에 비하여 전분・단백질・면화・양모・비단 등은 천연고분자물질이다. 현재는 인공적으로 합성한 수많은 고분자물질로서 합성섬유, 합성수지와 합성고무 등이 다양한 현대문명의 소재로서 이용되고 있다.

19.1 합성수지

일반적으로 저분자물질을 원료로 화학합성과정을 거쳐 인공적으로 천연수지와 비슷하게 만든 것을 **합성수지**(synthetic resin)라고 한다. 합성수지는 천연수지에 비하여 물성과 강도면에서 우수한 성질을 갖고 있으며, 가격이 저렴하다는 등의 장점으로 인해 수많은 합성수지 제품이 이용되고 있고, 금속과 합성수지를 비롯하여 천연물과 합성수지를 복합시킨 복합재료 등이 개발되고 있다.

합성수지는 일반인에게는 **플라스틱**(plastic)이라고도 하며, 이 중에서 생산량이 많은 것은 폴리염화비닐(PVC, polyvinyl chloride), 폴리에틸렌, 폴리스티렌을 들 수 있고, 이 외에도 페놀수지・멜라민수지・알킬수지 등도 다량 이용되고 있다. 플라스틱은 현대문명에서 필름・판・파이프・전선피복・도료・접착제를 비롯하여 다양한 건축자재와 산업용재료로서 이용되고 있다.

1. 합성수지의 분류

1) 부분 합성품(partial synthetics)

천연수지(natural resin)를 부분적으로 가공한 물질로서 반합성 고무 등을 들 수 있다. 대표적인 합성수지의 성질과 용도를 표 19-1에 정리하였다.

표 19-1. 대표적인 합성수지의 성질과 용도

수 지	화학구조식의 예	내열성	중요한 제품	비 고
[열경화성]				
Phenol	$[-C_6H_3(OH)-CH_2-C_6H_3(OH)-CH_2-]_n$	130℃	냄비, 칼자루	Alkali에 약함
Urea	$-[C(=O)-NH-CH_2-NH-C(=O)-NH]_n-$	100℃	Pot, 주발	산에 약함
Melamine	$[-NH-C_3N_3(NH_2)-NH-CH_2-]_n$	100℃	찬합, cup, 급식용 식판	산, alkali에 약함
Polyester	$-[O-CO-CH_2-CH_2-COO-CH_2-CH_2-O]_n-$	200℃	식탁의 천판	산, alkali에 약함
[열가소성]				
Polyethylene	$-(CH_2-CH_2)_n-$	70～100℃	양동이, 식품 봉지, cup	기름, 비누에 약함
Poly 염화 vinyl	$-(CH_2-CHCl)_n-$	60℃	식품 봉지, 바구니	산에 약함
Poly 염화 vinyl-dene(saran)	$-(CH_2-CCl_2)_n-$	200℃	Sausage의 껍질 주방용 솔	산에 약함
Polyacryl	$-(CH(CN)-CH_2-CH(CN)-CH_2)_n-$	80℃	빵 case, pot	산, 기름에 약함
Polypropylene	$-(CH_2-CH(CH_3)-CH_2-CH(CH_3))_n-$	110℃	양동이, 소쿠리	산에 약함
Polystyrene	$-(CH(C_6H_5)-CH_2)_n-$	70～90℃	화분, cup	유지제품에 약함
Polyurethane	$[-OCO-HN-C_6H_3(CH_3)-NH-COOR-]_n$	150℃	Sponge	산에 약함
Teflon	$-(CF_2-CF_2)_n-$		판, 마개, 기타 부품	화학약품에 강함

2) 완전 합성품(complete synthetics)

(1) 열경화성 수지(thermosetting resin)

한 번 성형하면 다시 용융되지 않는 물질로서, 베크라이트 등이 알려져 있다.

(2) 열가소성 수지(thermoplastic resin)

성형이 이루어진 다음에도 다시 가열하면 부드러워지면서 가공이 가능한 것으로 가소제(plasticizer, 방향족 인화합물)가 첨가되어 있다.

2. 교차결합과 수지의 성질

철근콘크리트 구조와 마찬가지로 대부분의 사슬 사이에 $-CH_2-$, 벤젠 또는 다른 작용기(functional radical)가 섞이면서 그물모양(network)의 복잡한 수지를 형성하는 경우가 있으며, 이 경우에 사슬들을 연결시키는 가교역할의 작용기들에 의해 결합된 상태를 **교차결합**(cross-link)이라고 한다.

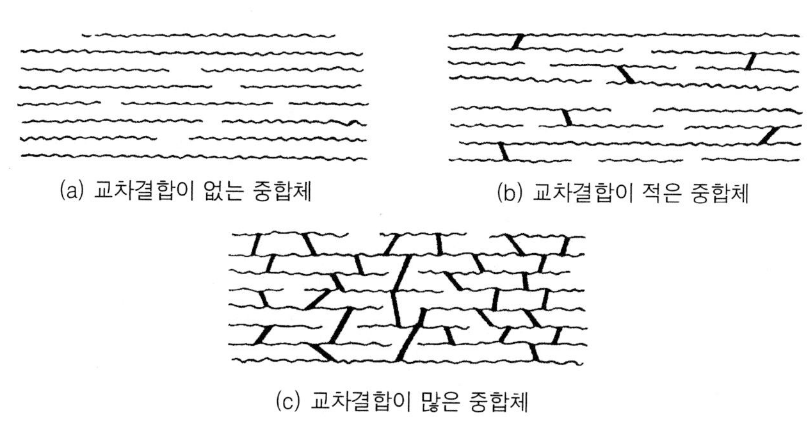

그림 19-1. 교차결합의 주요 형태

교차결합은 완성된 수지의 특성과 밀접한 관계가 있으며, 결합수가 많을수록 수지의 성질이 안정되고 수분의 흡수가 적다. 한편 이온교환수지의 경우는 교차결합이 많을수록 이온교환 능력이 감소된다.

19.2 탄화수소계 합성수지

1. 폴리에틸렌

원료로서 에틸렌이나 아세틸렌 등이 이용되고, 에틸렌은 석유에서 다량이 생산되고 있다. 현재 생산되는 폴리에틸렌(polyethylene)은 생산방법에 따라 고압법 · 중압법 · 저압법으로 나누어지며, 고압법으로 제조한 수지는 저밀도이고 강도가 약하지만, 저압법으로 제조하면 고밀도이고 강도가 높아지는 특성이 있다.

2. 폴리프로필렌과 폴리스티렌

Ziegler 촉매를 이용하여 중합방법으로 제조한 폴리프로필렌(polypropylene)은 투명도가 높고 융점이 175℃ 정도로 높아 다양한 용도를 갖고 있다. 이것은 나일론과 유사한 섬유를 제조할 수도 있으나, 단점은 나일론에 의해서 염색성이 나쁘고 열에 약하다는 점이다.

폴리스티렌(polystylene)은 가격이 싸고, 전기절연성이 우수하며, 투명하면서도 방습성이 좋아 다양한 타일과 도료용으로 이용하고 있다.

$$C_6H_6 + CH_2 = CH_2 \xrightarrow{AlCl_3} C_6H_5-CH_2-CH_3 \tag{19-1}$$

Benzene Ethene Ethylbenzene

$$\xrightarrow[Cat]{열} C_6H_5-CH=CH_2 \xrightarrow{Cat} \left[C_6H_5-\underset{H}{\overset{|}{C}}-CH_2 \right]_n$$

Styrene Polystyrene

19.3 비닐수지

비닐수지(vinyl resin)의 대표적인 제품은 폴리염화비닐(PVC)이고, 원료는 아세틸렌과 에틸렌을 각각 이용한다.

$$CH \equiv CH + HCl \longrightarrow CH_2 = CHCl \tag{19-2}$$

Acetylene Vinyl chloride

$$CH_2 = CH_2 \xrightarrow{Cl_2} CH_2Cl - CH_2Cl \xrightarrow{-HCl} CH_2 = CHCl$$

Ethylene Ethylene dichloride Vinyl chloride

Vinyl chloride를 가압 및 가열시켜 중합하면 중합물질인 PVC를 제조한다. PVC는 가격이 싸고 질겨서 판형, 파이프, 전선피복 등 다양한 용도로 이용되고 있다.

19.4 축합체

에틸렌분자가 차례로 결합하면서 생성된 고분자물질을 중합(polymerization) 또는 중합체(polymer)라고 한다. 한편 이러한 중합과정에서 물분자나 HX 형태의 작은 분자를 중합되는 중합체에서 방출하면서 고분자물질을 형성하는 반응을 **축합**(polycondensation)이라고 한다.

1. 나일론

나일론(nylon)은 adipic acid와 같은 이염기산을 hexamethylene diamine과 같은 diamine을 축합하여 제조한다. 이 방식으로 생성된 polyamide는 각각 탄소 6개의 산과 amine으로 형성되어 있으므로 '**나일론 66**'이라고도 한다.

나일론은 강인하며, 내마모성이 크고, 탄력성도 우수하기 때문에 섬유 용도로 다량이 이용되고, 특수한 용도이지만 금속대용으로서 기계부품으로 이용되기도 한다.

$$\underset{\text{Adipic acid}}{\begin{matrix} COOH \\ | \\ (CH_2)_4 \\ | \\ COOH \end{matrix}} + \underset{\text{Hexamethylene diamine}}{\begin{matrix} NH_2 \\ | \\ (CH_2)_6 \\ | \\ NH_2 \end{matrix}} \longrightarrow \underset{\text{Polyamide(6,6-nylon)}}{\left[\overset{O}{\overset{\|}{C}}-(CH_2)_4-\overset{O}{\overset{\|}{C}}-\overset{H}{\overset{|}{N}}-(CH_2)_6-\overset{H}{\overset{|}{N}} \right]_n} + 2\,H_2O \qquad (19\text{-}3)$$

2. 폴리에스테르

산과 알코올에서 유도된 폴리에스테르(polyester, alkyd)를 흔히 '**알키드 수지**'라고도 한다. 산으로는 이염기산인 프탈산(phthalic acid)을 이용하며, 알코올은 다가 알코올인 글리세린이나 에틸렌글리콜(ethylene glycol)을 사용한다. 폴리에스테르는 접착력이 강하여 도료용으로 다량이 이용된다.

$$\underset{\text{Phthalic acid}}{C_6H_4(COOH)_2} + \underset{\text{Ethyleneglycol}}{\begin{matrix} CH_2-CH_2 \\ | \quad\quad | \\ OH \quad OH \end{matrix}} \xrightarrow{-H_2O}$$

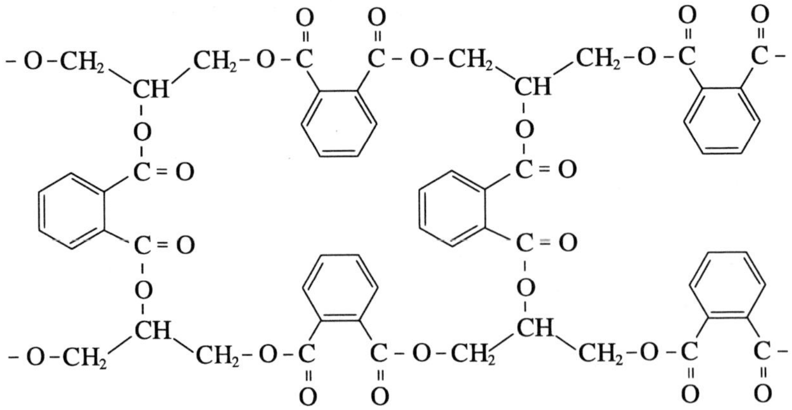

(19-4)

Polyester(일명 glyptal)

3. 요소수지

요소(urea)와 포름알데히드(form aldehyde)를 산성용액에서 축합시켜 제조한다. 요소수지(urea resin)는 내수성이 강하여 합판용 접착제로 이용하고 있다.

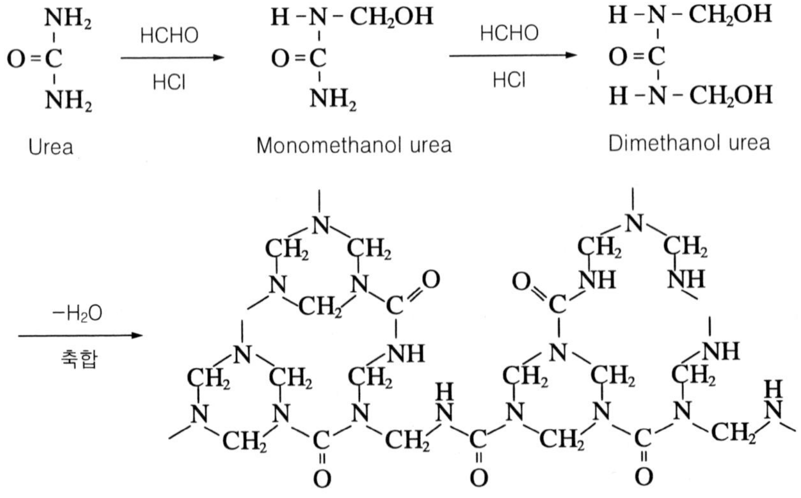

$$O{=}C(NH_2)_2 \xrightarrow[HCl]{HCHO} H{-}N(CH_2OH){-}C({=}O){-}NH_2 \xrightarrow[HCl]{HCHO} HOCH_2{-}NH{-}C({=}O){-}NH{-}CH_2OH$$

Urea　　Monomethanol urea　　Dimethanol urea

$$\xrightarrow[\text{축합}]{-H_2O}$$ (19-5)

Urea-formaldehyde resin

19.5 이온교환수지

페놀계 화합물질과 포름알데히드의 축합물질이 이온교환 능력이 있다는 것이 알려진 이후에 여러 가지 이온교환수지(ion-exchange resin)가 제조되어 경수의 연화 등 이온의 선택적 분리기술이 광범위하게 적용되고 있다.

이온교환수지는 양이온 교환수지와 음이온 교환수지가 있고, 이들은 다시 강산형, 약산형, 강염기형과 약염기형이 있다. 이들은 각각 측쇄에 -COOH, $-SO_3H$, $-NH_2$, $-NR_2$ 등이 존재하며, 이러한 작용기들이 음이온 및 양이온과 결합하게 된다. 예를 들어 측쇄에 $-SO_3H$가 결합된 수지의 충진층에 초산소다(초산나트륨, sodium acetate)용액을 통과시키면 Na는 $-SO_3H$의 H와 교환되면서 충진층의 수지가 $-SO_3Na$상태로 전환되면서 초산소다는 초산으로 전환된다. 이러한 과정에서 수지의 측쇄가 $-SO_3Na$로 전환된 상태를 **'수지의 노화'**라고 하며, HCl용액으로 세척하면 다시 $-SO_3H$로 전환되므로 재사용이 가능하다.

그러나 수지의 제조과정에서 교차결합(cross-link)이 많아지면 이온교환 속도가 느리고, 수지의 단위 중량당 전환 가능한 이온교환 능력이 감소된다.

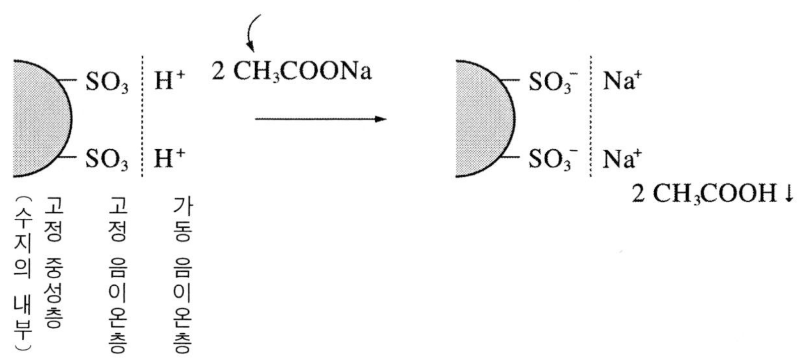

그림 19-2. 이온교환의 원리

찾 아 보 기

ㄱ
가성소다 183, 244, 246, 246, 256
가소제 332, 357
가수분해 115, 214, 340
가수소분해 254, 255
가시독말풀 339
가열분해 183, 187
가재 248
가황고무 318
갈락토오스 238
감응효과 100, 173
강염기 35
개미산 173, 182, 263
개미산 에스테르 158
개미산소다 187
개환식 330
건류 95, 120
건조특성 258
건조현상 258
검은곰팡이 220
검정색 색소 52
검화 258, 260
겨자기름 308
결정성 고체 230
결정성 화합물 163
결합각 28
결합각도 28
결합강도 26
경구투여 217
경납 251
경수 258
계면활성제 270
고급 지방산 122, 179, 272
고농도 주정 120
고리 치환반응 276
고리치환 124
고리형 세스퀴터펜 화합물질 333
고리화합물 56
고무질 239
고분자 탄수화물 244
고약 260
곰팡이 248
공간배열 57
공명 91, 92, 321
공명구조 125, 174
공명체 구조 174
공명현상 100, 101, 266
공명혼성체 76, 91, 92, 315
공비혼합물질 121
공액 2중 결합 223, 334
공액 2중 결합 화합물 76
공액산 35
공여체 36
공유결합 22, 41, 137
공유성 347
공회합 114, 176
과당 237, 239, 242
과즙 325
관능기 37, 231, 329
관용명 93, 155, 184
관용법 112
광선의 진행통로 199
광유 251
광학적 불활성 204, 233
광학적 이성체 205, 211
광학적 활성체 291

광학활성 197, 198
광학활성 염기 206
괴사 34
교차결합 357, 361
구상 단순단백질 297
구성단백질 298
구성당 239, 240, 241
구연산 169
구충제 329
구토제 219
국부마취제 144, 145, 340
궤도 26
귀리 247
균주 개량 288
그리그나드 시약 178, 349
극성 23, 24, 256
극성결합 22
극성용매 115
근육이완제 339
글루코오스 결합 244
글루타르산 184
글루탐산 288
글리세롤 251, 256, 260
글리세리드 252, 258, 259
글리세린 122
글리옥살린 318
글리코겐 244
글리콜 112
금속 마그네슘 147, 349
금속이온 270
급성 호흡기증후군 300
기저상태 30
기하학적 이성체 224
기화 115
길초산 324

ㄴ

나일론 187, 358, 359
나일론 섬유제조 247
나일론의 제조원료 190
나트륨램프 200
냉각제 130
냉매 145
노킹 352
녹색채소 324
녹차 325
농업용 살충제 339
뇨산 323
니코틴아미드 322
니트로 벤젠 274, 275
니트로 화합물 273, 277, 278
니트로셀룰로오스 245
니트로소 아민 268
니트로화 96, 245, 273
니트릴 화합물 262, 263

ㄷ

다가 알코올 111, 121, 229, 359
다당류 229, 237, 242
다발성 신경염 325
다우공법 130
다중결합 65
단당류 229, 230, 236
단량체 74, 115
단백질 216, 296
단백질의 변성 299
단백질의 분류방법 297
단백질의 산도 299
단색광선 200
단순 글리세리드 252, 253
단순단백질 297, 298
단위 단당류 242
단일결합 31, 65, 66
단일공유결합 44
담석 335
담즙 337

당류 201, 231
당류의 환상구조 235
당화효소 120, 242
대각선 구조식 91
대당체 197, 198, 199
대사핵산 299
도열병 351
독가스 144, 306
동녹유 217, 329
동물성 당류 240
동물성 전분 244
동식물 유지 164
동위원소 181, 336
동위치환기 141
동족계열 42, 49, 184
동족체 321
뒤틀림형 56
등전점 292, 299
디메틸아연 349
디아조늄염 268
디아조화 반응 268
디알킬아연 349
디에틸아연 349
디옥시리보핵산 298
디티오카보네이트 308
디페닐아민 271

ㄹ

라세미 혼합물질 204, 205, 206
라세미체 207, 288, 331
라시히 124
라피노오스 241
락카 129
레몬 220
레이온 244, 308
루이스의 정의 35
류마티스성 관절염 338
류시트 223
리그닌 244
리놀렌유 258
리보핵산 295, 298
리시놀산 258
리코펜 334
리포크롬 색소 334

ㅁ

마그네슘 350
마뇨산 294
마르코프니코프의 규칙 80
마르코프니코프의 법칙 72, 139
마이셀 256
마취작용 340
마취제 130
말레인산 190
말초신경 339, 340
말토오스 244
매염염료 281
매염제 219
맥각 336
맥아당 239, 240, 241
맥아당 가수분해효소 240
머스타드가스 306
메소화합물 203
메타놀 162
메타아크릴산 메틸 223
메틸기 45
메틸알코올 113
메틸화시약 144
멜라민수지 355
면섬유 317
명명법 44, 83
모노니트로화 반응 51
모유 240
모체 화합물질 170
목재의 건류액 183
목초액 183

무기부산물 70
무기산 180, 268
무기이온의 미량 정량 270
무기화합물 19
무수 말레인산 190
무수물질 185
무수식초산 246
무수초산 184
물엿 188
미생물의 이성화효소 237
밀기울 315
밀납 251, 260

ㅂ

바닐라유 329
바닐린향료 244
바륨 매염제 282
박하기름 127
박하유 331
반응생성물질 34, 70
반응속도 141
반합성 페니실린 342
발근작용 104
발색단 278
발연질산 273
발진티프스 343
발효방법 183
발효법 288
방부제 145, 331
방선균 326
방수 도료용 248
방향족 고리 93, 147, 308
방향족 니트로 화합물 274, 277
방향족 설폰산 308
방향족 아민 264, 265
방향족 알코올 123
방향족 카르복실산 169
방향족 케톤 165
방향족 탄화수소 273, 308
방향족 할로겐 화합물 96
방향족 화합물 89, 146, 329
배당체 234, 308, 321
배란주기 337
배아유 321
배위결합 265
배위공유결합 22, 25
벤젠 89, 314, 352
벤젠고리 317
벤조인 축합 165
벤조피란 321
변광성 240
변성 296
변성 섬유소 246
변이상태 142
변태체 231
복합단백질 297, 298
복합재료 355
부가 71, 92, 213
부가반응 72, 139, 158
부가시약 71, 80
부껍질 28
부분대당체 203, 205, 206
부신피질 338
부제탄소 197, 211, 335
분극 33
분리정제 293
분별 증류 95, 139
분석화학 188
분자구조 49, 214, 316
분자구조의 안정성 56
분자궤도 79
분자량 114, 355
분할방법 205
불용성 물질 258
불용성 염 188
불포화 알코올 330

불포화 탄화수소 65, 70, 85
불포화결합 66, 222, 313
불포화도 258, 259
불포화산 213, 216, 222
불포화지방산 222, 252
불화수소 26
불활성 액체 130
브롬화반응 50
비가역적인 변화 300
비검화물질 335
비결합성 공명 102
비공유 전자쌍 25, 158, 266
비극성 256
비누 52, 179, 256
비닐수지 358
비대칭 관계 202
비대칭구조 197
비대칭탄소 198
비등점 47, 79
비스코스방법 246
비쌍전자 29
비중 47, 120
비타민 A 334
비타민 B 322
비타민 C 238, 325
비타민 E 321
비타민 H 324
비타민 M 324
비환원당 239
빙초산 184

ㅅ

사과산 169, 188, 219
사슬이성체 66
사탕무 218, 240
사탕수수 240, 242
사향 277
산 아미드 181
산 유도체 213
산 할로겐 화합물 294
산무수물 213, 294
산성 주석산 칼륨 219
산염화물 306
산의 강도 36
산토닌 333
산패취 255
산화반응 70, 247
산화에틸렌 271
산화와 중합 258
산화제 49, 119
산화환원 299, 322
살균작용 270
살균제 126, 163, 308
살리실산 217
살충제 148, 271, 308
생리대사 313
생명현상 296
생물세포 296
생체 에너지대사 299
석출 232
석탄산 123
석회 182
석회염 187
선광 199
선광계 199, 230
선광도 199
선광의 각도 200
선상결합 243
설폰산 306, 308, 309
섬유상 단순단백질 297
섬유소 244, 245, 248
섬유소 분해균 245
성장촉진 호르몬 149
성장호르몬 344
성호르몬 335
세척작용 270

세포분열 299, 327
셀로비오스 241
소다 182
소당류 229
소화기장애 325
소화효소 245
속도론적 해석 142
솔잎 331
쇄상이성체 197
수도관 81
수산 183
수산기 112, 214, 278
수산기 치환산 214, 216, 218
수산소다 187
수산화 알칼리 187
수산화나트륨 265, 269
수산화칼륨 259
수산화칼슘 188
수소결합 25, 126, 175
수소첨가 70, 254
수용능력 266
수용성 비타민 325, 326
수용성 착염 270
수용체 36
수은화합물질 351
수지 162
수지의 노화 361
숙취작용 물질 121
순수공유결합 22
스테로이드 335, 337
스테롤 335
스테아린 254
스티그마스테롤 336
스틸베스테롤 337
승화 103
승화법 332
시니그린 308
시안산 암모늄 19
시안화 수소 159, 262
시트랄 330
식물성 기름 254
식물성 다당류 238
식물성 섬유 187, 244
식물성 염기 338
식물성 전분 244
식물성 지방 251
식물유 254
식물의 고무질 239
식물의 성장호르몬 317
식물호르몬 344
식용지방의 합성 177
식초산 163, 183, 246
식초산 섬유 246
식품용 방부제 163
식품첨가물 268
신경계 270
쌍극 347

ㅇ

아네톨 130
아뉴린 325
아닐린 271, 276
아닐린의 검사 271
아디픽산 189
아릴이소티오시안 화합물 308
아마인기름 258
아마인유 258
아미노기 278, 287, 291
아미노산 207, 287, 317
아미노산의 등전점 292
아미노산의 총량 293
아미노알칸산 287
아민화합물 268
아세틸렌 358
아세틸소다 347
아스피린 217

아졸 318
아질산 267
아질산 에스테르 273
아크릴산 223
아트로핀 339, 340
아편 340
아황산가스 182
아황산소다 244
아황산염 306
안드로스테론 337
안식향산 170
안정한 중간체 76
안정화 56, 92
안토시아니딘 321
안토시안 321
알긴산 248
알데히드 116, 229, 288
알데히드 검출시약 232
알데히드기 229, 235, 239
알데히드나 케톤의 분석 162
알루미늄 매염제 282
알리자린 281
알칸 49
알칸산 175, 176
알칼로이드 313, 338, 339
알코올레이트 347
알키드 수지 359
알킬 작용기 112
알킬기 46, 211, 304
알킬기의 유도효과 265
알킬마그네슘 할라이드 350
알킬수지 355
알킬유도체 262
알킬화 반응 99
암모늄 이온형성 266
암모니아 분해 147
암모니아성 질산은 용액 232
암피실린 342
양극성 이온물질 292
양성기 292
양성세제 270
양성화합물 292
양이온 교환수지 361
양이온 전위 71
양자역학 이론 92
양전하 71, 117
양조부산물 183
양조주 183
양하전 76
양하전시약 71
에너지 방출과정 29
에스테르의 생성수율 180
에스테르화 반응과정 181
에스트론 337
에타놀아민 271
에틸기 46
에틸렌분자 359
여기상태 29
여포호르몬 337, 338
역성비누 270
연무질 145
열매체 130
열역학적 에너지 43
열전달용 매체 130
염기 35
염기성 물질 338
염기성 아미노산 299
염기의 세기 35
염료 103, 275
염석 300
염소 치환체 146
염소가스 277
염소화반응 50
염화 제2수은 351
염화비닐 80
염화비닐 중합체 80

염화설폰산 308
염화수소 234
염화시아니딘 321
염화은 270
염화초산 218
엽록소 313, 316, 333
엽산 324
오동나무 기름 258
옥탄가 53
올레핀 223
왁스 115, 251
외각궤도 350
요소수지 360
요오드가 258, 259
요오드반응 243
요오드화 알킬아연 348
요오드화반응 50
요오드화아연 349
용뇌 332
용해도 79
원자단 57, 127, 170, 213
원자단의 거리 198
위치이성체 66, 197
유게놀 130
유기금속 화합물 347
유기마그네슘 화합물질 349
유기산 115, 211, 216
유기수은 화합물질 351
유기시안화합물 178
유기알루미늄화합물 352
유기용매 114, 244
유기질소 화합물 261
유기화합물의 결합방법 22
유기황화합물 303
유당 204, 218
유도효과 141, 142, 213
유리기반응 50, 74, 255
유리쌍 270
유리전자쌍 313
유리지방산 257, 259, 260
유리탄소(매연) 52
유산균발효 218
유성도료 258
유전핵산 299
유지분자 255
유지의 건조 258
유지의 경화 254
유지의 산패 255
유지의 자동산화 256
유탁화 257
유화작용 337
육두구 329
율속단계 141
은경반응 232
음이온 교환수지 361
음이온 부위 71
음하전시약 71, 158
이노신산 295
이뇨제 163
이눌린 248
이당류 239
이미다졸 318
이성체 71, 263, 334
이소니트릴 생성반응 263
이소프렌 구조 334
이소프렌 단위 330, 334
이온결합 22
이온교환 능력 357
이온교환수지 288, 360
이온화과정 141
이온화상수 172, 184
이종 환상화합물 313, 338
이종원자 313, 315, 317
이종환상 화합물질 247
이황화탄산화합물 307
이황화탄소 246, 307

인공피부 187
인돌-3-초산 317
인조견사 187
인조버터 254
인조사향 277
인조섬유 308
일산화탄소 52, 183
입체이성질체 57
입체적 배치방식 235
입체적 장해 266
입체화학 반응식 201

ㅈ

자기부가 반응 159
자기촉매작용 255
자동산화과정 255
자연돌연변이 300
작용기 83, 304, 357
저극성 유기용매 251
저급 아민 265
저급 알코올 114, 119
저분자물질 355
저장성 탄수화물 242
저장전분 244
전기음성도 24, 37, 173, 175
전분 236, 237, 240, 242
전분-요오드반응 243
전분질 120, 188
전위 274
전자결핍 상태 101, 274
전자공여체 21, 118
전자구름 314
전자궤도 21, 34
전자밀도 23, 71, 274
전자배열 20, 30
전자분포 27, 91
전자설 76
전자수 33
전자수용체 21
전자쌍 21, 66, 68
전자운 27
전자의 배치 91
전자이동 76
전착제 244
전화당 239
전화치환 141, 142
절대배치 200
점성 244
점조제 248
접촉수소화 73
정성반응 263
정유 329
정전기적 반발 29
정전기적 인력 22
정준구조식 91
정향유 329
제1 알코올 216
제2 알코올 216
제초제 149
조색단 278
조성 37
조효소 322
종자유 321
좌선성 200, 291, 332
주기율표 37, 303
주석 219
주석산 169, 219
주정 120, 144, 163
주정발효 221
중간 생성물질 220
중성자 20
중심형 구조식 91
중합물질 359
중합반응 70, 161, 315
중합체 359, 80
증류 78, 144, 266

증류법 329
지방산 52, 169, 251
지방산 에스테르 116
지방산의 R기 252
지방족 alcohol 125
지방족 니트로 화합물 274
지방족 아민 263, 265
지방족 아연 화합물 348
지방족 유기화학물질 329
지방족 카르복실산 169
지방족 케톤 165
지방족 탄화수소 146, 251
지질 251
지향성 99, 100, 182
직쇄형 사슬 305
직쇄형 탄화수소 53, 85
직쇄형 포화 탄화수소 83
진동이론 90
진해 341
질산 245
질산 에스테르 273
질소화합물 261

ㅊ

착염 270
천연 방향족 화합물 130
천연 솜 245
천연 아미노산 319
천연 장뇌 332
천연 페니실린 342
천연고무 77
천연고분자물질 355
천연단백질 291
천연물감 281
천연수지 355, 356
천연유지 252, 253
천연지방 169
초공액 102
초산 제2수은 352
초산나트륨 361
촉매 68, 178, 255
촉매활성 204
촉진제 318
최루가스 277
최루성 가스 145
최면작용 341
최소 비등점 121
최외각 20, 36
최외각 껍질 65
최외각 전자궤도 34
추출 정량 129
축합 98, 126, 359
축합물질 165, 360
축합환 320
충진제 244
충진층 361
측쇄 83, 146, 361
측쇄형 탄화수소 53
치환 45, 111, 204
치환과정 95
치환기 93, 211, 313
치환반응 95, 139, 315
치환산 204, 211
친수성 114, 256
친유성 256
친전자 치환반응 95
친전자성 물질 101
친전자성 반응 118
친전자시약 71, 95, 158, 274
친핵반응 71
친핵성 반응 118
친핵성 시약 118
친핵시약 71, 158
친화력 49, 68

ㅋ

카로테노이드 334
카로텐 334
카르보닐 화합물 117
카르보닐기 155, 181, 230
카르보닐화합물 155, 256
카르복실기 169, 213, 217, 287
카르복실산 169, 171, 351
카르비놀법 112
카바크롤 127
카이네틴 327
카페인 323, 341
칼슘계 매염제 282
캄파 332
캡사이신 341
케톤 116, 226, 349
케톤기 229, 239
케톤류 256
케톤산 216, 220, 221
코데인 341
코로나 바이러스 300
코카나무 340
코카인 340
코크스 95
코티손 338
코팅용 피막 187
콜레스테롤 335
콜로이드 296
콜로이드상태 298
콜타르 89, 321, 323
콩기름 258
콩의 껍질 247
크래킹 52
크레졸 126
크로톤산 223
크롬산 아연 255
크산텐 염료 280
크산텐고리 280
크산트화 섬유 246
크산트화물 246
크산틴산 245
크실란 239, 247
크실로오스 239
클로랄 277
클로람페니콜 343
클로로포름 144
클로르벤젠 276
클로버기름 130
키다리병균 345

ㅌ

탄소 환상화합물 313
탄소-금속결합 347
탄소결합 49
탄소동화작용 242
탄소번호 170
탄소사슬 223
탄소수 165
탄소원자 55, 67, 211
탄소의 결합방식 37
탄소의 수화물 229
탄소직쇄 83
탄수화물 229, 296
탄수화물대사 322
탄수화물의 단위 229
탄화수소 41, 163, 350
탈수 에테르결합 242
탈수반응 68, 185, 216
탈수소반응 49
탈수시약 68
탈수제 139
탈탄산 182, 319
탈탄산반응 322
탈할로겐화 213
터펜류 329, 330, 332
터펜틴 333
테라마이신 343

테스토스테론 337
테트라사이클린 344
테트라에틸납 352
토양 소독제 277
토주석 219
토코페롤 321
톨루엔 276
투명 플라스틱 223
트로핀 340
트로핀알칼로이드 340
트리에틸알루미늄 353
티몰 127
티아민 325
티오알코올 304
티오에테르 306
티오펜 313

ㅍ

파라핀 49
파라핀계 65
파라핀계 탄화수소 54
팽창제 219
페노디아진 271
페놀 123
페놀계 화합물질 360
페놀레이트 125
페놀산 217
페놀수지 355
페놀프탈레인 280
페니실린 318, 342
펙틴 247
펩티드 이론 297
펩티드결합 296
편광의 회전 199
편도유 329
평균 분자량 300
평면구조 313
평면방식 236
평면사슬형 구조식 235
평면편광 197, 199
평판형 결정 103
평형식 172
포도당 120, 231, 308
포도당 결합체 245
포도주 발효과정 219
포름알데히드 162
포스겐 144
포화 알코올 255
포화 탄화수소 41, 70, 83, 128, 260
폭발성 오존화합물 73
폴리스티렌 355, 358
폴리에스테르 359
폴리에틸렌 355, 358
폴리엔 색소 334
폴리염화비닐 355, 358
폴리펩티드 296
폴리프로필렌 358
폴리히드록시 알데히드 229
폴리히드록시 케톤 229
표면장력 257
표백분 144, 271, 277
푸른곰팡이 342
푸말산 190
퓨란 313, 314
프로게스테론 337
프로피온산 204
프탈산 280, 359
프토마인 272
플라스틱 247, 355
플랙시글라스 223
피각 248
피롤 313
피리미딘환 323
피마자기름 258
피페린 341
필름 246

필수 아미노산 295

ㅎ

하전량 20
한계구조식 91, 92
한천 238
할로겐산 212, 213
할로겐원소 137
할로겐화 반응 49
할로겐화 아실 180
할로겐화 호박산 190
할로알칸 137, 146, 306
합성가죽 187
합성버터 254
합성섬유 99, 186, 355
합성세제 255
합성수지 355, 356
합판용 접착제 360
항빈혈성인자 324
항생물질 341, 342, 343
항지루성 피부염 325
해양광산 126
해조류 237, 248
핵단백질 300
핵산 239, 298, 313
핵치환 147, 269
향고래 머리 260
향미성분 312
헤모글로빈 313
헤민 316
헤테로고리화합물 338
헥소스 239
혈압 강하작용 270
혈압 강하제 270, 319
호르몬 337
호맥 247
호박산 185, 189, 225
호박산 무수물 189
호변이성체 197, 222
호정 244
혼성궤도 28
혼합 글리세리드 252, 253
혼합조미료 295
화장품 260
화재진압용 소화제 145
화학반응 51, 117, 254
화학시약 49
화학적인 합성방법 183
환상 삼중체 161
환상구조 235, 314
환상알코올 335
환상화합물 313
환원 49, 165, 274
환원 중간체 275
환원능력 165, 183
환원당 232, 239
환원성 160, 232, 325
활성수소 350
활성수소 정량법 350
황결합체 304
황색곰팡이 320
황체호르몬 337
황화수소 알칼리 305
황화알칼리 306
황화합물 303
회합 114, 175
회향기름 127
효모 120, 238, 335
효모 발효성 238
효소-기질의 관계 197
효소단백질 300
효소반응 197
효소활성 300
후추 341
훈연제 144, 145
훈제효과 268

훈증제 277
흡습성 122
히드록시 치환산 216
히드록시산 201, 214, 221

Index

A

acetic acid 163
acetone 246
acetylcholine 270
acetylene 65
acid amide 181
active hydrogen 350
acylhalide 349
adenine 323
adenosine diphosphate 299
adenosine triphosphate 299
adipic acid 316, 359
ADP 299
adrenal cortex 338
aerosol 145
agar 238
$AgCl_2$ 270
AIDS 300
alcoholate 347
aldohexose 230
aldose 229, 232
aldrin 148
aliphatic amine 264
aliphatic carboxylic acid 169
aliphatic organozinc compound 348
alizarin 281
alkalinity 35, 265, 299
alkaloid 313
alkane 49, 83, 262
alkanoic acid 175
alkene 65, 352
alkyl cyanide 262
alkyl iodide 349
alkyl isothiocyanate 308
alkyl radical 85
alkyl sulfide 306
alkylating agent 140
alkylmagnesium halide 350
alkylmagnesium halide(RMgX) 117
alkylzinc iodide 348
amide 297
amine 261, 262
Amine 265, 267
amine 278, 359
amino alkanoic acid 287
ammonia water 244
ammonium cyanate 19
ammonium salt 181
ammonium sulfate 300
amylopectin 243, 244
amylose 243, 244
androsterone 337
anethole 130
aneurin 325
aniline 266
anionoid reagent 71, 158
anomer 231
anthocyanidin 321
antimycin A 344
arabinose 239, 247
aromatic alcohol 123
aromatic amine 264
aromatic carboxylic acid 169
aromatic group 155
aromatic sulfonic acid 308
aromaticity 313

ascorbic acid 238
Aspergillus niger 220
Aspergillus oryzae 320
aspirin 217
asymmetric carbon 198
ATP 299
auto-oxidation 255
auxin A 344
auxin B 344
auxochrome 278
azeotropic mixture 120
azo 280

B

*Bacillus*속 288
baking powder 219
benzene 89, 123
benzoin condensation 165
benzopyran 321
benzoyl chloride 294
BHC 148
bicyclic terpenes 332
bimolecular reaction 142
biotin 324
blasticidin 344
boat form 56
borneol 332
branched chain 19
bromination 50
brucine 206

C

$Ca(OH)_2$ 188
caffeine 323, 341
calcium mordant 282
canonical structure 91
carbinol 112
carbohydrate 229
carbon black 52
carbon disulfate 246
carboxylic acid 160, 169, 351
carbo-metal linkage 347
cationic detergent 270
cationoid reagent 71
cellophane 246
cellulose 241
chain isomer 66, 197
chair form 56
chelate 126
chiral 202
chiral carbon 198
chiral center 202
chiral object 197
chloral 277
chloramphenicol 343
chloroacetic acid 218
cholesterol 335
cholic acid 337
choline 270
Cinnamomum camphora 332
cis-trans 이성질체 57
cis-trans 이성체 224
cis형 190, 224
citric acid 169
citronella 330
cocaine 316, 340
coenzyme 322
cokes 95
colloid 243, 296
complex 270
condensed ring 320
conjugated acid 35
conjugated base 35
cracking 52, 69, 79
cresol 126

cross-link 357, 361
CRS 295
crude terpentine 332
cryptoxanthin 334
cyanide 262
cyanidin chloride 321
cyano 262
cyanohydrin 288
cyclic compound 313
cycloparaffin 331
cyclopentane 335
cymene 331
cytosine 323

D

dehydrogenation 49, 69
deoxyribonucleic acid 299
destructive distillation 95
detergent 270
dextrine 244
dextro 201
dextrorotatory 200
dialkyl zinc 348
diamide 185
diamine 359
diazonium 282
diazonium salt 268
diazotization 268
dicarboxylic acid 169
dieldrin 148
Diels-Alder 94
diethylzinc 349
dihydric alcohol 111
dihydroxy acid 214
dimer 114, 175
dimethylpyridine 321
dimethylzinc 349
dipentene 331
diphenylhydrazone 233
dipole 347
directing 100
disaccharides 229
disulfide bridge 304
dithiocarbonate 307
DNA 298, 323
donor 36
Dow process 130
dry ice 178
D-fructose 233, 248
D-galactose 240
D-glucose 233, 234, 240
d-limonene 331
D-mannose 233, 234
D-ribose 234

E

electron acceptor 21
electron cloud 27, 314
electron donor 21
electron pair 21
electron releasing property 71
electrophilic reaction 71
electrophilic reagent 71, 274
electrophilic substitution 95
electrostatic force 22
enantiomer 198
enediol 235
ephedrine 341
epimer 234
epimerization 234
ergosterol 336
estrone 337
ethylene glycol 359
ethylene oxide 271, 313
ethylformate 158
eugenol 130

excited state 29
explosive ozonide 73

F

fat 252
fatty acid 52, 169, 251
Fehling 반응 234
Fehling 시약 160, 239
Fehling 용액 165, 232
fibrous protein 297
flavone 321
flavor 309
flexiglass 223
form aldehyde 360
formalin 162
formic acid 263
free electron pair 313
free radical 33
free radical reaction 50, 74, 255
freon-12 145
Friedel-Crafts 반응 105
fumaric acid 219
fumigator 277
functional radical 357
furan 313, 315
furane 236
furanose 236, 237
furfural 247, 315
fusel oil 121, 200

G

galactan 238
galactose 238
galacturonic acid 247
gallstone 335
gas chromatography 207
Gatterman의 합성방법 164
GC 207
geometric isomer 224
geometrical isomer 66
geraniol 330
Gibberella fujikuroi 345
globular protein 297
glucose-α-glucoside 구조 241
glucose-β-glucoside 구조 241
glucoside 308
glutamic acid 288, 295, 299
glutaric acid 184, 185
glycerol 251
glycine 291, 293, 296
glycogen 218, 242
glycol 112
glyoxaline 318
grenz structure 91
Grignard 반응 117
Grignard 시약 117, 263, 349
ground state 30
growth factor 324
growth hormone 344
guanine 323
gum 242

H

haloalkane 349
haloform반응 160
halogen 54
halogenated acyl 180
halogenation 50
hardening 254
Haworth 방식 236
HCN 159, 262
hemiacetal 231, 234
hemin 316
hemoglobin 313, 316
hetero atom 313

heterocyclic compound 247, 313, 338
hexachlorocyclohexane 148
hexamethylene diamine 316, 359
hexosan 247
hexose 229, 239, 325
HF 24
HgCl2 259
Hinsberg 반응 269
hippuric acid 294
histidine 319
homocyclic compound 313
hydrocarbon 41
hydrogen bond 175
hydroxy acid 201
hydroxyalkanoic acid 214

I

imide 185
imide기 186
indole-3-acetic acid 317
inductive effect 100, 141
inner most shell 20
inorganic acid 268
inorganic byproduct 70
inorganic compound 19
inosinic acid 295
intermediate 34, 159, 275
inter-molecular hemiacetal 235
inulin 237, 242
inversion 141, 142, 274
invert soap 270
invert sugar 239
invertation 240
iodation 50
iodine 243
isomer 197
isomerase 237
isoprene 329
isoprene unit 330
isoquinoline 323
IUPAC 44
IUPAC 명명법 44, 138, 304
IUPAC 방법 83, 127, 155
IUPAC명 184
IUPAC법 112, 170

K

Ka 172
Kekule 구조식 92
ketone 155, 156, 165
ketonic acid 216
ketose 229, 234, 237
Kiliani반응 232
knocking 352
KOH 259
kojic acid 320
Kolbe법 112

L

lactide 216
lactol 235
lactone 216, 313
lactone구조 325
lactose 204, 218
lauryltrimethyl ammonium chloride 270
lavender 330
LC 206
levo 201
levorotatory 200
lignin 120, 244
lignocellulose 244
linear bond 243
linear chain structure 235

linolenic acid 258
linoleum 333
linseed oil 258
lipid 251
lipochrome pigment 334
liquid chromatography 206
liquid column chromatography 244
low-molecular compound 355
lucite 223
lutidine 321
lysine 288
L-glyceraldehyde 291

M

malic acid 188, 219
malt 240
maltase 240
mandarine 330
mannan 237
Markownikoff의 법칙 139, 213
matrix 244
mercaptan 304, 306
meso compound 203
meta 위치 182, 274
meta 이성체 100
meta 지향성 100
methyl amine 270
methyl metacrylate 223
methylene group 43
methylglucoside 234
micelle 256
mineral oil 251
mixed ether 127
mixed glyceride 252
modified cellulose 246
molecular orbital 79
monocarboxylic acid 169
monohydric alcohol 111
monohydroxy acid 214
monomer 74, 115
mother compound 170
mother structure 236
mustard gas 306
mutarotation 231
mycosterol 335
myricyl cerotate 260
myricyl palmitate 260

N

Na_2SO_4 244
NaOH 183, 244, 265
naphthacene nucleus 343
natural resin 356
network 357
neutron 20
nicotine 316
nitrate 화합물 261
nitration 96, 125, 245
nitrile 261, 262
nitrosoamine 268, 273
nocking 53
non-bond resonance 102
non-covalent electron pair 266
non-reducing sugar 239
nucleic acid 313
nucleophilic 141
nucleophilic reaction 71
nucleophilic reagent 71
nucleophilic substitution 141
nylon 187, 316

O

octane number 53
octet theory 20
oil 252

oil of wintergreen 217
oil paint 258
oil soluble 334
olefin 223
olefin계열 65
olein 254
oleoresin 332, 333
oleyl alcohol 255
oligosaccharide 237
oligosaccharides 229
open chain 330
optical isomer 197, 211
orbital 26
organic chemistry 19
organic compound 19
ortho 100, 274
ortho 이성체 217
ortho 치환체 125
osazone 232, 233, 234
osazon구조 233
outer most shell 20
oxalic acid 187
oxime 274
oxygen effect 72
ozonolysis 73

P

papaverine 340
para 위치 274
para 이성체 100
para 지향성 100
para 치환체 125
paraffin 49
paralactic acid 218
partial synthetics 356
Pauli의 법칙 32
PE 74
pectic acid 247
pectin 242
Penicillium chrysogenum 342
Penicillium notatum 342
pentosan 239, 247
pentose 229, 315
peptide 296
peptide bond 296
phenanthrene 고리 335
phenol 123, 282
phenol furfural 수지 316
phenol 수지 126
phenolate 125
phenolic acid 217
phenol의 검출 126
phenol의 지향성 125
phenylhydrazine 162
phenylmercury acetate 351
phenyl기 264
pheophytin 316
phosgen 144
phthalic acid 359
physiological metabolism 313
phytosterol 335
picric acid 145
piperine 341
plasticizer 332
PMA 351
polar molecule 26
polar solvent 115
polyamide 186, 359
polyene pigment 334
polyhydric alcohol 111
polyhydroxy aldehyde 229
polyhydroxy ketone 229
polymer 74
polymerization 74
polypeptide 296
polypeptide 결합 187

polysaccharide 237
polysaccharides 229
polyvinyl chloride, PVC 81, 355
position isomer 197
primary alcohol 111
primary amine 264
propionic acid 204
proton 20, 235, 321
ptomine 272
purine 319
PVC 355, 358
pyrane 236
pyranose 236, 237
pyridine 321
pyridoxamine 322
pyridoxine 322
pyrimidine ring 323
pyrimidine 핵 325
pyrone환 320
pyrrole 313, 315, 316
pyrrole 유도체 316
pyruvic acid 221
pyrylium salt 320
p-nitroso 269

R

racemic body 288
racemic mixture 204
raffinose 241
rate controlling step 141
rayon 246, 308
recerpine 341
reducing sugar 239
resin 162
resonance 91
resonance hybrid 76, 315
resonance structure 91
retention 141
ribose 239
ricinoleic acid 258
ring 19, 55, 313
ring structure 235, 314
ring substitution 276
RNA, ribonucleic acid 298

S

salicylic acid 217
salt 22
santonin 333
saponification number 258
sarcolactic acid 218
SARS 300
Schweizer 시약 244
secondary alcohol 111
secondary amine 264
securine 341
self-addition 반응 159
sesqui 332
sesquiterpene 332
SE반응 95
shell 20
Shiff 시약 165
side chain 83, 95, 243
silver mirror reaction 232
simple ether 127
simple glyceride 252
sinigrin 308
sizing agent 333
sodium acetate 361
sodium acetylide 347
sodium cellulose 246
sodium D선 200
sodium glutamate 295
stereo isomer 57, 197
steroid 251, 335
sterol 260, 335

stigmasterol 336
stilbesterol 337
Streptomyces aureofaciens 343
Streptomyces griceus 326, 342
Streptomyces rimosus 343
*Streptomyces*속 343
strychnine 206
suborbital 28
substituted acid 211
succinic acid 189
succinic anhydride 189
succinimide 313
sugar unit 242
sulfonation 96
sulfone 307
sulfonic acid 306
sulfoxide 307

T

tataric acid 169
tautomer 197, 274
tautomeric isomer 222
terpene 251, 329, 329
tertiary alcohol 111
tertiary amine 264
tetracyclin 344
tetramer 163
tetra-ethyl lead 347, 352
thebaine 340
thiamine 325
thiazole ring 318
thiazole 핵 325
thio 화합물 303
thioacetal 305
thioester 305
thiol 304, 305
thiopene 313, 315
thymine 323
Tollens 시약 160, 165
Tollens' reagent 232
trans 57
transition state 142
trans형 190, 224
trichloroacetaldehyde 277
triethylaluminium 352
triglyceride 252
trihydric alcohol 111
trimer 114, 163
trimethylpyridine 321
triterpene 330
tropine alkaloid 340
tryptophan 317
twist form 56

U

unpaired electron 29
unsaturated bond 222
unsaturated fatty acid 222
unsaturated hydrocarbon 65
unshared electron pair 25
uracil 323
urea 324, 360
uric acid 323
urotropine 163

V

valence electron 20
valeric acid 324
vanish 333
vinyl chloride 80
viscose 246
viscose rayon 246
volatile acid 176, 316

W

wax상태 175
Williamson의 합성법 130
Wurtz 반응 96
Wurtz-Fittig 반응 98

X

xanthate 246, 307
xanthene dye 280
xylan 239, 247
xylose 239, 247

Z

zeaxanthin 334
zein 299
Zerewitinoff 350
Ziegler 촉매 358
zinc chromate 255
zinc iodide 349
zingiberene 333
zoosterol 335

α

α 불포화산 216
α 케톤산 221
α 히드록시 치환산 216
α 히드록시산 214
α, β 불포화산 216
α, β, γ 케톤산 220
α-amino acid 287
α-1,4 결합 243
α-1,6 결합 243
α-tocopherol 321
α 수소원자 204
α 아미노산 287, 291
α 위치 103, 146, 315
α 탄소 159, 212, 291
α 할로겐 치환산 204
α 할로겐산 213

β

β 카로텐 334
β 히드록시 치환산 216
β 히드록시산 214
β-amino acid 287
β-1,4결합 248
β-D-mannuronic acid 248
β-glucoside 결합 245
β-naphthyl acetic acid or acetate, NAA 104
β-나프틸초산 104
β-시토스테롤 336
β-아미노산 287
β 결합 245
β 위치 103, 213, 315
β 탄소 213, 214
β 형 glucoside 245

γ

γ-amino acid 287
γ-BHC 148
γ-pyrone 320
γ-아미노산 287
γ 위치 212, 287

π

π 결합 32, 79, 91
π 전자 33, 101, 321

σ

σ 결합 31, 78
σ 전자 101
σ 전자쌍 102

기타

1,2 부가반응 76
1,4 부가반응 76
1가 알코올 111
1급 니트로 화합물 274
1급 아민 263, 265, 274
1급 알코올 111, 156, 159
1급 탄소 111
1량체 115
일염기산 169
2-Mercaptobenzothiazole 318
2가 알코올 111
2급 264, 266, 267
2급 니트로 화합물 274
2급 아민 263, 265
2급 알코올 111, 156, 159
2급 탄소 111
2량체 114, 175
2분자 반응 142
이염기산 169, 184, 359
2중 결합 31, 84, 259
2중 결합의 위치 73
2중 고리 330
2중결합 190, 213, 214
3가 알코올 111
3급 266, 267
3급 니트로 화합물 274
3급 아민 264, 265, 269
3급 알코올 111, 120, 139
3급 탄소 111
3대 영양소 251, 296
3량체 114
삼염기산 169
3중 결합 31, 78, 85
3차 구조 299
4급 암모늄염 266, 270
4량체 163
5원환 236
5원환 화합물 313, 315
6원환 화합물 315

중요한 유기화합물의 종류

	알 칸 Alkane	알 켄 Alkene	알 킨 Alkyne	아 렌 Arene	할로알칸 Haloalkane	알코올 Alcohol
일반식	RH	$RCH=CH_2$ $RCH=CHR$ $R_2C=CHR$ $R_2C=CR_2$	$RC\equiv CH$ $RC\equiv CR$	ArH	RX	ROH
작용기	C－H C－C	$\gt C=C \lt$	$-C\equiv C-$	방향족 고 리	$-\overset{\vert}{\underset{\vert}{C}}-X$	$-\overset{\vert}{\underset{\vert}{C}}-OH$
화합물 예	CH_1CH_3	$CH_2=CH_2$	$HC\equiv CH$	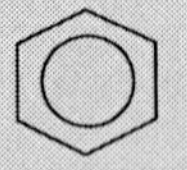	CH_3CH_2Cl	CH_3CH_2OH
IUPAC 명	에탄 Ethane	에텐 Ethene	에틴 Ethyne	벤젠 Benzene	콜로로에탄 Chloro- ethane	에탄올 Ethanol
관용명	에탄 Ethane	에틸렌 Ethylene	아세틸렌 Acetylene	벤젠 Benzene	염화에틸 Ethyl chloride	에틸알코올 Ethyl alcohol

에테르 Ether	아 민 Amine	알데히드 Aldehyde	케 톤 Ketone	유기산 Carboxylic acid	에스테르 Ester	아미드 Amide
ROR	RNH_2 R_2NH R_3N	$R\overset{O}{\overset{\|}{C}}H$	$R\overset{O}{\overset{\|}{C}}R$	$R\overset{O}{\overset{\|}{C}}OH$	$R\overset{O}{\overset{\|}{C}}OR$	$R\overset{O}{\overset{\|}{C}}NH_2$ $R\overset{O}{\overset{\|}{C}}NHR$ $R\overset{O}{\overset{\|}{C}}NR_2$
$-\overset{\|}{\underset{\|}{C}}-O-\overset{\|}{\underset{\|}{C}}-$	$-\overset{\|}{\underset{\|}{C}}-\underset{\|}{N}-$	$-\overset{O}{\overset{\|}{C}}-H$	$-\overset{\|}{\underset{\|}{C}}-\overset{O}{\overset{\|}{\underset{\|}{C}}}-\overset{\|}{\underset{\|}{C}}-$	$-\overset{O}{\overset{\|}{C}}-OH$	$-\overset{O}{\overset{\|}{C}}-\underset{\|}{O}-C-$	$-\overset{O}{\overset{\|}{C}}-\underset{\|}{N}-$
CH_3OCH_3	CH_3NH_2	$CH_3\overset{O}{\overset{\|}{C}}H$	$CH_3\overset{O}{\overset{\|}{C}}CH$	$CH_3\overset{O}{\overset{\|}{C}}OH$	$CH_3\overset{O}{\overset{\|}{C}}OCH_3$	$CH_3\overset{O}{\overset{\|}{C}}NH_2$
메톡시메탄 Methoxy-methane	메탄아민 Methan-amine	에탄알 Ethanal	프로판온 Propanone	에탄산 Ethanoic acid	에탄산메틸 Methyl ethanoate	에탄아미드 Ethanamide
디메틸에테르 Dimethyl ether	메틸아민 Methyl-amine	아세트 알데히드 Acet-aldehyde	아세톤 Acetone	아세트산 Acetic acid	아세트산메틸 Methyl acetate	아세트아미드 Acetamide

저자 약력

- 건국대학교 미생물공학과 졸업(공학석사)
- 영국 UMIST 졸업(공학석사)
- 영국 Univ. of Strathclyde 졸업(공학석사)
- 한국과학기술원 선임연구원(1992년)
- ㈜서도화학 선임연구원(1994년)
- 현재 우석대학교 식품생명공학과 교수

쉬운 유기화학

2022년 4월 1일 재판 인쇄
2022년 4월 15일 재판 발행

저 자 : 조 문 구
펴낸이 : 천 승 배
펴낸곳 : 도서출판 유한문화사

주소 : 경기도 고양시 덕양구 지도로124번길 8-35
전화 : 2668-2055
팩스 : 2668-2565
http://www.yuhansa.com
E-mail : yuhansa@hanmail.net
등록 : 제 5-31호. 1979. 3. 6.

값 24,000 원

ISBN : 978-89-7722-116-1 93430